U0313886

《合成树脂及应用丛书》编委会

高级顾问： 李勇武　袁晴棠

编委会主任： 杨元一

编委会副主任： 洪定一　廖正品　何盛宝　富志侠　胡　杰

　　　　　　　　王玉庆　潘正安　吴海君　赵起超

编委会委员（按姓氏笔画排序）：

王玉庆	王正元	王荣伟	王绪江	乔金樑
朱建民	刘益军	江建安	杨元一	李　杨
李　玲	邴涓林	肖淑红	吴忠文	吴海君
何盛宝	张师军	陈　平	林　雯	胡　杰
胡企中	赵陈超	赵起超	洪定一	徐世峰
黄　帆	黄　锐	黄发荣	富志侠	廖正品
颜　悦	潘正安	魏家瑞		

"十二五"国家重点图书
合成树脂及应用丛书

聚乙烯树脂及其应用

张师军　乔金樑　主编

化学工业出版社

·北京·

本书介绍了聚乙烯树脂及其应用的相关知识，包括聚乙烯树脂的生产，聚乙烯树脂的结构、性能及其改性，聚乙烯树脂的加工方法，聚乙烯塑料制品及对原料树脂的要求，聚乙烯树脂生产和使用的安全与环保，聚乙烯树脂的最新技术发展及展望。

本书适合从事聚乙烯树脂科研、开发、生产的技术人员和管理人员使用，也可供大专院校相关专业师生参考。

图书在版编目（CIP）数据

聚乙烯树脂及其应用/张师军，乔金樑主编 . —北京：化学工业出版社，2011.8（2025.6 重印）
（合成树脂及应用丛书）
ISBN 978-7-122-11298-9

Ⅰ . 聚…　Ⅱ . ①张…②乔…　Ⅲ . ①聚乙烯-生产
②聚乙烯-应用　Ⅳ . TQ325.1

中国版本图书馆 CIP 数据核字（2011）第 089613 号

责任编辑：王苏平　　　　　　　　　文字编辑：颜克俭
责任校对：宋　夏　　　　　　　　　装帧设计：尹琳琳

出版发行：化学工业出版社（北京市东城区青年湖南街 13 号　邮政编码 100011）
印　　装：北京科印技术咨询服务有限公司数码印刷分部
710mm×1000mm　1/16　印张 27　字数 522 千字　2025 年 6 月北京第 1 版第 4 次印刷

购书咨询：010-64518888　　　　　　售后服务：010-64518899
网　　址：http://www.cip.com.cn
凡购买本书，如有缺损质量问题，本社销售中心负责调换。

定　　价：98.00 元　　　　　　　　　　　　　　　　版权所有　违者必究

Preface

序

　　合成树脂作为塑料、合成纤维、涂料、胶黏剂等行业的基础原料，不仅在建筑业、农业、制造业（汽车、铁路、船舶）、包装业有广泛应用，在国防建设、尖端技术、电子信息等领域也有很大需求，已成为继金属、木材、水泥之后的第四大类材料。2010 年我国合成树脂产量达 4361 万吨，产量以每年两位数的速度增长，消费量也逐年提高，我国已成为仅次于美国的世界第二大合成树脂消费国。

　　近年来，我国合成树脂在产品质量、生产技术和装备、科研开发等方面均取得了长足的进步，在某些领域已达到或接近世界先进水平，但整体水平与发达国家相比尚存在明显差距。随着生产技术和加工应用技术的发展，合成树脂生产行业和塑料加工行业的研发人员、管理人员、技术工人都迫切希望提高自己的专业技术水平，掌握先进技术的发展现状及趋势，对高质量的合成树脂及应用方面的丛书有迫切需求。

　　化学工业出版社急行业之所需，组织编写《合成树脂及应用丛书》（共 17 个分册），开创性地打破合成树脂生产行业和加工应用行业之间的藩篱，架起了一座横跨合成树脂研究开发、生产制备、加工应用等领域的沟通桥梁。使得合成树脂上游（研发、生产、销售）人员了解下游（加工应用）的需求，下游人员了解生产过程对加工应用的影响，从而达到互相沟通，进一步提高合成树脂及加工应用产业的生产和技术水平。

　　该套丛书反映了我国"十五"、"十一五"期间合成树脂生产及加工应用方面的研发进展，包括"973"、"863"、"自然科学基金"等国家级课题的相关研究成果和各大公司、科研机构攻关项目的相关研究成果，突出了产、研、销、用一体化的理念。丛书涵盖了树脂产品的发展趋势及其合成新工艺、树脂牌号、加工性能、测试表征等技术，内容全面、实用。丛书的出版为提高从业人员的业务水准和提升行业竞争力做出贡献。

该套丛书的策划得到了国内生产树脂的三大集团公司（中国石化、中国石油、中国化工集团），以及管理树脂加工应用的中国塑料加工工业协会的支持。聘请国内 20 多家科研院所、高等院校和生产企业的骨干技术专家、教授组成了强大的编写队伍。各分册的稿件都经丛书编委会和编著者认真的讨论，反复修改和审查，有力地保证了该套图书内容的实用性、先进性，相信丛书的出版一定会赢得行业读者的喜爱，并对行业的结构调整、产业升级与持续发展起到重要的指导作用。

袁晴棠

2011 年 8 月

Foreword
前言

聚乙烯（PE）是世界通用合成树脂中产量最大的品种，在合成材料中占有举足轻重的地位。目前我国已经成为世界最大的聚乙烯进口国和第二大消费国。2008～2011年间，亚太地区的聚乙烯新项目主要位于中国、印度和韩国，中国将继续成为其增长动力的源泉。中国正成为世界上最大的聚乙烯薄膜和包装袋出口国，大量供应北美、西欧和日本等世界各地。

聚乙烯树脂需求的快速增长一是得益于世界经济的全球化和经济的稳定增长以及新的应用领域的开辟；二是得益于聚乙烯技术上的突破和进展。本书正是立足于聚乙烯树脂相关的大量专业知识和现有技术背景，同时又对聚乙烯树脂的生产、加工、应用等的新进展、新方向进行比较全面广泛而又专业细致的介绍和说明。书中涵盖了聚乙烯树脂和其加工的各方面问题，包括聚乙烯树脂生产技术、结构性能、表征方法、加工方法、制品成型以及目前受到广泛关注的环保和安全问题。为帮助读者了解聚乙烯树脂生产、加工技术及应用领域的最新动态，本书用相当一部分篇幅对聚乙烯树脂的新进展进行了介绍。本书既面向希望对聚乙烯树脂领域有所了解的读者，又对从事聚乙烯研究和生产工作及需要进一步深入了解聚乙烯最新情况的专业人士有所助益。

书中第1章为概论；第2章主要对聚乙烯树脂生产技术进行了详细介绍，其中包括催化剂、聚合过程、生产设备等方面的内容；在第3章中，对聚乙烯树脂的表征方法、结构与性能的关系做了专业而详细的阐述；第4章和第5章全面概括了聚乙烯树脂的加工成型方法以及对应所需原料树脂，其中包括很多近年聚乙烯树脂加工技术的最新突破；第6章涉及目前受到业内人士和政府部门广泛关注的树脂环保和安全问题；第7章综合完整地介绍了聚乙烯树脂最新技术发展，并对其进行了展望，同时读者也可在每章中看到相关的技术最新进展。

本书由中国石化北京化工研究院从事聚乙烯树脂相关研究的科研人员编写。由张师军、乔金樑主编，共分7章。张师军、吕明福编写第1章；周俊岭、王世波、于鲁强、张师军、吕明福编写第2章；王良诗、唐毓婧、任敏巧、尹华编写第3章；张师军、吕明福、杨庆泉、尹华编写第4章、第5章；魏若奇、杨勇编写第6章；刘轶群编写第7章。附录一、二由尹华编写；附录三由吕明福、周俊岭、王世波编写；附录四由于鲁强编写。全书由吕明福、刘轶群、尹华、杨勇、徐萌、徐凯进行初校。本书的审稿工作由洪定一教授负责，参加审稿人员有吕立新、金茂筑、马因明、胡炳镛教授。

希望这本书能给读者带来帮助。由于作者水平有限及各章执笔人员不同，编写风格可能会有少许变化。书中难免有疏漏不当之处，欢迎广大读者提出批评并提出建议。

张师军

2011 年 1 月 18 日于北京

Contents
目录

第6章　聚乙烯树脂生产和使用的安全与环保 ——— 313

第1章 概 论

聚乙烯树脂（PE）是由乙烯加聚而成的高分子化合物，在分子结构中仅含有 C、H 两种元素，作为塑料的聚乙烯，相对分子质量要达到 1 万以上。聚乙烯是通用合成树脂中产量最大的品种[1~4]，其品种主要包括低密度聚乙烯（LDPE）、中密度聚乙烯（MDPE）、高密度聚乙烯（HDPE）、线型低密度聚乙烯（LLDPE）、超高分子量聚乙烯（UHMWPE）、分子量和支链可控的茂金属线型低密度聚乙烯（m-LLDPE）以及一些具有特殊性能的产品。

PE 也是通用合成树脂中应用最广泛的品种之一，主要用来制造薄膜、电线电缆、纤维、管材、注塑制品和涂层等[5]。随着新应用领域的不断出现和对传统包装材料的逐步替代，聚乙烯总需求量将继续增加，预计未来 5 年的年增长率约为 5%。

1.1 聚乙烯树脂的发展历史[6~9]

1.1.1 高压聚乙烯工艺的开发

早在 1898 年，德国化学家 Hans von Pechmann 在加热重氮甲烷时意外得到了一种白色蜡状物，他的同事 Eugen Bamberger 和 Friedrich Tschirner 将这种含有长—CH_2—链的物质命名为聚亚甲基，虽然严格来说聚亚甲基与线型聚乙烯在结构上有所区别：聚亚甲基中所含碳原子数没有规定，而聚乙烯中碳原子数必然是偶数，但人们还是将 Pechmann 看做是聚乙烯合成的第一人。

1933 年，英国帝国化学工业公司（ICI）超高压反应研究小组在 2000atm、170℃条件下，进行乙烯和苯乙醛反应时，在反应器壁上发现少量的白色蜡状物，这就是聚乙烯。荷兰阿姆斯特丹大学的 Michels 教授发明了 3000atm 的压缩机，使上述高压聚合技术得以在工业上实现。1934 年 Faweett 和 Gibson 首次对该技术作了报道，1937 年发表了聚乙烯生产的专利，尔后 ICI 公司研究了使用微量氧作引发剂以制备高压聚乙烯的方法，并对其产品用途也着手进行研究。该种聚乙烯通常是在 1500～3000atm、150～300℃的高温高压条件下，乙烯经游离基引发聚合生成的，所以用这种方法生产的聚乙烯通常叫做高压聚乙烯，但现在这种聚乙烯也能在较低压力条件下合成，所以高压聚乙烯的叫法已不够确切，下面采用低密度聚乙烯的叫法，简称 LDPE。1937 年，ICI 公司连续生产高压聚乙烯的中试装置开始运转，并对采用高压聚乙烯制造的 1 英里 (1.6093km) 长的海底电缆的绝缘性能进行了试验，证明高压聚乙烯符合电能损耗较低的要求。于是 ICI 公司于 1939 年完成了百吨规模 LDPE 的工业生产装置，并将其用做电缆和雷达的绝缘材料。

在第二次世界大战期间的 1941 年，根据同盟国间专利共同协定，ICI 公司将作为重要军需物资的 LDPE 的制造技术和应用技术交给了美国。美国首先引进 ICI 技术的是杜邦公司（Du Pont），美国联合碳化物公司 (UCC) 也随之通过技术转让形式引进了 ICI 公司的 LDPE 技术，并均于 1943 年开始投产。

第二次世界大战结束后的 1952 年，反托拉斯法的实施取消了 ICI、Du Pont 和 UCC 的 3 家公司对 LDPE 产品的垄断权。美国的 Eastmen、National Distillers、Dow Chem 公司，意大利的 Montecatini 公司，法国的 Ethylene Plastique 公司，荷兰的 DSM 和日本的住友公司等先后组织起聚乙烯的生产。

1.1.2 高密度聚乙烯的开发

与低密度聚乙烯比较，高密度聚乙烯诞生的历史较短。在发展高压法聚乙烯的同时，世界各国对能否采用较低压力制备聚乙烯的问题给以较大关注。从 1950 年起，探讨低压聚合方法的工作便分别由联邦德国、美国的 3 家公司研究小组开始进行深入研究。

1951 年，美国菲利浦（Phillips）公司的 Robert Bank 和 John Hogan 研究小组，在以制备合成汽油为目的的研究过程中，采用氧化铬作为催化剂制备出高密度的高分子量乙烯聚合物，并证明这种在低压低温聚合工艺下制得的 HDPE，与原 LDPE 的工艺相比，其工艺特点是在较温和的温度和压力（3.4MPa）下，在热的烃溶剂中用载体氧化铬催化剂使乙烯聚合的，该种聚乙烯的特点是具有较高的密度和线型结构。菲利浦公司于 1954 年将其研究成功的报告公之于世，进而在 1957 年投入工业生产。在同一年代，美国美孚公司（Standard Oil）采用载体氧化钼催化剂用类似工艺在较温和的温度和压力下使乙烯聚合成 HDPE，但其研究仅仅停留在小试验阶段。

德国化学家 Karl Ziegler 早年曾对有机金属化合物与烯烃、二烯烃之间的反应进行过长时间的基础研究。第二次世界大战后，他在联邦德国仍继续进行这一工作。他偶然发现来自不锈钢反应器的痕量镍与三乙基铝化合形成的催化剂，可以使乙烯二聚成丁烯，从而研究不同过渡金属形成类似或更有效催化剂对乙烯聚合的可能性。1953 年，Ziegler 发现用锆钛络合催化剂可以使乙烯在低温、低压条件下（一般为 60～80℃、1MPa）聚合而获得聚乙烯。新的聚乙烯熔点比采用传统方法制备的聚乙烯要高出 30℃，并且刚性和强度都有所提高。因为新制备的聚乙烯具有高密度的特点，故而被命名为高密度聚乙烯（HDPE），Ziegler 并因此而获得了诺贝尔奖。

Ziegler 在 1953 年获得 HDPE 的专利。与先前的 LDPE 相比，HDPE 具有较高的硬度、强度和软化温度，再加上采用低温、低压工艺操作，危险性较小，引起工业界的广泛重视。意大利的 Montecatini 公司率先进行工业化生产，此后在 1955 年联邦德国的 Hoechst 公司、法国的 Rhone-Poulenc S. A. 公司也开始工业化生产，美国则在 1957 年后实现了工业化生产。

1.1.3 共聚聚乙烯的开发

由于 HDPE 比 LDPE 的结晶度高很多，采用原有模塑 LDPE 的设备处理 HDPE 时，当制品冷却固化时会产生更多收缩，并由于冷却不均匀或外廓不规则导致收缩不匀称使制品翘曲，对大件制品翘曲尤其显著；易于环境应力开裂是早期 HDPE 的另一大缺点。因此人们开始研究解决上述问题的方案。

在 20 世纪 50 年代后期，工业上就开始采用乙烯和少量第二单体共聚制备 HDPE 来阻滞 HDPE 结晶速率，以降低制品在冷却时的收缩率。少量 α-烯烃共聚单体的加入能够大幅度地提高 HDPE 树脂的韧性，并改善树脂耐环境应力开裂的能力，使其能够适应不同的外部环境，并可与多种化学品直接接触，这就大大拓展了 HDPE 的产品范围，如家用和工业用容器、注塑器皿和部件、薄膜和片材、管材、电线电缆等，使 HDPE 真正成为聚乙烯的主要品种。由于 HDPE 主要是在低压下催化聚合而成的，故而又称为低压聚乙烯。

随着 α-烯烃的含量增加，可以制备出含有较多短支链的线型聚乙烯，这些由于共聚单体的添加而形成的短支链会阻碍 PE 的结晶，并使聚乙烯产品的密度降低到通用 LDPE 密度的范围。在乙烯聚合工业中，常用的 α-烯烃主要有 1-丁烯、1-己烯和 1-辛烯这三种。共聚单体中乙烯基团的碳原子结合到主链中，其余碳原子作为侧基形成短支链，与传统自由基引发的具有支化结构的 LDPE 不同，这种用催化聚合制得的是具有线型结构的低密度聚乙烯，因而命名为 LLDPE。LLDPE 的出现，表明在低压下也可制备低密度聚乙烯，又称 LP-LDPE。而传统在高压下制得的低密度聚乙烯称为 HP-LDPE，用以避免两种低密度聚乙烯在命名上的混淆。与 HP-LDPE 相比，LLDPE 具有更好的力学性能，采用其制备的薄膜具有更高的撕裂强度，和

HDPE 薄膜相比，LLDPE 薄膜具有更好的透明性。

再进一步提高共聚单体含量，就会使其密度低于或远低于低密度聚乙烯的范围，因而命名为很低密度聚乙烯（VLDPE）和超低密度聚乙烯（UL-DPE）。这些材料的特点是更加柔韧且弹性更好，可单独应用或作为抗冲或透明剂加入到其他材料中。

采用 Ziegler 催化剂制备的 LLDPE 存在支链分布不均匀的状况，这主要是 α-烯烃和乙烯的反应速率的不同所引起的。因此，结合到聚合物中的量与进料中的化学组成是不同的。由于在催化表面上活性位的差别，使某些分子比其他分子具有高得多的共聚单体含量，一般来说，共聚单体更趋于结合到低分子上，所以 Ziegler 型 LLDPE 常是低支化度的高分子量聚乙烯和高支化度的低分子量聚乙烯的掺混物，性能并不尽如人意。人们为此开发出了单活性中心的催化剂，其中包括茂金属催化剂和后过渡金属单活性位络合催化剂，采用该类催化剂可以制备出具有很窄的分子量分布及很窄的组分分布的聚乙烯。茂金属并不是一种新化合物，早在 1950 年就合成出第一个茂金属化合物——二茂铁，然而当时并未对茂金属的催化特性进行深入的研究。直到 1980 年，德国汉堡大学 Kaminsky 教授发现三甲基铝的部分水解产物三甲基铝氧烷（MAO）作为助催化剂，可使茂金属催化烯烃聚合的活性大大提高，之后均相烯烃聚合催化剂的研究和开发得到了迅猛发展，并由 Exxon 公司于 1991 年 6 月率先实现工业化，采用 Exxpol（高压离子聚合工艺）的工艺技术开发了 40 多种不同等级的聚乙烯产品投放到电线电缆和医用市场。

和在低压下用催化聚合工艺使乙烯与 α-烯烃进行共聚不同，Du Pont 公司在 20 世纪 60 年代提出了乙烯与极性共聚单体聚合生成共聚聚乙烯的路线。这种共聚改性只能在高压聚合装置中进行，因为极性共聚单体会毒害 Ziegler 催化剂，使其丧失乙烯聚合的能力。典型的极性共聚单体主要包括乙酸乙烯酯、丙烯酸、甲基丙烯酸等，共聚物的性能取决于相态和极性共聚单体间的相互作用，由于 HP-LDPE 本质上是高度支化的，使共聚单体效应趋于复杂化，一般来说，当共聚单体的含量高于 5% 时，才有较显著的效果。

1.2 聚乙烯树脂的特性[10～15]

聚乙烯树脂是一类由多种工艺方法生产的、具有多种结构和特性的大宗系列品种，是以乙烯为主要组分的热塑性树脂。按照生产工艺和树脂的密度，习惯上将聚乙烯树脂主要分为低密度聚乙烯（LDPE）、高密度聚乙烯（HDPE）和线型低密度聚乙烯三大类。不同品种聚乙烯树脂的性能也有所不同，有时甚至会差别较大。

1.2.1 聚乙烯树脂的物理力学性能

表 1-1 中给出了典型的 LDPE、HDPE 和 LLDPE 的物理力学性能，从中可以看出，不同种类聚乙烯树脂的性能差别较大。就总体而言，LLDPE 的性能介于 LDPE 和 HDPE 之间。

■表 1-1　几种聚乙烯树脂种类的力学性能对比

项　　目	LDPE	HDPE	LLDPE
拉伸强度/MPa	6.9～13.8	20.7～27.5	24.1～31
断裂伸长率/%	300～600	600～700	100～1000
邵氏硬度	41～45	44～48	60～70
最高使用温度/℃	80～95	90～105	110～130
耐环境应力开裂（ESCR）	好	高	差到好

拉伸性能是用来表征聚合物的常用物理力学性能，从拉伸试验可以得到拉伸屈服强度、拉伸断裂强度、断裂伸长率和拉伸屈服模量等一系列参数。聚乙烯树脂属于半结晶性聚合物，其典型的应力-应变曲线如图 1-1 所示。

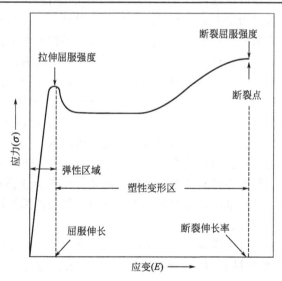

■ 图 1-1　聚乙烯树脂的典型应力-应变曲线

从图 1-1 可以看出，在低应力下聚乙烯树脂的形变是弹性的，随着形变增大，应力也随之增大直至屈服点。当形变继续增大时，体系会出现黏弹性形变，此时应力也逐渐衰减，当达到一限定值后就基本保持恒定，试样形变部分出现细颈，随着细颈形成过程，整个测量段的截面积逐渐缩小，直到缩成几乎均匀的截面。进一步拉伸时，应力会又逐渐提高直至试样破坏，此时的应力及伸长率又称为拉伸断裂强度和拉伸断裂伸长率。按照测试标准规定，屈服强度和拉伸断裂强度之间的最大值就是拉伸强度。

一般来说，影响聚乙烯拉伸性能的主要因素有：分子量的大小、分子量大小的分布、支链的含量与分布、共聚单体的种类和含量等。

由于 LDPE 树脂在恒定应力下会产生缓慢的形变，使得材料发生蠕变破坏，从而使其不能用于需连续承受高应力的场合，如煤气配气管等。而具有更多层间系带分子和高结晶度的 HDPE、MDPE 的抗应力松弛性就会好很多。

PE 树脂的韧性也很重要。韧性热塑性塑料在损害时常有大的永久性形变，而脆性塑料则在较小永久性形变下就发生破坏。冲击强度是表征塑料韧性的一个常用性能指标，它表示聚合物在冲击力作用下破坏时所吸收的功。大多数聚乙烯在宽广的温度范围内具有良好的冲击强度，表现出良好的韧性，但当温度低于其玻璃化转变温度时，PE 树脂会发生脆韧转变，出现脆性破坏。

1.2.2 聚乙烯树脂的电性能

聚乙烯的绝缘性能优于任何已知的绝缘材料，从聚乙烯工业化生产开始，就被作为动力电缆和通信电缆的主要材料。材料的电性能主要是指介电常数、介电损耗因子和介电强度等。聚乙烯的介电常数是很低的，即使支化时会引入少量的极性，但基本上仍属于非极性材料。非极性材料的介电常数几乎与电场频率无关，对于聚乙烯树脂来说，其介电常数会随着密度的增加而略有增大。例如，当 PE 密度从 $0.918g/cm^3$ 增加到 $0.951g/cm^3$ 时，其介电常数会从 2.273 增加到 2.338。此外，介电常数还会随温度的变化而变化，人们通常认为这是由密度的变化所引起的。

聚乙烯均聚树脂的介电损耗因子在 $0\sim100MHz$ 的宽广频率范围内是很低的。如果存在填料及杂质或氧化降解等因素会使损耗因子增大。在 PE 树脂中引入极性基团，如与乙酸乙烯酯或丙烯酸乙酯等极性单体共聚时，会增大其介电损耗。

介电强度是指单位厚度的绝缘材料在击穿之前能够承受的最高电压，对于非极性材料而言，一般为 $1\sim10MV/cm$。常温下聚乙烯的介电强度在 $6MV/cm$ 左右，温度升高时会使介电强度降低。此外，杂质的存在对 PE 树脂的介电强度影响也很大。

1.2.3 聚乙烯树脂的化学性能

聚乙烯的化学稳定性好，对大多数化学品是高度稳定的，只有少数化学品能对其发生作用。LDPE 在许多极性溶剂，如醇、酯与酮等中的溶解度很小。而烷烃、芳烃及氯代烃会在室温下使其溶胀，并约在 70℃ 下开始熔融。

对于 HDPE 来说，由于其高结晶度和低渗透特性，会使许多化学品对其反应活性进一步降低。

HDPE 对于碱性溶液，其中包括像 $KMnO_4$ 和 K_2CrO_7 等氧化剂的溶液，都是非常稳定的。它与有机酸、HCl 或 HF 不反应，在高温下可与浓硫酸（含量＞70%）缓慢反应生成磺化衍生物。浓硝酸（约 50%）与硫酸的混合物即使在室温下也能使 HDPE 硝化，在更苛刻的条件下（75%～85%，100～140℃）能将 PE 聚合物侵蚀成为相对分子质量在 1000～2000 的有机酸化合物。

在室温下，虽然某些溶剂（如二甲苯）对其具有溶胀效应，但 HDPE 并不溶于任何已知溶剂。然而，某些含有二氧化硫的两元混合物溶剂在30～40℃下就可溶解 HDPE，在较高温度（高于 80℃）时，HDPE 可溶于许多烷烃、芳烃以及氯代烃中。PE 的常用溶剂有二甲苯、四氢萘、十氢萘、邻二氯苯、1,2,4-三氯苯、1,2,4-三甲基苯等，采用 PE 在这些溶剂中溶液的黏度数据或凝胶渗透色谱，可以测定其分子量和分子量分布。

1.2.4 聚乙烯树脂的渗透性能

不同种类的化学物质透过 PE 膜时的速率差别很大。与聚偏氟乙烯或聚酰胺相比，聚乙烯对氮气、氧气和二氧化碳的渗透率是很高的。但与其他聚合物相比，其对水的渗透率则是很差的。而且 PE 膜对极性有机化合物，如醇或酯的渗透率要比非极性有机化合物如庚烷或二乙醇醚的渗透率要低得多。

HDPE 仅能透过少许液相及气相化合物，对水和无机气体的渗透率也很低。在 25℃及 101.3kPa（1atm）条件下，渗透率单位为 mol/(m·s·Pa) 时，水的渗透率为 6，氮气约为 0.1，氧气约为 0.33，二氧化碳约为 1.3。

1.2.5 聚乙烯树脂的热裂解及稳定作用

与其他聚合物相比，聚乙烯具有良好的热稳定性。但在高温无氧条件下，PE 高分子链也会发生链的断裂和交联现象，且这一现象在 300℃附近时会更为显著。高温下发生的自由基降解过程会使 PE 分子的分子量降低，在聚合物分子链中生成双键，并放出低分子量的烃类化合物，其中包括乙烯气体。LDPE 均聚物和含有丙烯酸乙酯的共聚物在 375℃以上时会迅速降解，含有乙酸乙烯酯的共聚物则会在更低的温度（325℃）发生快速降解。在约 500℃的惰性气体中，HDPE 热裂解成蜡（一种低分子烷烃、烯烃和二烯烃的混合物）。

虽然总的来说 PE 的化学性质非常稳定，但在使用温度下，仍会和周围的氧发生非常缓慢的降解反应。这是一种由自由基链式反应而引发的自动氧化过程，且受热、紫外辐射和高能辐射等条件会加速这一过程。

PE 树脂的性能和其熔体指数、密度、分子量的分布等密切相关，采用合适的催化体系、共聚单体和聚合工艺条件，可以制备出具有最佳综合平衡性能的 PE 树脂。

1.3 聚乙烯树脂的分类及应用领域[3,4,7,8,10,16~21]

聚乙烯的分类方法很多，常用的分类方法有：①按分子量的大小分类；②按生产方法分类；③按密度大小分类。

按照密度大小，PE 可以分为：①低密度聚乙烯（LDPE），密度大小为 $0.910\sim0.925g/cm^3$，因为其最初是采用高压法聚合所得，所以也称为高压聚乙烯；②高密度聚乙烯（HDPE），密度为 $0.941\sim0.970g/cm^3$，因其为低压聚合所得的聚乙烯，也称为低压聚乙烯，也可以采用中压法（菲利浦法）制备；③中密度聚乙烯（MDPE），密度范围在 $0.926\sim0.940g/cm^3$，在很多情况下，MDPE 是以 HDPE 或 LLDPE（取决于树脂的密度大小）的名义被使用的；④线型低密度聚乙烯（LLDPE），密度范围在 $0.910\sim0.940g/cm^3$；⑤茂金属线型低密度聚乙烯，是采用茂金属催化剂制备的 LLDPE；⑥极低密度聚乙烯（VLDPE），密度范围在 $0.900\sim0.915g/cm^3$ 之间；⑦超低密度聚乙烯（ULDPE），密度范围在 $0.870\sim0.900g/cm^3$ 之间，VLDPE 和 ULDPE 属于乙烯基线型共聚物，由于采用了高于常规用量的高级 α-烯烃共聚单体（包括丙烯、丁烯、己烯、辛烯等），使 PE 的密度降低很多。

进行各种 PE 树脂牌号开发与生产的目的在于将其加工成不同用途的制品。从应用角度来看，选用 PE 树脂的关键在于它的性能和加工条件。与其他聚合物和非聚合物材料相比，PE 树脂以其优良的性能价格比而具有强劲的市场竞争力，经过半个多世纪的开发，已发展成为产量大、用途广的一类最重要的通用合成树脂。下文就一些大宗常用的聚乙烯分类的用途进行简要介绍。

1.3.1 高密度聚乙烯

高密度聚乙烯（HDPE）为无味、无臭、无毒的白色粉末或颗粒状固体，熔点约为 131℃，分子结构以线型结构为主，平均每 1000 个碳原子中含有不多于 5 个支链，结晶度高达 $80\%\sim90\%$。在所有种类的 PE 中，HDPE 的模量最高，渗透性最小，有利于制成各种型号的中空容器（约占其总消费量的 $40\%\sim65\%$），这些中空制品包括用于医药与化学工业储存液体物质的瓶、桶及大型工业用储槽等；食品工业中的酱油、牛奶、黄油和果汁等用途的瓶和包装桶；生活日用品和中空玩具等。一些品种 HDPE 的玻璃化温度低于−60℃，适于低温使用，如做冰淇淋盒、冷藏器皿等。为了克服高结晶度带来的不透明，可对 HDPE 中空或模塑制品进行着色以使其美观。HDPE 良好的拉伸强度使其适于制作各种包装膜，其中包括购物袋、垃圾袋衬里、重包装袋等，最近，HDPE 用于制备食品、农副产品和纺织品等包装材料的高强度超薄薄膜发展很快。HDPE 管材具有耐腐蚀、渗透率低、表面光滑、刚韧适度、价格低廉、施工方便及维护成本低等特点，深受用户喜爱，在油气田、矿山、城市、建筑、农业灌溉、电信等领域得到了广泛的应用，为 HDPE 的主要用途之一。HDPE 的玻璃化温度低，热挠曲温度高，刚性适度且韧性好，可以制成非结构性的户外用品，如草坪、运动场的设施、家具与废弃物桶等，一些大件制品，如游艇、垃圾桶、大储罐盖等常选用强度高的 HDPE 树脂，这些制品在受力较大时仍能保持制品的形状，且有很好的耐磨性。采用发泡挤出法和发泡注射法制得的低发泡制品，可用于制作合成木材和合成纸。合成木材的质地轻、强度好、不透湿气、耐化学药品性好、不受霉菌和细菌作用、电性能好、隔热和加工方便、尺寸稳定性好且耐冲击，可广泛用于火车、汽车的座板、挡板、船舶的床板、盖舱板、建筑材料和家具等。合成纸具有高强度、耐水、耐油和化学稳定性高等特点，它既可以用于书写，也可用于印刷，用做地图、重要文件、彩色纸、商品包装纸、广告纸等特殊用纸。此外，HDPE 在设备衬里、电线电缆包覆和金属制件涂层等方面亦有广泛用途。

1.3.2 低密度聚乙烯

低密度聚乙烯（LDPE）为乳白色、无味、无臭、无毒、表面无光泽的粉末或蜡状颗粒，其分子结构中含有许多长支链和短支链，其中 1000 个主链碳原子中含有约 15～35 个短支链，这些短支链的存在，有效地抑制了 PE 分子的结晶，使其结晶度远低于 HDPE。LDPE 质地柔软，长支链的存在使其具有高熔体强度，非常适于吹膜工艺，具有挤出时耗能少、产率高和工艺稳定等特点。吹塑薄膜是 LDPE 的主要用途，占到耗用量的一半以上。所制备的薄膜清晰度高，手感柔软，并有适度韧性，但是易于变型，容易产生高度蠕变，所以既不适合在高负荷下使用，也不适合在低负荷下长期使用。一般常用于商品袋、零售包装袋、干洗店袋、报纸杂志袋，也用于尿布背衬、收缩包装等。在包装用途上，LDPE 尤其适用于有透明清晰要求的场合，如包装面包、烘烤食品、新鲜蔬菜、家禽、肉类和水产等，使顾客易于了解包装内含物的质量，令人一目了然。建筑业常用其作为墙壁、地板、基础等的隔水材料。农业上广泛用做地膜和大棚膜。LDPE 也用于挤出涂层，典型应用包括包装牛奶、果汁等液体的纸盒涂层、铝箔涂层、多层膜结构的热封层、提供阻湿作用的纸式无纺布的涂层等；用于金属部件的粉末涂层也是其一大用途，可以起到防腐的作用。注塑是 LDPE 的另一大应用，典型的应用包括玩具、家具用品及容器盖等。LDPE 还可用于各种电线电缆的绝缘层和护套，主要应用领域包括电力传输、远距离通信、工商业仪器仪表等。此外，LDPE 还可以用于改进其他树脂的性能，如与聚酰胺共混，可以改善聚酰胺的吸湿性能，并降低其生产成本；与聚碳酸酯共混，可改善其耐环境应力开裂性能；与 PP 共混改性，可改善其耐环境应力开裂和耐寒性；与 HDPE 共混，可用于纺丝制作编织袋和覆盖布，也可以用于注塑和中空成型制品。

1.3.3 线型低密度聚乙烯

线型低密度聚乙烯（LLDPE）的外观与普通 LDPE 相似，分子结构接近于 HDPE，主链为线型结构，并有短的支链，但支链数量远高于 HDPE。取决于共聚单体的种类和含量，不同品种的 LLDPE 具有不同的结晶度、密度和模量。一般来说，其结晶度在 50%～55%之间，略高于 LDPE（40%～50%），而比 HDPE（80%～90%）低得多。线型结构的 LLDPE 能够形成较大晶体，使得它的熔点比 LDPE 高 10～15℃，且熔点范围窄。此外，LL-DPE 的分子量分布比 LDPE 和 HDPE 的窄，导致加工较为困难。在力学性能方面，由于其主链骨架类似于 HDPE，所以刚性较大，撕裂强度、拉伸强度、耐冲击性、耐刺穿性、耐环境应力开裂性和耐蠕变性能均优于普通LDPE。LLDPE 与 LDPE 具有类似的市场，薄膜是其最大的市场，约占到总消费量的 70%。由于 LLDPE 具有优良的韧性、很好的抗撕裂强度、抗冲击强度及抗刺穿性，从而有利于减薄厚度，相同强度的薄膜厚度可以减少20%～25%，显示出良好的经济性。LLDPE 薄膜的用途极广，除了用做日常包装、冷冻包装、重包装外，还可以用做地膜、棚膜等。LLDPE 滚塑制品包括各种大、中、小型容器，如各种化学品容器、农药容器、储槽、垃圾箱、邮箱、邮筒、深海浮子、海水养殖用塑料船及玩具等。滚塑制品的85%是由 PE 树脂制备的，而 LLDPE 可占到 PE 滚塑制品的 80%，从中可以看出 LLDPE 在滚塑制品中的重要地位。与 LDPE 相比，LLDPE 注塑制品具有刚性好、韧性好、耐环境应力开裂好、拉伸强度和冲击强度优异、纵横向收缩均匀、耐热性好、着色性好及表面规则性高等特点，可广泛用于生产气密性容器盖、罩、瓶塞、各种桶、家用器皿、工业容器、汽车零件、玩具等，是 LLDPE 中应用仅次于薄膜产品的第二大市场。采用中空成型的LLDPE 具有优异的韧性、耐环境应力开裂和低的气体渗透性，非常适用于油类、洗涤剂类物品的包装。采用 LLDPE 制备的管材被大量应用于农业灌溉领域。其生产的强度高、韧性好的扁丝，特别适用于编织大孔的网眼编织袋。由于 LLDPE 的抗紫外线老化性比 PP 的要好，更适合于在户外使用。

LLDPE 还适合用做通信电缆的绝缘料和护套料，特别适合于高中压防水、环境苛刻的电缆护套，交联的 LLDPE 用于电力电缆绝缘比 LDPE 具有更优异的耐水性能。

1.3.4 茂金属线型低密度聚乙烯

采用茂金属催化剂制备出的 LLDPE 树脂最初是由埃克森美孚化工公司（ExxonMobil Chemical Company）于 1991 年开始商业化的，目前该公司有 Exact 系列产品，道化学公司（Dow Chemical Company）随后也推出 Engage 系列产品。目前，除了这两家公司提供商业化的茂金属 LLDPE 树脂之外，其他的树脂生产厂家，如三井（Mitsui）也有自己的 Tafmers 系列产品。

茂金属线型低密度聚乙烯（m-LLDPE）的突出特点有：窄分子量分布，组分的均一性和非常低的催化剂残留和可抽提物。上述特性使这类材料比常规 LLDPE 具有更好的力学和光学性能。同密度大小类似的常规 LLDPE 树脂相比，具有窄分子量分布的 m-LLDPE 的一些力学性能，如韧性、拉伸强度、冲击强度和耐刺穿性等方面得到了很大提高。和共聚单体之间的完美结合，同窄的组分分布一起会赋予聚乙烯更好的光学特性及热封性能。与普通聚乙烯相比，茂金属聚乙烯具有很好的透明性、很高的光泽度，而且雾度会降低。

m-LLDPE 的主要用途有：薄膜、聚合物改性、电线电缆、医疗用品及其他。薄膜是全球市场中用量最大的品种，占到 89％的市场份额，达 23.6 万吨。由 m-LLDPE 制备的薄膜大致可以分为 4 类：食品包装膜、非食品包装膜、拉伸缠绕膜和收缩膜。第二大用途为聚合物改性，其市场规模要小很多，只有 1.3 万吨，占总需求的 5％。这些茂金属塑料被用来制造热塑性弹性体（TPO）（包括保险杠绷带、外部或内部饰件）、其他汽车部件、休闲娱乐用品、各种器具、家用器皿、彩色或特种薄膜以及大量的其他终端商品。其他一些更少用量的产品有电线电缆、医疗用品和吹塑制品。

1.3.5 聚乙烯弹性体

聚乙烯弹性体（POE）是 Dow 化学公司于 1994 年采用限定几何构型催化技术（CGCT，也称为 Insite 技术）推出的乙烯-辛烯共聚物。作为弹性体，POE 中辛烯单体的质量分数通常大于 20％，密度在 $0.885g/cm^3$ 以下，属于 ULDPE 的范围。与传统聚合方法制备的聚合物相比，POE 具有很窄的分子量分布和短支链分布，因而具有优异的物理力学性能（高弹性、高强度和高伸长率）和良好的低温性能，又由于其分子链是饱和的，所含叔碳原子相对较少，因而具有优异的耐热老化和抗紫外性能。窄的分子量分布使材料在注塑和挤出加工过程中不易发生翘曲。另一方面 CGCT 技术还有控制地在聚合物线型短支链支化结构中引入长支链，从而改善了聚合物的加工流变性能，并使材料的透明度提高。

POE 常用做 PP 的耐冲击改性剂，替代传统使用的三元乙丙橡胶（EPDM）。在这方面 POE 具有明显的优势：首先，粒状的 POE 易于和同是粒状的 PP 混合，省去了块状乙丙橡胶繁杂的造粒或预混工序；其次是 POE 和 PP 有更好的混合效果，与 EPDM 相比共混物的相态更加细微化，因而抗冲击性能得以提高；第三是 POE 改性的 PP 在韧性提高的同时，还可以保持较高的屈服强度和良好的加工性能。POE 改性 PP 的主要应用领域是汽车部件，如保险杠、门内板和仪表板等。POE 共混物可用来制造鞋子、靴子和凉鞋等休闲鞋，由于具有耐磨和质轻的特性，POE 大量用于制鞋业。POE 的另一个用途是作为热塑性弹性体，由于 POE 有较高的强度和伸长率，而且具有很好的耐老化性能，对于某些耐热等级、永久变形要求不严的产品直接用 POE 即可加工成制品，可大大地提高效率，材料还可以重复使用。为了降低原材料成本，提高材料某些性能（如撕裂强度、硬度等），也可以在 POE 树脂中添加一定量的增强剂和加工助剂等。POE 还可以用于电线电缆的护套料，由于未经交联的 POE 材料耐热等级较低（不高于 80℃），而且永久变形大，难以满足受力状态下工程上的应用要求，需将 POE 通过过氧化物、辐照加工或硅烷等实现交联改性，提高材料的耐热性。与 EPDM 相比，POE 交联时没有二烯烃存在，使得聚合物的热稳定性、热老化性和柔韧性提高。加工时可以加入一定量的填充增强剂及加工助剂，以利于综合性能的提高。此外，由于 POE 制品具有透明性好、可消毒性、抗扭结性、柔和性、耐刺穿性和耐磨性好的特点，因此可用于很多医疗用品中：薄膜制品常用于医疗包装，如静脉注射液袋、无菌袋、育儿袋和外科手术器具袋等。POE 还可以用于非包装方面，如外科绷带等。用于医疗器械方面的 POE 大多是采用挤出、共挤出或注塑来加工成型的。

参 考 文 献

[1] Andrew J. Peacock. Handbook of Polyethylene Structure, Properties and Application. Marcel Dekker, Inc. New York, Basel. Copyright 2000.

[2] 王基铭，袁晴棠主编. 北京：中国石化总公司情报研究所，2002.

[3] 钱保功，王洛礼，王霞瑜编著. 高分子科学技术发展简史. 北京：科学出版社，1994.

[4] 李杨，乔金梁，陈伟，王玉林，吕立新. 聚烯烃手册. 北京：中国石化出版社，2004.

[5] 王秋红. 世界聚乙烯技术的最新进展. 中外能源，2008，5：83.

[6] 戈锋，慧里. 国外聚烯烃生产技术进展. 上海：上海科学技术文献出版社，1982.

[7] 靳邵生主编. 聚乙烯牌号与加工. 第 2 版. 北京：中国物资出版社，1991.

[8] 桂祖桐主编. 聚乙烯树脂及其应用. 北京：化学工业出版社，2002.

[9] Birmighm J M. Adv Organomet Chem, 1964，365：22.

[10] 傅旭主编. 化工产品手册——树脂与塑料. 第 4 版. 北京：化学工业出版社，2005.

[11] 王正顺. 我国聚乙烯树脂行业的现状及发展方向. 石油化工，2006，4（35）：394-398.

[12] Univation Technologies, LLC. Process for Transitioning Between Ziegler-Natta-Based and Chro-

mium-Based Catalysts. US Appl Pat，US 20060160965 A1. 2006.

[13] Global Polyolefin Catalysts 2008-2012 Markets，Technologies & Trends. Houston：Chemical Market Resources，Inc，2008.

[14] 蔡志强 . Unipol 聚乙烯技术进展与启示 . 合成树脂及塑料，2005，22（1）：58-62.

[15] 吕效平 . 世界聚乙烯催化剂研究进展 . 化工科技市场，2006，29（3）：1-6.

[16] Basell 公司推出新型系列 Ziegler 钛催化剂 . 石化技术，2005，12（3）：14.

[17] Grace Davison 公司开发新型聚烯烃催化剂 . 中国化工在线，2008-8-7.

[18] 北京化工研究院开发 BCE 高活性乙烯淤浆聚合催化剂 . 扬子石油化工，2006，21（2）：11.

[19] 北京化工研究院新乙烯淤浆聚合催化剂成功运行 . 石化技术，2009，16（1）：39.

[20] 陈伟，王洪涛，郑刚等 . 茂金属加合物技术首次工业试验 . 合成树脂及塑料，2004，21（3）：9-11.

[21] 金属催化剂气相流化床乙烯聚合试验取得进展 . 中国化工信息周刊，2007，（15）.

第 2 章 聚乙烯树脂的生产

2.1 引言

聚乙烯（PE）是世界通用合成树脂中产量最大的品种，主要包括低密度聚乙烯（LDPE）、线型低密度聚乙烯（LLDPE）、高密度聚乙烯（HDPE）及一些具有特殊性能的产品。其特点是价格便宜、性能好，可广泛应用于工业、农业、包装及日常生活中，在塑料工业中占有举足轻重的地位。

为了生产出低成本、高质量、高性能的聚乙烯产品，各大生产商在兼并、联合、重组的同时，不断改进完善聚乙烯生产技术，并采用更先进的催化剂、工艺技术和计算机控制，优化管理方案。催化剂技术的不断提高，极大地促进了生产工艺的发展。在各种工艺技术并存的同时，新技术不断涌现，有力地促进了世界聚乙烯工业的发展。

聚乙烯树脂的工业化生产已有 50 多年历史，进入 21 世纪以来，世界各地，尤其是亚太地区建设了或正在建设一大批新的聚乙烯装置。

2.2 单体与催化剂

聚乙烯工业的进步主要归功于发现了新的催化剂和引发剂，催化剂以及各种共聚单体对聚合物的微观和宏观结构有重要影响，决定了产品在其应用目标中的表现。今后聚乙烯工业技术中最活跃的领域之一仍然是不断完善和提高催化剂的性能，对氧、水、炔烃等毒物的耐受性提高，需要能把 1-丁烯、1-己烯、1-辛烯以及极性单体等共聚引入聚合物链，能将上述单体与乙烯形成嵌段共聚物，同时在很宽的范围内能对聚合物性能进行剪裁设计控制。

2.2.1 单体的种类

烯烃单体主要是 α-烯烃、丁二烯等，经配位均聚或共聚，分别得到低密度聚乙烯、高密度聚乙烯、线型低密度聚乙烯、等规聚丙烯、间规聚丙烯、无规聚丙烯、乙丙橡胶等，占到合成材料总量的一半以上。

2.2.1.1 乙烯

乙烯是一种重要的有机化工原料，它的产量标志着一个国家有机化工工业的发展水平。乙烯来源丰富，当今世界主要的生产方法是石油化工的热裂解法和通过生物发酵的乙醇脱水法，前者的产量可以占到 90％以上，是主流生产方法，又可分为石脑油和轻柴油为主要原料的热裂解法和乙烷为主要原料的脱氢法。不同工艺方法所得的乙烯品质稍有差别，需经过不同的分离纯化工艺满足下游生产的需要。

乙烯是生产各种聚乙烯树脂的主要单体，当今世界乙烯产量的 60％以上都用于生产聚乙烯树脂。乙烯的纯化对聚乙烯工业十分重要，只有高品质的乙烯才能得到高性能的聚乙烯树脂，满足工业生产的要求。

2.2.1.2 醋酸乙烯酯

醋酸乙烯酯（VA）是高压低密度聚乙烯树脂的一种重要的极性共聚单体，与乙烯得到的共聚物主要是乙烯-醋酸乙烯酯共聚物（EVA），含醋酸乙烯酯大约为 5％～40％，一般含量低于 5％（质量）的共聚物称为改性聚乙烯，高于 40％（质量）的称为醋酸乙烯酯-乙烯共聚物（VAE），有时也称为乙烯-醋酸乙烯酯橡胶。

目前 EVA 的工业生产方法主要有 4 种：高压本体聚合法、中压悬浮聚合法、中压溶液聚合法和低压乳液聚合法。VA 这类极性共聚单体名目前只能在高压聚乙烯中引入，低压聚乙烯工业生产中极性单体都会导致催化剂失活。

2.2.1.3 丙烯

丙烯是另外一种重要的有机化工原料，丙烯来源丰富，尤其是在我国，由于丙烯的廉价易得，导致聚丙烯的产量比聚乙烯还要多。当今世界主要的生产方法是石脑油和轻柴油为主要原料的热裂解法制乙烯过程中得到丙烯，其中丙烯的量约为乙烯的一半，其他方法还有石油炼制催化裂化工艺中的副产物、煤化工中甲醇制丙烯以及乙烯与丁烯易位反应制丙烯。不同工艺方法所得的乙烯品质稍有差别，需经过不同的分离纯化工艺满足下游生产的需要。

丙烯的主要用途是生产各种聚丙烯树脂，其次还有一部分用于丙烯酸和环氧丙烷工业的原料。只有一少部分用做高密度聚乙烯的共聚单体和高压聚乙烯的分子量调节剂，聚合体系中的少量丙烯共聚单体对聚乙烯树脂的性能有重要影响。

2.2.1.4 丁烯

20 世纪 70 年代末 80 年代初随着线型低密度聚乙烯的蓬勃发展，对 1-丁烯的需求量越来越大。1-丁烯是生产线型低密度聚乙烯树脂膜材料的主要共聚单体，其来源主要是乙烯裂解工艺中的碳四组分，经分离纯化后得到聚合级的 1-丁烯单体。现在随着乙烯裂解装置的大型化，1-丁烯的产量越来越大，因此作为共聚单体的成本越来越低，有助于提高线型低密度聚乙烯树脂的性价比，提高其市场竞争力。目前已建或在建的双峰高密度聚乙烯装置，所生产的高性能膜料和管材料也有部分用 1-丁烯作为共聚单体。1-丁烯的含量以及在分子链上序列分布结构都对树脂的性能有很大影响，是共聚树脂的重要质量控制指标之一。

2.2.1.5 己烯

1-己烯作为线型低密度聚乙烯的一种共聚单体，这几年随着市场对聚乙烯树脂性能的要求越来越高，越来越多的线型低密度聚乙烯采用 1-己烯作为共聚单体，这一点在发达国家市场表现得比较明显，对高档树脂的消费增长比较快，我国还是以 1-丁烯作为共聚单体的聚乙烯树脂比较多。1-己烯共聚材料可以大大提高聚乙烯膜的抗穿刺能力，对空气和水的阻隔能力以及透明性也有很大改善。

1-己烯的主要来源是乙烯在催化剂作用下三聚得到的，菲利浦公司的有机铬催化剂对乙烯三聚反应有很高的选择性，1-己烯的选择性大于 99％，Shell 公司的镍系催化剂也有很高的选择性，由于国外公司掌握 1-己烯的合成技术，因此可以得到性价比较高的 1-己烯共聚聚乙烯树脂，在我国以前一直没有 1-己烯的生产技术，主要依靠进口，相对而言 1-己烯的价格要比 1-丁烯的价格高很多，因此 1-己烯共聚聚乙烯树脂性价比没有任何优势。随着乙烯三聚生产 1-己烯国产化技术的日趋成熟，在我国 1-己烯共聚聚乙烯树脂的性价比提高将越来越明显，现在也有越来越多的装置用 1-己烯作为共聚单体生产线型低密度聚乙烯和高密度双峰聚乙烯树脂。

2.2.1.6 其他共聚单体

聚乙烯除了上述共聚单体外，还有很多其他共聚单体，尤其是高压低密度聚乙烯是由自由基聚合方法生产，乙烯能与很多极性单体共聚形成共聚物树脂。低压聚乙烯是由配位聚合方法生产，其他共聚单体主要是高级 α-烯烃，如 1-辛烯、1-癸烯以及与降冰片烯共聚制备 COC 材料，最近又发现乙烯可以与一氧化碳共聚制备聚酮可降解材料。

高压低密度聚乙烯中采用丙烯酸乙酯作为共聚单体可以合成乙烯-丙烯酸乙酯共聚物（EEA），该聚合物柔韧性和热稳定性都较好。以丙烯酸为共聚单体可以生产乙烯-丙烯酸共聚物（EAA），EAA 薄膜有优良的光学性能，透明性、耐磨性、着色性好。以氯乙烯为共聚单体可以生产乙烯-氯乙烯共聚物（EVC），EVC 具有很好的加工性，适合于吹塑、挤出、注塑等硬制品的成型工艺，还可与 PVC 掺混，低温成型。

2.2.2 乙烯聚合催化剂的种类及作用

聚乙烯的大规模工业化生产始于 20 世纪 40 年代，当时由英国帝国化学公司（ICI）首先发现乙烯在高压下聚合可得到聚乙烯，并且可以使用微量氧气作催化剂，后来又引入自由基聚合常用的过氧化物作为引发剂使得聚乙烯工业取得了长足的进步。

聚乙烯工业的蓬勃发展是在 20 世纪 50 年代齐格勒-纳塔催化剂（Z-N催化剂）开发应用之后，至今已有五十多年的发展历史，从最初的 Cr 系催化剂与 Z-N 催化剂已发展到当今的高效高性能催化剂，80 年代和 90 年代又相继开发了茂金属催化剂和后过渡金属催化剂，形成了当今多种催化剂共同发展的格局[1]。聚烯烃树脂更是由通用材料向功能型材料转变。纵观聚烯烃发展史，聚烯烃材料的发展与其催化剂的进步密不可分，每一种新型催化剂体系的成功开发都会带来新型聚合工艺和聚烯烃产品的问世，使聚烯烃在更广阔的领域中得到应用。如何开发性能优异、价格低廉、有利于工业化实施的催化剂成为各国研究人员的共同目标。

2.2.2.1 乙烯自由基聚合催化剂

乙烯自由基聚合催化剂也称为引发剂，引发剂是高压低密度聚乙烯生产工艺进步中最活跃的领域。最初 ICI 公司开发高压聚乙烯生产工艺时就专门研究了使用微量氧作为引发剂，现在除了可以采用空气中的氧或纯氧外，还可以采用一些新的引发剂，如过氧化叔丁基苯甲酰、过氧化叔丁基叔戊酰、过氧化叔丁基（2-乙基）己酰、过氧化三甲基醋酸叔戊酯和过氧化二（3,5,5-三甲基）-二己酰等过氧化物。

世界各国大公司的研究部门都对各种引发剂进行了研究，新的引发剂被许多装置应用，同时也改变了聚合工艺条件，增加了原有装置的生产能力，改善了产品的质量。英国 ICI 公司由于采用新的低温引发剂，降低了反应温度和压力（低于 151.9MPa），有利于安全生产及节约能源。很多公司普遍将各种有机过氧化物和纯氧混合使用，在反应器多个不同位置注入引发剂，使用这样的工艺条件及新的引发剂使得这些装置的乙烯单程转化率最高可以达到 35%。

2.2.2.2 乙烯配位聚合催化剂

乙烯烃配位聚合主要是由过渡金属化合物为引发剂，在有机铝化合物活化作用下形成活性中心，烯烃小分子在活性中心上反复配位插入增长，最终形成高分子链。

其中 Ziegler 催化剂是由 $TiCl_4$ 或 $TiCl_3$ 与 $AlEt_3$ 或 $AlEt_2Cl$ 等有机铝化合物混合来制备。烷基铝化合物是作为过渡金属化合物的烷基化试剂而起作用的，钛上所带的卤素原子与铝上所带的烷基发生交换即生成乙基钛化合物。

$$TiCl_4 + AlEt_3 \rightleftharpoons [A] \rightleftharpoons [B] \rightleftharpoons EtTiCl_3 + AlEt_2Cl$$

TiCl$_4$ 与 AlMe$_3$ 反应，由于可以从体系中分离出 MeTiCl$_3$，所以发生 TiCl$_4$ 的烷基化是确实的。生成的 4 价的烷基钛化合物较不稳定，在常温附近的温度下放出乙烷、乙烯，生成 3 价的钛化合物。TiCl$_3$ 在烃类溶剂中不溶，反应体系成为非均相。三氯化钛进一步如下式所示被烷基铝化合物烷基化，生成 EtTiCl$_2$ 或是钛与铝的复核络合物。

$$TiCl_3 + AlEt_3 \rightleftharpoons \begin{bmatrix} Cl & Et & Et \\ Ti & Al \\ Cl & Cl & Et \end{bmatrix} \rightleftharpoons \begin{bmatrix} Et & Cl & Et \\ Ti & Al \\ Cl & Cl & Et \end{bmatrix} \rightleftharpoons EtTiCl_2 + Et_2AlCl$$

$$[C] \qquad\qquad [D]$$

Cp$_2$TiCl$_2$（Cp-环戊二烯基配体）与 AlEt$_3$，AlEt$_2$Cl，AlEtCl$_2$ 的反应，由于得到了与络合物 [C]、[D] 相应的氯原子桥联的如下络合物，所以十分有可能生成了 [C]、[D] 那样的 Ti-Al 复核络合物。

$$\begin{matrix} Cp & Cl & Cl \\ Ti & Al \\ Cp & Cl & Cl \end{matrix} \qquad \begin{matrix} Cp & Cl & R \\ Ti & Al \\ Cp & Cl & R \end{matrix}$$

如进一步发生烷基化与还原，也可以得到二价的钛化合物。实际的 Ziegler 催化剂体系，可能是 4 价、3 价、2 价钛化合物的混合物。其成分取决于催化剂制备后，将催化剂体系放置多长时间、多高温度（老化条件）而定，催化剂体系是由 [A]、[B]、[C]、[D] 等复核络合物与 EtTiCl$_3$、EtTiCl$_2$ 等的单核络合物组成的复杂的混合物。但不管怎样，可以认为确实是生成了某种乙基钛化合物，并成为活性种。

Ziegler 催化剂发现后不久，Plillips 公司开发了氧化硅上担载铬化合物的催化剂。这个催化剂起初在用法上与 Ziegler 催化剂相比，其优点在于催化剂的分离上。有关其活性物种的性质虽不清楚之处尚很多，但可能是氧化硅上的 OH 基与铬化合物反应，或者在反应初期阶段与乙烯反应，生成有 Cr—H 键的活性物种，然后乙烯如下式那样插入 Cr—H 键，发生聚合反应。

$$-Cr-H + C_2H_4 \longrightarrow -Cr-C_2H_5 \xrightarrow{nC_2H_4} -Cr-(CH_2CH_2)_n-Et$$

由于过渡金属络合物担载于固体表面，不仅有产物分离上的优点，有时对催化活性也有好的影响，现在发现对所得聚合物树脂的结构与性能也有相当大的影响。

Ziegler 催化剂的聚合机理的研究存在很多困难。但利用同位素来研究可在一定程度上弄清配位聚合的机理。用 [14]C 标记 AlEt$_3$ 中的乙基，得知聚合物末端上带有该乙基。另外，用氘代乙烯 CHD=CHD 得到的聚合物，通过红外光谱解析得到乙烯的双键是顺式打开的。这一点正支持了配位乙烯在 M-C 键间插入的机理。

TiCl$_4$-AlR$_3$ 生成的催化剂与乙烯反应后，乙烯 π 键配位于钛，发生 Et-Ti 键间的插入反应，反应机理可最简单地表示如下。

聚合反应开始：

$$\begin{array}{ccc} \underset{\text{(乙烯}\pi\text{配位)}}{\overset{\overset{\displaystyle Et \quad CH_2}{\diagdown \nearrow}}{-Ti \cdots \| }_{CH_2}} & \longrightarrow & \underset{\text{(活化状态)}}{\overset{\overset{\displaystyle Et \quad CH_2}{\diagdown \quad \vdots}}{-Ti \cdots \vdots}_{CH_2}} & \longrightarrow & \underset{\text{(插入)}}{\overset{\overset{\displaystyle Et \quad CH_2}{\diagdown \diagdown}}{-Ti \cdots \,}_{CH_2}} \end{array}$$

这样生成的丁基络合物上，若乙烯再配位，接着一个个发生插入的话，聚合物的链就增长。链增长反应过程中，发生 β-消除就生成末端有双键的聚合物和氢化络合物。

链增长反应：

$$[Ti]-CH_2CH_2Et \xrightarrow[\text{配位}]{C_2H_4} \overset{H_2C=CH_2}{[Ti]-CH_2CH_2Et} \xrightarrow[\text{插入}]{} \overset{(CH_2-CH_2)_2Et}{[Ti]} \xrightarrow[\text{插入反应的反复}]{C_2H_4} [Ti]-(CH_2CH_2)_n-Et$$

链终止、链转移反应：

$$[Ti]-(CH_2CH_2)_n-Et \xrightarrow{\beta\text{-消除}} [Ti]-H+CH_2=CH(CH_2CH_2)_{n-1}Et$$
$$\text{插入} \downarrow C_2H_4$$
$$[Ti]-Et \xrightarrow{nC_2H_4} [Ti]-(CH_2CH_2)_n-Et$$

关于终止反应，尚不十分清楚，除由于 β-消除而终止外，还可能有双分子终止反应。

考虑到即使 $Ti(CH_2Ph)_4$ 这样的单一烷基络合物也可以使乙烯聚合，乙烯借插入到 Ti—C 键而聚合的机理，可以认为是确实的。但也曾提出过与烯烃复分解反应相关的经由卡宾中间体的机理。

(1) 乙烯配位聚合催化剂发展历史及现状 20 世纪 80 年代以前，聚乙烯催化剂研究的重点是追求催化剂效率，经过近 30 年的努力，聚乙烯催化剂的催化效率有极大提高，从而简化了聚烯烃的生产工艺，降低了能耗和物耗。几十年来世界聚烯烃工业技术进步主要归功于催化剂的进步。催化剂活性的明显提高和活性中心控制手段的明显改进，又在很大程度上简化了工艺过程，改变了产品结构。

美国市场研究公司 Freedonia 公司 2007 年 1 月称，根据预测，全球催化剂年需求将以 3.6％的速度增长，到 2010 年，需求量将达到价值 123 亿美元。需求增加主要由化工、聚合物和炼油行业的许多节能工艺和产品推动。从产品看，聚合物催化剂的需求增长最快，其中单活性中心催化剂将以两位数百分率增长[2]。

为了满足世界上聚烯烃生产商对催化剂不断增长的需求，世界著名的催化剂生产商和供应商都在增加生产能力。目前研究开发的聚乙烯催化剂主要有铬催化剂、齐格勒－纳塔（Ziegler-Natta）催化剂、茂金属催化剂、非茂金属催化剂、双功能催化剂以及双峰或宽峰分子量分布聚烯烃复合催化剂等。

(2) 齐格勒-纳塔聚乙烯催化剂 用于合成聚乙烯的齐格勒-纳塔（Ziegler-Natta）催化剂经过几代的发展，其性能已得到了很大的提高，但其整个发展历程还是经历了相当长的时间。

历史上有若干个课题组都十分接近发现低压乙烯聚合反应催化剂。1930年，当 Friedrich 和 Marvel 试图用烷基锂合成砷的烷基化合物时，发现正丁基锂与烷基过渡金属能使乙烯在高度沸腾的矿物油中生成线型聚乙烯。由于种种原因，他们以后没有对这个有趣的结果做深入探讨。BASF AG 的 Max Fischer 发现铝粉和 $TiCl_4$ 的混合物能使乙烯产生高分子量的液体和作为副产品的聚合物。直到 20 世纪 50 年代德国 Max Planck 煤炭研究院的齐格勒在低压催化乙烯聚合方面取得重大突破。

尽管齐格勒的研究方向具有明显的科学基础，但还是意外的发现改变了他的研究兴趣。1952 年他在一次试验中发现高压釜内的少量镍杂质在烷基铝存在下阻止乙烯的链增长，而有利于链的终止，得到乙烯的二聚物 1-丁烯。齐格勒对镍的影响经过细致研究，最终在 1953 年发现低压乙烯催化聚合工艺，当锆钛化合物与烷基铝混合就可在室温常压下引发乙烯聚合得到 HDPE。纳塔统称这种由烷基铝与Ⅳ、Ⅴ、Ⅵ族过渡金属化合物组成的混合催化体系为"齐格勒催化剂"。齐格勒的第一篇专利仅仅将此催化体系限定于乙烯聚合。1954 年发现钒系催化剂可以使乙烯丙烯共聚得到弹性材料，随后几年齐格勒催化剂很快应用于工业生产聚烯烃产品。使用齐格勒催化剂实现低温、低压条件下工业化生产聚乙烯，最早的是 1954 年由意大利的蒙特卡蒂尼（Montecatini）公司即后来的蒙特爱迪生（Montedison）公司实现的。随后，1955 年德国的赫斯特（Hoechst）公司、1956 年法国的罗纳-普朗克（Rhone-poulencS. A）公司也开始了工业化生产。从 20 世纪 50 年代末到 60 年代初，世界各主要发达国家均实现了高密度聚乙烯的工业化生产。

20 世纪 50～60 年代的 Z-N 催化剂由 $TiCl_4/AlEt_3(AlEt_2Cl)$ 组成，活性很低，催化剂中的大部分钛盐由于没有催化活性而残留在聚合物中，需要经过聚合物洗涤步骤将其除去，称为脱灰工序，费时又费力。70 年代末和 80 年代初出现的载体型催化剂是齐格勒-纳塔催化剂的巨大革新和进步，它将 $TiCl_4$ 负载在 $MgCl_2$ 载体上，以 AlR_3 为助催化剂，这种新的催化剂体系在聚乙烯工业上显示出许多优势，其中之一就是它的高活性，从而避免了许多后处理的工序，大大简化了工艺流程，为气相乙烯聚合工艺的成功开发创造了条件。由于催化剂的复制效应，80 年代中期出现的球形或类球形载体催化剂可以生产出具有固定尺寸的、粒度分布均匀的球形聚合物，这使得人们期盼已久的无造粒工艺成为可能。

如今聚乙烯催化剂已发展到综合性能优良的高效催化剂阶段，其组成包括：通式为 $Ti(OR)_nCl_{4-n}$ 的过渡金属化合物，$MgCl_2$、SiO_2 或两者的复合物作为载体化合物，作用在于提高催化剂活性、氢调敏感性、共聚性能和改善载体粒形的促进剂或改性剂。这类高性能催化剂能满足当今市场对聚乙烯树脂高性能化的要求，在一定程度上能够对聚乙烯树脂进行剪裁设计，如胜任双峰聚乙烯树脂的生产。这类催化剂一般活性中心分布均匀，聚合速率平稳，有较理想的聚合动力学行为，聚合过程易于控制；催化剂和聚合产物的形态好（球形或类球形），颗粒大小分布窄，表观密度高，流动性好；氢调敏感性好，聚合产物的相对分子质量和相对分子质量分布易于调控；共聚性能好，可与乙烯、丙烯以及多种共聚单体共聚合成不同性能的共聚物，不断提高产品性能。

目前国外公司比较有代表性的催化剂有 Univation 公司的 UCAT A 和 UCAT J 催化剂，可适于生产薄膜级和注塑级 LLDPE、滚塑级 MDPE 及注塑、撕裂膜 HDPE 等产品[3]，其产品特点见表 2-1 所列。

■表 2-1　Univation 公司的 Z-N 聚乙烯催化剂及其特点

催化剂	活性/(kg PE/g CAT)	特　点
UCAT A	3～5	干粉进料，很可靠的 Unipol 催化剂，聚乙烯产品包括 Tuflin LLDPE、Flexomer 等
UCAT J	15～20	淤浆进料，为 UCAT A 催化剂的高活性替代品，也可用于 Unipol II 工艺，聚乙烯产品包括双峰 HDPE 和 LLDPE

UCAT A 催化剂为固体催化剂，以浸渍在多孔硅胶中的氯化钛/氯化镁/给电子体反应络合物为催化剂母体，与有机铝活化剂组成镁/钛催化剂。该催化体系活性很高，所得树脂残余钛含量低（约 $4\mu g/g$），与 α-烯烃有较好的结合能力，对氢调相对分子质量也有较好响应，可生产熔体指数为 $0.5\sim100g/10min$、密度范围较宽（$0.91\sim0.95g/cm^3$）及相对分子质量分布较窄（MWD 为 $2.7\sim4.1$，MFR 为 $22\sim32$）的全密度 PE。尤其是低压下以较低投资和费用生产的薄膜级 LLDPE 比 LDPE 力学性能好得多。

UCAT J 催化剂是一种高活性、无载体的淤浆催化剂，可替代 Unipol 工艺中的固体 UCAT A 催化剂，并且产品种类可覆盖用 UCAT A 催化剂生产的全部产品。UCAT J 催化剂与 UCAT A 催化剂一样，是以钛为活性金属的 Z-N 聚乙烯催化剂。UCAT J 催化剂与 UCAT A 催化剂的作用机理相似，但仍存在许多差别，主要体现在以下几点。①UCAT J 催化剂的活性可达 $15\sim20kg/g$，是普通 UCAT A 催化剂的 $4\sim5$ 倍。②助催化剂浓度不同，UCAT J 催化剂所用的助催化剂是三乙基铝，反应器中钛金属含量低，所需的三乙基铝少。③对氢调敏感，生产同样 MFR 的产品，UCAT J 催化剂所需的氢气量比 UCAT A 催化剂少 10％～20％。④还原情况不同，UCAT A 催化剂本身是经过还原的，而 UCAT J 催化剂是在进料过程中还原，还原剂为正己基铝和一氯二乙基铝。UCAT J 催化剂在生产大多数密度高于 $0.945g/cm^3$ 的 HDPE 产品时，无需还原；而生产密度低于 $0.945g/cm^3$ 的产品时需还原，其目的是缓和催化剂活性以更好地控制树脂的粒形及堆密度。⑤毒物影响程度不同。对 UCAT A 催化剂有影响的杂质同样影响 UC-AT J 催化剂，通常的毒物有 CO、CO_2、H_2O、C_2H_2、O_2、H_2S 及各种羰基及醇类。因为 UCAT J 催化剂的活性很高，反应器中的活性钛较少，所以同样浓度的杂质对 UCAT J 催化剂的影响要比对 UCAT A 催化剂的影响大。⑥聚乙烯产品性能不同。UCAT J 催化剂的催化活性高，所需助催化剂量少，聚乙烯产品中催化剂残余量低，即产品灰分含量低、薄膜的表观密度提高。

LyondellBasell 公司开发了一系列新型直接加入型 Avant Z 催化剂，不需要预聚合步骤。新型 Avant Z 催化剂具有颗粒形态控制、高活性和在一台空反应器中开始生产的能力，还可以简化工艺，减少一定的催化剂制备设备和相关体系，因此可以降低投资成本。其中 Avant Z230 催化剂以氯化镁为载体，性能更为稳定，可用于气相法聚乙烯工艺，生产窄分子量 LLDPE、MDPE 和 HDPE，其稳定性和互补性可与其他 Ziegler 催化剂相比拟，使用丁烯和己烯使其性能得以改进；Avant Z218 催化剂也以氯化镁为载体，可用于气相法聚乙烯工艺，生产宽分子量 HDPE；Avant Z501 催化剂具有较高的催化活性和良好的氢调性能，可用于 Hostalen 淤浆法工艺，生产具有双峰分子量分布的 HDPE 薄膜树脂，生产的树脂具有优良的加工性能和出色的力学性能，具有宽分子量分布、增强的刚度和耐慢速应力开裂性能，尤其适用于 PE100 应用[4]。

三井化学公司的 Z-N 聚乙烯催化剂包括：①PZ 催化剂，用于生产密度高于 $0.955g/cm^3$ 的 HDPE 树脂；②TE 催化剂，更容易嵌入共单体，用于生产密度低于 $0.955g/cm^3$ 的 HDPE 树脂；③RZ 催化剂，与 PZ 催化剂相似，但性能更好，具有更高的活性和更窄的聚合物粒径分布，可用于三井化学公司的 CX 釜式淤浆法聚乙烯工艺，采用单一的催化剂可生产多种聚乙烯产品。

Grace Davison 公司以 SYLOPOL 为商品名供应其用于淤浆法和气相法工艺的专有 Z-N 聚乙烯催化剂。该公司也有一种用于 Hoechst 公司 CSTR 工艺的催化剂。除专有催化剂外，Grace Davison 公司还在 NOVA 化学公司的许可下供应 NOVACAT 催化剂、在 Eastman 公司的许可下供应 EN-ERGX 催化剂[5]。这两种催化剂均被用于 Innovene 气相法聚乙烯工艺。表 2-2 所列为 Grace Davison 公司的 Z-N 聚乙烯催化剂产品。

■表 2-2　Grace Davison 公司的 Z-N 聚乙烯催化剂产品

催化剂	适用工艺	聚乙烯产品
SYLOPOL 5951	环管淤浆法	HDPE（注塑）
SYLOPOL 5917	Hoechst CSTR	HDPE
SYLOPOL 53TH	气相法	HDPE（注塑，旋塑）、LLDPE
NOVOCAT T	Innovene/BP	LLDPE
ENERGX	气相法	LLDPE

BASF 催化剂公司的 LYNX Z-N 聚乙烯催化剂产品见表 2-3 所列。这些催化剂以 LYNX 100、200、760 系列为商品名出售，催化剂的目标为环管淤浆法工艺和 CSTR 工艺。部分 LYNX 200 系列催化剂为三井化学公司 CX 工艺而设计。

■表 2-3　BASF 催化剂公司的 LYNX Z-N 聚乙烯催化剂

催化剂	适用工艺	聚乙烯产品
LYNX 100	Phillips 环管淤浆法	HDPE（注塑、旋塑）
LYNX 200	双反应器己烷环管淤浆法	HDPE（注塑、吹塑）、纤维、薄膜、管材和导管
LYNX 760	环管淤浆法	HDPE（注塑）

注：主要特点为 Drop-in 替代物；高活性；双峰分子量分布；低细粉含量；良好的共单体嵌入能力。

我国烯烃聚合催化剂的研究工作开始于 20 世纪 60 年代初期，70 年代初已经形成了一支综合的研究队伍，包括催化剂合成、烯烃聚合反应机理和聚合物理形态的研究等。从 70 年代初开始，我国相继引进了多套烯烃聚合生产装置。聚烯烃工业的迅速发展促进了烯烃聚合催化剂的研究开发，一批国产催化剂（例如中国石化公司北京化工研究院的 BCH、BCE、BCG 和 BCS 系列催化剂等）开始从实验室走向市场，部分替代了进口催化剂，已形成很好的经济和社会效益。

目前，中国石化催化剂公司商业化的 Z-N 聚乙烯催化剂产品见表 2-4 所列，可用于 Unipol、Innovene、Borstar 和三井 CX 等多种聚乙烯工艺平台。

■表 2-4　中国石化催化剂公司的 Z-N 聚乙烯催化剂产品及其特点

催化剂	适用工艺	聚乙烯产品	性能特点	技术供应商
BCG（BCG-I、BCG-II）	气相法，Unipol	HDPE、LLDPE	为用于气相法工艺的固体催化剂，催化活性高（4~5kg PE/g cat），流动性好，氢调敏感性好，共聚性能优良；聚合物表观密度高（≥0.35g/cm³），颗粒形态好，粒径分布窄，细粉少	北京化工研究院
BCS	气相法，Unipol，Innovene	HDPE/LLDPE（注塑、挤出、吹塑）	为用于气相法工艺的淤浆进料催化剂，可生产注塑、挤塑、吹塑等牌号的全密度 PE 产品，广泛应用于 Unipol 工艺和 BP 工艺的聚乙烯反应器中，催化活性高（9~10kg PE/g cat），氢调敏感，共聚性能好；聚合物表观密度高（≥0.32g/cm³），颗粒形态好，粒径分布窄，细粉含量少	北京化工研究院
BCH	三井 CX	HDPE	为钛系高效乙烯催化剂，适用于三井淤浆法聚合工艺，主要用于 HDPE 的生产；催化活性高（≥600kg PE/g Ti），氢调敏感，共聚性能良好，动力学曲线平稳；聚合物表观密度高（≥0.3g/cm³），颗粒形态好，粒径分布窄，细粉含量少	北京化工研究院

续表

催化剂	适用工艺	聚乙烯产品	性能特点	技术供应商
SLC-B	Borstar	双峰聚乙烯	为紫色粉末，主要用 Borstar 工艺生产双峰分子量分布聚乙烯产品，催化活性为 13～18kg PE/g cat	上海化工研究院
NT-1	Unipol	MDPE、LLDPE（薄膜）	是一种新型载体聚烯烃催化剂，具有颗粒形态好、共聚性好等优点，适合于乙烯与己烯及其他α-烯烃的共聚反应，共聚性能优良，具有良好的氢调敏感性	石油化工科学研究院
BCE	淤浆法	双峰聚乙烯、HDPE	用于生产各种用途的 HDPE 树脂，尤其适合生产 PE80、PE100 等高附加值产品。催化剂活性高（≥30kg PE/g cat），氢调敏感性好，共聚性能好；聚合物堆积密度高，低聚物含量少，颗粒形态好，粒径分布窄，性能优良，综合性能已达到国际先进水平	北京化工研究院

  2000 年，北京化工研究院开发出 BCG 气相聚乙烯催化剂，并先后在中原石化、茂名石化和广州石化等聚乙烯装置上得到应用。BCG 系列（BCG-Ⅰ、BCG-Ⅱ）催化剂是一种高效聚乙烯催化剂，适用于气相流化床工艺的乙烯聚合或共聚合，尤其适用于 Unipol 工艺聚乙烯生产装置，其主要技术特点：催化剂活性高，流动性好，氢调敏感性好，共聚性能优良；聚合物表观密度高，颗粒形态好，粒径分布窄，细粉含量少。

  2002 年 1 月，气相聚乙烯淤浆进料催化剂的研制开发作为国家"十五"（第十个五年计划）重点攻关项目、中国石化股份有限公司重点攻关项目之一正式立项。北京化工研究院经过大量研究及实验室聚合评价，于 2002 年 7 月开发出具有独立知识产权的用于气相聚乙烯工艺的 BCS 型淤浆进料催化剂，并申请了国内外专利。在广州石化 200kt/a 气相聚乙烯装置上进行的工业应用试验结果表明，与进口同类催化剂相比，BCS-01 催化剂活性高，且具有优良的共聚、流动和分散性能，可以适应干态和冷凝态操作；生产的聚乙烯树脂性能优良、灰分含量少、质量稳定，各项性能指标均达到企业优级品水平，综合性能达到进口淤浆进料催化剂水平[6]。

  国产淤浆进料催化剂的工业化应用，能使聚乙烯产品的生产成本大幅度降低，这将给国内聚乙烯生产厂家带来可观的经济效益。而且，使用 BCS 淤浆进料催化剂，后系统添加剂加入比例也相应减少，聚乙烯产品相对于使用固体催化剂时性能更佳，由此产生的成本节约及售价方面的优势也更为明显[7,8]。

  随着聚乙烯技术的发展和高性能树脂产品的开发，工业生产对催化剂提出了更高要求。日本、韩国等国都加强了对高活性淤浆聚乙烯催化剂的技术投入，同时也加大了在东南亚和中国的技术推广。BCE 催化剂是北京化工研究院继 BCH 催化剂后研制的新一代具有自主知识产权的高活性乙烯淤浆聚合催化剂。BCE 催化剂催化活性、聚合物粒径分布、细粉含量及聚合物堆密度等性能指标明显优于同类催化剂，是一种适合双峰工艺的新型催化剂，适用于釜式淤浆法 HDPE 装置，包括 Mitsui 公司的 CX 工艺、LyondellBasell 公司的 Hostalen 工艺等乙烯淤浆聚合工艺，能够用来生产注塑、挤塑、吹塑等各种 HDPE 产品，尤其适合生产 PE80、PE100 等高附加值产品，具有催化活性高、聚合物粒径分布窄和细粉含量低及堆积密度高等优点，使聚合物粉料粒径分布得到改善，粉料的堆积密度得到提高，从而有利于装置的长周期运行，可以进一步提高装置的生产负荷，最终提高经济效益。同时 BCE 催化剂还具有制备工艺简单、生产成本低、聚合物己烷可萃取物少等特点，能够替代从日本进口的 RZ-200 催化剂，可大幅度降低生产成本，实现装置高效经济运行。BCE 催化剂的研发以及工业应用成功，对于促进国内聚乙烯催化剂技术的进步以及聚乙烯成套技术的开发、提高聚乙烯产品档次、促进专用料开发、降低树脂产品成本、提高树脂产品市场竞争力都具有重要意义[9~11]。

（3）菲利浦催化剂 聚乙烯菲利浦催化剂与齐格勒-纳塔催化剂具有相似的发展历程，在 20 世纪 50 年代初期，由美国 Phillips（菲利浦）石油公司的 Hogan 和 Bank 发明了这种催化剂。起初美国 Phillips 石油公司和 Standard Oil（标准石油）公司这两家的研究小组都在用氧化物作催化剂以制备合成汽油。菲利浦石油公司的 Hogan 和 Bank 试图在 SiO_2/Al_2O_3 载体上的 NiO 存在下由乙烯制造液体燃料，但是生成过多的 1-丁烯，用 CrO_3 替代 NiO，所有的乙烯都被消耗掉，并合成了高密度聚乙烯，公司致力于将其发现实现工业化，于 1954 年将其研究成功的报告公之于世，进而在 1957 年实现了工业化生产，而此时标准石油公司的研究仅停留在小试阶段。因此后来人们就将此类铬系聚乙烯催化剂统称为菲利浦催化剂。菲利浦催化剂专用于乙烯聚合为高密度聚乙烯，但也能使较高级 α-烯烃，特别是丙烯、1-丁烯、1-戊烯、1-己烯等聚合为从半固体到黏性液体的带支链的高聚物。目前，铬系均相催化剂引起了人们的关注，全球有相当数量的聚乙烯由 Phillips 公司的 CrO_3/SiO_2 催化剂生产，它不需要 AlR_3 和 MAO 这样的助催化剂，活性很高，Union Carbide 公司的 Karapinka 和 Karol 还开发了 Cp_2Cr/SiO_2 的催化体系，其催化活性也很好，尤其对乙烯、丙烯聚合有很高的选择性，但遗憾的是，这些催化剂的催化机理和活性中心至今还不太清楚。为了探求该催化体系的活性中心的本质，从而改进催化剂，有许多研究小组想通过均相金属有机催化的角度来探明目前多相 Cr 系催化剂的本质，并进一步开发新一代 Cr 系催化剂。

菲利浦催化剂是由硅胶或硅铝胶载体浸渍含铬的化合物生产的，包括 Phillips 公司的氧化铬催化剂和 Univation 公司的有机铬催化剂，最初主要用于 Phillips 公司和 Univation 公司的聚乙烯生产工艺，可用于生产线型结构的 HDPE，改进后也可用于乙烯和 α-烯烃的共聚反应。采用这种催化剂生

产的乙烯和 α-烯烃的共聚物具有非常宽的分子量分布（MWD），M_w/M_n 为 12～35。Phillips 公司已开发十几种不同的铬催化剂，有些已实现工业化，用来生产高性能的吹塑制品、管材和薄膜。

目前菲利浦催化剂的主要供应商包括：①Grace Davison 公司；②PQ 公司；③Univation 公司；④中国石化催化剂公司；⑤LyondellBasell 公司。Grace Davison 公司为到目前为止的领先者，供应的铬催化剂见表 2-5 所列，包括铬-硅胶催化剂、铬-二氧化钛改性硅胶催化剂和铬-氟改性硅胶催化剂，可用于环管淤浆法工艺和气相法工艺。在环管淤浆法工艺中，这些催化剂可生产吹塑制品、管材（除 PE 80/100 外）和薄膜牌号产品。Grace Davison 公司也可提供能生产极低熔体指数 HDPE 牌号产品的铬催化剂。

■表 2-5　Grace Davison 公司供应的铬催化剂及其特点

催化剂	组分	适用工艺	产　品
SYLOPOL HA30W	Cr/SiO₂	环管淤浆法	HDPE（抗环境应力开裂牌号）
SYLOPOL 969MPI	Cr/SiO₂	环管淤浆法	HDPE（吹塑牌号）
SYLOPOL 969	Cr/SiO₂	气相法	HDPE
SYLOPOL 957	Cr/SiO₂	气相法	HDPE
MAGNAPORE 963	Cr/Ti/SiO₂	环管淤浆法	HDPE（管材/薄膜牌号）
SYLOPOL 9701	Cr/Ti/SiO₂	环管淤浆法	HDPE（薄膜牌号）
SYLOPOL 9702	Cr/Ti/SiO₂	气相法	HDPE（管材/薄膜牌号）
SYLOPOL 967	Cr/F/SiO₂	环管淤浆法	HLMI（极低熔体指数）HDPE

Univation 公司有代表性的铬催化剂是 UCAT B 和 UCAT G 催化剂，用于气相法聚乙烯工艺，其产品特点见表 2-6 所列。

■表 2-6　Univation 公司的铬催化剂及其特点

催化剂	牌号	聚乙烯分子量分布	聚乙烯产品
UCAT B	B-300（Ti 改性）	中等	吹塑
	B-400（Ti、F 改性）		管材、片材
UCAT G	G-（Al/Ti）	宽	MDPE 薄膜、管材、土工膜、HDPE 薄膜、大部件吹塑制品

UCAT B 催化剂是基于硅胶载体上负载铬氧化物的催化剂，呈干粉状，可生产中等分子量分布 HDPE，适于生产吹塑制品和管材。生产出的聚乙烯产品的 MFR 为 60～90g/10min，密度可以根据催化剂的活性调整而变化。常用的 UCAT B 催化剂包括 UCAT B-300 和 UCAT B-400 催化剂。UCAT B-300 催化剂生产的树脂密度为 0.939～0.965g/cm³，而 UCAT B-400 催化剂生产的树脂密度为 0.915～0.922g/cm³，树脂的相对分子质量分布（9～15）属中等水平。产品典型的应用领域是制作牛奶瓶和水瓶、家用和工业用化学容器以及板材和管材。

UCAT G 催化剂是基于硅胶载体上负载铬/烷基铝化合物的催化剂，也呈干粉状，可生产宽分子量分布 MDPE、土工膜和大部件吹塑 HDPE 牌号产品。与 UCAT B 催化剂的区别是可生产 MFR 更高（可达 90～120g/10min）的树脂产品，树脂密度为 $0.930～0.962g/cm^3$，树脂的相对分子质量分布（12～30）较 UCAT B 催化剂产品更宽。产品典型的应用领域是制作高压力等级管道、薄壁软管、薄膜级产品及大型吹塑部件。UCAT G 催化剂牌号以 Al/Cr 比编号，最常用的牌号为 UCAT G-300。

LyondellBasell 公司已经工业化生产一种被称为 Avant C 的生产 HDPE 用的新型高孔体积铬催化剂。该催化剂的特点是高孔体积，可以生产乙烯均聚物和乙烯-α-烯烃共聚物。该催化剂由基于硅胶的专有载体负载，用铬化合物浸渍后在氧化条件下高温焙烧活化制得，铬以 Cr^{3+} 盐的形式存在，其含量低于 $1×10^{-5}$，安全可靠，而且生产成本较低。该催化剂可替代钛基催化剂用于气相法和淤浆法 HDPE 工艺，可生产要求抗冲击性和耐环境应力开裂（ESCR）性能好的大型吹塑制品用树脂。采用这些铬催化剂生产的树脂具有中等至宽分子量分布，可适用于吹塑、管材挤出和薄膜等应用。用这种催化剂也可生产范围很宽的产品，用一种 Avant C 催化剂可以替代 2～3 种不同的催化剂，从而可以简化操作，减少不合格产品。目前供应的铬催化剂包括用于 Lupotech G 工艺、Phillips 环管工艺、其他淤浆法和气相法工艺的铬催化剂。

此外，新成立不久的 PQ 公司将成为铬催化剂和硅胶载体领域里仅次于 Grace Davison 公司的第二大公司。新的合资公司可提供一系列铬催化剂和硅胶载体，而且还可以提供一种特殊的具有高孔体积的铬催化剂。

我国对聚乙烯铬系催化剂的研究较少，目前北京化工研究院研发的 BCW 铬催化剂是一种改进的载铬烯烃聚合催化剂。其以氧化物为载体，铬为活性组分，钛为修饰成分，铬和钛共同负载在载体之上，铬含量 0.1%～5%（质量），钛含量 0.1%～12%（质量）。催化剂活性大于 3000g/g cat，堆积密度 BD 大于 0.38g/ml，聚合物相对密度在 0.930～0.955 范围内，聚合物熔体指数在 0.15～30g/10min（2.16kg）范围内可调，树脂的 M_w/M_n 为 5～20。

BCW 催化剂即可以用于生产通用料，也可以用于生产专用料，尤其在专用料市场有独特地位，如生产管材、电线电缆料等。该系列铬催化剂是目前国内唯一工业化生产的铬催化剂，产品质量稳定，性能可靠，不仅完全可以取代进口催化剂，而且在某些性能方面优于进口催化剂，从而满足客户的各种生产需要。

(4) 单活性中心聚乙烯催化剂 起初，相对于聚烯烃多相催化剂突飞猛进的发展而言，人们对活性中心的本质及引发聚合的机理还知之甚少，一直存在争论，为此常采用有机金属模型化合物催化体系进行研究，期望得到更多的信息。在 20 世纪 60 年代，Natta 和 Breslow 都曾用 CP_2TiCl_2 进行乙烯聚合研究，由于采用常规烷基铝作助催化剂，所以活性很低。70 年代初，Reichert 和 Breslow 发现在 $CP_2TiEtCl/AlEt_2Cl$ 体系中加入少量的毒物水后竟使其聚合活性剧增。其后不久，Kaminsky 等将水加入到装有不含卤素的 $CP_2TiMe_2/AlMe_3$ 的核磁管中，观察到在乙烯存在的情况下，这个本无活性的体系突然迅速发生聚合反应。此后，他们终于分离出导致高活性的具有特殊助催化作用的 MAO，使得茂金属催化剂成为远比传统 Z-N 催化剂活性更高的新催化剂体系，Kaminsky 和 Sinn 两位科学家于 1980 年发现的茂金属催化剂给聚烯烃工业带来新的真正的革命。

茂金属催化剂是由过渡金属或稀土金属元素和至少一个环戊二烯或环戊二烯衍生物作为配体组成的一类有机金属配合物与助催化剂所组成的催化体系，是目前已经工业化和商业化的单活性中心（SSC）催化剂，主要包括均配型双茂金属、混配型双茂金属、手性茂金属、桥联茂金属、单茂金属、桥联混配茂金属、阳离子型等茂金属催化剂。

茂金属催化剂自 20 世纪 80 年代中期成为聚烯烃工业中的研究热点。进入 20 世纪 90 年代，一些茂金属催化剂得到了工业化应用，茂金属催化剂成为该时期聚烯烃技术开发最集中的领域。自从 1991 年美国 Exxon 公司首次成功将茂金属催化剂体系用于聚乙烯的工业化生产以来，茂金属催化剂及其应用技术成为聚烯烃领域中最引人注目的技术之一。

目前已经开发的茂金属催化剂结构有普通茂金属结构、桥联茂金属结构和限制几何构型的茂金属结构，过渡金属有 Zr、Ti、Hf 和稀有金属，配体有茂基、芴基、茚基等。茂金属催化剂与传统的 Z-N 催化剂的主要区别在于活性中心的分布。Z-N 催化剂有许多活性中心，其中只有一部分活性中心是立体选择性的，因此得到的聚合物支链多、分子量分布宽。茂金属催化剂有理想的单活性中心，能够合成均一的聚合物，分子量分布小于 2，能精密地控制聚合物的分子量及其分布、共聚单体含量及其在主链上的分布和结晶结构，组成分布也较均匀，由于每个过渡金属原子都是活性中心，催化剂效率非常高，可以达到上亿倍。聚合物结构能进行有效调控，通过改变茂金属催化剂的结构，例如改变配体或取代基，由聚合条件可以控制聚合产物的各种参数，如密度、分子量、分子量分布、共聚单体含量、组成分布、支化度、晶体结构和熔点等，可以准确地控制聚合物的物理性能和加工性能，几乎可以制得所有品种的聚烯烃产品，使其能满足最终用途的要求。

目前，世界上许多公司和研究单位都在致力于这一领域的研究开发，处于领先地位的有 Exxon（现为 ExxonMobil 公司）公司、Dow 化学公司、Univation 公司及三井化学公司等。

由于茂金属配合物合成困难、产率低、稳定性较差，有些容易发生构型转变，影响催化剂性能，所以茂金属催化剂成本高。由于 MAO 的助催化作用，茂金属催化剂对烯烃聚合具有很高的活性。除了与一般催化体系中的烷基铝一样起着消除聚合体系中有害杂质的"清道夫"作用外，MAO 的第一种功能是使卤代的茂金属化合物烷基化。借助[13]C-NMR、[91]Zr-NMR 和 X 射线等测定手段已有足够的证据证明阳离子化的 $L_2M(CH_3)^+$ 是烯烃聚合的活性中心，MAO 的另一个功能是使氢转移反应所生成的不活泼茂金属络合物重新活化，这往往需要体系中的 MAO 大大过量。MAO 主要由 $Al(CH_3)_3$ 部分水解制得，MAO 助催化剂的确切结构一直是热烈争论的主题。另外 MAO 价格昂贵，一直以来寻找低成本可替代 MAO 的助催化剂就是一个重大挑战。后来相继发现，其他助催化剂如 $[PhMe_2NH]^+[BPH_4]^-$、$B(C_6F_5)_3$、$[PH_3C]^+[B(C_6F_5)_4]^-$ 等，它们与 MAO 一样都是 Lewis 酸，能夺取茂金属配合物的烷基，使其产生阳离子活性中心。更为重要的是茂金属催化剂业务发展的焦点是知识产权问题，专利纠纷不断，在近似接近的技术市场上进行激烈的竞争。

有技术争议的企业间通过兼并重组等方式是解决这类纠纷的最为现实的途径。茂金属催化剂技术大多为 Dow 化学和 ExxonMobil 两家公司所有，其中 Dow 化学公司开发的是适用于溶液基聚乙烯生产的 CGC 茂金属催化剂和 Insite 聚合体系，而 ExxonMobil 公司推出的是适合气相聚乙烯方法的 Exxpol 茂金属催化聚合体系。

近年来，我国每年对 mPE 的需求达十几万吨，但这个市场却被国外公司的产品垄断。因此，开发具有自主知识产权的 mPE 工业化技术和茂金属催化剂，将填补我国在这方面的空白，不仅具有显著的经济效益，而且还有深远的社会意义。在实现茂金属催化剂的产业化方面，中国石化北京化工研究院、中国石油兰州石化研究院等单位做出了可喜的成绩。

近年来，中国石化北京化工研究院一直致力于茂金属催化剂及茂金属聚烯烃的研究，并开发出具有自主知识产权的茂金属加合技术。其技术特点在于：结构和组成新颖，三组分通过弱相互作用有机结合，制备技术较现有技术缓和，方法简单，无需分离提纯，产品收率达到 90%，催化剂活性高，已经在多个国家申请了专利。科研人员从技术创新和工业应用并重的方向找准切入点，开发了金属有机化学的合成新方法，首次提出"茂金属加合物"的概念，属于原创性知识创新和实用性技术创新，获得中国专利授权，同时也在美国、欧洲获得专利授权；从适应现有聚合工艺技术方面进行工艺改造和创新，形成气相流化床工艺制备 mPE 的成套技术，这也是首次在国内开发的气相法生产 mPE 产品的成套技术，包括茂金属催化剂工业配制工艺，气相法 PE 齐格勒催化剂与茂金属催化剂间的切换及开、停车方法，茂金属催化剂气相法 PE 聚合操作方法，mPE 产品的加工配方及加工工艺等多项专有技术。所开发的负载型茂金属催化剂活性适中，流动性好，氢调敏感、可控，有良好的催化乙烯均聚及与 1-丁烯、1-己烯共聚的性能，能够在气相流化床 PE 工业生产装置上稳定运行，可以生产密度为 $0.916 \sim 0.920 g/cm^3$ 的 PE 薄膜专用牌号。制备的 APE-1 茂金属催化剂已经进行了釜式淤浆法工艺、环管淤浆法工艺及气相流化床工艺中试试验，并在齐鲁石化公司 60kt/a 聚乙烯装置上成功地进行了工业试验，制得 mLLDPE 树脂[12,13]。

中石油兰州石油化工研究院经过几年研究，先后合成出二氯二茂锆、茚基环戊二烯基二氯化锆等 7 种茂金属主催化剂和 MAO 助催化剂及含硼阳离子引发剂，对主、助催化剂进行了系统评价，其模试和中试研究于 2004 年 3 月通过中石油组织的技术验收。此外，该院还成功开发出 LSG-1 型硅胶载体，并成功应用于茂金属负载化工艺，性能达到国外 Davison 995 硅胶的水平。2007 年，该单位承担的"聚乙烯用新型茂金属催化剂中试研究"、"改性烷基铝氧烷合成中试研究"项目通过中石油组织的成果验收。"聚乙烯用新型茂金属催化剂中试研究"项目主要采用原位负载技术制备了负载型茂金属聚乙烯催化剂。与通常的茂金属负载化工艺相比，原位负载技术制备步骤简单，使用烷基铝混合物代替价格昂贵的 MAO 在反应过程中直接负载，可有效解决茂金属催化剂大规模工业化过程中助催化剂成本高的难题，而且采用原位负载技术制备的负载型催化剂在催化乙烯聚合时具有较高的催化活性，聚合过程中温度易于控制，无爆聚、粘釜和挂壁现象，得到的聚乙烯分子量分布较宽、产品性能优异。"改性烷基铝氧烷合成中试研究"项目采用乙基、丁基、异丁基等基团改性 MAO，有利于降低茂金属催化剂体系成本[14]。

同时，在茂金属聚乙烯产品的工业化生产方面，国内生产企业也迈出了新的步伐。2007 年 9 月底，大庆石化利用美国 Univation 公司专利技术研发茂金属催化剂产品，并在其采用 Unipol 聚乙烯工艺的 60kt/a LLDPE 装置上成功生产 2744t 茂金属聚乙烯产品，HPR 18H10AX 和 HPR 18H27DX 两个牌号产品陆续运抵中国石油东北、华北、华南及华东等大区公司，市场反映其具有优良的加工性能、抗穿刺强度高、具有较高的技术含量和附加值。

在过去十几年中，人们对茂金属催化剂的化学问题进行了广泛的研究，目前全世界有关茂金属催化剂的专利已超过千项，聚烯烃生产装置也建成了多个。事实证明茂金属催化剂有很强的生命力，必将对 21 世纪的聚烯烃工业产生极大的影响。尽管茂金属催化剂有很多优点，但也有其自身的局限性，应用于工业化生产中还有许多问题需要解决，如助催化剂 MAO 的用量大、生产成本高。茂金属催化剂的超高活性通常是在助催化剂 MAO 的用量相当大的情况下得到的，因而同 Z-N 催化剂相比，昂贵的 MAO 消耗大已成为决定产品价格的重要因素；它的活性中心金属易于与极性基团配位，使催化剂失去活性，所以它不能催化极性单体聚合或与极性单体共聚，茂金属的两个环戊二烯基对中心金属的屏蔽限制了其对含有大基团 α-烯烃的催化活性，此外，催化剂的合成比较复杂，还有所得聚合物的分子量分布窄常给后加工带来困难。因此茂金属催化剂在普通聚烯烃树脂的工业化生产上希望不大，出路在高性能特殊聚烯烃树脂的工业化生产上，在聚烯烃产品性能多样化发展方面应该有一席之地。

茂金属催化剂发现之后，桥联半夹心结构的茂钛催化剂即"限制几何构型"催化剂也开发成功，这又进一步拓宽了单活性中心催化剂的范围，同时人们又把催化剂开发研究的关注点从第Ⅳ族 Ti、Zr、Hf 为主的金属络合物转到第Ⅷ族 Fe、Co、Ni、Pd 为主的金属络合物。1995 年 Brookhart 等开发的 α-二亚胺配体的镍、钯型络合物常压下即可使乙烯聚合成高分子量的聚合物，聚合活性与茂金属催化剂相当，而且通过控制聚合工艺条件可得到不同支化度的聚乙烯树脂（PE），这种后过渡金属催化剂在烯烃聚合领域内又开拓了一个新的研究热点。后过渡金属催化剂是指中心金属原子以元素周期表第Ⅷ族金属为主的金属络合物为主催化剂，对烯烃聚合有高活性的新一代催化剂体系。由于第Ⅷ族金属原子核外 d 电子层未满，可同烯烃分子的 π 电子云配位，从齐格勒发现镍效应开始就暗示了镍系催化剂能得到乙烯低聚物，在 20 世纪 50 年代又有人发现 $K_2Ni(Cn)_4$ 可作为乙烯与 CO 共聚反应的催化剂，60 年代 Gough 等又发现了高活性的钯催化剂也可用于乙烯与 CO 共聚制备聚酮。由于采用后过渡金属催化剂的聚合过程中易发生 β-H 消除反应导致链转移，所以这种类型的催化剂长期以来一直用于烯烃二聚或低聚成 α-烯烃，而得不到高聚物。Klabunde 和 Ostoja-Starzewski 又通过改变配体结构不断提高链增长速率成功得到高分子聚乙烯，同时 Ostpja 也确立了聚合物分子量与配体结构之间的基本关系。到 90 年代，Brookhart 与 Grubbs 分别成功开发出了二亚胺型镍、钯催化剂和不需助催化剂的亚胺酚氧基催化剂，不仅聚合活性大大提高，而且聚合物的分子量也提高很多。在 1998 年 Brookhart 和 Gibson 又各自独立开发出以铁、钴为中心的另一类高活性后过渡金属烯烃聚合催化剂，基本配体结构也属于亚胺型，但聚合产物的结构与性能与镍系完全不同，以低支化度线型 PE 为主。

后过渡金属催化剂完全不同于传统的 Z-N 催化剂、茂金属催化剂及稀土金属催化剂，由于它自身独特的结构和聚合性能而备受关注，表现在如下几个方面：①中心金属元素的选择跨越了元素周期表的前过渡区，选择铁、钴、镍、钯等后过渡金属元素，由于它们具有较低的亲电性，在对极性单体聚合时受到较小限制而有更强的耐受能力，可以将乙烯与极性单体共聚制备带官能团的功能性高分子材料；②催化剂结构打破了传统催化剂的烷基、烷氧基或茂、茚类等有机基团构成的框架，采用以烷基或芳基取代的二亚胺或三亚胺配体结构，这种结构化合物的合成路线简易可行，收率高，使后过渡金属催化剂有望成为经济型乙烯聚合催化剂；③从聚合产物来看，后过渡金属催化剂通过设计配体结构，利用空间效应和电子效应的差别及调节聚合工艺条件，可以获得从高支化度的 PE 到线型、半结晶的高密度 PE，或从高密度线型 PE 到乙烯低聚物，具有生产更宽范围聚乙烯材料的潜力[15]。对于 Ni 系催化剂，不需共聚单体就可使乙烯聚合成高支化度的聚乙烯材料，而 Z-N 催化剂和茂金属催化剂生产高支化度聚乙烯必须使用己烯、辛烯等共聚单体。目前后过渡金属聚合催化剂已形成两个系列：①以镍（Ni）、钯（Pd）为中心金属的二亚胺四配位型；②以铁（Fe）、钴（Co）为中心金属的三齿氮五配位型，世界上许多著名的公司都投入了大量的人力、物力进行该领域的研发工作，并申请了一系列的专利。稀土金属络合物也可作为烯烃聚合催化剂，Yasuda 发现镧系金属有机化合物对乙烯聚合十分有效，同时也能使乙烯与甲基丙烯酸甲酯共聚得到二嵌段共聚物 PE-b-PMMA。现在拥有的高效 Z-N 催化剂、茂金属催化剂、限制几何构型催化剂、后过渡催化剂以及 Grubbs 的亚胺酚氧基镍催化剂已经使我们有能力非常方便地制备各种性能的聚烯烃材料。

此外，三井化学公司开发出非茂金属 FI 催化剂，其催化活性为茂金属催化剂的 10 倍以上，而价格仅为茂金属催化剂的 1/10。FI 催化剂由第Ⅳ族金属（如 Zr、Ti 及 Hf）与两个苯氧基亚胺螯合配体络合而成，以铝氧烷为助催化剂。该公司使用该新型催化剂在中试装置上生产了 HDPE，并于 2007 年前建成一套商业化生产装置[16~18]。三井化学公司 FI 催化剂结构式如图 2-1 所示。

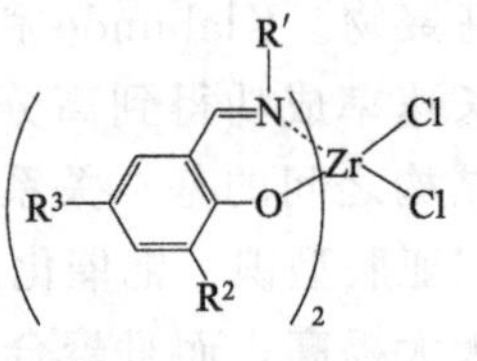

■ 图 2-1　三井化学公司 FI 催化剂结构式

Dow 化学公司基于一种新的聚合方法——链穿梭聚合法，如图 2-2 所示，将链穿梭聚合定义为增长聚合物链在多个催化剂活性中心穿梭，每一个聚合物链至少在两个催化活性中心上增长。链穿梭聚合的基本原理是：采用至少两种均相烯烃聚合催化剂和至少一种链穿梭剂，在溶液聚合体系中，增长聚合物链从一种催化剂活性中心转移到链转移剂上，再从链转移剂上转移到另一种催化剂活性中心继续增长，以链转移剂为媒介，聚烯烃增长链在多

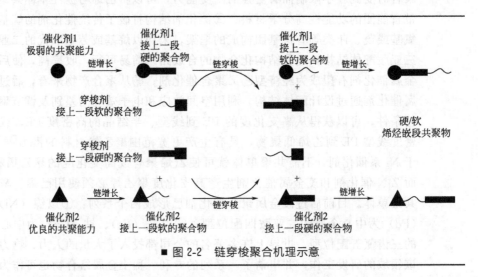

■ 图 2-2　链穿梭聚合机理示意

种均相活性中心上不断穿梭，以完成一个聚合物链的增长。链穿梭聚合中不可缺少链穿梭剂。链穿梭剂一般是烯烃配位聚合的链转移剂，如二烷基锌、烷基铝等金属有机化合物。因此，链穿梭反应也可看做是多种催化剂和链转移剂组成的一个可实现交叉链转移的聚合体系。当催化剂的立体选择性或单体选择性不同时，在有效的链穿梭聚合中，就可制备出多嵌段聚烯烃共聚物。

从链穿梭聚合的基本原理看，要成功实现链穿梭聚合，应满足以下要求。①主催化剂和链穿梭剂良好匹配，链穿梭剂上的聚合物链能够和任意一个主催化剂上的聚合物链快速交换，链交换反应速率要大于链终止速率，即在一个聚合物链的生长周期内至少完成一次链穿梭。更形象地说，一个聚合物链在终止前能够和链穿梭剂至少交换一次。②主催化剂之间具有不同的选择性（如立体选择性、单体插入能力的选择性等），才能制备出具有不同性能嵌段的共聚物。③聚合需要在均相条件下进行。很显然，在非均相条件下，链穿梭剂和主催化剂的链交换反应很难进行，这就要求采用非负载的单活性中心催化剂和溶液聚合工艺。均相溶液聚合一般要在高于120℃的条件下进行，因此，还要求催化剂有很好的耐温性。④催化剂的活性最好能达到可大规模工业应用的要求。

Dow 化学公司的科学家使用高通量筛选技术对该设想进行了实践探索。筛选出 1 个双酚氧胺 Zr 催化剂［图 2-3(a)，Cat 1a］、1 个吡啶胺 Hf 催化剂［图 2-3(b)，Cat 2］和链穿梭剂二乙基锌（$ZnEt_2$）。Zr 催化剂的共聚合能力较差，而 Hf 催化剂具有极好的共聚合性能。$ZnEt_2$ 对这两种催化剂都有极好的链转移作用。

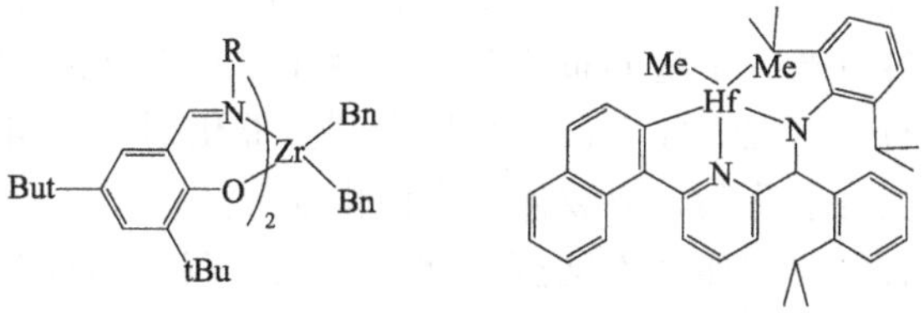

(a) Cat 1a或Cat 1b   (b) Cat 2

■ 图 2-3　催化剂 Cat 1a、Cat 1b 和 Cat 2 的结构

（Cat 1a 中的 R 为异丁烯，Cat 1b 中 R 为 2-甲基环己基，Bn 为苄基）

将 Cat 1a 和 Hf 催化剂混合后，制备的乙烯/1-辛烯共聚物的相对分子质量呈双峰分布且很宽。加入 $ZnEt_2$ 后，共聚物的相对分子质量分布变成单峰，多分散性稍大于 1，这说明 $ZnEt_2$ 起到了链穿梭剂的作用。然而，Cat 1a 的共聚合能力还太强，不够理想。在 Cat 1a 的基础上进一步筛选发现，Cat 1b 对乙烯具有理想的选择性，即共聚合能力较差，$ZnEt_2$ 对它的链转移效率也很高。使用图 2-3 所示的双催化剂和 $ZnEt_2$ 组成的催化体系制备"软"、"硬"嵌段共聚物的机理如图 2-4 所示。

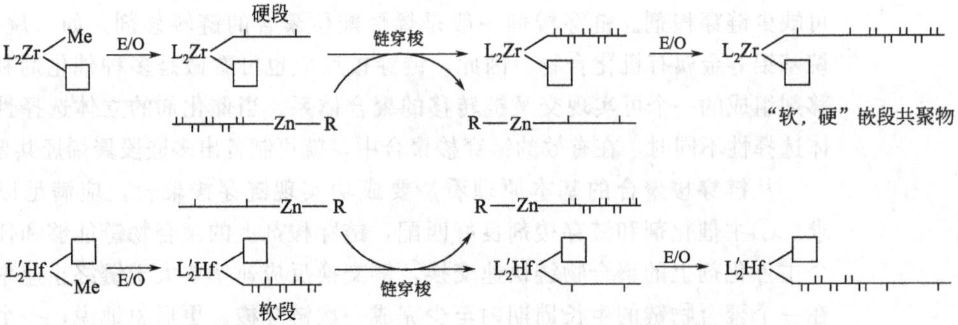

■ 图 2-4 链穿梭聚合制备"软"、"硬"嵌段共聚物的机理

2007 年，Dow 化学公司采用这种新型催化体系将商品名为 Infuse 的烯烃嵌段共聚物（OBC）推向商业规模生产[19~21]。Infuse OBC 构成了烯烃弹性体的新家族，它与常规的烯烃弹性体相比，具有改进的性能，包括出色的高温性能、加工过程中更快的固化速度（周期缩短）、更高的耐磨性以及在室温和高温下均具有卓越的弹性和压缩变形性能等。产品应用包括弹性薄膜、软质模制品、软质垫圈、胶黏剂、泡沫等[22]，相比传统的催化剂，生产费用显著降低。催化剂技术是 Infuse 产品突出特性（如其高弹性与高熔点结合）的关键，这两种性能以前是不可兼得的。

我国对非茂单中心催化剂的研究起步较晚，还没有形成规模，目前还主要集中在学术研究层面上。

(5) 其他聚乙烯催化剂 复合催化剂制备双峰聚乙烯是近年来聚乙烯催化剂研究开发的又一热点。复合催化剂可以产生多活性中心，在单反应器中生产双峰或宽分子量分布的 HDPE 和 LLDPE 产品。国内外多家大公司在这方面进行了研究，并申请了大量专利。催化剂按其组成可分为混合催化剂、双金属复合催化剂、双载体复合催化剂等。

混合催化剂即将不同茂金属催化剂、茂金属催化剂与 Z-N 催化剂、非茂金属催化剂与 Z-N 催化剂或茂金属催化剂与非茂金属催化剂混合组成的催化剂体系。由于不同催化剂具有不同的活性中心，也具有不同的链增长和链转移速率，从而可生成双峰聚合物。但采用混合催化剂也存在着如下缺点：两种催化剂相互影响，生成的 PE 粒径不均匀且在储存和运输过程中易分离，进而导致产品粒径分布更加不均匀。

双金属复合催化剂指预先制备一种双金属或多金属催化剂，然后将所制备的催化剂负载于同一种载体上。可以采用的催化剂体系有 Z-N/Z-N 催化剂体系、Z-N/Cr 系催化剂体系、Z-N/茂金属催化剂体系、茂金属/茂金属催化剂体系或双核化合物等。双金属复合催化体系可以制备相对分子质量分布宽的双峰或多峰分布聚合物，原因在于复合催化体系中双活性金属组分具有不同的链增长、链转移和链终止速率常数，从而在聚合反应中可得到不同相对分子质量的聚合物，导致其相对分子质量分布加宽。通过改变活性金属组分比，或在一定活性金属组分比下，通过改变复合助催化剂的类型、配比、浓度，可以调节双活性组分在聚合反应中所起的作用，进而达到调节产物相对分子质量分布的目的。双核化合物含有两个金属中心，由于这两个金属中心的种类不同或虽属同一种类但其所处的化学环境不同，因而具有不同的催化活性。

双载体复合催化剂指将某一金属催化剂同时负载到两种载体上，形成多活性中心，可用来制备相对分子质量呈双峰分布的聚合物。可以使用的载体很多，如 SiO_2、$MgCl_2$、Al_2O_3、聚烯烃粒子和天然高分子（如纤维素等）。利用双载体复合催化体系可制备相对分子质量分布宽的聚合物，一般认为是由于两种载体提供的表面微观环境存在差异，使催化活性中心受到不同影响，导致负载过程中金属配合物与载体表面作用的化学键强度不一，造成均一活性中心微杂化，从而使得聚合物相对分子质量分布变宽，而且相对分子质量分布的宽窄幅度受两种载体的配比及催化剂用量的影响[23]。

Phillips 公司申请了在单一反应器中使用混合催化剂（含铬和含钛催化剂）生产双峰聚乙烯的生产工艺的专利。专利表明：采用更高的钛铬比可生产出熔体指数和密度更高的聚合物；此外，当钛含量增加时，分子量分布变窄；与瓶用树脂进行的比较试验结果表明，生产的双峰聚乙烯的耐环境应力开裂性能明显优于通用树脂，显示出了采用混合催化剂体系（即 45％～65％钛）的优势[24]。

Phillips 公司还进行了使用两种以上茂金属和烷氧基铝组成催化体系的试验，每种茂金属催化剂有不同的链增长和终止速率常数。锆催化剂向氢发生链转移时，产生的聚合物相对分子质量变化明显，而钛催化剂则不明显。比较不含氢和含 4％氢的情况，锆催化剂生产的聚合物平均相对分子质量从206000 降到 6840。钛催化剂产生的变化则要小得多。与此相类似，当锆与钛之比增大时，多个峰变得更宽[25]。

UCC 公司申请了一项生产宽分子量分布或双峰聚乙烯的复合催化剂的专利。据称，这类催化剂的优势在于可控制分子量分布的峰值形态，在这一体系中，每种催化剂都有不同的氢气响应，如果催化剂中氢气调节分子量响应的差别很大，那么这种复合催化剂生产的聚合物将会产生双峰分布。如果催化剂组分氢气响应差别大，但还不足以产生双峰分布，这种催化剂将产生相对分子质量在 500000 以上的分子浓度较高的产品，其浓度高于一般的相同熔体指数的宽分子量分布的产品。该公司利用复合的 Ti-V 和 Zr-V 催化剂在气相法 Unipol 工艺装置上首次成功地合成出双峰高相对分子质量聚乙烯产品。

BP 公司采用混合 Z-N 催化剂和茂金属催化剂体系，在气相法装置上生产了第一代超韧 LLDPE，进而发展了第二代产品，用茂金属催化剂生产宽分子量分布和长支链聚乙烯，其加工性能和力学性能类似于 LDPE 和 LL-

DPE（70∶30）的掺和物。BP 公司还用两种茂金属混合催化剂体系生产出双峰 HDPE 树脂，据称，其韧性和纵向撕裂强度优于目前分段式反应器生产的双峰产品。

Univation 公司成功开发出 Prodigy 双峰催化剂，目前已推出的有 BMC-100 和 BMC-200 催化剂。采用 Prodigy 系列催化剂可在 Unipol 单反应器内实现双峰聚乙烯的生产，树脂产品目标是高密度膜和管材。目前，Univation 公司还在开发用于生产超双峰 HDPE 的催化剂。

BMC-100 催化剂对 1-丁烯或 1-己烯的共聚性能良好，生产的膜料具有优良的挤出性能、膜泡稳定性、抗冲击性能和耐环境应力开裂性能。采用 1-己烯为共聚单体可生产 PE80 管材料树脂，已取得 Bodycute Polymers 认证中心的认证。BMC-100 催化剂系列的膜料与管材料产品在 2004 年二季度实现工业化。BMC-200 催化剂生产的是 PE100 管材料树脂，工业试验试样已获得 Bodycute Polymers 认证中心的认证。PE100 管材料试验产品的物性指标完全达到、有的甚至超过目前已商业化的同类产品。

ExxonMobil 化学公司公布了一种用于生产具有双峰分子量分布的聚乙烯树脂的双金属催化剂及其制备和用途。催化剂的制备方法包括：将载体材料与有机镁组分和含羰基的组分接触；将这样处理过的载体材料与非茂金属过渡金属组分接触以获得催化剂中间体，将后者与铝氧烷组分和茂金属组分接触。可以将此催化剂进一步采用烷基铝助催化剂活化，且在聚合条件下与乙烯和非必要的一种或多种共聚单体接触，以在单一反应器中生产具有双峰分子量分布和改进树脂膨胀性能的乙烯均聚物或共聚物。这些乙烯聚合物特别适用于吹塑应用。

中国石化石油化工科学研究院发明了一种合成宽峰或双峰分子量分布的烯烃聚合物的混合催化剂，由一种负载型茂金属催化剂和一种负载过渡金属的非茂金属催化剂组成，该催化剂中茂金属与非茂金属催化剂中过渡金属的摩尔比为 0.01～1.0。所述非茂金属催化剂中的过渡金属为钛，茂金属催化剂中金属组分为锆。所述混合催化剂是由两种负载型催化剂经过干掺混合或在制备一种负载型催化剂过程中加入预先制备好的另一种负载型催化剂后混合制得。

浙江大学发明了一种制备双峰和/或宽峰分子量分布的聚乙烯的催化剂，采用此催化体系可以催化乙烯聚合，所得到的聚合物具有双峰和/或宽峰分子量分布。采用该发明涉及的催化剂制备的乙烯聚合物，在其双峰的分子量分布中，高分子量部分占优势，而且低分子量和高分子量所占的比例可以进行调节[26]。

天津石化公司与石油化工科学研究院对宽峰或双峰茂金属聚乙烯催化剂进行了研究。为了提高茂金属聚乙烯的加工性能，选择了两种茂金属催化剂 APE-1 和 SP-2 在实验室混合使用，由于它们催化乙烯聚合的活性相似、动力学行为也相似，适于复配进行乙烯均聚和共聚。在两种催化剂 SP-2 和

APE-1 复配的质量浓度比为 20 时，随着 1-己烯加入量的提高，所得聚合物的分子量分布有所加宽，且出现了双峰分布。

兰州石油化工公司发明了一种用于合成分子量宽/双峰分布聚烯烃树脂的含有茂金属的双金属复合催化剂。该催化剂所具有的双金属活性中心由茂金属催化剂和传统的钛系催化剂组成。组成茂金属催化剂的助催化剂为混合型烷基铝氧烷，通过调整两种活性金属的摩尔比及调整制备混合型烷基铝氧烷时两种或两种以上烷基铝的用量，可以在很大范围内调整聚合物的分子量和分子量分布，从而获得分子量分布很宽的聚烯烃树脂。

中国石油天然气股份有限公司发明了一种用于制备双峰聚乙烯的负载型催化体系及其制备方法，该催化体系由主催化剂、烷基铝氧烷和 SiO_2 载体组成，其中主催化剂是茂金属化合物和通式为 $C_{25}H_{27}X_2MN_3$ 的后过渡金属化合物的混合物，上述催化体系是负载在 SiO_2 上的烷基铝氧烷与烷基化的主催化剂在 20℃下混合反应得到的。所得催化剂特别适合于烯烃聚合制备双峰聚乙烯。

另外一类催化剂是双功能催化剂，也是近年来的研究热点之一，也被称为原位共聚技术，该技术主要是指催化剂中的一种活性中心在乙烯聚合反应器内首先使乙烯二聚或三聚生成 1-丁烯或 1-己烯，而另一种活性中心则使这些共聚单体原位与乙烯共聚生成 LLDPE。双功能催化剂按其活性组分可以分为有机铬/无机铬、钛/Z-N 催化剂和钛/钛组成的传统双功能催化剂以及近来出现的铬/茂金属、钛/茂金属和 Z-N/非茂金属等组成的双功能催化剂等。这项新技术的开发使 α-烯烃生产与聚乙烯生产合为一体，是聚乙烯工艺的又一次重大革新。

UCC 公司在 Unipol 反应器中采用由四烷氧基钛、Mg-Ti 催化剂和烷基铝组成的催化体系，使乙烯二聚生成 1-丁烯；乙烯又同原位生成的 1-丁烯共聚生成聚乙烯，两种反应同时进行；乙烯二聚生成 1-丁烯的选择性超过 85％。

Phillips 公司采用一种载于 TiO_2/SiO_2 上的铬化合物为催化剂，经活化并在一氧化碳中还原后，与助催化剂三烷基硼或二乙基乙氧基铝接触，得到一种双功能催化剂，聚合反应时加入氢气，氢气不仅调节聚合物的分子量，还影响共聚单体的总量及其分布。采用该双功能催化剂，该公司开发了采用单一乙烯原料制备密度为 $0.920\sim0.955g/cm^3$ 的乙烯-己烯共聚物的原位技术，生产可用于挤出牌号的聚乙烯产品。

Du Pont 公司开发的双功能催化剂体系是络合的铁/锆/MAO 催化剂。所使用的两种等量的催化剂的 Al、Zr、Fe 含量比分别为 100：1：0.025 和 1000：1：0.1，在 90℃、1.21MPa 乙烯压力下，1h 即可生产平均相对分子质量为 183845、不均匀性指数为 5.2 的聚乙烯混合物。该催化剂系统的催化活性为 4×10^5 mol 乙烯/mol 催化剂，产品的支化度为 26 个甲基/1000 个亚甲基。

Du Pont 公司还公开了一种由低聚催化剂和两种聚合催化剂组成的双功能催化剂体系，其中，所述低聚催化剂为铁系非茂金属催化剂，两种聚合催化剂中，一种催化剂（如茂金属催化剂）可使乙烯与 α-烯烃共聚合，而另一种催化剂（如茂金属催化剂或铁系非茂金属催化剂）在所述工艺条件下使乙烯聚合而不容易使乙烯与 α-烯烃共聚。采用所述催化剂体系从单一乙烯即可制得具有改进的物理性能和/或加工特性的聚乙烯共混物。

中国科学院化学研究所公开了一种双功能催化剂体系，其中低聚催化剂为 α-双亚胺吡啶铁系非茂金属催化剂，共聚催化剂为钛系 Z-N 催化剂。生成的 LLDPE 具有低熔点、低密度、较高的共单体插入率以及不同长度的支链等特点。采用这种方法生产 LLDPE 不仅可以简化生产工艺，而且大大降低了生产成本。

大庆石油学院公开了一种双功能催化剂体系，其中低聚催化剂为双磷铬催化剂，共聚催化剂为茂金属催化剂。所述催化剂体系可在同一聚合体系中，直接使乙烯低聚得到以 1-己烯和 1-辛烯为主的线型 α-烯烃（低聚产物中 1-己烯和 1-辛烯的含量大于 85%），然后原位与乙烯发生共聚反应，生成 LLDPE，得到的 LLDPE 可达到较高的共单体插入率。

在乙烯聚合催化剂的发展中，Z-N 催化剂和茂金属催化剂均是科研工作中的偶然发现，而后过渡金属催化剂则是科研工作者有目的、有意识地进行科学研究的结果，它的问世使烯烃聚合催化剂的发展又向前迈进了一大步，它充分体现了当前对聚乙烯催化剂的理性认识深度，尤其对催化剂活性中心构效关系的认识，直接指导科研人员对催化剂的结构探索和对聚烯烃产品的性能改进。首先对催化剂的结构进行设计，而后完成配体及络合物合成，最后通过聚合反应和聚合物性能测试进行验证，已成为目前探索新型催化剂的一种思路和方法，并且越来越多的活性化合物被研究开发出来。在已有的乙烯聚合催化剂中，被用做中心金属元素的有 Ti[27,28]、Zr[29~31]、Sc[32,33]、Nb[34]、V[35~37]、Cr[38~41]、Fe[42]、Cu[43]、Ni、Pd、Al[44~46] 等，被用做配位原子的元素有 N、O、P、S 等，由它们组合而构成不同结构的 N-N、N-O、N-N-N、P-N、P-O、O-O 等多种配体，而后由中心金属与适宜的配体络合又形成各种各样的活性络合物，最后与 MAO 或硼化合物等共同构成聚烯烃催化剂体系，众多种类的催化剂从理论上和应用上都极大地丰富了聚乙烯催化剂的内涵。

单活性中心催化剂技术研究的影响已经远远超越了常用聚烯烃产品的范畴，先进的聚合工艺在用于光电领域的高性能功能材料的开发中起着至关重要的作用。当今新催化剂的开发和优化是十分高效的，自动化系统和组合化学技术现在已被有效地用于筛选新的催化剂和聚合物，与数据分析工具结合起来的自动筛选系统有利于将实验室中的新催化剂和聚合工艺转化到工厂中，并且可高质量地控制它们在工厂中的生产。

在催化剂和聚合物基础研究方面的卓越进展使我们对催化剂结构、聚合反应工程、聚合物加工工艺以及聚合物性能间的相互关系有了更好的理解和把握。反复试验的开发模式逐渐被具有明确设计目的的方法所取代，这种方法根据客户提出的性能要求来设计聚合物和催化剂体系。

在聚乙烯催化剂的研究中，Nova、Dow、Du Pont、BP 和 Exxon 得到了一批丰硕的研究成果，其中一些的确是突破性的、具有重大意义的技术进步，这也迫使其他许多公司努力探索更新一代的乙烯聚合催化剂。

2.3 聚合反应、工艺与工程

2.3.1 乙烯聚合反应原理

2.3.1.1 自由基聚合机理

高压法聚乙烯反应遵从自由基聚合机理，主要有 4 个过程。

(1) 链引发 乙烯打开双键成为活性分子，即单体转变为自由基的过程。通常采用易产生自由基的氧、偶氮化合物或过氧化物作为引发剂。R·代表引发剂生成的自由基。

$$I \xrightarrow{k_i} 2R \cdot$$

$$R \cdot + CH_2 = CH_2 \xrightarrow{i} R - CH_2 - CH_2 \cdot$$

(2) 链增长 由引发剂引发活化后的乙烯分子与其他乙烯分子相互作用，进行连锁反应生成链状大分子。

$$R - CH_2 - CH_2 \cdot + nCH_2 = CH_2 \xrightarrow{k_p} R - CH_2 - CH_2 \cdot$$

(3) 链终止 带有活性的链状分子由于自由基之间的偶合、歧化，使链增长反应终止。

偶合终止：

$$2R - CH_2 - CH_2 \cdot \xrightarrow{R_{t1}} R - CH_2 - CH_2 - CH_2 - CH_2 - R$$

歧化终止：

$$2R - CH_2 - CH_2 \cdot \xrightarrow{k_{t2}} R - CH_2 = CH_2 + CH_2 - CH_2 - R$$

(4) 链转移 增长中的聚合物分子链活性可以转移到另一个聚合物或化合物（溶剂或链转移剂）上，形成新的自由基，自身取得一个氢原子而终止。

向单体的链转移：

$$R - CH_2 - CH_2 \cdot + CH_2 = CH_2 \xrightarrow{k_{tr-m}} R - CH_2 = CH_2 + CH_2 - CH_2 \cdot$$

向溶剂或链转移剂进行链转移：

$$R - CH_2 - CH_2 \cdot + SH \xrightarrow{k_{tr-S}} R - CH_2 = CH_2 + CH_2 - CH_2 \cdot$$

分子间链转移：活性增长链与聚合物大分子间的链转移，生成新的自由基，乙烯分子与新自由基继续结合，产生支链。

$$R-CH_2-CH_2\cdot+R'-CH_2-R''\xrightarrow{k_b}R-CH-CH_3+R'-\overset{\cdot}{C}H-R''$$

分子内部链转移：活性增长链中氢原子为同一链所夺取，活性中心在分子内部转移，单体分子继续与之反应形成支链。

$$R-CH_2-CH_2-CH_2-CH_2\cdot\xrightarrow{k_1}R-\overset{\cdot}{C}H-CH_2-CH_2-CH_3$$

乙烯在超高压下，密度为 $500kg/m^3$，近似为不可压缩液体，乙烯分子间距离小，易于发生反应。高温下增长链自由基活性大，极易发生链转移反应，但在高压状态下向单体和聚乙烯大分子间链转移的反应占主要地位，同时发生一些分子链内部的链转移，形成许多长短不一的支链。

在稳定条件下，引发反应与终止反应的速度是相等的，可以推导出反应速度的关系式：

$$R_p=(k_i/k_t)^{1/2}-k_p[I]^{1/2}[M]$$

式中，R_p 表示聚合速度；k 表示各单元反应速度常数；$[I]$ 表示引发剂浓度；$[M]$ 表示单体乙烯浓度。从上式可知，乙烯的聚合速度与引发剂浓度 $[I]$ 的平方根成正比，与单体浓度 $[M]$ 的一次方成正比。

乙烯聚合是一个强放热过程，1mol 乙烯聚合放出 125.4kJ 的热量（即每千克乙烯聚合放出热量 3385.5kJ）。在 235.2MPa、150～300℃条件下，乙烯的比热容为 2.51～2.84kJ/(kg·℃)，聚合热若不能及时撤出，则反应转化率每增加 1%，聚合温度会升高 12～13℃，温度过高会使乙烯及聚合物分解。分解反应一旦发生，将产生大量的热，温度会迅速升高，反应加速，甚至会引起爆炸。

2.3.1.2　配位聚合机理

配位聚合机理详见 2.2.2.2 小节。具体配位催化剂聚合机理如下。

(1) Phillips 型催化剂聚合机理　在 20 世纪 50 年代初期，美国 Phillips 石油公司和标准石油公司的科学家发现，在过渡金属氧化物催化剂作用下，乙烯可在低压下聚合生成分子量很高的高密度聚乙烯，从而形成了 Phillips 型催化剂体系。Phillips 型催化剂的活性中心是过渡金属-碳键。过渡金属包括：Ni、Cr、Co、Mo 和 V 等，它们的氧化物都有很大的催化作用。其中最重要、应用最广泛的为 CrO_3，所以 Phillips 型催化剂又称为氧化铬-载体催化剂。Phillips 型催化剂表面的过渡金属离子，由于它的外层电子未满而能吸收乙烯的一对电子，从而产生活性而发生聚合。活性中心以硅胶或硅酸铝为载体。聚合反应可分为链引发、链增长、链转移三个步骤。

链增长反应是通过乙烯插入 Cr-C 或 Cr-H 键而成的：

$$cat\text{-}聚合物+CH_2=CH_2\longrightarrow cat\text{-}CH_2-CH_2\text{-}聚合物$$

链转移：链转移反应是控制分子量的主要方法，发生链转移后，催化剂活性中心与聚合物链分离，聚合物链成为不再增长的聚合物分子。通过控制链转移反应的速度可以控制聚合物分子量的大小。Phillips 型催化剂链转移反应方式称为分子内链转移。

$$\text{cat-CH}_2\text{—CH}_2\text{-聚合物}\longrightarrow\text{cat-H}+\text{CH}_2\text{==CH-聚合物}$$

Phillips 型催化剂控制链转移反应的方法是改变反应温度：升高反应温度，链转移反应加速，生产的聚合物分子量小；降低反应温度，链转移反应减慢，生产的聚合物分子量大。

(2) Ziegler-Natta 型催化剂聚合机理 Ziegler-Natta 催化剂的活性中心是元素周期表中第 Ⅳ~Ⅷ 族的过渡金属 Ti、V、Cr、Ge 等，它们的卤化物与第 Ⅰ~Ⅳ 族元素的烷基化合物、芳基化合物及氢化物等反应生成可以使乙烯在低压和较低温度下聚合的活性催化剂体系，其中最常用的过渡金属卤化物为 $TiCl_4$。

Ziegler-Natta 催化剂催化乙烯聚合反应的机理是使催化剂活性中心与乙烯分子进行配位络合，进而引发阴离子聚合反应。Ziegler-Natta 催化剂的活性中心也是过渡金属-碳键。催化剂表面的 Ti 离子，由于它的外层电子未满而能吸收乙烯的一对电子，从而产生极性而发生聚合。活性中心以硅胶或硅酸铝为载体。聚合反应可分为：链引发、链增长、链转移、链终止几个步骤。

① 链引发和链增长 Ziegler-Natta 型催化剂的链引发和链增长反应是通过乙烯插入 Ti-C 键而引发聚合的。

$$\text{Ti-聚合物}+\text{CH}_2\text{==CH}_2\longrightarrow\text{M-CH}_2\text{—CH}_2\text{-聚合物}$$

② 链转移 Ziegler-Natta 型催化剂链转移反应方式有以下几种。

a. 向氢分子链转移：

$$\text{cat-聚合物}+\text{H}_2\longrightarrow\text{cat-H}+\text{H-聚合物}$$

b. 向单体链转移：

$$\text{cat-CH}_2\text{—CH}_2\text{-聚合物}+\text{C}_2\text{H}_4\longrightarrow\text{cat-C}_2\text{H}_5+\text{CH}_2\text{==CH-聚合物}$$

c. 分子链转移：

$$\text{cat-CH}_2\text{—CH}_2\text{-聚合物}\longrightarrow\text{cat-H}+\text{CH}_2\text{==CH-聚合物}$$

d. 向有机金属化合物链转移：

$$\text{cat-聚合物}+\text{Al(C}_2\text{H}_5)_3\longrightarrow\text{cat-C}_2\text{H}_5+\text{(C}_2\text{H}_5)_2\text{Al-聚合物}$$

③ 链终止 Ziegler-Natta 型催化剂就其本身而言，是一种不存在链终止过程的催化剂。其活性中心应该是始终保持催化活性的，但是当反应系统中含有 CO、CO_2、O_2、H_2S、H_2O 等导致催化剂失去活性的杂质时，这些杂质会导致链终止反应发生。

利用 Ziegler-Natta 催化剂这种特性，当需要强制聚合反应结束时可人为地向反应系统中加入使催化剂失去活性的终止剂。对 Ziegler-Natta 型催化剂使用的终止剂一般是 CO，CO 终止剂具有高效和可逆性的特点。

Ziegler-Natta 型催化剂控制链转移反应的方法是改变反应温度、烷基金属化合物浓度和氢气浓度。升高反应温度，链转移反应加速，生产的聚合物分子量小；降低反应温度，链转移反应减慢，生产的聚合物分子量大。同样，提高烷基金属化合物浓度或氢气浓度，链转移反应加速；降低金属化合物浓度或氢气浓度，链转移反应速度减慢。

(3) 有机过渡金属型催化剂 有机过渡金属型催化剂是美国联碳公司 (UCC) 开发的一种高密度聚乙烯催化剂体系。这一催化剂体系不用烷基金属化合物作助催化剂，所以与 Ziegler-Natta 催化剂不同；它所使用的活性物质不是过渡金属氧化物而是过渡金属有机物，所以与 Phillips 催化剂也不同。但是它同 Ziegler-Natta 催化剂和 Phillips 催化剂都有一定的联系和相似性，特别是跟 Ziegler-Natta 催化剂更为接近，两者在进行高密度聚乙烯生成过程中都属于配位络合阴离子型聚合，因此有人也将其称为 Ziegler-Natta 型催化剂，但是两者之间有一些不同。

有机过渡金属型催化剂的活性中心也是 Cr-C 键和 Cr-H 键。聚合反应同样可分为以下几个步骤：链引发、链增长、链转移、链终止。

① 链引发和链增长 有机过渡金属型催化剂的链引发和链增长反应是通过乙烯插入 Cr-C 键或 Cr-H 键而进行的。

$$\text{cat-聚合物} + CH_2 = CH_2 \longrightarrow \text{cat-}CH_2 - CH_2\text{-聚合物}$$

② 链转移 有机过渡金属型催化剂链转移反应方式分为向氢分子链转移、向单体链转移和分子内链转移几种。

$$\text{cat-聚合物} + H_2 \longrightarrow \text{cat-}H + H\text{-聚合物}$$

③ 链终止 有机过渡金属型催化剂与 Ziegler-Natta 型催化剂一样，从理论上讲也是不存在链终止反应的。其链终止反应的发生也是由于反应系统中的杂质造成的。

有机过渡金属型催化剂控制链转移反应的方法是改变反应温度和氢气浓度，其调节原理与 Ziegler-Natta 型催化剂相同。

2.3.2 聚乙烯生产工艺与工程

2.3.2.1 气相法工艺

(1) Unipol 聚乙烯工艺 Unipol 聚乙烯工艺是美国 Univation 公司的低压气相流化床法生产乙烯（共）聚合物的技术。Univation 公司成立于 1997 年，由 Exxon 化学公司和联合碳化物公司（UCC）合并而成的；1999 年 Exxon 化学公司和 Mobil 公司合并成立了 ExxonMobil 公司；2001 年 Dow 化学公司和 UCC 公司合并，对 Univation 公司业务范围重新定位，即由 Univation 公司全权负责 Unipol 气相法 PE 技术与催化剂的转让。Unipol 聚乙烯工艺结合了原 UCC 公司气相流化床工艺的优势和 ExxonMobil 公司茂金属催化剂和超冷凝态工艺的优势。

Unipol 聚乙烯工艺的流程如图 2-5 所示。该工艺的主要特点：可采用钛系催化剂、固体铬系催化剂、茂金属催化剂、双峰催化剂生产 HDPE，LL-

DPE 和 VLDPE 等具有不同性能的树脂产品。催化剂可以以固体粉末或者淤浆的形式注入反应器中。反应器采用立式气相流化床，采用顶部扩大段，尽可能较少气体夹带的聚合物细粉。反应压力通常为 2.4MPa，反应温度 80～110℃。反应散热采取冷却冷凝循环气体的方式，冷却下来的气液两相又被直接循环进入反应器。反应器出料采取间歇交替出料方式，出料罐之间经多次平衡实现了低压出料，粉料夹带烃类物质较少，仅回收液体即可达到较低的单体消耗。聚合物粉料的脱气和失活在同一个容器中进行，通常需要低压火炬处理低压尾气。"杀死"系统采用透平方案，较好地解决了停电工况下杀死剂的扩散问题。共聚单体通常为丁烯或己烯，生成具有线型短支链结构特点的低、中、高密度聚乙烯产品，通常的密度范围：0.916～0.961g/cm³，相对分子质量范围：3 万～25 万。

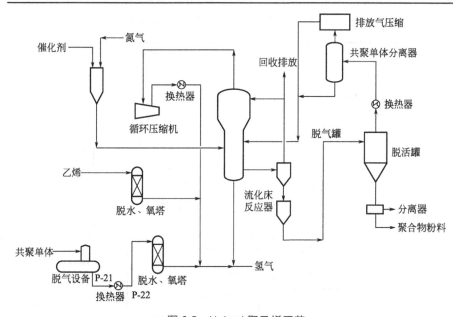

■ 图 2-5　Unipol 聚乙烯工艺

气相法 PE 流化床反应器冷凝技术指在一般的气相法 PE 流化床反应工艺的基础上，使反应的聚合热量由循环气体的温升（显热）和冷凝液体的蒸发（潜热）共同带出反应器，从而提高反应器的时空产率和循环气热焓的技术。冷凝液体来自于循环气体的部分组分冷凝或外来的易汽化的液体，冷凝介质一般为用于共聚的高级 α-烯烃和/或惰性饱和烃类物质。当采用惰性饱和烃类物质为冷凝剂时，可称为诱导冷凝工艺。采用冷凝操作模式后，循环气冷却器从无相变换热转化为有相变对流换热，增强了冷却器的换热能力。冷凝液随循环气进入反应器，气化时的相变潜热可吸收大量的反应热，从而提高了反应器的生产能力。

　　流化床反应器可以进行超冷凝操作，以提高反应器的时空产率，超冷凝技术是在冷凝技术基础上的再发展，冷凝技术的冷凝效率在 17%～18%，而在此基础上的超冷凝技术的冷凝效率可达到 30% 以上，最终的扩能系数可从 50% 提高至 200%。目前最大单线能力可达 60 万吨/年以上。

　　(2) Innovene G 工艺　BP 公司的 Innovene G 工艺最早由 Napthachimie（石脑油化学）公司在法国 Lavera 开发。1975 年建成第一套 25kt/a 装置，1984 年 BP 公司将位于法国 Lavera 的 100kt/a 装置脱扩能至 275kt/a 规模。2005 年 BP 公司将其石化业务拆分成两个分部，将其烯烃和衍生物分部（包含烯烃、聚乙烯、聚丙烯、α-烯烃和丙烯腈）以 Innovene 为名出售给 Ineos 公司，目前 Inoes 公司通过 Ineos 技术公司对外进行技术许可。

　　Innovene G 工艺流程如图 2-6 所示，该工艺可以生产 1-丁烯、1-己烯和 4-甲基庚烯-1（4-MP-1）共聚物，产品密度为 0.917～0.962g/cm³，MFR 为 0.2～75g/10min。中试产品 MFR 可达 100g/10min。

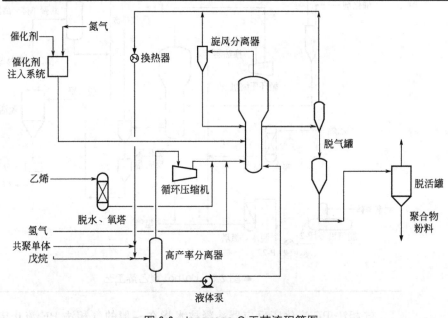

■ 图 2-6　Innovene G 工艺流程简图

　　Innovene G 工艺的特点：采用（High Productivity Technology，HPT）技术，催化剂采用钛系、铬系和茂金属聚合催化剂，实现不同分子量分布的产品。催化剂进料采用固体形态，加料器为带有缺口的球阀。反应器采用立式气相流化床，采用顶部扩大段和旋风分离器脱出循环气体中的细粉，能够较好地解决了不同种类催化剂切换时相互干扰的问题。通常反应压力为 2.4MPa，反应温度 80～110℃。散热方式采用冷却冷凝循环气体，冷却器置于循环气压缩机前，压缩机功耗小。从反应气流中通过过冷被冷凝分离出来，气体以传统方式返回反应器，而混合烃液体通过反应器流化床特有的喷嘴分布系统直接注入流化床（而非通过气体夹带），循环管线清洁不易结块。聚合物采取间歇出料方式，粉料夹带烃类较多，部分气体需要用压缩机送回反应器。聚合物的脱气和失活在两个容器中进行，低压尾气采用膜分离技术进行回收。共聚单体通常为丁烯或己烯，据报道也可以采用辛烯。

该工艺采用的冷凝剂为液态正戊烷，利用其汽化潜热，在流化床中蒸发时吸收反应热，进一步提高循环气中冷凝液组成，使气相反应器的时空收率大大提高，使生产能力提高 100% 左右。采用液态冷凝技术开车时，需待反应器流化床建立以后，方可缓慢注入液态冷凝剂，这就延长了开车时间，而且由于此时注入冷凝剂是对反应器内已有平衡的破坏，需严格控制反应温度；否则极易引起反应器内部粉料的堵塞。

(3) Spherilene 工艺 Spherilene 工艺原为 Montell 公司开发，后 Montell 公司归属 Basell 公司。Basell 公司与 Lyondell 公司合并后，该技术归 LyondellBasell 公司所有。Spheriline 工艺于 1994 年初工业化。2005 年，LyondellBasell 公司将其 Lupotech G 工艺与 Spherilene 工艺并入统一的气相聚合技术平台，并以 Spherilene 为名进入市场。

Spherilene 工艺流程如图 2-7 所示。Spherilene 工艺由预聚合反应器和气相流化床反应器构成。Spherilene 工艺可分为两种：Spherilene S 工艺和 Spherilene C 工艺。其中 Spherilene S 工艺为用于单峰产品的单反应器工艺，采用 Avant Z（Ziegler 催化剂）和 Avant C（铬催化剂）催化剂。Spherilene C 由预聚合反应器和两个串联的气相流化床反应器构成，可以生产双峰分布的聚乙烯树脂及双峰共聚单体的聚乙烯产品，也可生产三元共聚物及四元共聚物。反应条件随产品性能要求的不同而不同。一般条件是：聚合温度

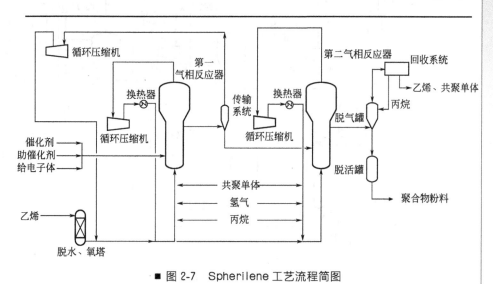

■ 图 2-7　Spherilene 工艺流程简图

70～100℃；压力 1.5～3.0MPa。产品中乙烯含量为 73%～85%，丙烯 0～15%，其他共聚单体 0～15%。Spherilene 工艺的一大特点是采用了不造粒技术，即直接由聚合釜中制得无需进一步造粒的球形 PE 树脂的技术。不用冷凝模式操作就可达到与其他采用冷凝模式操作的气相法工艺相当的时空产率，因而反应停留时间短；具有较高的传热效率和物料流动速度，因而 Spherilene 流化床反应器的体积只相当于普通非冷凝态操作的气相流化床反应器的 1/3。牌号切换时产生的等外品过渡料的量也只是普通气相法工艺的一半。

Spherilene C 工艺的两台气相流化床反应器中可控制及维持完全独立的气体组成，温度和压力可独立控制，实现了产品设计更大的灵活性，反应器直接生产出密度为 $0.890～0.970g/cm^3$ 的球形 PE 颗粒，产品包括 LLDPE 和 HDPE，甚至在不降低装置生产能力的情况下可生产 VLDPE 和 ULDPE。该工艺另一大特点是聚合釜中制得无需进一步造粒的球形 PE 树脂，这样能省去大量耗能的挤出造粒等步骤，从反应器中得到的低结晶产品不发生形态变化，也有利于缩短加工周期，节省加工能量。

(4) Evolue 工艺　Evolue 工艺为三井化学公司开发的用茂金属催化剂生产 LLDPE 的气相法工艺。三井化学和住友化学公司合资的 Evolue 公司建设了一套 200kt/a 的装置，于 1998 年 5 月开车。三井化学公司开发 Evolue 工艺的目的是生产具有良好加工性能、优异力学性能（冲击性能及耐撕裂性能）以及良好光学性能的 LLDPE。

Evolue 工艺流程如图 2-8 所示，该技术的关键特点是采用两台串联的气相流化床反应器，可以生产密度低至 $0.900g/cm^3$ 的双峰树脂和共聚单体双

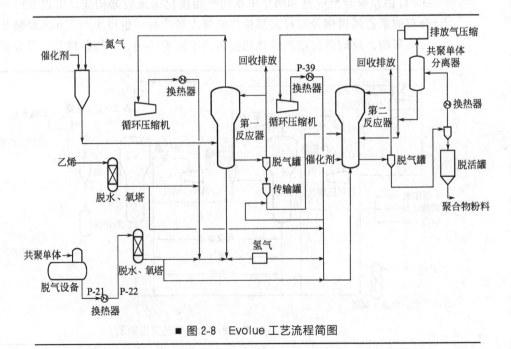

■ 图 2-8　Evolue 工艺流程简图

分布模式的树脂。该装置除了生产双峰树脂外，也可以生产宽范围熔体流动指数通用树脂。采用 1-己烯作共聚单体，生产的树脂密度为 0.900～0.935g/cm³，MFR 为 0.7～5.0g/10min。Evolue 工艺也可以生产单峰 LLDPE，可采用 Z-N 催化剂生产非茂金属牌号产品。

2.3.2.2 聚乙烯淤浆法工艺

淤浆法技术的特点是生产的聚合物悬浮于稀释剂中，生产过程中压力和温度较低。淤浆法工艺是生产 HDPE 的主要方法。根据反应器形式可分为环管淤浆法和釜式淤浆法两种。环管淤浆法工艺主要用于生产 HDPE 和 LLDPE，其典型代表有 Chevron Phillips 工艺、Borealis 公司的 Borstar 工艺和 Ineos 公司的 Innovene S 工艺。釜式淤浆法工艺只适合于生产 HDPE 树脂，其典型代表有 LyondellBasell 公司的 Hostalen 工艺、三井化学/Prime 聚合物公司的 CX 工艺和 Equistar-Maruzen 工艺等。

（1）Chevron Phillips 环管淤浆法工艺 Chevron Phillips 公司的环管淤浆法工艺的环管反应器带有夹套闭路冷却水系统，反应器内流体速度快，传热系数高，整个反应器内温度控制精度很高（±0.2℃），最终产品质量稳定，可生产密度为 0.916～0.970g/cm³、MFR 为 0.15～100g/10min 的乙烯均聚物和共聚物。其工艺流程如图 2-9 所示。通常反应压力为 4.2MPa，温度 90～109℃。在轴流泵的作用下反应近似全混流，固含量 40%～50%，连续出料，取消了沉降腿设计。反应停留时间约 1h，以异丁烷作稀释剂，脱气比较容易，单程转化率 96%。共聚单体为己烯，采用较高的闪蒸压力，大部分单体和稀释剂的回收不需要压缩机。乙烯的回收需要借助裂解装置。

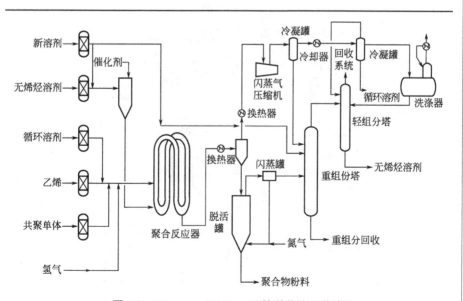

■ 图 2-9 Chevron Phillips 环管淤浆法工艺流程

目前已经工业化了 5 种类型聚乙烯产品：①以铬催化剂为基础的 HDPE/MDPE；②以 Z-N 催化剂为基础的 HDPE/MDPE；③以铬催化剂为基础的 LLDPE；④以 Z-N 催化剂为基础的 LLDPE（密度低至 0.910g/cm³）；⑤以茂金属催化剂为基础的 LLDPE（密度低至 0.916g/cm³）。

(2) Borealis 公司的 Borstar 工艺 Borstar 工艺是 Borealis 公司成功开发的生产双峰聚乙烯工艺，1995 年在芬兰首次建成一套 200kt/a 的生产装置。该工艺主要由环管淤浆反应器和气相流化床反应器串联而成，可根据需要控制产品的分子量分布。采用 Z-N 催化剂，产品密度范围为 $0.918 \sim 0.970$g/m³，MFR 范围为 $0.02 \sim 100$g/10min。

Borstar 工艺的主要特点如下。①第一反应器采用环管反应器，稳定开车，产品牌号切换时间较短；②第一反应器中采用超临界丙烷作稀释剂，可以制得极低分子量的树脂，由于聚乙烯在超临界丙烷中的溶解度很小，反应器几乎不会发生结焦；③第二阶段聚合采用气相反应器，产品性能易调，产品中烃类挥发物含量少。Borstar 工艺流程如图 2-10 所示。采用钛系催化剂，通过调整环管反应器与气相釜反应组成，可以得到不同分子量分布的产品。稀释剂丙烷处于超临界状态，有利于氢气的溶解，生成高 MI 产品。通常反应压力 6.5MPa，反应温度 $90 \sim 109$℃，环管反应器的固含量为 $40\% \sim 50\%$。聚合物连续出料，采用液体旋流分离器提高出料效率。气相流化床反应器采用立式搅拌釜设计，反应压力为 2.0MPa，反应温度 $80 \sim 110$℃，散热方式采用冷却循环气体。

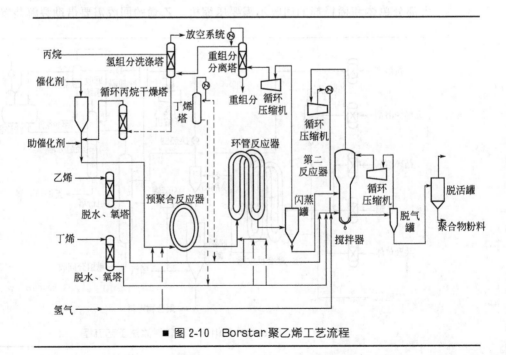

■ 图 2-10 Borstar 聚乙烯工艺流程

（3）**Ineos 公司的 Innovene S 工艺**　Ineos 公司的 Innovene S 环管淤浆法聚乙烯工艺最初由 Solvay 公司开发，Solvay 公司在 20 世纪 60 年代开发了该工艺技术及专用的 Ziegler 催化剂。20 世纪 70 年代，Solvay 公司开发了位于意大利 Rosignano、法国 Sarralbe 和巴西 Santo Andre 的 3 套装置，随后将该技术许可给 8 家第三合作伙伴。2002 年，该技术由 BP/Solvay 合资公司拥有。2005 年 BP 公司买断 Solvay 公司股份时该技术归 BP 公司。自 2005 年底，Ineos 公司收购了 BP 公司的聚烯烃业务公司 Innovene 公司，该技术归 Ineos 公司所有。

Innovene S 环管淤浆法聚乙烯工艺流程如图 2-11 所示。该工艺采用两环管淤浆反应器串联工艺，以异丁烷为稀释剂，该稀释剂同时也作为催化剂载体、聚合反应器悬浮剂和热转移介质。采用钛系或铬系催化剂，通常反应压力为 4.2MPa，温度 90～109℃，反应停留时间约 1h，反应器中固含量 40%～50%。聚合物采用连续出料，异丁烷作稀释剂，脱气比较容易。单程转化率为 96%。己烯为共聚单体，产品密度范围：0.939～0.961g/cm³，分子量范围：3 万～25 万。该工艺也可以生产双峰聚乙烯产品，主要用做高压管材。

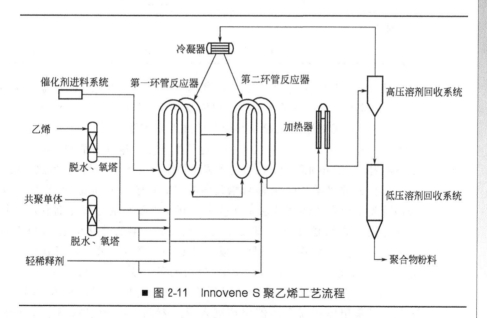

■ 图 2-11　Innovene S 聚乙烯工艺流程

（4）**LyondellBasell 公司的 Hostalen 工艺**　Hostalen 工艺是 20 世纪 60 年代中期由德国 Hoechst 公司开发的，采用该工艺建成了世界上第一套使用 Z-N 催化剂的低压聚乙烯工业化装置。目前该工艺归 LyondellBasell 公司所有。

Hostalen 工艺采用并联或串联的两台搅拌釜式反应器进行淤浆聚合，用于生产具有双峰或宽峰分子量分布、高分子量部分具有特定共单体含量的 HDPE。聚合过程中采用一种重的稀释剂（典型的为己烷）。Hostalen 工艺流程如图 2-12 所示。该工艺采用钛系催化剂，反应压力为 1.0MPa，温度

76～85℃，反应器采用低压设计，投资较省。反应停留时间约 1h，但需要一个后反应器以实现高转化率（98％～99.5％）。己烷作稀释剂，与聚合物的分离比较困难。共聚单体为丁烯，产品密度范围：0.939～0.961g/cm³，相对分子质量范围：5 万～25 万。

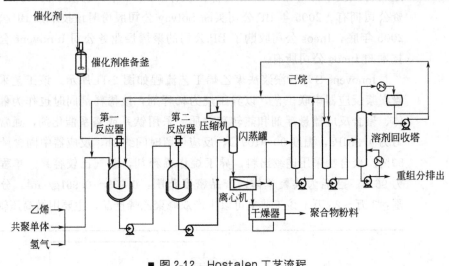

■ 图 2-12　Hostalen 工艺流程

　　Hostalen 工艺的主要优点：①操作压力和操作温度低；②双釜反应器可通过采用并联及串联不同的形式生产单峰及双峰产品；③工艺操作弹性高，产品牌号转换快；④对原料乙烯及共聚单体纯度要求不高；⑤共聚单体采用丙烯、丁烯既可生产分子量分布宽的产品，也可生产分子量分布窄的产品；⑥采用己烷作溶剂，回收单元简单；⑦反应器采用外盘管及外冷却器两种撤热方式。

　　(5) 三井化学/Prime 聚合物公司的 CX 工艺　20 世纪 50 年代三井化学公司首先推出聚乙烯间歇法工业技术，开发出超高活性催化剂后，三井化学公司开发了连续法工艺（即 CX 工艺）。2005 年三井化学公司与 Idemitsu Kosan 公司将其聚烯烃业务联合成立了 Prime 聚合物公司，三井化学公司拥有 65％的股份，而 Idemitsu Kosan 公司拥有 35％的股份。

　　CX 工艺采用串联的搅拌釜式反应器，可生产 HDPE 和 MDPE。乙烯、氢气、共聚单体和高活性催化剂进入反应器后，在淤浆状态下发生聚合反应，聚合物性质自动控制系统可有效地控制产品质量。反应器系统常由两至三台串联的反应器组成，允许每台反应器在不同的氢分压下操作，因而可控制产品的分子量及其分布，生产双峰聚乙烯产品，也可生产具有窄 MWD 的单峰 HDPE 树脂。从反应器出来的聚合物淤浆，经过离心分离后，90％溶剂可直接循环至反应器。典型的反应条件为 70～90℃，压力低于1.03MPa。树脂产品密度范围为 0.930～0.970g/cm³，MFR 范围为 0.01～50g/10min。CX 工艺流程如图 2-13 所示。

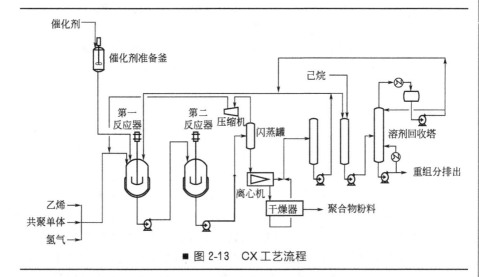

■ 图 2-13　CX 工艺流程

　　CX 工艺采用己烷做溶剂，结合浆液外循环技术，以提高单线产量。采用离心分离干燥技术，能够脱出溶剂中的低分子蜡，产品中异味小。容易控制 MWD 和组分含量，能生产双峰分子量分布的产品（串联牌号）或窄分布的产品（并联牌号）。

　　(6) Equistar-Maruzen 工艺　Equistar-Maruzen 工艺最初由 Nissan 公司开发。1998 年，Equistar-Maruzen 合资公司收购了 Nissan 公司，现在该技术称为 Equistar-Maruzen 工艺。

　　Equistar-Maruzen 工艺为双峰 HDPE 工艺。采用己烷为稀释剂，丁烯为共聚单体。采用两台搅拌釜式反应器串联操作，每台反应器在不同氢分压下操作，从而控制产品的分子量及其分布。Equistar-Maruzen 工艺流程如图 2-14 所示。

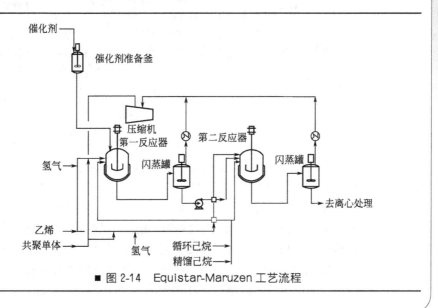

■ 图 2-14　Equistar-Maruzen 工艺流程

该工艺的主要产品是高分子量薄膜树脂、吹塑、注塑、高压管材和其他挤出牌号。薄膜用双峰树脂的 MFR 为 0.03～0.08g/10min，密度为 0.946～0.950g/cm³。管材用双峰树脂的 MFR 为 0.027～0.11g/10min，密度为 0.949～0.956g/cm³。吹塑用双峰树脂的 MFR 为 0.03～0.45g/10min，密度为 0.948～0.958g/cm³。注塑用双峰树脂的 MFR 为 5.0～18.0g/10min，密度为 0.951～0.966g/cm³。

2.3.2.3 聚乙烯溶液法工艺

溶液法工艺的特点：原料要求较低；反应器停留时间短，聚合反应速率快，产品切换时间短；采用溶剂，反应稳定，反应器不结垢；装置开停工易于操作；转化率高，乙烯单程转化率可达 95%，总利用率可达 98.5%；可生产全范围产品（分子量分布从窄至宽分布）及极低密度聚乙烯；可与高级 α-烯烃共聚。代表性的溶液法工艺包括 Dow 化学公司的 Dowlex 工艺（低压冷却型工艺）、SABIC（原 DSM）公司的 Compact（紧凑型）工艺（采用低压绝热反应器）和加拿大 NOVA 化学公司的 Sclairtech 工艺（采用中压反应器）。

(1) Dowlex 工艺 Dow 化学公司的 Dowlex 工艺为低压溶液法工艺，采用两台串联的搅拌釜式反应器，聚合反应压力为 4.8MPa，反应器出口温度为 170℃，第二反应器的聚合物含量为 10%。反应停留时间短，乙烯单程转化率可超过 90%。使用的 Z-N 催化剂活性高达 500kg PE/g Ti。Dowlex工艺流程如图 2-15 所示。

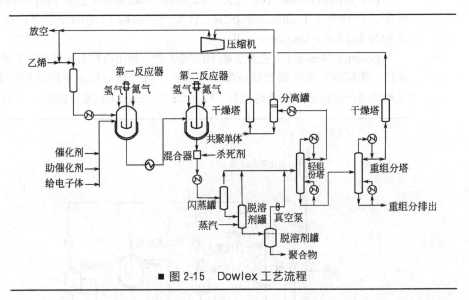

■ 图 2-15 Dowlex 工艺流程

Dowlex 工艺通常仅生产 1-辛烯基共聚物。采用该工艺已经开发了密度低于 0.915g/cm³ 的 VLDPE，这些低密度的树脂具有与 EVA 树脂相同的强度、热黏着性和光学性能。该工艺还可生产密度高达 0.965g/cm³ 的均聚物树脂，MFR 可达 200g/10min。此外，该工艺使用茂金属催化剂生产密度为 0.895～0.910g/cm³ 的塑性体和密度为 0.865～0.895g/cm³ 的弹性体。

(2) NOVA 化学公司的 Sclairtech 工艺　加拿大 NOVA 化学公司 20 世纪 70 年开发了 Sclairtech 工艺，20 世纪 90 年代末，NOVA 化学公司进一步改进了该工艺——Sclairtech（AST）工艺。Sclairtech 工艺反应器的操作温度为 300℃，使用环己烷作溶剂，操作压力可达 14MPa。该工艺产品的密度范围为 0.905～0.965g/cm^3，MFR 范围为 0.15～150g/10min。可生产 M_w/M_n 为 3～22 的窄和宽分子量分布的树脂。该工艺还有以下一些优点：反应温度高，能最大限度地利用反应热；反应器进料体系不要求设置冷凝设备；反应器的停留时间很短（小于 2min），牌号切换非常快；反应器中固体含量高；乙烯单程转化率达 95% 以上；使用简单催化剂成分，不需要催化剂制备工序；树脂不易形成凝胶。工艺的主要缺点是在高温下 Z-N 催化剂的活性较低。Sclairtech 工艺流程如图 2-16 所示。

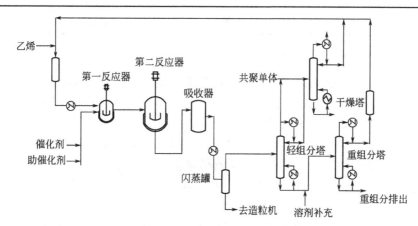

■ 图 2-16　Sclairtech 工艺流程

AST 工艺与第一代 Sclairtech 工艺有以下几点差异：①C$_6$ 混合烃替代环己烷作为聚合溶剂，对寒冷地区的装置不再需要监视低压溶剂体系，产品中残留量的挥发物很少。②改善了反应器内部部混合装置，拓宽了聚合物分子量分布和支化分布范围。③AST 工艺在较低反应温度下运转良好，并且可以使用各种茂金属催化剂或 Z-N 催化剂。④可以采用 1-辛烯为共聚单体。

(3) SABIC（原 DSM）公司的 Compact 工艺　DSM 公司的 Compact 工艺起源于 20 世纪 60 年代。2002 年 DSM 公司的石化业务被 SABIC 公司收购，该工艺也归 SABIC 公司所有。

Compact 工艺的操作温度较低，目的是充分发挥催化剂的活性。聚合反应在一个完全充满液体、带搅拌器的反应器中绝热条件下进行。反应热被预冷的反应器进料吸收，聚合温度为 150～250℃，聚合压力为 3～10MPa，反应器停留时间少于 10min，乙烯单程转化率大于 95%，可用于生产 HDPE、LLDPE 和塑性体，产品密度范围为 0.880～0.965g/cm^3，MFR 范围为 1.0～100g/10min。Compact 工艺流程如图 2-17 所示。

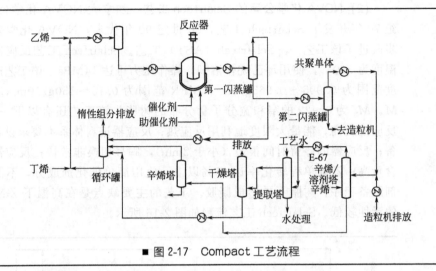

■ 图 2-17　Compact 工艺流程

2.3.2.4　高压聚乙烯工艺

　　高压法 LDPE 生产工艺可分成高压管式法工艺和高压釜式法工艺两种。高压釜式工艺最早是 20 世纪 30 年代由 ICI 公司开发；高压管式法工艺，最早是由 BASF 公司同一时期开发成功的。

　　目前，LyondellBasell 公司的拥有管式法 Lupotech T 工艺技术，其技术前身是 BASF 的高压管式法乙烯聚合技术。2004 年 LyondellBasell 公司兼并了 Equistar 公司，因此现在的 Lupotech T 技术应融合了 Equistar 公司管式法技术。

　　同时拥有管式法和釜式法工艺的还有 ExxonMobil 公司和 Enichem 公司。ExxonMobil 公司的高压釜式法工艺技术前身也是 Equistar 公司的高压釜式法技术。还有其他一些工艺，如三菱油化管式法工艺，来源于三菱油化 1959 年从 BASF 公司引进管式法技术，从 1969 年三菱化学开始向国外技术转让，其中向上海石化转让了两套 3.8 万吨/年的生产装置。住友釜式工艺技术来源于 1958 年从英国 ICI 引进釜式生产技术，随后开发了自己的管式工艺。

　　管式法和釜式法两种工艺的生产流程大体相同，通常由以下几部分组成：乙烯压缩、引发剂制备和注入系统、聚合反应器、分离系统和挤出造粒。除聚合反应器外，高压釜式法和高压管式法的工艺步骤相似。管式法反应器结构简单，制造和维修方便，能承受较高的压力，釜式法反应器结构复杂，维修和安装均较困难。

　　管式法和釜式法两种工艺的聚合物产品略有差别，主要因为反应器的温度分布不同。釜式法工艺具有很大的返混现象，聚合物都在同一温度和压力下形成，聚乙烯分子有很多长支链，分子量分布宽，易于加工，产品适用于挤出、涂层和高强度重负荷薄膜生产。管式法反应器很少有返混，因为其压力、温度沿着反应器而变化，因此得到的聚乙烯分子具有的长支链较少，分子量分布较窄，适于生产透明包装膜。对于熔体流动指数相近的聚合物，釜式法比管式法生产的产品具有较好的抗冲强度；管式法工艺生产的聚合物具有较好的光学性能，更容易加工成薄膜。

高压管式法主流工艺有 Lupotech T、SABIC 公司的 CTR 工艺、ExxonMobil 工艺；高压釜式法工艺有 Enichem 釜式法工艺、ExxonMobil 釜式法工艺和 ICI 高压釜式工艺、Lupotech A 高压釜式法工艺。

(1) LyondellBasell 公司的 Lupotech T 高压管式法工艺　LyondellBasell 公司技术前身是 BASF 的高压乙烯聚合技术，于 1938 年成功。1941 年开始管式法生产。

LyondellBasell 公司的 Lupotech T 工艺包括 Lupotech TM 和 Lupotech TS 两种。Lupotech TM 工艺的特点是有多个单体进料点，适合于生产乙烯-醋酸乙烯酯（EVA）共聚物；只有一个进料点的 Lupotech T 工艺称为 Lupotech TS 工艺。Lupotech T 工艺流程如图 2-18 所示。

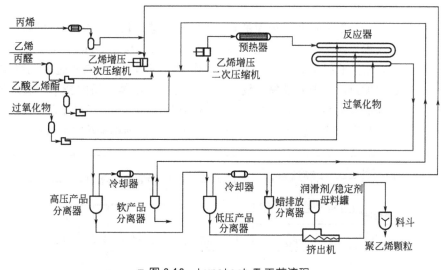

■ 图 2-18　Lupotech T 工艺流程

不同高压管式法工艺设计的区别主要在于引发剂和反应器压力控制阀的差别。Lupotech T 工艺以过氧化物为引发剂，Lupotech TM 工艺用压力控制阀控制乙烯的侧流，没有侧流的简单模式是 Lupotech TS 工艺。为提高热传导效率，使用高气体流速；根据所需要的聚合物牌号，反应器末端的压力控制阀为脉冲式或非脉冲式。Lupotech TM 工艺特别适合于生产重装袋牌号、共聚物和电线电缆牌号产品。两种工艺的乙烯单程转化率均为 24%～35%，转化率的差别主要取决于所要生产的产品牌号。

Lupotech T 工艺可在较高转化率下直接从反应器生产很宽范围的牌号

产品，可以工业化生产 VA 含量高达 30％的 EVA 共聚物，也可以生产丙烯酸酯含量高达 20％的共聚物。

(2) SABIC 公司的 CTR 工艺　1972 年，DSM 公司建成第一套清洁管式反应器（CTR）工艺装置，能力为 6 万吨。2002 年 6 月，DSM 公司将该工艺技术随其石化资产一起出售给 SABIC 公司。

CTR 工艺的主要特点：一级压缩机出口压力高达 25MPa；聚合压力为 200～250MPa，且无脉冲，保持恒压，反应热用于预热原料；反应管直径保持恒定，有 4 个过氧化物注入点；乙烯转化率为 32％～40％；使用混合过氧化物引发剂，这种引发剂与管式法常用的氧引发相比，可得到较高的单程转化率，反应管不易结焦，产品具有更好的光学性质，对分解的敏感性小，另一个优点是生成的低聚物含量较少，这样可简化循环气的回收流程。

CTR 工艺中反应器保持恒压以及热传导效率高的主要优点：容易控制反应器的排料控制阀；乙烯转化率可达 40％；停留时间短，产品牌号切换灵活。该工艺产品的 MFR 范围为 0.3～65g/10min，密度范围为 0.918～0.930g/cm^3，适于生产 VA 含量为 10％的 EVA 共聚物，最大单线设计能力可达 400kt/a。

(3) ExxonMobil 公司的高压管式法工艺　ExxonMobil 公司高压管式法工艺流程如图 2-19 所示。该工艺的主要特点：与 LyondellBasell 公司的技术一样，用排放阀作脉冲阀，但正常操作时不使用；采用有机过氧化物作引发剂；设有加热反应管的脱焦系统；采用实时监控熔体性质的技术；反应器设计有很高的灵活性，一个月内可生产全部牌号产品，一年可转变牌号 600 次，即使这样频繁切换，仍能保持较高的生产效率；乙烯单程转化率可达 34％～36％。

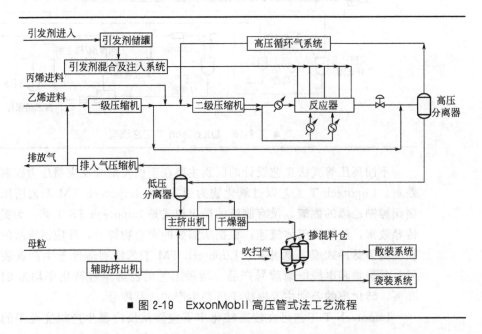

■ 图 2-19　ExxonMobil 高压管式法工艺流程

该工艺产品的密度范围为 $0.918\sim0.935g/cm^3$，MFR 范围为 $0.3\sim46g/10min$。一套 360kt/a 的高压管式法装置可生产 VA 含量达 15％的 EVA 共聚物，用较小的装置可生产 VA 含量达 40％的 EVA 共聚物。

（4）Enichem 公司的高压釜式法工艺 20 世纪 80 年代末 Enichem 公司收购原属法国阿托化学（原 CdF 化学）公司高压釜式法工艺，该工艺采用 Z-N 催化剂可以转换生产 LLDPE、VLDPE 和 EVA 共聚物。Enichem 公司对高压釜式法技术的主要改进是反应器大型化，目前高压釜式反应器最大可达 $3m^3$。Enichem 高压釜式法工艺如图 2-20 所示。

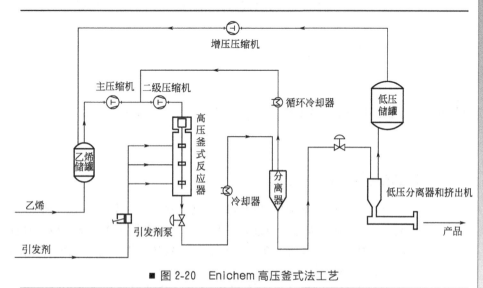

■ 图 2-20　Enichem 高压釜式法工艺

（5）ExxonMobil 公司的高压釜式法工艺 ExxonMobil 公司高压釜式反应器为 $1.5m^3$ 釜式反应器，反应器具有较高的长径比，有利于生产质量类似于高压管式法工艺的薄膜产品；压力范围很宽，可生产低 MFR 的均聚物和高 VA 含量的共聚物。ExxonMobil 公司已经在高压釜式反应器中使用茂金属催化剂。

（6）ICI/Simon Carves 公司的高压釜式法工艺 ICI/Simon Carves 公司的高压釜式法工艺是高压聚乙烯工艺的先驱，其独特之处是能较好地控制决定聚合物链的主要参数，即分子量、分子量分布和长链及短链支化度。该工艺采用一系列维持不同温度的反应分区，使得对于最终产品的分子量分布和熔体流动指数的控制成为可能，适宜生产高度差别化的牌号，例如，电线涂层和薄膜牌号要求较低的熔体弹性，要求长支链数较少；反之挤出涂层牌号要求较高的熔体弹性，需要有更多长支链的产品，管式法 LDPE 不易生产这些产品。

（7）LyondellBasell 公司的 Lupotech A 高压釜式法工艺 2008 年 8 月 LyondellBasell 公司开发出制造特种 LDPE 和 EVA 共聚物的高压釜式工

艺，称之为 Lupotech A 工艺。该高压釜式法工艺主要优化用于需要加工要求的高级产品的生产，如乙酸乙烯酯含量达 40％的胶黏剂和密封剂，或具有独特性能的 LDPE 产品。据称，Lupotech A 工艺生产的产品是对领先的 Lupotech T 高压管式法工艺所涵盖的 LDPE 和 EVA 业务的补充。

该技术采用以多区为特征的反应器设计，并采用独特的单体和引发剂注入系统，同时采用先进的对整个反应器的压力和温度分布控制以及独特的搅拌系统，从而获得高的转化率。

LDPE 采用高压法工艺生产，聚合压力为 110～350MPa，温度为 130～350℃，聚合时间非常短，一般为 15s 到 2min。通过循环过量的冷单体实现撤热，系统基本在绝热条件下操作。

2.4 助剂、造粒与包装

2.4.1 聚乙烯树脂常用助剂

聚乙烯从聚合釜中出来后以粉料的形式存在，如果不经过加入助剂（抗氧剂等）、造粒的步骤，经过长时间的放置很容易发生降解，致使性能下降。因此，一般来说，聚合制备出的聚乙烯粉料还需要经过加入助剂、造粒和包装几个必要的步骤。

本章主要介绍聚乙烯聚合反应完成后的造粒过程中必须引入相应的助剂，包括抗氧剂、光稳定剂、抗静电剂、抗菌剂等，它们的作用机理及应用实例参见下文。

2.4.1.1 抗氧剂

从聚合装置上直接生产出的聚乙烯粉料对空气的氧化作用比较敏感，在不同的温度、湿度、包装等不同条件下，PE 粉料的物理性能在下线几周或几个月之后会很快下降，在恶劣的条件下，氧化反应会加剧，发生放热反应，释放气体，PE 粉料会熔融结块，性能恶化。加入抗氧剂是最常用的也是最有效的解决方法，通常在聚乙烯生产工厂的造粒过程中加入，使用的浓度通常为 0.1％～0.3％，效果就十分明显。因此，抗氧剂是聚乙烯助剂中用量最大、必须添加的助剂[47]。

(1) PE 降解及抗氧剂作用机理 一般认为，聚乙烯氧化降解的机理包括链引发、链增长、链支化、链终止。在 PE 的加工过程中，螺杆剪切以及加热作用，会导致 C-C 键和 C-H 键断裂，形成大分子自由基，PE 与氧分子以及与催化剂残留物的作用也会产生自由基，伴随 PE 热氧化产生了醛、酮、羧酸、酯等产物，最终导致分子链主链的断裂而使聚合物分子量减小，宏观表现为材料力学性能明显降低、树脂颜色加深、产生气味等。

聚乙烯的降解机理通常可以按照以下理解。

① 链引发 聚乙烯（RH）在氧、光或热的作用下，易生成自由基：

$$RH \xrightarrow{\text{光和热}} R\cdot + H\cdot$$
$$RH + O_2 \longrightarrow R\cdot + HOO\cdot$$

② 链传递 自由基自动催化生成过氧化自由基和大分子过氧化物，过氧化物分解又产生自由基，自由基又可和聚合物反应，使自由基不断传递，反应延续：

$$R\cdot + O_2 \longrightarrow ROO\cdot$$
$$ROO\cdot + RH \longrightarrow ROOH + R\cdot$$
$$ROOH \longrightarrow RO\cdot + HO\cdot$$
$$ROOH + RH \longrightarrow RO\cdot + R\cdot + H_2O$$
$$RO\cdot + RH \longrightarrow ROH + R\cdot$$
$$HO\cdot + RH \longrightarrow H_2O + R\cdot$$
$$2ROOH \longrightarrow RO\cdot + ROO\cdot + H_2O$$

③ 链终止 自由基相互结合生成稳定的产物，终止链反应：

$$R\cdot + R\cdot \longrightarrow R-R$$
$$R\cdot + ROO\cdot \longrightarrow ROOR$$
$$ROO\cdot + ROO \longrightarrow ROOR + O_2$$
$$ROO\cdot + RO \longrightarrow ROR + O_2$$
$$R\cdot + \cdot OH \longrightarrow ROH$$

在氧化过程中，当大分子链断裂而发生降解时，分子量降低，熔体黏度下降。当大分子发生交联反应时，分子量增大，熔体流动性降低，发生脆化和变硬。在氧化过程中生成的氧化结构，如羰基、过氧化物等，降低了聚乙烯的电性能，并增加了对光引起降解的敏感性，这种氧化结构的进一步反应，使大分子断裂或交联。抗氧剂的作用就在于阻止聚乙烯自动氧化链反应过程的进行。即供给氢使氧化过程中生成的游离基 R· 和 ROO· 变成 RH 和 ROOH，或使 ROOH 变成 ROH，从而改善聚乙烯在加工和应用中抗氧化和抗热解的能力。

（2）抗氧剂的种类 抗氧剂根据作用机理可分为主抗氧剂和辅助抗氧剂，按照品种可分为酚类、亚磷酸酯类和硫酯类抗氧剂，其中以酚类为主，亚磷酸酯类、硫酯类为辅[48]。

① 酚类抗氧剂 聚乙烯最适用的主抗氧剂是受阻酚类。酚类抗氧剂具有抗氧化效果好、热稳定性高、对塑料无污染、不着色、与塑料相容性好等特点。酚类抗氧剂的作用机理如图 2-21 所示，受阻酚转移酚基上的氢到产生的自由基上，形成一个非自由基化合物，而酚最终变为一种稳定的受阻苯氧剂，不会再从聚合物上夺取氢原子。

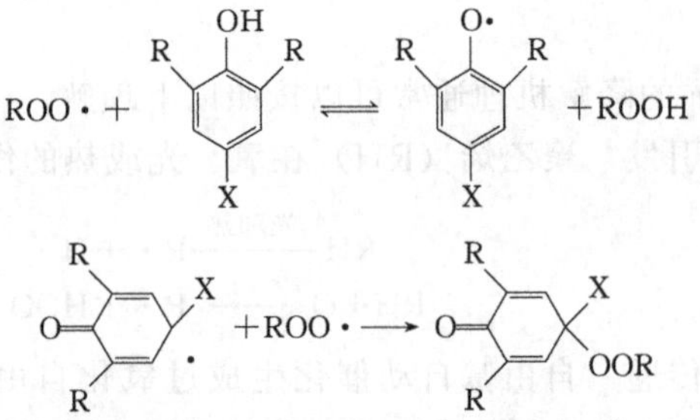

■ 图 2-21　酚类抗氧剂的作用机理

目前，抗氧剂的发展趋势是：无毒化，对人体安全及对环境无害；抗氧效率高；使用方便，易于计量；不污染产品，以制取白色或浅色的最终产品；分子量大，挥发性低，耐析出性好，具有较好的耐久性，并与聚乙烯有很好的相容性等。作为酚类抗氧剂基本品种 2，6-二叔丁基酚（BHT），由于分子量低、挥发性大，且有泛黄变黄等缺点，目前用量正逐年减少。以 1010、1076 为代表的高分子量受阻酚品种消费比例正逐年提高，成为酚类抗氧剂市场上主导产品。随着科技发展，许多非对称受阻酚抗氧剂正在不断开发与生产，与传统产品相比显示出更优异的热稳定性和耐变色性，代表了当今世界聚合物抗氧化领域的大趋势，具有这种结构的新型抗氧剂有 Cyanoxl 1790、Irganox245、Sumilizer GA/MarkAO-80 等。

目前，聚乙烯牌号配方中，国外广泛使用抗氧剂 1010、3114、1076。我国聚乙烯树脂厂普遍选用抗氧剂 1010。抗氧剂 1010 结构中有 4 个受阻酚基团，以耐热型季戊四醇结构予以联结，分子量高，具有抗氧性能高、不污染、不变色、挥发性小、不易被抽提，与辅助抗氧剂有协同效应，可显著提高耐热性、耐老化性等特点。抗氧剂 3114 是一种耐热、耐光、耐抽提、低毒、价廉的受阻酚，在聚乙烯中单独使用时远不及单独使用抗氧剂 1010 好，而与辅助抗氧剂并用时有很好的协同效应，具有优良的长期热氧稳定性，与硫酯类抗氧剂（如 DSTP）并用制备耐热级聚乙烯，可生产在 80～100℃ 条件下长期使用的部件。抗氧剂 3114 与亚磷酸酯类抗氧剂 168 和硫酯类抗氧剂 DSTP 三者并用可配制超耐热级聚乙烯，用其可生产在 100～120℃ 高温环境中长期使用的部件。此外，添加抗氧剂 3114 的聚乙烯，其耐候性优于抗氧剂 1010，与光稳定剂并用生产耐候级聚乙烯效果更显著。瑞士 Ciba-Geigy 公司（现为 Ciba Specialty）用抗氧剂 3114 与亚磷酸酯抗氧剂 168 混合复配成复合抗氧剂 B1411 和 B1412 出售，用于聚乙烯纤维。表 2-7 列出了常见的几种商品化的受阻酚类[47]，更加详细的商品牌号及厂家可参考附录三 2.4-1[49~56]。

■表 2-7　几种商品化受阻酚类抗氧剂

商品名	生产商	相对分子质量	酚基数目
BHT	Various	220	1
Irganox 1076	Ciba	531	1
Irganox 1010	Ciba	1178	4
Irganox 3114	Ciba	784	3
Ethanox 330	Albemarle	775	3
Anox CA-22	Great Lakes	545	3
GA-80	Sumitomo	741	2

② 辅助抗氧剂　辅助抗氧剂主要包括亚磷酸酯类和硫酯类，它们的作用机理不是自由基捕获机理，当它们单独使用时，并不表现出显著的活性，但它们与主抗氧剂（受阻酚类）按照一定的比例复配使用时，可以产生很强的协同作用。

亚磷酸酯类抗氧剂的作用包括 3 个方面：它是氢过氧化物分解剂，也是金属失活剂，还是醌类化合物的退色剂。亚磷酸酯类抗氧剂与酚类抗氧剂并用能够产生极好的协同效应，而且加工稳定性优良，能改善树脂色泽。Irgafos 168 目前是全球销量最大的亚磷酸酯类抗氧剂，国内生产 1010 和 1076 的厂家多数也生产 168，主要与 1010 和 1076 协同使用。该产品在世界上许多国家被允许用于食品接触包装材料。芳基亚磷酸酯抗氧剂（P-EPQ）的加工稳定作用比抗氧剂 168 好，但因价格贵，仅限用于某些特定的用途以改进色泽。烷基亚磷酸酯（624、626、PEP-36）等一系列固体亚磷酸酯用于聚乙烯，使稳定剂的配制操作简单，操作费用降低。

传统的亚磷酸易水解，影响了其储存和应用性能。目前国外推出的 Mark HP-10、Ethanox398、Doverphos S-686、S-687 都具有很高的水解稳定性及色、光稳定性。高相对分子质量的亚磷酸酯产品具有挥发性低、耐析出性高等特点，具有较高的耐久性，典型产品有 Sandstab PEPQ、Phosphite A 等。表 2-8 列出了常见的几种商品化的亚磷酸酯类产品[47]，更加详细商品牌号及厂家可参考附录三。

■表 2-8　几种商品化亚磷酸酯类抗氧剂

商品名	生产商	类　型	重均相对分子质量
Weston® 399	Crompton	芳基亚磷酸酯	688
UTX® 618	Crompton	脂肪二亚磷酸酯	732
UTX® 626	Crompton	芳基二亚磷酸酯	604
Irgafos® 168	CIBA	芳基亚磷酸酯	647
Ethanox® 398	Albemarle Corp	氟代亚磷酸酯	487
Sandstab® P-EPQ	Clariant	芳基膦	1035

硫酯类抗氧剂与酚类抗氧剂并用有良好的协同效应，能明显提高聚烯烃的长期热氧化稳定性。硫酯类抗氧剂产销量占含硫类抗氧剂 90％以上，目前硫代丙酸酯类在硫酯类抗氧剂中仍占据主导地位。国产硫酯类抗氧剂主要

有 4 个产品：硫代二丙酸二（十二醇）酯（DLTP 或 DLTDP），硫代二丙酸二（十八醇）酯（DSTP 或 DSTDP），硫代二丙酸二（十三醇）酯（DT-DTP 或 DTDTDP，液体抗氧剂），硫代二丙酸二（十四醇）酯（DMTP 或 DMT-DP）。其中，DSTP 与酚类抗氧剂的协同效果虽然较好，但与树脂的相容性差，添加量多时会出现喷霜现象。

硫酯类抗氧剂是聚烯烃早期（20 世纪 50～70 年代）广泛使用的抗氧剂，但由于其加工稳定性较差，制品易泛黄，与受阻胺光稳定剂并用时有对抗作用，而会明显降低耐候性。此外，因为其有臭味，在食品包装应用方面受到限制。今后相对高分子量化和功能化品种的开发是硫类抗氧剂的发展方向。目前上市的主要产品有 Sumilizer TP-D、TM610、Mark AO-23、Irganox 1035 等。近年 Aceto 开发的 Anoxsyn 442 新产品，结合了硫酯和亚磷酸酯两种辅助抗氧剂的优点，具有良好的稳定性、色泽改变性和持久耐候性，而且在高温条件下无异味逸出，可与 UV 光稳定剂产生良好的协同稳定效果。表 2-9 列出了常见的几种商品化的硫酯类产品，更加详细的商品牌号及厂家可参考附录三 2.4-3。

■表 2-9　几种商品化硫酯类抗氧剂

商品名	生产商	类　　型	重均相对分子质量
DSTDP	Various	硫酯	683
DLTDP	Various	硫酯	514
SE-10	Clariant	二硫化物	571

目前，聚乙烯抗氧剂通常是主抗氧剂和辅抗氧剂复配使用（详细的商品牌号及厂家可参考附录三 2.4-4），国内常见的是将抗氧剂 1010 和辅助抗氧剂 168 复配，其优点是兼具长期热稳定性和加工稳定性，复合抗氧剂中 168 的含量愈高，加工稳定性愈好。一般根据所要求的加工稳定性和长期热稳定性选用适当的复合抗氧剂。215 型和 225 型复合抗氧剂适用于绝大多数聚乙烯的用途，用量约 0.1%～0.3%，但用于纤维时效果稍差。比较有代表性的商业化复合抗氧剂的品种有：Ciba Specialty 公司的 Irganox B、Irganox LC、Irganox LM、Irganox HP、Irganox XP、Irganox GX；GE 公司的 Ultranox 815A、Ultranox 817A、Ultranox 875A、Ultranox 877A 等；美国 Crompton 公司的 Naugard 900 系列产品，具有低挥发及无析出的特点；Cytec 公司的抗氧剂 Cyanox S4 是含有受阻酚和亚磷酸酯的复合体系，在聚烯烃中使用可增强加工稳定性和长期稳定性等。

总体而言，抗氧剂是聚乙烯助剂中用量最大的品种，据统计 2007 年世界抗氧剂市场总量约 880kt，其中亚洲占消费总量的 47%。以下依次为：欧洲 24%、北美 22%、世界其他地区 7%。预计世界用量将以每年 3.6% 的速率递增，到 2016 年总量将达 1250kt。目前，全球抗氧剂市场基本被几个占主导地位的公司所垄断，包括 Ciba Specialty、Great Lakes、Mayzo、Clariant 等，抗氧剂需求和生产正在从美国、西欧和日本向新兴的亚洲市场（特别是中国和印度）转移。

2.4.1.2 光稳定剂

理论上讲，聚乙烯本身不存在不饱和基团，不吸收 290nm 以上的紫外线，但对紫外线引起的降解却十分敏感，这是由于聚乙烯在生产过程和储存过程中，不可避免地存在一定数量的不饱和单体、催化剂残渣、羧基、羰基、过氧化物等等光氧化敏感点，这些活性基团的吸光作用使得聚烯烃的光老化反应大为加速。因此，在紫外线的作用下，很容易诱发聚烯烃分子链的断链和交联，并伴随产生含氧基团如羧基等，致使材料的物理力学性能发生很大变化，如变色、表面龟裂、粉化、力学性能、光学性能和电气性能的劣化。同时，羧基的分解产物和发色团的存在又加速了颜色的变化。因此，要抑制聚烯烃光降解过程，延长其使用寿命，需要加入光稳定剂，以阻止光引发，捕获自由基、抑制自动氧化，保持聚乙烯的稳定[57~59]。

聚乙烯光稳定剂应该的特点有：能够有效消除或削弱紫外线对其破坏作用，而对其他性能没有不良影响；与聚乙烯具有良好的相容性，不挥发，不迁移，不被水或其他溶剂抽出；具有良好的热稳定性、化学稳定性和加工稳定性；本身具有优秀的光稳定性，不被光能破坏，对可见光吸收低，不变色，不着色；安全性高等。

根据光稳定剂的化学结构可以进行如下分类：①水杨酸酯类；②二苯甲酮类；③苯并三唑类；④三嗪类；⑤取代丙烯腈类；⑥草酰胺类；⑦有机镍络合物；⑧受阻胺类。根据光稳定剂的作用机理，光稳定剂可分为紫外线吸收剂、紫外线猝灭剂、自由基捕获剂和光屏蔽剂 4 种。

(1) 紫外线吸收剂 紫外线吸收剂是通过吸收紫外线后跃迁到激发态，再经分子内质子的移动进行能量转换，最终变成热能或无害的低能释放或消散出去，自身再返回到稳定的基态，从而达到防护的作用。按照分子结构可分为以下几类：水杨酸酯类、二苯甲酮类、苯甲酸酯类、苯并三唑类等，详细商品牌号及厂家可参考附录三 2.4-5。

① 水杨酸酯类 水杨酸酯类是应用最早的一类紫外线吸收剂，它通过形成烯醇式互变异构体的形式将能量转换并消除。其特点是与树脂具有良好的相容性，原料易得，生产工艺简单，价格低廉。缺点是重排形成的结构，除具有吸收紫外线的能力外，还可吸收一部分可见光，使制品有变黄的倾向。常见的水杨酸酯类光稳定剂有 BAD、TBS、OPS 等。

② 二苯甲酮类 二苯甲酮类是目前产量最大、应用最广、吸收的波长范围最宽的光稳定剂，最大吸收波长为 320nm。二苯甲酮对热、光稳定，着色少、与聚乙烯的相容性好，价格便宜，是目前聚乙烯广泛使用的光稳定剂之一。典型的产品有 UV-531、UV-9 等。

③ 苯甲酸酯类 苯甲酸酯类兼具捕获自由基和吸收紫外线两种作用。单独使用时没有光稳定效果，且色污染大，但与受阻胺的协同效应好，尤其是对添加颜料配方体系效果明显，多用于保险杠等产品，浅色制品应慎重使

用。主要产品有：UV-120、Cyasorb UV-2908 等。

④ 苯并三唑类 苯并三唑类是目前紫外线吸收剂中的最佳品种，其吸收紫外线的波长比二苯甲酮类宽，可有效吸收 300～400nm 波长范围的紫外线，几乎不吸收可见光。具有优良的光、热稳定性，与抗氧剂的协同效应好，与受阻胺并用能获得较高的耐候性。典型的苯并三唑类紫外线吸收剂有UV-327、UV-326、UV-P 等。

(2) 紫外线猝灭剂 紫外线猝灭剂又称能量转移剂。它们是将树脂中发色团吸收紫外线而产生的能量接收过来，并有效地释放出去，从而阻止材料降解反应的发生。这类光稳定剂对聚烯烃有很好的光稳定性，特别是与二苯甲酮类、苯并三唑类等紫外线吸收剂并用，具有很好的协同效应。猝灭剂主要是一些二价的有机镍络合物，它的有机部分是取代酚和硫代双酚等，主要类型有：①二硫代氨基甲酸镍盐，如 NBC；②硫代双酚型，如 AM-101；③磷酸单脂镍型，如光稳定剂 2002。近年来，有机镍络合物因重金属离子的毒性问题，有可能逐渐被其他无毒或低毒猝灭剂所取代，详细商品牌号及厂家可参考附录三 2.4-6。

(3) 自由基捕获剂（受阻剂） 自由基捕获剂是一类具有空间位阻效应的哌啶衍生物类光稳定剂，也称为受阻胺类光稳定剂（HALS），包括单哌啶衍生物、双哌啶衍生物和多哌啶衍生物。此类光稳定剂能捕获高分子链中所生成的活性自由基，从而抑制光氧化过程，达到光稳定的目的，其稳定机理如图 2-22 所示。它是目前发展最快最有前途的一类新型高效光稳定剂，其光稳定效率比二苯甲酮及苯并三唑类紫外线吸收剂要高 2～3 倍，全球的需求量增长也很快。表 2-10 列出了常见的几种商品化的受阻胺类产品[47]，更加详细的商品牌号及厂家可参考附录三 2.4-7。

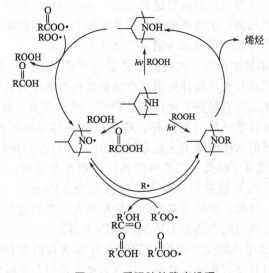

■ 图 2-22 受阻胺的稳定机理

■表2-10　几种商品化受阻胺

商品名	生产商	类型	重均相对分子质量
Tinuvin® 770	Ciba	单体	481
LA-57	Asahi Denka	单体	326
Chimassorb® 994	Ciba	聚合物	$M_n > 2500$
Cyasorb® 3346	Cytec	聚合物	1600
Cyasorb® UV-500	Cytec	单体	522
Cyasorb® HA-88	3-V Chemical Corp.	聚合物	约3000

(4) 光屏蔽剂　光屏蔽剂又称遮光剂，这是一类能够遮蔽或反射紫外线的物质，使光不能直接射入高分子内部，从而起到保护高聚物材料的作用。具有这种功能的物质主要是一些无机填料和颜料，如炭黑、二氧化钛、氧化锌、氧化铁等。

2.4.1.3 抗静电剂

聚乙烯作为绝缘材料，表面容易积累电荷，这些电荷容易吸附灰尘，容易对精密的电子器件造成损害。随着聚乙烯在包装材料领域，特别是在电子电器产品和食品包装上应用的增加，对聚乙烯的抗静电性能提出了要求，这就需要通过加入抗静电剂的方法来解决这个问题。聚乙烯用抗静电剂主要分为内抗静电剂和外抗静电剂[60,61]。

(1) 内抗静电剂　聚乙烯常用的内部抗静电剂一种是具有双亲结构的化合物，即含有亲水和亲油两种基团，在加入到聚乙烯中后，抗静电剂会向表面迁移，在聚乙烯表面形成一层亲水层，可以吸附水分子，从而降低聚乙烯的表面电阻率，消除静电荷。

这种具有双亲结构的内抗静电剂，实质上也是一种表面活性剂，它在聚乙烯中分布是不均匀的，表面分布的浓度高、内部的浓度低。内部抗静电剂对树脂内部导电性实际没有什么改善，其抗静电作用也是靠其在树脂表面分布的单分子层。这种抗静电剂在聚乙烯中的抗静电效果与使用或加工的环境有很大的关系，特别是环境的湿度大小，对材料表面导电性影响最大。如果环境中的湿度较大，空气中水蒸气凝结在材料表面，会大大增加材料表面的导电性。需要注意的是，这种具有表面活性的抗静电剂会随着时间的延长和连续的冲洗表面，导致浓度下降，抗静电效果减弱。

聚乙烯内抗静电剂以烷基胺环氧乙烷加合物、两性咪唑啉（图2-23）和其他两性活性剂的金属盐为主。抗静电剂的添加量需要根据抗静电剂的性质、加工制品的需要、塑料的种类、加工工艺条件、制品要求等进行添加，一般添加量从0.1%～5%不等，聚乙烯用抗静电剂的牌号和主要生产企业可以参考附录三2.4-8[62~65]。

由于抗静电剂会析出到聚乙烯的表面，因此在一些用于与食品接触的塑料用品、塑料儿童玩具等方面，抗静电剂的毒性是必须要考虑的。特别是在与食品接触的塑料制品中，内部抗静电剂容易被食品抽出，因此对抗静电剂的毒性应该特别注意，必须无毒、无味，对人体无不良影响。

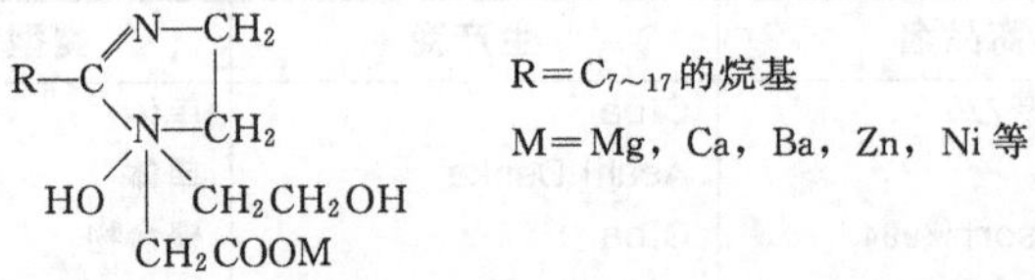

$$R-C\begin{array}{c} N-CH_2 \\ | \\ N-CH_2 \end{array}$$

$R = C_{7\sim17}$ 的烷基

$M = Mg，Ca，Ba，Zn，Ni$ 等

HO　CH$_2$CH$_2$OH
CH$_2$COOM

■ 图 2-23　1-羧甲基-1-β-羟乙基-2-烷基-2-咪唑啉盐氢氧化物

抗静电剂的毒性应从急性毒性和慢性毒性两方面考虑。美国食品药物局（FDA）规定抗静电剂的动物急性毒性试验的最低允许限度 $LD_{50}=5.0g/kg$。如果 LD_{50} 值小于 $5.0g/kg$，就认为不符合食品卫生规定。在抗静电剂中，非离子型和两性离子型的抗静电剂毒性较低，阳离子型和阴离子型中的胺类、磷酸酯盐毒性较大。一些抗静电剂的 LD_{50} 值见表 2-11 所列。

■ 表 2-11　一些抗静电剂的 LD_{50} 值

表面活性剂	试验动物	$LD_{50}/(g/kg)$
肥皂	大白鼠（rat）	>16
混合聚氧化乙烯-聚氧化丙烯醚类	大白鼠，小白鼠（Mouse）	5～15
支链烷基苯磺酸盐（ABS）	大白鼠	1.22
直链烷基苯磺酸盐（LBS）	大白鼠	1.26
硫酸月桂酯钠盐	大白鼠	2.73
硫酸（2-乙基己酯）钠盐	大白鼠	4.125
辛基苯酚-环氧乙烷加合物（3分子）	大白鼠	4.00
辛基苯酚-环氧乙烷加合物（20分子）	大白鼠	3.60
壬基苯酚-环氧乙烷加合物（9～10分子）	大白鼠	1.60
山梨糖醇酐脂肪酸酯-环氧乙烷加合物	大白鼠	20.00
月桂醇环氧乙烷加合物（4分子）	小白鼠	5.0～7.6
月桂醇环氧乙烷加合物（9分子）	小白鼠	3.3
硬脂酸环氧乙烷加合物（8分子）	大白鼠	53.0
季铵盐	大白鼠	0.4～1.0
Catanac SN	大白鼠	0.3
月桂基咪唑啉	大白鼠	3.2

目前，抗静电剂的发展趋势正朝着高分子聚合型永久抗静电剂树脂发展，该类抗静电剂不会像低分子抗静电剂那样水洗后或长时间使用后会丧失其导电性。根据电荷状态，永久性抗静电剂可分为阳离子型、阴离子型和非离子型。环氧乙烷及其衍生物的共聚物较早有研究，已广泛应用的有聚环氧乙烷、聚醚酯酰胺、聚醚酯酰亚胺等。主要生产厂家有日本的三洋化成、住友精化、第一工业制药，瑞士的 Ciba Specialty 等公司。为了提高抗静电剂，国外还采用了反应型抗静电剂，即在树脂中加入了具有抗静电性能的单体，使之与树脂形成共聚物而具有抗静电性能。

除了上面介绍的有机抗静电剂之外，为了达到抗静电效果，还有一种途径是在聚乙烯中加入具有高导电性的物质，例如，炭黑、碳纳米管、金属氧化物等，由于这一类要达到抗静电效果的添加量较大，往往限制了其应用，例如，要达到抗静电剂级别，炭黑的添加量往往要超过 10%。

(2) 外抗静电剂 外抗静电剂多用于成品的处理，通常不用于造粒时的配方中。塑料用外部抗静电剂在品种上以抗静电效果良好、附着力强的阳离子和两性离子活性剂为主。阴离子和非离子型效果较差，较少使用。外抗静电剂应用时分4个步骤：抗静电溶液调配；塑料制品洗净；涂覆、喷雾或浸渍；干燥。

外部抗静电剂使用时一般用挥发性溶剂或水先调配成浓度为 0.1%～0.2%的溶液，溶液浓度在保证抗静电效果基础上稀一点为好，浓度高会发黏而吸附灰尘等，损害制品外观。此种用法中，在溶剂或水挥发后，抗静电剂分子比较容易脱落，抗静电效果无法持久。在调配时加入一些能适度浸溶塑料的溶剂，则抗静电分子会渗入塑料制品表面，抗静电效果会持久一些。

2.4.1.4 抗菌剂

在聚乙烯中加入少量的抗菌剂，可用赋予其杀灭有害细菌或抑制有害细菌生长繁殖的功能。抗菌剂根据其材料的不同，可分为无机抗菌剂、有机抗菌剂、天然抗菌剂和高分子抗菌剂等4种类型[66]。

(1) 有机抗菌剂 有机抗菌剂是以有机酸类、酚类、季铵盐类、苯并咪唑类等有机物为抗菌成分的抗菌剂。有机抗菌剂能有效抑制有害细菌、霉菌的产生与繁殖，见效快。但是这类抗菌剂热稳定性较差（只能在300℃以下使用）、易分解、持久性差，而且通常毒性较大，长时间使用对人体有害。

有机抗菌剂种类繁多，根据其用途通常可分为杀菌剂、防腐剂和防霉剂。有机抗菌剂的分类和应用见表2-12所列。

■表2-12 有机抗菌剂的分类和应用

种类	性能要求	主要成分	作用原理	用途
杀菌剂	杀菌速度快 抗菌范围广	四价铵盐 双胍类化合物 乙醇等	破坏细胞膜 使蛋白质变性 使—SH酸化，破坏 代谢受阻	机器表面除菌 皮肤除菌 食品加工厂、餐馆 水处理
防腐剂	抗菌范围广 抗菌时间长 相容性好 化学稳定性好	甲醛，异噻唑 有机卤素化合物 有机金属等	使—SH酸化，破坏 代谢受阻 破坏细胞膜	船舶等水用工业品 家庭用品 水处理
防霉剂	抗菌范围广 抗菌时间长 化学稳定性好	吡啶，咪唑 噻唑，卤代烷 碘化物等	使—SH酸化，破坏 代谢受阻 DNA合成受阻	各种涂料，壁纸 塑料，薄膜，皮革 密封胶

目前商品化的有机抗菌剂，常见的有以下几种，详细可参考附录三 2.4-9[67～80]。

① 含砷有机抗菌剂 10,10-氧化二酚噁吡（OBPA，结构式如图2-24所示）是美国 Ventrow 公司开发的，为白色结晶，熔点180～182℃，热分解温度在300℃以上。中等毒性，经检测本品无致癌作用。OBPA已通过美国FDA的认证。OBPA对细菌、霉菌、真菌及藻类微生物有明显的抑制作用，对金黄色葡萄球菌、大肠杆菌、霉菌的最低抑菌浓度分别为 6mg/kg、12mg/kg、20mg/kg。目

前 OBPA 的供应商 Rohm & Haas 公司不仅提供 OBPA 而且还提供 OBPA 与聚合物组成的母料，可用于室内塑料用品及汽车塑料用品。

② 2,4,4′-三氯-2′-羟基二苯醚　2,4,4′-三氯-2′-羟基二苯醚（Triclosan，结构式如图 2-25 所示），Ciba 公司称为 Irgasan-300、DP-300 等，中文名为玉洁新，为白色结晶粉末，熔点 56～60℃，分解温度 270℃。溶于乙醇、丙酮、乙醚和碱性溶液。产品无毒，对小鼠经口 LD_{50} 为 4000mg/kg。DP-300 具有高效、光谱、无毒等优点，对大肠杆菌、金黄色葡萄球菌、沙门菌等各种革兰细菌有明显的抑制作用，而且对流感病毒、疫苗病毒及乙肝病毒表面抗原等病毒有很好的抑制作用。DP-300 可用做 LDPE、HDPE、PP、EVA、PMMA、PS、PVC 及 PU 等塑料制品的抗菌剂，在聚乙烯中的添加量在 0.5% 以下。

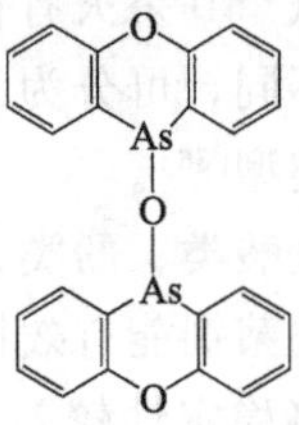

■图 2-24　OBPA 结构式 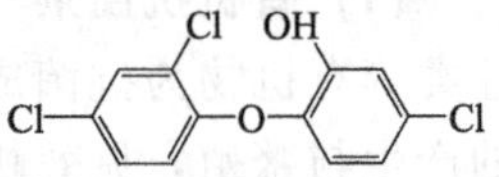　　　　　■图 2-25　Triclosan 的结构式

③ 苯并咪唑氨基甲酸甲酯　苯并咪唑氨基甲酸甲酯（BCM，结构式如图 2-26 所示），为白色结晶，熔点 302～307℃。微溶于水、乙醇、苯等溶剂。对热、光、碱性环境稳定，遇酸易结合成盐。BCM 实际为无毒物质。BCM 通过抑制微生物的 NDA 的合成达到抑制微生物生长和繁殖的作用，抗菌效率高，尤其对青霉属微生物的抑制效果优异，对黑曲霉的 MIC 为 1.0mg/kg，对黄曲霉、拟青霉的 MIC 为 1.5mg/kg，对橘青霉的 MIC 为 0.2mg/kg，对变色曲霉、蜡状芽枝霉的 MIC 为 0.4mg/kg，对木霉的 MIC 为 0.6mg/kg。BCM 广泛用于塑料、橡胶、胶黏剂、纤维、皮革、木材、涂料、纸张等领域。生产厂家有 BASF、上海吴淞化工厂等。

④ 2-(4-噻唑基) 苯并咪唑　2-(4-噻唑基) 苯并咪唑（TBZ，结构式如图 2-27 所示）俗称赛菌灵，熔点 300℃，微溶于醇、酮、水等极性溶剂中。TBZ 是安全性很高的抗菌剂，对人体毒性极低。由于 TBZ 的热稳定性好，可用于塑料和橡胶的加工，一般用量为 0.1%～0.5%。

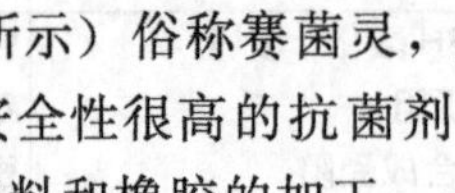

■图 2-26　BCM 的结构式 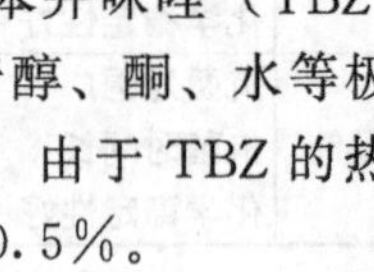　　　　　■图 2-27　TBZ 的结构式

近年来，异噻唑啉酮类抗菌剂由于其杀菌广谱、高效，在塑料中的应用越来越受到人们的重视，典型产品有 4,5-二氯正辛基-4-异噻唑啉-3-酮

（DCOIT，罗门哈斯），2-n-正辛基-4-异噻唑啉-3-酮（OIT，罗门哈斯），N-正丁基-1，2-苯并异噻唑啉-3-酮（BBIT，美国 Arch 公司）等。

（2）无机抗菌剂 为了克服有机抗菌剂的缺点，人们逐渐将研究方向转向了无机抗菌剂。无机抗菌剂主要是利用银、铜、锌等金属本身所具有的抗菌能力，通过物理吸附或离子交换等方法，将银、铜、锌等金属（或其离子）固定于沸石、硅胶等多孔材料的表面或孔道内，然后将其加入到制品中获得具有抗菌性的材料。无机系抗菌剂的优点是低毒性、耐热性、耐久性、持续性、抗菌谱广等，不足之处是价格较高和抗菌的迟效性，不能像有机系抗菌剂那样能迅速杀死细菌。

金属离子杀灭、抑制细菌的活性由大到小的顺序为：Hg、Ag、Cu、Cd、Cr、Ni、Pd、Co、Zn、Fe。而其中的 Hg、Cd、Pb、和 Cr 等毒性较大，实际上用做金属杀菌剂的金属只有 Ag、Cu 和 Zn。其中银的杀菌能力最强，其杀菌能力是锌的上千倍，因而目前研究最多的是含银离子的抗菌剂，详细牌号及厂家可参考附录三 2.4-10。

① 沸石抗菌剂 沸石为一种碱金属或碱土金属的结晶型硅铝酸盐，又名分子筛，其结构为硅氧四面体和铝氧四面体共用氧原子而构成的三维骨架结构，具有较大的比表面积。由于骨架中的铝-氧四面体电价不平衡，为达到静电平衡，结构中必须结合钠、钙等金属阳离子。此类阳离子可以被其他阳离子所交换，因而使得沸石具有很强的阳离子交换能力。

制备沸石抗菌剂时，将沸石浸渍于含银（铜）离子的水溶液中，使得银（铜）离子置换沸石结构内的碱金属或碱土金属离子。有文献表明：载银-沸石抗菌剂的抗菌能力是随着离子交换量的增加，即随载银量的增加而提高的。但离子交换过程有瞬时性，如果溶液中交换离子的浓度过大则会在表面沉积银颗粒堵塞沸石的孔道，影响沸石的抗菌性能和表观性能。严建华等对天然沸石的后处理研究表明：当 Ag^+ 的浓度超过 $0.1mol/L$ 时，其交换效率降低，而且，只有在适当的温度下进行后处理，天然沸石抗菌剂才能有良好的缓释性能。目前比较成熟的沸石抗菌剂是日本 Sinanen Zeomic 公司的专利产品的 Zeomic XAW10D，即载银或载银和锌 A 型沸石。载银沸石含银为 $2.1\%\sim2.5\%$（质量）。载银沸石对各类细菌的 MIC 为 $(62.5\sim500)\times10^{-6}$，对真菌类的 MIC 为 $(500\sim1000)\times10^{-6}$。

② 溶解性玻璃系抗菌剂 作为抗菌材料载体的玻璃通常是选用化学稳定性不高、并能溶解于水的磷酸盐或硼酸盐系统玻璃。但是以硼酸盐玻璃为载体的灭菌材料由于在溶出具有灭菌能力的金属离子的同时，也可溶出目前毒性尚无定论的硼离子，因而限制了其应用范围，相应的研究也不多。磷酸盐玻璃的主要成分是磷，它是对人体和环境危害较小的富营养物质。在磷酸盐玻璃中引入一些灭菌性能很强的银、铜等金属离子可以制备长期、高效、缓释的新型抗菌材料。近几年，欧美及日本等国已成功地将这类抗菌材料商品化，并取得了较好的经济效益。目前，日本在可溶性玻璃抗菌剂领域占据

主导地位，日本的兴雅肖子、东亚合成、石冢肖子等公司都有自己的专利产品，并且很多都通过了美国 FDA 和 EPA 认证。

③磷酸钙、磷酸锆及羟基磷灰石系列抗菌剂 作为抗菌材料载体的磷酸盐材料主要是指一些具有降解性的磷酸钙类物质，包括磷酸三钙（α-TCP，β-TCP）、羟基磷灰石（HA）、磷酸四钙（TeCP）及它们的混合物，其中降解性能显著的是 β-TCP 陶瓷材料。目前，有关以磷酸钙为载体的抗菌材料的研究工作很是活跃。磷酸钙是一种与生物具有良好亲和性的生物陶瓷材料，其作为人工齿根、人工骨、生物骨水泥等生物材料已得到了广泛的应用，此外在食品添加剂、钙剂和催化剂等领域中它也有广泛的应用。因此它是一种安全性很高的抗菌载体材料。制备时通常是将磷酸钙与银离子化合物混合后于 1000℃以上进行高温烧结，再经粉碎、研磨后便可得到抗菌剂。有关研究表明抗菌成分的析出量与磷酸钙载体的形态（颗粒、粉末或致密块等）、结晶度、晶格缺陷、比表面等有关。此外，抗菌介质的物理化学性质、载体的宏观结构，尤其是气孔尺寸、连通程度、空隙度，也会影响载体的降解和有效抗菌成分的析出。

磷酸锆抗菌剂目前相关比较成熟的商品有 Novaron 以及 APACIAER。Novaron 是日本东亚合成公司专利产品，常见的组分为 $Ag_{0.17}Na_{0.29}H_{0.54}Zr_2(PO_4)_3$，含银为 3.6%（质量），白色粉末，0.72～1μm，对各类细菌的 MIC 为 125～1000μg/L。

APACIAER 是载银羟基磷灰石的商品名。是一种无机广谱高效无毒型抗菌剂。该产品最早由美国 Sangegroup 研制和生产。目前这种抗菌剂由美国 Sangegroup、日本桑基公司等多家公司生产，并销遍全球。该产品一般用于船体的抗菌防霉，含银量也为 3.6%（质量），粒度在 1μm 左右。

④膨润土抗菌剂 膨润土为典型的层状黏土矿物，其层间的阳离子易被交换，因而具有很大的离子交换容量。蒙脱石（膨润土的主要成分）晶体的结构为：二层硅氧四面体片夹一层铝（镁）氧（氢氧）八面体片构成的 2∶1 型含结晶水硅酸盐矿物单元结构。层厚度为 1nm 左右。其通式为：$Na_x(H_2O)_4[Al_2(Al_xSi_{4x}O_{10})(OH)_2]$。层内由于四次配位的 Si 被 Al 代替和六次配位的 Al 被 Mg、Fe 等代替而产生负电荷，使得层间存在大量的可交换的 Na^+ 和 Ca^{2+}。基于蒙脱石的纳米层状结构及可离子交换的特性，人们通过对微米或亚微米级的蒙脱石微粉进行离子（Ag 离子）交换从而获得在纳米尺度上金属与非金属复合的载银纳米复合抗菌材料，达到了良好的抗菌效果。但是由于蒙脱石层间的银离子结合力较弱，银离子容易从基体中游离出来并被还原，使抗菌效果不能持久，并且在使用初期，有时会因为银离子的浓度过大而具有毒性，并且抗菌剂容易变色而影响抗菌制品的外观。据报道，山田善市等采用银的铵络合盐对膨润土中的碱金属离子进行离子交换，控制了银离子的溶解速率和变色，达到了较好的抗菌效果。由于蒙脱石

在 400℃左右结构就发生破坏限制了该类型抗菌剂的应用。该类型目前尚无成熟的产品出现。

(3) 天然抗菌剂　天然抗菌剂是人类使用最早的抗菌剂，埃及金字塔中木乃伊包裹布使用的树胶便是天然的抗菌剂。天然抗菌剂有壳聚糖、天然萃取物等。目前最常用的天然抗菌剂是壳聚糖，壳聚糖是一种抗菌性能较强的天然抗菌剂，但环境的酸碱性对壳聚糖的抗菌性能影响较大。作为壳聚糖性能的主要指标脱乙酰化度对壳聚糖的抑菌性能影响也很大，随脱乙酰化度的提高，壳聚糖分子链上密度增加，在适宜的环境中抗菌因子的密度也提高，所以壳聚糖的抑菌性随脱乙酰化度的提高而提高。其他天然抗菌剂有山梨酸、黄姜根醇、日柏醇等。天然抗菌剂的缺点是耐热性差，大部分不能用于塑料加工。

(4) 高分子抗菌剂　无机抗菌剂多数含银，在材料中会改变材料的颜色；有机抗菌剂短期杀菌效果明显，但稳定性差，有一定的毒性和挥发性，容易对皮肤和眼睛造成刺激。而在聚合物中直接引入抗菌基团是一种新的制备抗菌材料的途径，这类抗菌剂可以克服上述缺点。目前国外在这方面研究较多。

抗菌高分子的抗菌性能是通过引入抗菌官能团而获得，根据抗菌官能团的不同，可将抗菌高分子分为季铵盐型、季膦盐型、胍盐型、吡啶型及有机金属共聚物等。官能团可以通过带官能团单体均聚或共聚引入，也可通过接枝的方式引入。

Kanazawa 等[77]对季铵盐型和季膦盐型抗菌聚合物的性能作了一系列研究。制备了氯化三丁基（4-乙烯基苄基）铵和氯化三丁基（4-乙烯基苄基）膦的均聚物和共聚物，发现均聚物在某一比例下有最大抗菌活性，显示出协同效应；共聚物的抗菌活性随着季膦盐单体含量的增大而增大，没有显示协同效应。

Sun 等[78]用 5,5-二甲基乙内酰脲（DMH）和 7,8-苯并-1,3,-二氮杂螺环［4,5］2,4-癸二酮（BDDD）分别与 3-溴丙烯反应制得 3-丙烯基-5,5-二甲基乙内酰脲（ADMH）和［4,5］2,4-癸二酮（BADDD），ADMH 和 BADDD 再分别与丙烯腈（AN）、醋酸乙烯酯（VAC）、甲基丙烯酸甲酯（MMA）单体共聚，共聚物经卤化处理后形成 N-卤胺结构。这种聚合物对大肠杆菌表现出很高的抗菌活性。当共聚物中 ADMH 或 BADDD 的含量为 5％时，在 30min 内能杀灭全部大肠杆菌。N-卤胺结构性能稳定，抗菌范围广，安全性好。

Kanazawa[80]通过光照将季膦盐基团接枝到聚乙烯薄膜表面。这种带有季膦盐的薄膜对于金黄色葡萄球菌特别是大肠杆菌有很好的抗菌性。

高分子胍类聚合物由于其杀菌高效、广谱、安全、耐热，近年来在塑料抗菌领域备受关注。M. Zhang 等通过缩聚合成了聚六甲基胍硬脂酸盐和聚六甲基二胍硬脂酸盐，并用沉淀法制备亲脂性的聚六甲基胍硬脂酸盐、聚六甲基二胍硬脂酸盐。目前，高分胍盐聚合物的生产厂家有美国 Arch 公司、韩国 SK 公司、上海高聚实业有限公司等。

　　用于聚乙烯的助剂还包括荧光增补剂、金属螯合剂、开口剂等[81~83]。荧光增白剂能够吸收 UV 光而发出蓝光，可用使聚乙烯显得更白，更有光泽，在一些透明聚乙烯制品中加入可以使制品看起来更加透明、舒服。金属钝化剂可以帮助聚乙烯抵抗金属或者金属化合物引起的降解作用，提高聚乙烯制品的寿命，特别是用于一些用于通信电线和输电电缆场合直接与 Cu 导线接触的材料。在诸多助剂中，抗氧剂和助抗氧剂通常是必须加入的，其他的助剂可以根据牌号的特点和需求按照一定的配方加入，使其具备相应的功能。这一章介绍的助剂都是可以在聚乙烯生产的造粒过程中加入的，我们可以称之为造粒前改性，其他加入填料、橡胶、其他塑料的共混改性的方法，我们将在第 3 章 3.5 部分提到。随着技术进步，聚乙烯助剂在不断更新，将赋予聚乙烯更长的使用寿命、更加优异的性能以及更多实用的功能。

2.4.2 聚乙烯树脂的造粒与包装

　　挤压造粒机是聚乙烯装置的核心设备之一[84,85]，其他的运行状况不仅影响上游聚合工段聚合反应的连续性，同时也影响到聚乙烯装置最终出厂产品的质量。挤压造粒机的功能是将聚合反应器聚合出来的聚乙烯粉末状细微颗粒变成几何形状相对规则的颗粒以便运输和进一步加工成型，同时将上面提到的助剂，如主抗氧剂、助抗氧剂、抗紫外剂等均匀分散在聚乙烯体系中，使其能满足一定的需求，并将聚乙烯中的低分子挥发物脱除。

　　按照工艺流程的顺序，可以分为 4 个系统：聚乙烯粉料的输送系统；粉料及添加剂进料计量系统；挤出造粒机组系统和粒料干燥系统。来自聚合区的聚乙烯粉料，在氮气保护环境下，被输送到挤压造粒端后，添加一定的抗氧剂、润滑剂等助剂后，在挤压机中熔化、混炼送到模板挤出后，进行水下切粒。切出的粒子由切粒水冷却输送到后处理系统，带至干燥器经干燥、分筛风送到料仓中，再掺和送至包装段。

　　造粒机主要由主电动机、混炼机、熔融齿轮泵、切粒机及其辅助系统如热油系统、筒体冷却水系统、切粒水系统、液压油系统等部分组成。混炼机由筒体和螺杆共同组成，混炼机筒体一般采用电加热，通过冷却水撤热，维持混炼机筒体温度的恒定。

　　聚乙烯在塑料中属于比较难切削的品种，聚乙烯的熔体指数越高，切削越难，此外，粉料中的挥发分也对切粒形成很大影响，因此，切粒机也是挤出机造粒部分的重要制备之一，其正常运行对于保证聚乙烯粒子的质量非常关键。切粒机正常运行，保证切粒质量，装置平稳运行，可以降低生产成本，提高经济效益。

切粒机分为间歇式和接触式切粒。间歇式切刀与模板有一定距离，接触型切刀始终在液压作用下与模板保持接触。例如，德国 WP 公司挤出造粒机的切粒机 UG400 水下切粒机属于接触型切粒机，切刀均匀分布于切刀盘上，切刀在油压等作用下紧贴于模板上，模板的硬度耐磨性通常要好于切刀，切刀的磨损部分可以通过进刀压力得到补偿，使切刀总是贴着模板旋转，使切出的聚乙烯粒子外观好看，整齐，不易出现碎屑。

对水下切粒机而言[86,87]，调刀、模板、切粒水和物料的物理性能是影响切粒质量的四个重要因素。尽管国外切粒机的切刀精度很高，但是每把刀之间仍然存在一定的差别，通常安装之前要求对切刀进行厚度测量，保证厚度均一，使其差值≤0.015mm，切刀使用一般由极限厚度（如 W&P 公司某型号为 10.5mm），当厚度低于此值时，就需要更换新刀。将切刀安装到刀盘上之后，再将其安到切粒机转轴上，安装时需要注意各部位的清洁处理，可以在接触处喷涂二硫化钼。新刀安装后，还要进行磨刀和刀压调整。切刀和模板的质量不好、安装不好、对中不好都将直接影响切粒效果。轻则造成切刀的异常磨损，产品外形难看，重则造成缠刀、垫刀，影响后续离心干燥器和振动筛的正常运行，严重时会造成整个装置停车。因此，需要严把切刀质量关，且到对不符合硬度指标或合格证等质量证明文件不全的，坚决不装；严把切刀安装关，切刀的平面度误差不能超过限定尺寸，例如，不能超过 0.02mm。严把对中关，定期检查切刀轴和模板的对中情况，发现异常及时进行调整，切刀轴和模板的对中平面误差一般控制在 0.03mm 以内；严把开车磨刀关，尽量使切刀在模板上基本都能磨到的情况下，缩短磨刀时间，减少刀的过度磨损，控制风压不要过高，避免切刀出现发蓝的现象。

切粒机正常运行中，作用于切刀轴上的力比较复杂，选取有代表性的力进行分析，可用下式进行分析：

$$F = (F_1 + F_2) - (F_3 + F_4)$$

式中，F 为切刀面对模板的压力；F_1 为进刀油压力；F_2 为切刀在切粒水中旋转产生的推力；F_3 为摩擦产生的向后的压力；F_4 为树脂向后的压力。在这 4 个力中，F_1：可通过手动调整仪表风压力，增压汽缸将风压转变为油压施加到刀盘上，此外，油压传出线上还有手动微调对油压进行调整。F_2：切刀在切粒水中旋转产生较大推力，方向向前（模板方向），其大小与切粒机转速成正比关系。F_3：力的方向向后，其大小与切刀、模板的材质、树脂的熔体流动速率（MFR）、密度和切刀的转速高低有一定关系，但影响不是很大。F_4：推力方向向后，其大小与树脂的 MFR、密度有一定的关系。但主要是受生产负荷的限制。负荷愈大，F_4 值愈大，反之亦然。

F 过小，会使切面与模板贴合力不足而引起间隙增大，影响颗粒外观（带尾不规则，碎屑增多），严重时，会使颗粒黏连，甚至会造成缠刀等严重事故。F 过大，将造成切刀磨损过快，对模板也有较大伤害，大大降低了设备使用寿命。同时也使切粒机扭矩增加，电流偏高。耗费不必要的电能，也会降低电动机寿命，甚至出现断刀现象。对装置连续生产极为不利，同时增加了消耗。因此，正确掌握调刀技术意义重大。

切粒机的模板大部分是内加热型模板（如用热油加热）。通常开车前，先用熔融物料冲模孔，至模孔束状出料均匀。开车后，切粒水进入切粒室，模板被水冷却，温度降低，可以通过热油对其加热来维持在控制范围内。如果温度太低（如低于 200℃），模孔易出现冻堵现象，即使温度回升至操作范围（如 220～330℃），冻堵的孔仍无法冲开，导致切粒不均匀，碎屑多，影响产品外观质量，严重时会停车，重新开车冲模孔，产生大量废料，造成聚乙烯单位成本和单耗增加[88]。

模板在长时间使用后，在切刀和物料磨损下，会出现切削面不平整的情况，导致无法保证切刀良好的贴合，形成楔形，凹沟等造成垫刀、串料等问题。因此，可根据具体情况两年左右进行一次检测及研磨维修。生产中切粒水的流量、温度一定时，通过改变热油温度设定值或流量来控制好模板温度，保证切粒效果良好。另外，模板温度也不能过高，否则会使切粒黏连，加速模板隔热垫等部件的老化失效，增加不必要的能源消耗。

切粒水一般使用的是脱盐水，在保证水流量、压力的同时必须控制好水温。水温过高易出现串料、缠刀灌肠等事故；水温过低使模板温度低，冻堵模孔，同时树脂变脆，切削时碎屑增多。切粒水温度与产品的 MFR 关系很大，当生产不同牌号的产品时，水温应作相应的调整，通常熔体指数较大的产品，水温要低一些，如 40℃；熔体指数较低的产品，水温要高一些，如 70℃。

只有控制好切粒机的调刀、模板、切粒水和物料物性 4 个方面，才能保证切粒机的切粒质量，从而保证装置平稳运行，降低生产成本，提高经济效益。

聚乙烯经过切粒机形成粒料之后，通常还需要经过离心干燥器和粒料振动分选器，最后进行计量包装。离心干燥机通过旋转的离心力、风机的抽风和粒料内部热量蒸发的共同作用，将粒料表面的水分除去。粒料振动分选器的作用是将经过切粒机产生的粒料，通过孔径不同的筛板进行筛选分离，很多振动筛有两层不同孔径的筛板，粒径比较大的塑料粒子（例如大于 4mm）先经第一层筛板的分离筛选后回收，然后是直径小于 2mm 的小颗粒料，再经第二层筛板的分离筛选回收，经过两次分离后的合格成品粒料，再被输送到成品料仓进行掺混，均匀后包装出厂。目前，国内很多聚乙烯装置产能扩大，利用原有的振动筛出现了处理能力不足的现象，例如，第一层的筛板物料入口处的粒料不能被及时分散、不断堆积，最后堵塞上游设备离心干燥机的物料出口，使其出现过负荷联锁，引起造粒机机组停机。因此，在超负荷开车时，需要每小时对筛板进行清理，如果遇到切粒不好，如颗粒带尾巴、连粒等异常情况时，第一层筛板十几分钟就需要清理。为了解决这个问题，国内厂家采用了增大筛板孔径，例如将孔径增加 25％；扩大物料入口端高度；扩大物料入口面积等方法，消除了造粒机组运行时出现的"瓶颈"现象，提高了生产负荷。

筛分合格的聚乙烯粒料进入粒料料斗，然后通过风送系统，将粒料送至下一个操作单元——均化储存料仓，最后生产的聚乙烯粒料通过自动称重计量系统自动称重包装，不同石化厂的包装系统大同小异，其工艺过程可以简单举例描述为：物料由储料仓进入包装系统，由电子定量秤称重完毕后等待下料，空袋由人工放入自动包装机的供袋盘，由包装机自动完成从取袋、开袋到下料等一系列动作，料袋经夹口整形、折边、缝口等工序进入输送单元，已缝口的料袋在输送单元中经倒袋输送机、过渡输送机进入金属检测机、重量复检秤及拣选机，不含金属物体且质量合格的料袋进入码垛单元，由码垛机完成码垛。目前，国内出售包装一般都是 25kg 为单位，也有客户需要 500kg 的硬纸盒包装。近年来，石化厂的包装设备的精度、自动化程度和单位时间的包装能力不断提高，避免了缺斤短两、包装质量差、放料闪爆等实际问题。

除了上面介绍的主要部件之外，还需要对造粒机的电器、仪表等设备进行有计划地检查、保养和维修。同时，加大对造粒操作人员的培训力度，减少操作失误造成的装置停车。正确操作和维护造粒机，争取增加造粒机的运行周期，减少废料，提高经济效益。

目前，聚乙烯工厂使用的双螺杆挤出机的年生产能力已经达到了 35 万吨，年产量 40 万～50 万吨的装置也正在开发之中。市场上现有挤出机是双螺杆同向全啮合挤出机，重要的生产公司有 Werner and Pfleiderer、Japan Steel Works 和 KobeSteel 公司。

2.5 聚乙烯生产设备与控制系统

关于聚乙烯生产设备和控制系统的技术改进的报道不多，基本上是针对进一步降低生产成本，提高聚合物牌号的质量稳定性为目标的。

2.5.1 聚乙烯生产设备改进

聚乙烯生产装置设备改进重要的一个方面，是扩大装置的生产能力。例如，Unipol 工艺将反应器放大作为主要的技术发展目标之一。目前成功应用的最大生产能力为 500kt/a，能够设计的最大生产能力为 600kt/a。由于反应器的增大，相应地开发出了传热强化技术、传递技术、聚合物结块预测技术、先进反应器控制技术、反应器放大技术及种子床快速切换技术。反应器能力的进一步扩大，适合单一产品的生产，不适合需要经常做产品牌号切

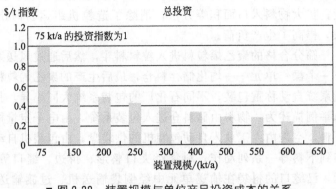

■ 图 2-28　装置规模与单位产品投资成本的关系

换的生产。原因很简单，随着产能的扩大，单位聚合物产品中占的成本进一步降低，如图 2-28 所示。

2.5.2 聚乙烯生产先进控制技术

基于计算机集散控制系统（DCS）的先进控制技术，在聚乙烯工艺上被广泛地应用。长期的应用证明先进控制技术能够有效实现装置"卡边"操作，提高生产能力，同时又能提高装置的稳定运行能力，提高产品的质量稳定性。

Univation 公司的 APC$^+$（Advanced Process Control）软件专门用于 Unipol 聚乙烯反应器结构和催化剂技术的控制，使用率高，维修少，已证明每年可节约几百万美元，这主要由于产率提高 5%～9%，非目标级产品减少 5%～7%，非计划停工减少 1%～2%，切换效率提高 35%，开工时间延长约 2%。

Borealis 公司还开发了一种专有的先进工艺控制系统（BorAPC），为普通的控制系统和使用非线性预知模型的控制变量提供界面。其优点是：可改进反应器的稳定性，确保产品的一致性；改进反应器控制使操作更接近装置的极限，提高产量约 3%；缩短牌号切换时间，减少过渡料的量[89]。

2.6 生产技术的新进展

聚乙烯牌号品种很多，产品间性能差距很大，因此聚乙烯生产工艺有很多种类。没有一套工艺能够生产所有聚乙烯产品，所以拓宽聚乙烯工艺的产品范围，提高产品质量，始终是聚乙烯工艺不断改进的目标之一。以下主要从上述角度来分析各种聚乙烯工艺的进展。

2.6.1 高密度聚乙烯生产技术进展

提高装置产能，采用多峰反应器技术和简化工艺流程是 HDPE 生产技术进展的重要特征。

Chevron Phillips 公司最新设计的装置进一步改进和简化了其环管工艺，节约投资和操作费用，比 1990 年设计的装置投资成本降低 50％以上。主要工艺改进包括：①大型化，实现规模效益；②减少设备数量；③提高设备效率，提高处理量；④简化安装，如采用钢结构较少的自支撑型反应器；⑤改进催化剂进料系统；⑥改进工艺控制能力[90]。

Borealis 公司于 2005 年推出了 Borstar PE 2G 技术，采用这种新技术可生产全系列的 LLDPE、MDPE 和 HDPE。Borstar PE 2G 技术以双峰工艺为基础，通过多模过程实现对聚乙烯分子的裁剪，以精确满足消费者的要求。Borstar PE 2G 工艺改进主要包括：重新设计催化剂进料系统；在环管反应器中增加连续出口；在环管反应体系和气相反应体系之间采用更高的压力闪蒸过程以降低能耗；重新设计回收面积，提高稀释剂的回收率，降低能耗和投资成本；气相反应器实现冷凝态操作，并采用更高级 α-烯烃作为共聚单体[91,92]。

Hostalen 工艺的开发进展是对其 Hostalen 双峰工艺进行了简化和改进，主要集中于反应器的冷却系统、气体排放部分和聚合物中蜡的分离部分。其目标是开发能生产全系列聚乙烯的技术，包括高终端双峰和多峰 HDPE 产品，具有平衡的操作成本和产品性能[93,94]。

CX 工艺的进展是将在 Evolue 工艺中成功应用的茂金属催化剂在 CX 双峰工艺中的应用，同样也包括后过渡金属催化剂。

2.6.2 低密度聚乙烯生产工艺进展

该工艺技术发展主要集中在改进产品质量、提高生产能力和降低成本等 3 个方面。例如 CTR 工艺单线生产能力提高到 400kt/a（处于设计阶段）；提高乙烯转化率，某些牌号产品从 20％提高到目前的 40％；鱼眼性能指数在所有管式法高压聚乙烯产品中领先，而管式法高压聚乙烯产品的鱼眼性能指数又优于气相法线型聚乙烯产品。

在高压釜式法工艺方面，2008 年 8 月 LyondellBasell 公司宣布开发出制造特种 LDPE 和 EVA 共聚物的高压釜式工艺，称为 Lupotech A 工艺。该高压釜式法工艺主要用于优化需有加工要求的高级产品的生产，如乙酸乙烯酯含量达 40％的胶黏剂和密封剂，或具有独特性能的 LDPE 产品。该技术采用以多区为特征的反应器设计，并采用独特的单体和引发剂注入系统，同时采用先进的对整个反应器的压力和温度分布控制技术，以及独特的搅拌系统，从而获得高的转化率[95,96]。

2.6.3 线型低密度聚乙烯生产工艺进展

装置进一步大型化，易加工茂金属 LLDPE 生产技术、双峰 LLDPE 技术和共聚单体分布控制技术是近期 LLDPE 生产工艺进展的重要特征。

在 Unipol 聚乙烯工艺的基础上开发了用于生产双峰聚乙烯产品的 Unipol Ⅱ 工艺。Unipol Ⅱ 工艺采用两台串联的气相流化床反应器生产双峰 LLDPE/HDPE，并建成了 300kt/a 的两台反应器串联的气相法生产装置。第一台反应器中生产出高分子量共聚物，第二台反应器中生产出低分子量共聚物，调节 α-烯烃和氢的量来获得所需要的产品，可特制具有两个不同分子段（即具有不同的分子量分布、共聚单体分布和分子量等）的树脂结构。催化剂为通用的和超高活性的 Z-N 催化剂以及单活性中心催化体系。Unipol Ⅱ 工艺在生产不同产品时所采用的催化剂不尽相同，由于各种催化剂互为毒物，在产品切换时会生产出不太好的过渡料，因此 Univation 公司在不同催化剂之间切换工艺方面进行了大量研究工作，同时申请了大量专利，以提高操控性能，减少过渡料的量[97,98]。

Unipol 聚乙烯工艺双峰聚乙烯技术的另一个进展是单反应器双峰 HDPE 技术的开发。该技术采用单一气相反应器和双峰 Prodigy 催化剂生产双峰聚乙烯，投资和生产成本比串联反应器节约 35%～40%。2002 年 10 月，Univation 公司采用此技术在一套 160kt/a 装置上运行了 6 天，生产了 3kt 双峰 HDPE 薄膜树脂，物理性能和加工性能与工业上用串联反应器生产的高分子量双峰树脂的性能基本一致，并于 2004 年实现工业化。由于该技术生产双峰树脂主要依靠催化剂技术，很容易在现有的气相反应器中实施，因此有可能占据双峰树脂更大的市场份额。单反应器双峰技术的优点：①投资节省，投资和生产成本与惯用的串联反应器相比，可节省 35%～40%；②反应器的操作易控制；③工艺简单，无溶剂回收；④催化剂的双活性中心使分子量分布均匀，提高了产品的可加工性；⑤无需设置第二台反应器即可获得双峰产品，使得装置的开停工更容易[15,99]。

Spherilene 工艺的主要进展：推出了一种改性 Spherilene 工艺，将其与 Lupotech G 技术的设计方式相结合，以产生一种统一的气相技术。重新设计的工艺包括来自 Lupotech G 工艺的更简单的催化剂加入系统，来自 Spherilene 工艺的丙烷为惰性溶剂和选自两种工艺特色结合而优化的尾气脱除系统。

Innovene G 工艺与 Unipol 聚乙烯工艺相近，主要区别在于所使用的催化剂、所采用的环路旋风分离器以及其特有的高产率技术（High Productivity Technology，HPT）和增强型高产率（Enhanced High Productivity，EHP）技术设计。其 EHP 技术即进一步提高循环气中冷凝液组成，从而能使生产能力提高 100% 左右。液态冷凝技术的使用解决了气相法生产聚乙烯反应器中热量不能及时转移的问题，使气相反应器的时空收率大大提高，但在工业应用中还应注意液态冷凝技术需要超高活性的催化剂与之相匹配[100]。

ENERGX 技术达成协议，允许 BP 公司使用该技术和市场，并且可以许可给其他气相聚乙烯生产商。该技术通过对催化剂体系进行化学和机械改性，可以低的投资成本改进树脂的性能。该技术最初为预聚合催化剂体系开发，随后被扩展至直接注入催化剂体系（ENERGX DCX）。

2.6.4 茂金属线型低密度聚乙烯生产工艺进展

Univation 公司代表性的茂金属催化剂是 XCAT HP 和 XCAT EZ 催化剂。对 Unipol 聚乙烯工艺来说，茂金属催化剂在改进传统 LLDPE 膜产品的物性和加工行为方面有显著效果。使用茂金属催化剂可轻易地实现产品更新换代，替代 LDPE 树脂或富含 LDPE 的 LDPE/LLDPE 掺和物。

XCAT HP 催化剂主要用于生产高性能的 mLLDPE 和 mVLDPE 树脂，可以生产目前已应用的高负载包装膜、抗粘连膜及流延膜等。膜产品具有良好的抗冲击性、透明性和阻隔性等，可以替代原来的 LDPE/LLDPE 共混产品，提高膜性能。

而 XCAT EZ 催化剂主要用于生产易加工的 mLLDPE 树脂。采用此催化剂生产的 mLLDPE 产品可直接用在原来加工 LDPE 产品的挤出加工设备上，无需对设备进行改造，即无需进行再投入即可实现产品更新换代，并且加工效率提高，使树脂生产商与终端加工用户均受益。该 mLLDPE 产品在多层共挤复合膜加工中适宜作热封层，且添加量少，热封温度可降低 5～10℃，从而降低加工能耗，提高加工速度。

BP 公司和 NOVA 化学公司于 2002 年 9 月宣布达成许可协议，在 PE 催化剂领域开始广泛合作。BP 公司允许 NOVA 化学公司使用其 Innovene 茂金属技术，而 NOVA 化学公司也授权 BP 公司使用其开发的单中心催化剂技术。两家联合开发了先进的 Z-N 催化剂——NOVACAT T 催化剂，并已推向工业化，并独家授权给 Grace Davison 公司生产。使用该催化剂可以改进共聚单体的嵌入方式，具有较高的己烯嵌入率，形成"不发黏"的树脂，从而提供性能更好的树脂，此外，该催化剂还具有更好的抗杂质性能以及更高的生产效率。这两家公司还将进一步合作，开发新一代用于气相法聚乙烯的茂金属催化剂和单中心催化剂，并将共同拥有专利收益。Innovene 公司位于苏格兰 Grangemouth 的工厂采用 NOVACAT T 催化剂提高了 LLDPE 的产能。

继 Dow/UCC 公司合并之后，BP 公司被独家授权使用所有 Dow/BP 合资公司开发的用于气相聚合的茂金属催化剂专利，并被非独家许可使用 Dow 化学公司的 Insite 单中心催化剂专利。BP 公司凭此开发了具有良好的透明性、出色的力学强度和良好的加工性能的高性能 1-己烯 LLDPE 牌号，该牌号产品的性能超过溶液法辛烯树脂和其他传统茂金属树脂[101]。

Evolue 工艺也可以生产非茂金属牌号产品（采用 Z-N 催化剂）。相对于单反应器工艺，采用茂金属催化剂的 Evolue 工艺生产双峰聚乙烯的主要优点为：产品具有更高的冲击强度和纵向撕裂强度；热封初始温度比普通薄膜树脂低 10℃；双峰树脂薄膜的雾度比普通薄膜低 4％；熔体强度更高，加工性能优于用茂金属催化剂制得的长链支化的 LLDPE。

NOVA 化学公司也开发了自己的非茂金属单中心催化剂，可用于 AST 工艺。该非茂金属单中心催化剂生产的树脂相对于 Z-N AST 树脂具有更优越的性质，即有更好的透明性、更高的纵向撕裂强度和抗慢穿刺性。2006 年，NOVA 化学公司采用其先进的 Sclairtech 双反应器、非茂金属单中心催化剂技术生产了一种具有极佳韧性的牌号为 FPs016-C 的吹塑级 LLDPE 新型树脂。该树脂主要用于对韧性有特殊要求的吹塑膜（如产品和冷冻食品的包装），或机动车、船运输时的防护膜等。该树脂密度为 0.916g/cm³，MFR 为 0.65g/10min，具有极好的加工性。在高速生产线上用合适温度密封时，该树脂在撕裂强度和热黏强度上优于同类材料[102]。

2.6.5 POE 生产工艺进展

POE 方面辛烯产品是主流，也有丁烯、己烯产品的报道，它们性能及价格有较大差异，但共同点均采用茂金属催化剂和溶液聚合工艺。

Engage 是杜邦陶氏弹性体（Du Pont Dow Elastomers）公司注册的系列聚烯烃弹性体（Polyolefin Elastomer，缩写为 POE）POEs 产品商标。Engage 聚烯烃弹性体采用 INSITE™ 技术开发，是使用"限制几何构型"茂金属催化剂合成的乙烯-辛烯共聚物。

EXACT 品牌是 EXXON 公司以 Exxpol 茂金属为催化剂合成的乙烯-α-烯烃共聚物。该产品所用的共聚单体包括 1-丁烯、1-己烯和 1-辛烯。该品牌的一系列产品的熔体指数为 0.5～30g/10min，密度为 0.860～0.905g/cm³。

参 考 文 献

[1] 金栋，吕效平. 世界聚乙烯催化剂研究进展. 化工科技市场，2006，29（3）：1-6.
[2] 2010 年全球催化剂需求量价值达 123 亿美元. 工业催化，2007，15（3）：53.
[3] 蔡志强. Unipol 聚乙烯技术进展与启示. 合成树脂及塑料，2005，22（1）：58-62.
[4] 燕丰. Basell 公司推出新型系列 Ziegler 钛催化剂. 石化技术，2005，12（3）：14.
[5] Grace Davison 公司开发新型聚烯烃催化剂. 中国化工在线，2008-8-7.
[6] 杨平身，曾芳勇. 国产聚乙烯浆液催化剂工业应用. 合成树脂及塑料，2004，21（3）：29-32.
[7] 聚乙烯淤浆进料催化剂试验成功. 中国化工信息周刊，2007，（16）.
[8] 刘同华，杨平身，曾芳勇. BCS02 型浆液聚乙烯催化剂的开发及工业应用. 石油化工，2005，34（9）：866-869.
[9] 北京化工研究院开发 BCE 高活性乙烯淤浆聚合催化剂. 扬子石油化工，2006，21（2）：11.

[10] 扬子公司聚乙烯装置运用新型国产催化剂. 中国化工在线, 2007-4-16.

[11] 北京化工研究院新乙烯淤浆聚合催化剂成功运行. 石化技术, 2009, 16 (1)：39.

[12] 陈伟, 王洪涛, 郑刚等. 茂金属加合物技术首次工业试验. 合成树脂及塑料, 2004, 21 (3)：9-11.

[13] 茂金属催化剂气相流化床乙烯聚合试验取得进展. 中国化工信息周刊, 2007, (15).

[14] 中石油聚烯烃催化剂项目通过验收. 中国化工信息周刊, 2007, (5).

[15] 金栋, 燕丰. 聚乙烯生产工艺及催化剂研究新进展 (下). 上海化工, 2005, 30 (11)：29-32.

[16] 金鹰泰, 李刚, 曹丽辉等. 烯烃聚合高性能 FI 催化剂的进展. 高分子通报, 2006, (9)：37-50.

[17] 吴殿义, 程显彪, 吕建平. FI 催化剂的合成与性能. 油气田地面工程, 2002, 21 (4)：26-27.

[18] 具有超高活性的 FI 催化剂. 现代塑料加工应用, 2002, 14 (5)：44.

[19] Dow 公司的后茂金属催化剂获得工业应用. Japan Chem Week, 2007, 48 (2 409)：1.

[20] 用于烯烃嵌段共聚物生产的催化剂. 化工在线, 2007-3-8.

[21] 陶氏化学计划工业化烯烃嵌段共聚物技术. 化工在线, 2007-9-5.

[22] 陶氏化学推出九款开发型烯烃嵌段共聚物. 中国化工在线, 2008-8-26.

[23] 崔英楷, 杨凤. 双峰聚乙烯催化剂研究进展. 石化技术与应用, 2007, 25 (2)：171-175.

[24] Sahila A, Aeaerilae J, Hagstroem B. Ethylene Polymer Product Having a Broad Molecular Weight Distribution its Preparation and Use. WO 9747682. 1997.

[25] 李玉芳, 伍小明. 双峰聚乙烯生产工艺及催化剂研究进展. 上海化工, 2007, 32 (1)：27-32.

[26] 浙江大学. 制备具有双峰和/或宽峰分子量分布的聚乙烯的催化剂. 中国, CN 1470538. 2004.

[27] Douglas W S, Frederic G, Rupert E, et al. Organometallics, 1999, 18：2046.

[28] Gibson V C, Brian S K, Andrew J P W, et al. Chem. commun. , 1998：313.

[29] Christian L, Bruno D, Robert C, Organometallics, 2000, 19：1963.

[30] Kap K K, Seung P H, Young T J, et al. J Polymer Sci. , Part A, 1999, 37：3756.

[31] Shapiro P J, Cotter W D, Schaefer W P, et al. J. Am. Chem. Soc. , 1994, 116, 4623.

[32] Burger B J, Thompson M E, Cotter W D. J. Am. Chem. Soc. , 1990, 112, 1566.

[33] Mashima K, Tanka Y, Kaidzu M, et al. Organometallics, 1996, 15：2431.

[34] Chan M C W, Cole J M, Gibson V C, et al. Chem. Commun. , 1997：2345.

[35] Desmangles N, Ganbarotta S, Bensimon C, et al. J. Organ. Chem. , 1998, 53：562.

[36] US 4508842, 1985.

[37] USP 2924593, 1960.

[38] EP 3836A1, EP962468.

[39] Gibson V C, Newton C, Redshaw C, et al. J. Chem. Soc. , Dalton trans. , 1999：827.

[40] Rao R R, Weckhuysen R M, Schoonheydt R A. Chem. Commun. , 1999：445.

[41] Qiu J Q, Li Y F, Hu Y L, Polym. Int. , 2000, 49：5.

[42] Wayland B B, Charlton J A, Ni Y. Polymer preprints, 2000：307.

[43] Coles M P, Jordan R F. J. Am. Chem. Soc. , 1997, 119：8125.

[44] Ihara E, Young V G, Jordan R F. J. Am. Chem. Soc. , 1998, 114：8277.

[45] Bruce M, Gibson V C, Redshaw C, et al. Chem. Commun. , 1998：2523.

[46] Talsi E P, Babushkin D E, Semikolenova N V, Zudin V N, PanchenkoV N, Zakharov V A. Macromol. Chem. Phys. 2001, 202：2046.

[47] 胡友良. 聚烯烃功能化及改性. 北京：化学工业出版社, 2006.

[48] 李杰. 硫酯类抗氧剂的合成与应用. 塑料助剂, 2009, (4)：29.

[49] ［德］R. 根赫特, H. 米勒. 塑料添加剂手册. 北京：化学工业出版社, 2000.

[50] 汽巴精化公司技术资料.

[51] 刘素芳．塑料用抗氧剂的生产现状与发展趋势．聚合物与助剂，2009，(4)：18.

[52] 杨明．塑料添加剂应用手册．南京：江苏科学出版社，2002.

[53] 大湖化工（远东）公司技术资料.

[54] 皆川 源信．プラスチック添加剂活用ノート．东京：日出岛株式会社，1996.

[55] 《合成材料助剂手册》编写组，合成材料助剂手册．北京：化学工业出版社，1985.

[56] 谢鸽成（汽巴精化）．塑料助剂，2004，43（1）：1.

[57] 化工部合成材料研究院，金海化工有限公司编．聚合物防老化实用手册．北京：化学工业出版社，1999.

[58] 钱逢麟，竺玉书主编．涂料助剂——品种和性能手册．北京：化学工业出版社，1992.

[59] ［美］Charles A. Harper 主编．现代塑料手册．焦书科，周彦豪等译．北京：中国石化出版社，2003.

[60] 段予忠，徐凌秀主编．常用塑料原料与加工助剂．北京：科学技术文献出版社，1991：24.

[61] 贵一枝编．有机助剂．北京：人民教育出版社，1983：145.

[62] 曹玉廷，姜波．高分子材料用有机抗静电剂的发展．化工新型材料，2001（3）：13.

[63] 李燕云，尹振晏，朱严瑾．抗静电剂综述．北京石油化工学院学报，2003，3，11（1）：28.

[64] 吕咏梅．抗静电剂开发与生产现状．中国石油和化工，2003，11：37.

[65] 徐战，韦坚红，王坚毅等．国内外抗静电剂研究进展．合成树脂及塑料，2003，20（6）：50.

[66] 王宁，李博文．抗菌材料的发展及应用．化工新型材料，1998（5）：8-11.

[67] 冯乃谦，严建华．银型无机抗菌剂的发展及其应用．材料导报，1998（2）：1-4.

[68] 吕世光．塑料助剂手册．北京：轻工业出版社，1986.

[69] 金宗哲．无机抗菌材料及应用．北京：化学工业出版社，2004.

[70] 陈仪本，欧阳友生等．工业杀菌剂．北京：化学工业出版社，2001.

[71] 季君晖，史维民．抗菌材料．北京：化学工业出版社，1997.

[72] 沈萍．微生物学．北京：高等教育出版社，2003.

[73] Hagiwara J, Hashino J, Ishino H, et al. European Patent Application, EPO116856, 1984.

[74] 许瑞芬，许秀艳，付国柱．塑料，2002，3（31）：26.

[75] 张鹏，张向东，高敬群，王君．辽宁化工，2002，31（7）：305.

[76] 何继辉，谭绍早，马文石，赵建青．塑料工业，2003，31（11）：42.

[77] Akihiko Kanazawa, Tomiki Ikeda, Takeshi Endo. J appl Polym Sci, 1994, 53：1245-1249.

[78] Sun Yuyu, Sun Gang. J appl Polym Sci, 2001, 80：2460-2467.

[79] Jian Lin, Catherine Winkelman, Worley S D, et al. J appl Polym Sci, 2001, 81：943-947.

[80] Akihiko Kanazawa, Tomiki Ikeda, Takeshi Endo. J appl Polym Sci, Part A：Polym Chem, 1993, 31：1467-1472.

[81] 丁学杰，方岩雄．塑料助剂生产技术与应用．广州：广东科技出版社，1996.

[82] 朱炤男．聚丙烯塑料的应用与改性．北京：轻工业出版社，1982.

[83] 钱知勉，朱昌晖．塑料助剂手册．上海：上海科学技术文献出版社，1985.

[84] 王昊．聚乙烯装置改扩建挤压造粒设备布置的优化．石油化工设计，2004，21（4），61-64.

[85] 李文．35 万吨/年高密度聚乙烯装置 ZSK350 挤压造粒机技术评价．科技资讯，2005，24，11-12.

[86] 张新念．粒料振动分选器的堵塞与改进．石油化工设备技术，2006，27（4）：36.

[87] 陈留成．造粒机长周期运行的有效措施．石油化工设备技术，2007，28（4）：35.

[88] 张新念．造粒机模板国产化改造及运行．石化化工设备技术，2007，28（6）：46.

[89] 陈乐怡．世界合成树脂工业发展趋势．当代石油化工，2006，14（6）：11-15.

[90] Chevron Phillips sees future in new bimodal product range. Mod Plast, Mar 26, 2007.

[91] Borealis 公司推出新型聚乙烯生产技术．石油化工，2006，35（3）：301.

[92] 贾军纪．北欧化工公司 Borstar PE 2G 技术．石化技术与应用，2006，24（1）：31.

[93] Basell PE 100 pipe grade with increased resistance to slow crack growth now available. http：//www. Basell. com. 23 Jan 2007.

[94] Basell launches a new Hostalen HDPE resin that offers advantages in bottle applications.

http：//www. Basell. com. 25 May 2007.

[95] 利安德巴赛尔推出特种 LDPE 和 EVA 工艺．中国化工在线，2008-9-2.

[96] LyondellBasell launches Lupotech A autoclave technology for specialty LDPE and EVA copolymers. http：//www. lyondellbasell. com. 2008-08-25.

[97] 尤尼威蒂恩技术有限责任公司．用于在不同聚合催化剂之间转变的方法．中国，CN 1732188. 2006.

[98] Univation Technologies，LLC. Process for transitioning between ziegler-natta-based and chromium-based catalysts. US Appl Pat，US 20060160965 A1. 2006.

[99] 王焙，李建忠．世界聚乙烯生产技术进展．石化技术，2005，12（1）：40-44.

[100] 潘建兴，杨敬一，徐心茹．聚乙烯技术新进展．现代化工，2005，25（8）：20-22，26.

[101] 英力士集团授权雷普索尔 Innovene 气相技术．中国化工信息周刊，2007，(29)．

[102] LLDPE Makes Tougher Blown Film. Plast Technol，2006，52（2）：25.

第 **3** 章 聚乙烯树脂的结构、 性能及其改性

3.1 引言

聚乙烯树脂是以乙烯为主要单体、通过不同聚合方法生产、具有多种结构和特性的热塑性树脂的通称。总体而言，聚乙烯树脂因其具有较为平衡的物理力学性能和良好的化学惰性，以及生产成本较低、加工性良好等特点而获得了广泛的应用。众所周知，材料的宏观性能是与其微观结构密不可分的。制品的最终性能不仅依赖于其加工历史，而且依赖于其自身的结构，包括分子链结构和凝聚态结构，而凝聚态结构的形成又与其分子链结构和成型过程相关。正确地认识不同层次的结构与性能关系，是改进现有材料以及开发新材料的基础。

化学上纯的聚乙烯树脂结构[1]如图 3-1 所示，可用分子式为 $C_{2n}H_{4n+2}$ 表示，其中 n 为聚合度。

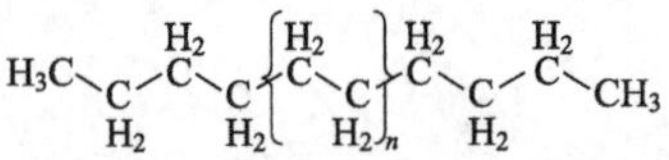

■ 图 3-1 纯聚乙烯分子链的化学结构

一般聚乙烯的聚合度都超过 100，高的聚合度可达到 250000 以上。如同一般的高分子材料，聚乙烯树脂分子链的长度也不是均一的，而是存在着分布。此外，实际商品化的聚乙烯树脂的化学结构也并非图 3-1 所示那样简单。聚乙烯分子的主链上可以有不同程度支化链存在，支链的类型可以从简单的烷基组到功能化的酸和酯。聚乙烯的分子链上也可以含有少量的不饱和键，常常出现在分子链端。通过改变催化剂、聚合工艺以及共聚条件等，可以使聚乙烯的分子量、分子量分布、支链的类型、数量和支链位置等链结构参数发生变化，并导致其凝聚态结构改变、从而赋予聚乙烯树脂不同的性能。

聚乙烯树脂可按照链结构特征划分为以下几个类别，其结构示意如图 3-2 所示。

(1) 高密度聚乙烯（HDPE） 是用低压法催化聚合而成，就化学结构而言最接近纯粹的聚乙烯聚合物，分子链基本上是线型的，主链上只有非常少的支链，因此也被称为线型聚乙烯（LPE）。与其他类型的聚乙烯相比，由于高密度聚乙烯分子主链上的缺陷少所以结晶时能达到高结晶度。其密度在 $0.94\sim0.97g/cm^3$。

(2) 低密度聚乙烯（LDPE） 是用高压法工艺自由基引发聚合而成，分子链上含有大量的支链，这些支链主要是乙基和丁基以及一些长支链。大量支链的存在降低了分子链的结晶能力，导致相对低的结晶度。其密度在 $0.91\sim0.93g/cm^{3[2]}$。

(3) 线型低密度聚乙烯（LLDPE） 采用低压法工艺催化聚合而成，其分子链上的支链主要是短支链，也可能存在少量的长支链，短支链无规地分布在主链上，通常大约 $25\sim100$ 个碳原子间隔就会有短支链出现。线型低密度聚乙烯主要是将乙烯和 α-烯烃共聚而成的，支链主要是乙基、丁基或己基。短支链的存在阻碍了分子链结晶，从而降低了结晶度，其密度在 $0.90\sim0.94g/cm^3$。由于 LLDPE 密度范围较宽，所以 ASTM D1248 长期以来把将密度范围在 $0.926\sim0.940g/cm^3$ 的聚乙烯另行分类，称为中密度聚乙烯（MDPE）[2]。

(4) 很低密度聚乙烯（VLDPE） 采用低压法工艺催化制得，是一种特殊的线型低密度聚乙烯，拥有更高含量的短支链。主链上支化点间的间隔大约为 $7\sim25$ 个碳原子。高含量的支链严重阻碍着结晶过程，导致结晶度很低。很低密度聚乙烯主要是非晶材料，密度在 $0.86\sim0.90g/cm^3$。

(5) 乙烯-醋酸乙烯酯共聚物（EVA） 是乙烯与醋酸乙烯酯通过高压本体共聚合法制成，除了醋酸基团外还有短支链和长支链。图 3-2(e) 中 VA 是表示醋酸基团，它们通过色散力相互吸引，容易聚集在一起。VA 基团会阻碍分子链结晶。在 VA 的含量较少的情况下，EVA 材料性能和 LDPE 类似；在 VA 的含量较多的情况下，EVA 呈现弹性体材料的性质。由于引入了醋酸乙烯共聚单体，在相同结晶度的情况下 EVA 的密度要比聚乙烯树脂来的高。

(6) 交联聚乙烯（XLPE） 是聚乙烯通过共价键连接形成的交联网络。交联的共价键可以是碳碳共价键也可以是其他的物质形成的例如硅氧烷。交联键在分子链上是无规分布的，间隔距离从几千个碳原子到几十个碳原子。交联使聚乙烯分子链相互连接产生凝胶似的网络。XLPE 虽然可以被一些有机溶剂溶胀，但通常不能被溶解。而其他类型的聚乙烯树脂在高温下是可以溶解于一些有机溶剂的。XLPE 由于分子链之间的交联严重阻碍了结晶过程，故其本体的密度低。

（7）离聚物 是通过高压法合成的乙烯和丙烯酸盐的共聚物。由于其采用了与 LDPE 类似的聚合条件，因此除带有极性基团外，其支化结构与 LDPE 类似。离聚物中相邻链上的酸官能团与金属阳离子作用形成离子簇，如图 3-2(g) 所示。复杂的支链结构以及极性基团簇的存在，大大降低了分子链的结晶能力，导致较低的结晶度。但由于引入了氧原子和金属原子，其密度仍然较高。

以上各种类型的聚乙烯树脂由于分子链和形貌特征不同而表现出一系列宽广的性能。不同类型的聚乙烯树脂性能之间还有些重合。表 3-1 中给出了不同类型聚乙烯树脂的典型性能，图 3-3～图 3-7 更直观地表示这些数据[1]。

■表 3-1 不同类型聚乙烯树脂的主要性能参数[1]

性　　质	HDPE	LDPE	LLDPE	VLDPE	EVA	Ionomer
密度/（g/cm³）	0.94～0.97	0.91～0.94	0.90～0.94	0.86～0.90	0.92～0.94	0.93～0.96
结晶度（密度法）/%	62～82	42～62	34～62	4～34	—	—
结晶度（量热法）/%	55～77	30～54	22～55	0～22	10～50	20～45
弯曲模量（73℉）/psi	145000～225000	35000～48000	40000～160000	<40000	10000～40000	3000～55000
拉伸模量/psi	155000～200000	25000～50000	38000～130000	<38000	7000～29000	<60000
屈服应力/psi	2600～4500	1300～2800	1100～2800	<1100	5000～2400	—
断裂强度/psi	3200～4500	1200～4500	1900～6500	2500～5000	2200～4000	2500～5400
断裂伸长率/%	10～1500	100～650	100～950	100～600	200～750	300～700
邵氏硬度 D	66～73	44～50	55～70	25～55	27～38	25～66
缺口冲击强度/(ft·lb/in)	0.4～4.0	不断	0.35～不断	不断	不断	7.0～不断
熔点/℃	125～132	98～115	100～125	60～100	103～110	81～96
热形变温度（66psi）/℃	80～90	40～44	55～80	—	—	113～125
熔融热/（cal/g）	38～53	21～37	15～43	0～15	7～35	14～31
热膨胀系数/（10⁻⁶/℃）	60～110	100～220	70～150	150～270	160～200	100～170

注：1psi=6.895kPa；1ft·lb/in=53.37J/m；1cal=4.184J。

值得一提的是即使同一类聚乙烯树脂，也会因为其平均分子量、分子量分布宽度、支链的数量、长短及其在分子内和分子间的分布等不同而导致性能差异，必须予以重视。

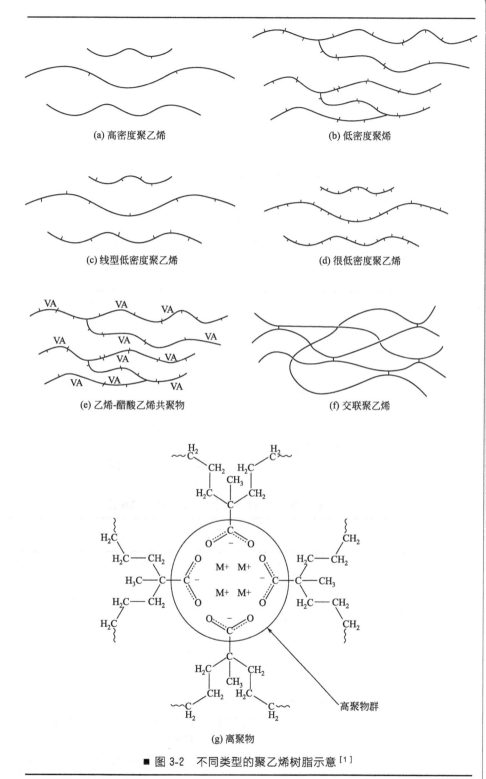

(a) 高密度聚乙烯

(b) 低密度聚烯

(c) 线型低密度聚乙烯

(d) 很低密度聚乙烯

(e) 乙烯-醋酸乙烯共聚物

(f) 交联聚乙烯

高聚物群

(g) 离聚物

■ 图 3-2　不同类型的聚乙烯树脂示意 [1]

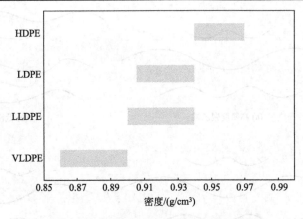

■ 图 3-3　不同类型聚乙烯树脂的密度范围

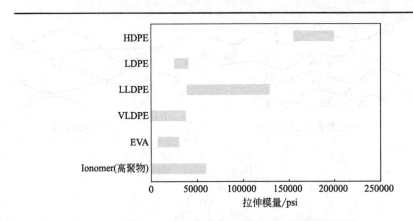

■ 图 3-4　不同类型聚乙烯树脂的拉伸模量范围

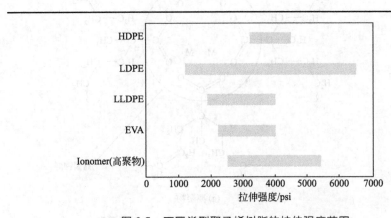

■ 图 3-5　不同类型聚乙烯树脂的拉伸强度范围

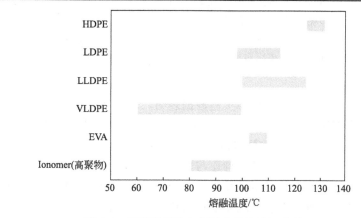

■ 图 3-6　不同类型聚乙烯树脂的熔融温度范围

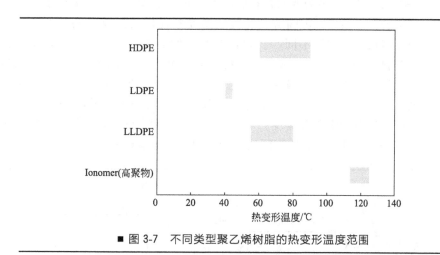

■ 图 3-7　不同类型聚乙烯树脂的热变形温度范围

3.2 聚乙烯树脂的结构与性能

3.2.1 聚乙烯形态

　　所谓"形态"指聚乙烯分子链在固体或者熔体状态下的组织行为。所有商品化聚乙烯树脂都是半结晶聚合物：由分子链段排列而成的三维有序结构的晶粒分布在连续的非晶区基体中。聚乙烯的形态是由分子链结构和制备条件决定的，而聚乙烯树脂的物理性质又直接与其形态相关，如晶区和非晶区的比例、它们的形状、大小以及它们之间的关联性等。

　　完整研究聚乙烯形态，需要从埃米尺度到微米尺度进行观察。早期主要用广角 X 射线衍射仪来研究的是晶粒中高分子链的排列情况（埃尺度）；之后光学显微镜和电子显微镜（简称电镜）以及小角 X 射线散射的手段的运用，可以更直接或有效的观察半结晶聚合物的晶粒及其聚集状态（宏观和亚微观尺寸），从而有力地推动了高聚物结晶形态学的研究[3]。

3.2.1.1 晶型

热力学理论计算和实验数据表明，在溶液中聚乙烯分子链构象（构象是指高聚物分子链中原子或基团绕 C-C 单键旋转而引起相对空间位置不同的排列）大约 65% 的单体单元呈反式（t），35% 的单体单元呈旁式（g）[4]。在熔融状态下，聚乙烯链构象与其在溶剂中的构象非常相似[5]。

聚乙烯本体是半结晶状态，即短程有序的晶粒被无序区域分散开来。聚合物分子链以链段（或化学重复单元）排入晶胞中，一个聚合物分子链可以穿越若干个微晶晶胞。聚乙烯的分子链在晶体结构中为平面 Z 字形构象，C-C 键角 112°。最为普遍存在的晶型是正交晶型，图 3-8 给出了聚乙烯正交晶型的晶体结构。但随着支化度、结晶条件以及形变等条件的变化，a、b 轴晶胞尺寸会有所不同[6]。聚乙烯在拉伸形变下可能生成单斜相（也被称为三斜相）[7]，在注射成品的材料中也可能存在少量的单斜相，此相为亚稳态，且在加热状态下当温度超过 60～70℃时会转变成正交相[8]。在高压下聚乙烯会生成六方晶相[9]，这种晶型是在实验室条件中出现的，在目前商业产品的生产中不会出现。六方相中 c 轴长度未确定，故晶体的密度仍是未知，表 3-2 列出了 3 种不同聚乙烯晶型的结构参数[5]。

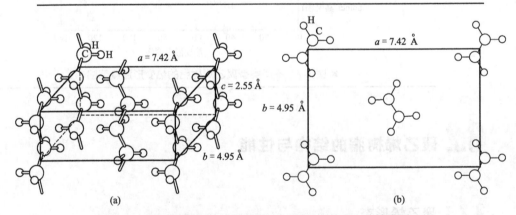

■ 图 3-8　聚乙烯晶胞结构的侧视图(a)和沿 c 轴方向的俯视图(b)

■ 表 3-2　聚乙烯的晶型结构参数

晶　　型	晶格常数	晶体密度/(g/cm³)
正交稳定晶型	$a=7.417$Å, $b=4.945$Å, $c=2.547$Å	1.00
单斜亚稳定晶型	$a=8.09$Å, $b=2.53$Å, $c=4.79$Å, $\beta=107.9°$	0.998
六方晶型	$a=8.42$Å, $b=4.56$Å, $c<2.55$Å	—

注：1Å=0.1nm=10^{-10}m。

3.2.1.2 片晶

聚乙烯的凝聚态结构在纳米级别上具有相似性，即都构成了晶区-非晶区的两相结构[10]。晶区由厚度为几个纳米甚至十几个纳米的片层状晶体结构（片晶）构成，而片晶之间的缠结分子链构成了非晶区。在这里需提到的是，通常认为半结晶聚合物是三相形貌，即晶区、非晶区以及两者之间的过渡区域，图 3-9 给出了固体聚乙烯三相结构模型。但在一般的处理中通常简化为两相结构，即晶层和非晶层。

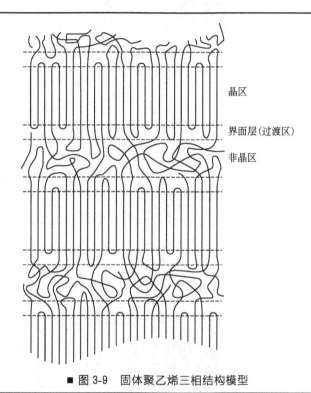

晶区

界面层(过渡区)

非晶区

■ 图 3-9　固体聚乙烯三相结构模型

模压高密度聚乙烯样品的晶区的厚度通常在 8～20nm，其侧面的尺寸可以达到微米级，非晶区的厚度大约在 5～30nm。片晶厚度常与力学模量以及热力学稳定性相关。低密度和线型低密度聚乙烯样品的晶粒尺寸通常会比高密度聚乙烯的晶粒尺寸小。图 3-10 为 3 种不同聚乙烯样品染色后的电子显微照片，其中图 3-10(a) 为低分子量高密度聚乙烯样品，图 3-10(b) 是线型低密度聚乙烯样品，图 3-10(c) 是低密度聚乙烯样品。由图中可以看出在相近的结晶温度下，结晶度高的样品其片晶的组织更为清晰且更厚，而低密度高支化的聚乙烯样品片晶的排列就比较不规整且薄，图 3-10(c) 中显示出比较多的片晶碎片。

片晶内部有颗粒状亚结构，证据可以从广角 X 射线衍射（XRD）图中晶面（hk0）的 Bragg 衍射峰的峰宽得到。对于理想的无限大的晶体，它的某一晶面的衍射线形基本是一个非常尖锐的衍射峰，但由于微晶是存在一定

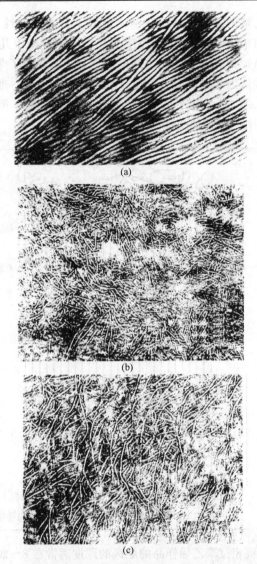

(a)

(b)

(c)

■ 图 3-10　3 种不同的聚乙烯样品从熔体中快速冷却结晶的电镜图

(a)低分子量($M_w \approx 11000$)的高密度聚乙烯[11]；(b)线型低密度聚乙烯($M_w \approx 100000$；密度约为
$0.920g/cm^3$)[12]；(c)低密度聚乙烯($M_w \approx 450000$；density$\approx 0.918g/cm^3$)[12]

尺寸的（10～100nm），导致了实际上的晶面衍射峰总是宽化的（当然衍射
线增宽包括仪器、样品的因素，但在这里我们并不加以考虑）。根据 Scher-
rer 法我们可以得到沿着相应晶面法线方向的晶粒尺寸。另外从试验中，我
们也可以直接观察到片晶内部这种颗粒状亚结构。图 3-11 是低密度聚乙烯
刻蚀后得到的电镜照片，其中的颗粒结构是显而易见的。从图上我们可以看
到小晶粒的尺寸与片晶的厚度相当。小晶块亚结构是我们理解半结晶聚合物

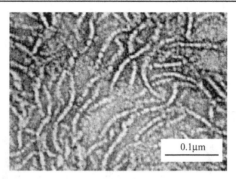

■ 图 3-11　结晶度为 50% 的低密度聚乙烯的电镜图[14]

的形变性质的基础。在聚合物发生塑性形变时，一种主要的屈服机理是基于小晶块在屈服点以协同的方式互相滑移运动[13]。

　　聚乙烯熔体在冷却到平衡熔点 $\{T_{m}^{0}=[(141.4\sim145.1)\pm1]℃^{[15]}\}$ 以下时只有部分能发生结晶，形成片层状两相结构。这是因为在有限的时间里大部分的链缠结不能被及时地解开并消除，而只能被迁移到无定形区。确切地说，链的非晶部分不仅由链缠结构成，还包括链末端，以及不同的化学组成如共聚单元和短链支化。它们均富集在无定形区域。在无定形区中，大家比较关注的是系带分子，这里系带分子是指所有联系晶粒的方式，可以是穿越邻近晶粒的分子链，也可以是从邻近分子链内出来的两个分子链形成的缠结（loops）如图 3-12 所示。因为非晶区中系带分子在片晶之间传递着力，故它与聚乙烯力学性能密切相关。系带分子可以决定或者影响的力学性能包括延展性、韧性以及模量。如果片晶之间的系带分子很少，聚乙烯将会非常脆而失去很多的力学性能。但是到目前为止，在实验上还没有定量地确定它们之间的关系。

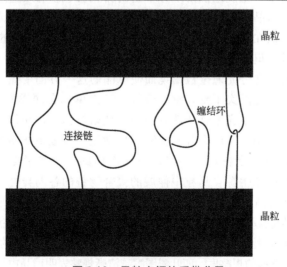

■ 图 3-12　晶粒之间的系带分子

3.2.1.3 球晶

聚乙烯片晶进一步的生长、堆砌，在没有外场影响的情况下通常形成球晶。这个过程被描述为球晶生长过程，如图 3-13 所示。初始阶段只是多层片晶（a），片晶逐渐向外张开生长（b）、（c），不断分叉形成捆束状形态（d），最后形成填满空间的球状外形（e）。

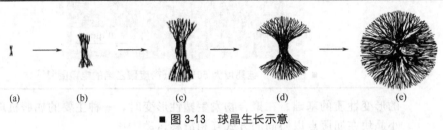

(a)　　　　(b)　　　　　　(c)　　　　　　(d)　　　　　　　(e)

■ 图 3-13　球晶生长示意

(a)几个小的片晶组；(b)～(d)生长的片晶束；(e)球晶[3]

通过偏光显微镜对球晶生长过程的直接观察表明，球晶是由一个晶核开始，以相同的生长速率同时向空间各个方向放射生长形成的。在晶核较少，而且球晶较小的时候，它呈球形；当晶核较多，并继续生长扩大后，它们之间会出现非球形的界面。不难想象，同时成核并以相同速率开始生长的两球晶之间的界面是一个平面，而且这个平面垂直平分两球晶核心的连线。而不同时间开始生长，或生长速度不同的两球晶之间的界面是回转双曲面。因此，当生长一直进行到球晶充满整个空间时，球晶将失去其球状的外形，成为不规则的多面体。

在正交偏光显微镜下，球晶呈现特有的黑十字（即马耳他十字，Maltese Cross）消光图像。黑十字消光图像是聚合物球晶的双折射性质和对称性的反映。粗浅地说由于分子链的排列方向一般是垂直于球晶半径方向的，因而在球晶黑十字的地方正好分子链平行于起偏方向或检偏方向，从而发生消光。而在 45°方向上由于晶片的双折射，经起偏后的偏振光波分解成两束相互垂直但折射率不同的偏振光（即寻常光与非寻常光），它们发生干涉作用，有一部分光通过检偏镜而使球晶的这一方向变亮。转动样品台，球晶的黑十字消光图案不变，意味着每个径向单元有同样的消光方向。图 3-14（a）给出了球晶中光率体特殊有序的排列以及其在正交偏光之间所产生的马耳他十字消光图，（b）给出了在偏光显微镜下观察到的高密度聚乙烯薄膜球晶。如图 3-14 中所标示的，在每一光率体的一个轴总是沿着半径矢量的方向。双折射的产生源自晶粒中伸展的聚合物链的各向异性。

当片晶从核往外生长发生扭转时，会出现如图 3-15 所示的环带。通常聚乙烯的球晶比较小，所以常用光散射来判断聚乙烯球晶的规整度[17]。典型的聚乙烯球晶的光散射图案是一个四叶瓣，如图 3-16 所示。从图案的尺寸、形状以及强度可以判断球晶的规整度。四叶瓣图案越清晰规整表明球晶内的片晶排列越规整。对于线型聚乙烯来说降低分子量和共聚单体含量可使球晶变得更完善[18,19]。

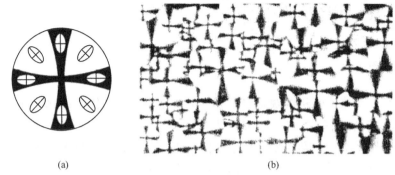

(a) (b)

■ 图 3-14 （a）球晶中光率体排列以及产生的马耳他消光图像[10]；
（b）高密度聚乙烯薄膜球晶黑十字消光照片[16]

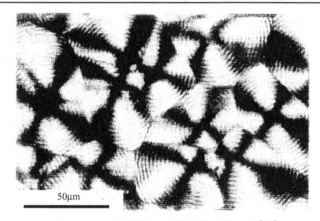

50μm

■ 图 3-15 高密度聚乙烯薄膜的环带球晶[20]

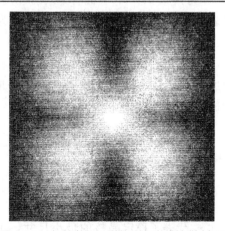

■ 图 3-16 高密度聚乙烯的小角激光光散射图案

如果晶核密度过高，则聚乙烯球晶就来不及长得完善，显微镜下观察到其形貌类似于图 3-13(d)。

3.2.2 结晶

聚乙烯从熔融态或者溶液中结晶是由于晶体状态比非晶态更稳定。在结晶过程中，分子链的缠结、分子尺寸以及黏度都起着很重要的作用。影响结晶的内部因素包括样品分子量、分子量分布以及共聚单体浓度、类型和分布等；外部因素为温度、压力、剪切、溶液的浓度以及聚合物和溶剂之间的相互作用等。目前普遍接受的高分子结晶过程分为成核和生长两个阶段。

3.2.2.1 成核

聚乙烯结晶成核可以自发地发生，也可以被诱导产生。成核包括主成核和次成核，凡是体系中不含有晶体的成核都称为主成核；凡是在邻近晶体的地方由于过饱和而产生的晶核都称为次成核。主成核又包括有均相成核以及异相成核。与均相成核不同，异相成核过程中体系内引入了杂质。尽管很多理论都是基于均相成核机制，但因为环境中总是会存在一些杂质如灰尘等引发异相成核，故完全的均相成核并不是通常的成核方式。经典的成核理论可参见 Gibbs（1948）[21]，Volmer（1939），Becher 和 Doering（1935）等所发表的文献。理论上认为在成核的过程中，总的自由能变化等于固体表面自由能的变化与本体自由能的变化之和，如式(3-1)：

$$\Delta G = \Delta G_s + \Delta G_V = 4\pi r^2 \gamma + \frac{4}{3}\pi r^3 \Delta G_v \tag{3-1}$$

式中，ΔG 为溶质的一个小固体粒子和溶质在溶液中的自由能之差；ΔG_s 为粒子表面和粒子本体的自由能差；ΔG_V 为无限大粒子与溶液中溶质的自由能差；ΔG_v 为每单位体积的自由能变化；γ 为表面张力；r 为晶核半径。由式(3-1)可以很容易地做出 ΔG 与晶核半径 r 的关系图，如图 3-17 所示，当 r 增加时，$\mathrm{d}\Delta G/\mathrm{d}r = 0$，$\Delta G$ 会存在一个最大值（ΔG_{crit}）。这个最大值 ΔG_{crit} 对应的半径尺寸就是临界核的半径 r_c。

$$\frac{\mathrm{d}\Delta G}{\mathrm{d}r} = 8\pi r \gamma + 4\pi r^2 \Delta G_v = 0 \tag{3-2}$$

$$r_c = \frac{-2\gamma}{\Delta G_v} \tag{3-3}$$

临界尺寸 r_c 代表了稳定晶核的最小尺寸，小于临界尺寸的晶核将会被溶解；而大于临界尺寸的晶核将会继续生长。

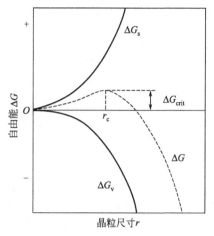

■ 图 3-17　晶核生长的自由能与晶核尺寸的关系

3.2.2.2　生长

当一个稳定的晶核（尺寸大于临界尺寸）生成之后，高分子链在其表面继续堆砌使得晶体继续增长变大，结晶过程中的这一阶段被称为晶体生长。传统的结晶理论中占主导地位的是由 Lauritzen 和 Hoffman 提出的 Lauritzen-Hoffman（LH）理论[22～25]。Hoffman 等认为折叠链片晶的形成是高分子以链序列的方式从各向同性的熔体中直接附在生长面上的过程，是一个一步过程，并且每个序列长度和片层厚度相当，具体过程的模型图如图 3-18 所示。假设结晶基体宽为 L，厚为 l。这里所指的基体，可以是一个均相的初始核，也可以是一个异相核或已经生成的晶体，其厚度即以后的链折叠长度 $l = l_g^*$。首先，在基底上先堆砌上去一段高分子链段（宽度为 a_0，单分子厚度 b_0），通过蠕动在基体侧面上先沉积第一个链段（晶核）上去（图 3-18 中阴影部分），这一过程类似成核过程，为了区别成核过程称之为次级成核，其速率为 i，该过程是决定晶体生长速率的决定性步骤。其后沿此所谓的"晶核"以速率 g 向两侧迅速地铺展。在此过程中，必须克服表面位垒，即产生侧表面自由能 σ 和折叠表面自由能 σ_e。铺展过程因基体表面上存在某种缺陷而终止。如此反复，晶体前沿就以线性生长速率 G 向前不断扩展，而每一个晶层的平均厚度为 $L = n_l a_0$，其中 n_l 是折叠链段数目。

Hoffman 进一步提出 Regime Transition 理论，如图 3-19 所示，即根据熔体结晶过程中次级成核速率 i 和分子链折叠到晶区表面扩展速率 g 的相对关系将结晶分为三种模式，即 Regime Ⅰ，Regime Ⅱ 和 Regime Ⅲ。

Regime Ⅰ：在过冷度低的高温结晶区，$i \ll g$，一个晶核一旦形成，很快沿晶体表面扩散，即晶体表面二次晶核是缓慢形成，快速扩散；Regime Ⅱ：在过冷度较高的结晶区（或称中温区），$i \approx g$，i 与 g 都较高，两者同时进行；Regime Ⅲ：在过冷度高的低温结晶区，$i \gg g$，表面二次晶核瞬间完成，晶体几乎无扩散发生。

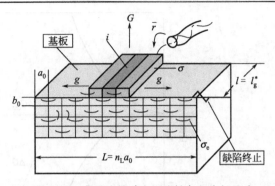

■ 图 3-18　表面成核（次级成核）和生长示意

L 是基体宽度；i 是成核速率；g 表示基体生长速率；$\bar{r}$ 表示分子链段运动速率；

σ_e 是折叠表面自由能；σ 是侧面自由能；l_g^* 是最初片晶厚度；G 是片晶生长速率

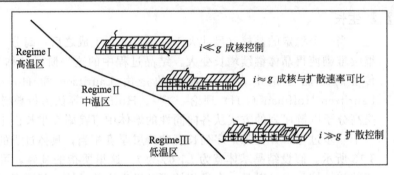

■ 图 3-19　Hoffman 的 Regime Transition 理论[26]

　　关于晶体的生长理论越来越多的研究倾向于认为，在高分子结晶形成之前，高分子链进行着有利于结晶形成的构象调整和取向变化，即存在着一个预有序相[27]。这种与传统的成核与生长一步结晶过程的背离可以追溯到奥斯特瓦尔德的阶段定律（Ostwald's "rule of stages"）[28]。该定律说明了结晶总是存在介晶结构，该结构是亚稳定性的，具有纳米尺寸的大小。Kanig 早在 1983 年就通过透射电子显微镜观察 PE 结晶，发现先于结晶片层出现预有序相现象[29,30]。后来 Tashiro 通过红外光谱观察聚乙烯等温结晶过程，发现归属于预有序相-六方相的谱带先于正交晶相结晶谱带出现，从而证明了预有序相的存在[31]。基于对结晶高分子小角 X 射线散射的大量研究结果，Strobl 提出了高分子结晶的新机理——中介相机理，它不同于传统的成核生长理论，从全新的角度解释高分子熔体结晶过程。Strobl 等认为[10,32~34]，结晶初始态的非晶态是局部有序的，高分子片晶并不直接从各向同性的熔体中生长出来。在结晶前存在着一个预有序相或预有序结构；片晶形成是一个经过中间态的多步过程，如图 3-20 所示。具有中介相（mesomophic）内部结构的薄层在晶体侧表面和熔体之间形成，被取向附生力所稳定，所有的立体缺陷和共聚单元在生长前沿已被排斥出去。层中的密度稍高于熔体密度，但是还远远达不到晶体密度。薄层内部的分子链较高的活动性允许该层自发增厚至临界值。已有报道表明了熔体中的链段是以束状链的形式参与到高分子结晶中[35]。其中核心区域以形成小晶块的方式结晶。最后一步，小晶块的表面区域从无序开始完善，进一步稳定。因此片层生成过程主要分为 3 个步骤，首先，高分子链段先产生一个能结晶的介晶层；其次，当达到某一临界值时，介晶层固化成粒状晶层块；然后，这种粒状晶层块合并为均相的片晶，到达稳定状态。

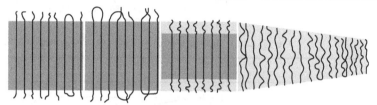

通过表面有序化而稳定　　通过核心结晶而固化　　生长中的中介相

■ 图 3-20　聚合物结晶的多步过程模型[34]

3.2.2.3 影响因素

结晶动力学过程在商业生产中是非常重要的，它决定了聚乙烯商品的生产条件或者最终使用性能。在商业生产过程中，外部的结晶条件经常是变化的。通常制品的结晶成型是在冷却过程中，因此样品降温至环境温度时其内部通常没有达到稳定的状态。另外加工过程中，样品经常会遇到剪切等外部作用力。

以下列出了影响样品结晶速率的几个重要因素。

（1）温度和取向的影响　任何聚合物的结晶速率是动力学和热力学相互作用的结果。随着温度的降低，熔体的黏度下降，阻碍了分子链的运动，会使结晶速率变慢；但同时温度的降低、成核的能垒减小使得成核速率加快。聚乙烯分子链运动特别快，故即使在快速降温的过程中聚乙烯已经基本完成了结晶。片晶的热稳定性通常是与其厚度相关联的。片晶越厚则其热稳定性就越强。故厚片晶通常会形成在高的温度中。另外高的结晶温度通常会形成更高的结晶度，同时需要更长的时间来完成结晶，更高的结晶度通常会增加样品的模量。例如，在 128℃结晶的高密度聚乙烯就需要几个星期来完成结晶，生成的样品具有高结晶度，样品很硬但很脆。需提到的是 Strobl 等提出片晶的热稳定性除了与片晶厚度相关还与片晶本身的稳定性有关[36,37]。

图 3-21 给出了高密度聚乙烯比体积随着结晶温度的变化，图 3-22 给出了高密度聚乙烯在不同温度下等温结晶的结晶速率。

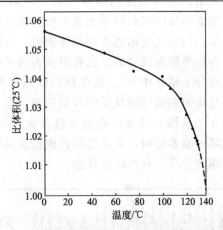

■ 图 3-21 高密度聚乙烯比体积随结晶温度的变化[38]

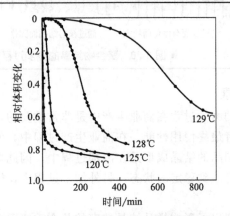

■ 图 3-22 不同温度下高密度聚乙烯的结晶度随时间的变化[39]

大部分制品在生产过程中都会遇到剪切或者取向的外力。通常这种外力会提高样品的结晶速率。分子链部分取向使得熵降低更容易成核。例如用显微镜观察，高密度聚乙烯样品从熔融状态下降温至127℃并不会结晶，然而当施加了一点剪切力，样品就马上结晶了。剪切对结晶过程的影响受到越来越多的关注[40~45]。Zhang[46]等研究高密度聚乙烯和聚丙烯在震荡力场共混中发现，剪切力作用会使纯的 HDPE 组分和纯的 iPP 组分的片晶厚度增加。Hsiao 等将 2％的超高分子量聚乙烯与 98％不结晶的聚乙烯共混，并对共混物进行剪切，之后通过扫描电子显微镜第一次观察到了溶剂萃取的聚乙烯共混物的 shish-kebab 结构如图 3-23 所示[40]，并且认为观察到的 shish 主要是共混物中超高分子量聚乙烯由卷曲到伸展的转变所形成。最近 Kimata 等[44]提出了一个新的观点，认为长链分子的缠结作用使其在剪切条件下更容易诱导其他的分子链取向排列，而并非都倾向于排列到 shish 中。

剪切方向

50nm

■ 图 3-23　具有 shish-kebab 结构的超高分子量聚乙烯的电镜图

(2) 分子链结构的影响　聚乙烯分子链的缠结以及支化都会影响其结晶。在结晶过程中，线型分子链段排入晶体，而缠结和支链被排到非晶区[47]。在降温的过程中，长链分子倾向于先结晶形成厚的片晶，紧接着短些的可结晶分子链段在更低的温度下生成薄片晶。支链的存在会影响分子链在排入晶体时的纵向调节运动，大的极性侧基的存在也会阻碍分子链的扩散运动，从而影响聚乙烯的结晶速率。

图 3-24 给出了不同支链含量的氢化聚丁二烯在不同温度下等温结晶时结晶度随时间的变化（氢化聚丁二烯在化学结构上类似于乙基支链的线型低密度聚乙烯），从中可见随着支化度提高，结晶速率和结晶度降低。

在某些情况下同一个样品中可能形成两组不同厚度的片晶组。这可能是由于分子量分布宽或者由于不均一的结晶温度造成的[48]。在极端条件下如线型和支化聚乙烯共混物的固化过程中，线型链在高温时先形成厚的片晶组网络，而含支链的分子链则在较低温度下在厚片晶网络中形成了薄的片晶组。

相对于低分子量聚乙烯而言，高分子量聚乙烯会有更多的缠结点，从而阻碍了分子链的运动且增加了熔体的黏度。尽管缠结的确切属性是怎样的、数量是多少目前为止尚无定论，但它无疑是存在的，并且涉及了从瞬时空间位阻效应到分子链所形成的真正缠结等一系列结构问题。从经验角度来看，缠结可以被认为是瞬间阻碍分子链运动的实体。分子量越高，黏度就越大，结晶速率就越低。图 3-25 给出不同温度等温结晶时线型聚乙烯样品达到总结晶度 25％时间随着分子量的变化，从中可见高分子量聚乙烯达到 25％结晶度的时间大于低分子量聚乙烯。分子链长分布也很重要，短链分子有很高的活性，能够有效地增加长链分子周围的自由体积，从而促进长链分子的运动。

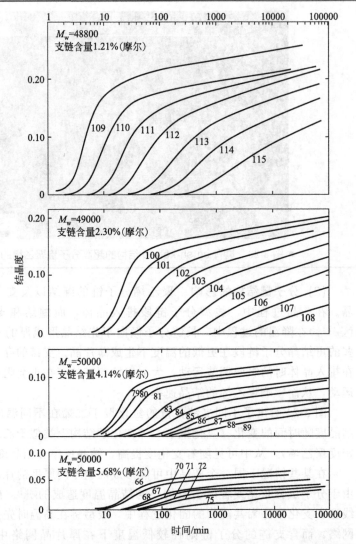

■ 图 3-24 不同支链含量的氢化聚丁二烯在不同温度下的结晶速率[49]

对于聚乙烯结晶而言，支链的影响大于分子量的影响。线型聚乙烯相对分子质量从 60000 到 3000000，增加 50 倍，其结晶度从 78% 降低到 52%[50]；当在相对分子质量为 104000 的线型聚乙烯中，每 100 个碳原子引入 1.9 个乙基支链，那么其结晶度就会低于 50%。

3.2.3 聚乙烯性能

聚乙烯树脂是一类由多种工艺方法生产的、具有多种结构和特性的大宗热塑性树脂系列品种，加之其价格相对低廉且加工方便，应用非常广泛，因

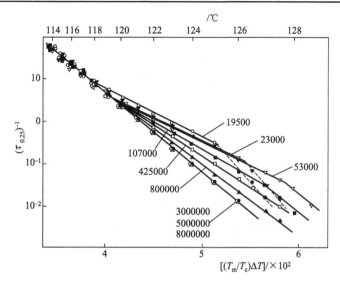

■ 图 3-25　不同分子量线型聚乙烯在不同温度下等温结晶达总结晶度 25％的时间随着分子量的变化

此其性能受到普遍关注。

3.2.3.1 密度

　　当讨论聚乙烯树脂时，"密度"是最常用的描述指标之一，往往通过密度就可以对聚乙烯的物理性能作出大致的判断。对聚乙烯而言，密度通常和结晶度密切相关，从某种程度上讲样品的密度也揭示了聚乙烯的结晶情况。密度受样品分子量、支链含量以及制备工艺等多个因素的影响。当其他条件相近时，样品的密度度会随着支链含量、分子量以及结晶速率的下降而增加，取向度的增加会增加密度。在这些因素中，支链含量影响最显著，其次是分子量，再次是取向度，随后是结晶速率。因此不考虑其他因素，最低密度的样品通常是高支链含量的。相反，分子量低、无支链的聚乙烯树脂密度比较大。图 3-26 显示了一系列线型低密度聚乙烯（相对分子质量从 65000到 130000）的密度和结晶度随着支链含量的变化，另外图中采用相对分子质量为 61000 的高密度聚乙烯作为对比。从图上可以看出降温速率的影响小些，支链含量的影响大。增加降温速率会微量降低结晶度；增加支链含量，密度降低（低支链含量时，这一趋势更加明显）。随着共聚单体含量的增加，密度继续下降但下降的趋势比较缓慢。

　　图 3-27 给出了高密度聚乙烯的密度随着分子量的变化趋势。从图上可以看出随着分子量的增加，样品的密度下降。当分子量增加 10 倍时，样品的结晶度下降了 15％。

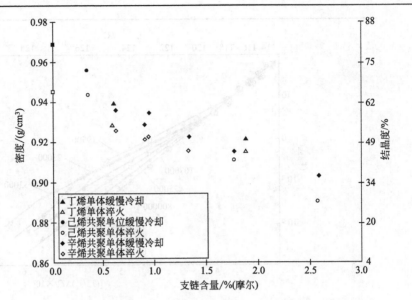

■ 图 3-26　压塑高密度聚乙烯和线型低密度聚乙烯样品密度随着支链含量的变化[51, 52]

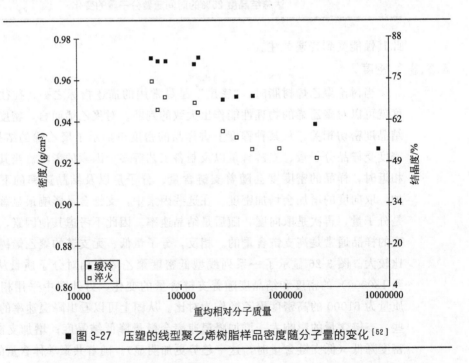

■ 图 3-27　压塑的线型聚乙烯树脂样品密度随分子量的变化[52]

　　因为很难确定低密度聚乙烯（LDPE）的分子量以及支链在分子链上的分布情况，所以很少有数据显示这些表征量对它们密度的影响。可以设想，LDPE 的密度随着各种因素的变化与 LLDPE 类似。至于密度与取向度的关系很难确定，这是因为首先精确确定取向度较难，其次高度拉伸的样品通常包含有空穴，这样就会导致精确测定密度比较困难。

需要指出的是对一般的聚乙烯制品而言，样品局部的密度并不一定能直接反映其本体密度。不同的降温速率、剪切外力都会导致样品密度分布不均一。最明显的一个例子是注塑的厚样品，表层由于直接接触冷模具影响其结晶度的增长，而芯部由于降温缓慢，有足够的时间达到较高的结晶度，由此造成样品的表层密度较低而芯层密度较高。

3.2.3.2 力学性能

(1) 聚乙烯拉伸力学性能 拉伸力学性能通常是表征聚合物的物理力学性能的首要数据。从拉伸试验得到的材料力学性能通常可以分为两类：①低形变属性，如屈服应力和杨氏模量；②高形变属性，如极限拉伸强度、断裂伸长率。可以近似地认为低形变属性是由样品的形貌特征控制的，而高形变属性是由样品分子链特征决定的。

图 3-28 给出了典型的聚乙烯拉伸-形变曲线，并相应的位置上标出了样品的变形情况。整条曲线可以大致分为 3 个部分：屈服、平台和应变硬化。在屈服点（yield point）之前可以认为是弹性区域，除去应力后样品基本能

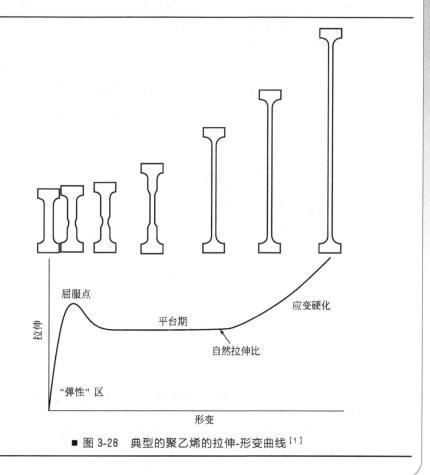

■ 图 3-28　典型的聚乙烯的拉伸-形变曲线[1]

恢复原样。在屈服点之后材料出现塑性行为，此时若除去应力，材料不再恢复原样而留有永久形变。通常聚乙烯树脂在屈服点之后，会呈现细颈现象，开始了不均匀形变；继续拉伸样品，应力基本不变而形变一直在增加，出现了曲线中的平台（plateau）现象；最后细颈扩展到整个样品，此时对应的形变值称为"自然拉伸比"（natural draw ratio）。之后进一步拉伸，应力将急剧增加直至样品断裂，这一阶段称为应变硬化（strain hardening）。

需要指出的是通常所说的拉伸应力有工程应力和真实应力之分。所谓"工程应力"是将加载在样品上的载荷与样品的初始横截面之比所得到的数值，而聚乙烯样品在拉伸过程中通常会出现缩颈现象使得横截面积发生了变化，故工程应力并不代表样品受到的真实应力。G'sell[53]设计出一种能够获得真应力-应变曲线的方法。它通过视频测量细颈的直径，然后通过反馈控制系统来连续的调整拉伸速度。Strobl[54~57]利用类似的实验装置获得了各种聚合物样品的真应力-应变曲线，指出半结晶聚合物的拉伸形变行为是受应变控制的。

下面将针对聚乙烯拉伸性能的主要方面进行逐一讨论。

① 杨氏模量　在样品形变的弹性区域内应力与应变成正比，比值被称为材料的杨氏模量，它表征了在弹性限度内物质材料抗拉的物理量，仅取决于材料本身的物理性质。杨氏模量的大小标志了材料的刚性，杨氏模量越大，越不容易发生形变。高结晶度的样品杨氏模量高，弹性形变一般只有1%～2%；而共聚单体含量高的材料弹性模量低，弹性形变可以达到50%。对于无取向的样品来说，杨氏模量和其结晶度呈线性关系，如图 3-29 所示。

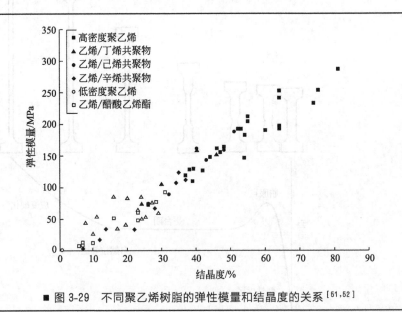

■ 图 3-29　不同聚乙烯树脂的弹性模量和结晶度的关系 [51,52]

对于取向样品而言，例如纺丝的聚乙烯[58]，取向度越高则弹性模量越高，如图 3-30 所示。

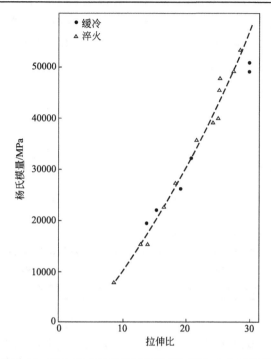

■ 图 3-30　高密度聚乙烯的杨氏模量与取向度的关系[59]

　　表 3-3 列出了各种聚乙烯树脂以及超拉伸高分子量聚乙烯纤维的弹性模量，同时，为方便对比，表格中也列出了其他一些聚烯烃材料、工程塑料以及非高分子材料的弹性模量参数。

■表 3-3　各种类型聚乙烯树脂以及一些材料的弹性模量

材料名称	弹性模量 /$\times 10^3$ psi	材料名称	弹性模量 /$\times 10^3$ psi
低分子量聚乙烯	＜38	聚酰胺 66	230～550
聚乙烯离聚物	＜60	聚甲基丙烯酸甲酯	325～450
乙烯-醋酸乙烯酯共聚物	7～29	聚苯乙烯（结晶）	330～485
低密度聚乙烯	25～50	聚碳酸酯	345
线型低密度聚乙烯	38～130	聚氯乙烯（未增塑）	350～600
高密度聚乙烯	155～200	聚甲醛	400～520
聚乙烯超拉伸纤维	＞29000	聚对苯二甲酸乙二醇酯	400～600
聚四氟乙烯	58～80	铅	2000
聚酰胺 6	100～464	玻璃	8700～14500
丙烯腈-丁二烯-苯乙烯共聚物	130～420	碳钢	30000
等规聚丙烯	165～225		

　　② 屈服现象　在拉伸过程中聚乙烯样品发生屈服，出现细颈现象。对于结晶度大于 40％ 的样品，屈服点在应力-应变曲线的第一个极值；而低结晶度的样品在屈服时并没有出现明显的极值，通常将力学曲线转折点之前和

之后的延长线的交点对应的应力确定为屈服应力，如图 3-31(a) 所示；低密度聚乙烯和线型低密度聚乙烯的拉伸形变曲线上会出现连续 2 个明显的极值；也有可能在转折点之后出现弥散的极值，如图 3-31(b) 所示。

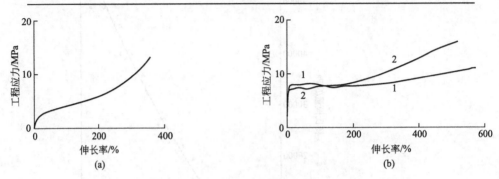

■ 图 3-31　几种不同聚乙烯树脂快速冷却后样品的应力-应变曲线

(a)相对分子质量为 100000、共聚单体含量为 6%（摩尔）的很低密度聚乙烯；
(b)1—低密度聚乙烯的应力-应变曲线；2—共聚单体含量为 28%（质量）的 EVA

屈服点之后，材料发生塑性形变，因此屈服应力对材料的实际应用非常重要，许多情况下，它代表了材料正常使用所能承受的最大载荷。表 3-4 给出了不同聚乙烯树脂的屈服应力，为方便对比表格中也给出了其他一些聚合物的屈服应力。

■表 3-4　几种聚乙烯树脂以及一些聚合物的屈服应力 [70]

聚合物	屈服应力/psi	聚合物	屈服应力/psi
很低分子量聚乙烯	<1100	聚氯乙烯（硬质）	5900～6500
聚乙烯离聚物	<1600	聚苯乙烯（结晶）	6400～8200
线型低密度聚乙烯	1100～4200	聚酰胺 66	6500～12000
乙烯-醋酸乙烯酯共聚物	1200～1600	聚酰胺 6	7400～13100
低密度聚乙烯	1300～2800	聚甲基丙烯酸甲酯	7800～10600
高密度聚乙烯	2600～4800	聚对苯二甲酸乙二醇酯	8600
丙烯腈-丁二烯-苯乙烯共聚物	4300～6400	聚碳酸酯	9000
等规聚丙烯	4500～5400	聚甲醛	9500～12000

在屈服过程中，聚乙烯的形态发生变化，由球晶结构转化成纤维结构。关于这一过程有两种普遍但又截然不同的观点：①晶粒、晶面滑移重组；②应力诱导熔融-重结晶。滑移的观点主要的证据来自于 X 射线衍射实验。Bowden 和 Young[64] 系统的阐述了半结晶聚合物的形变机理。他们认为聚合物晶体的塑性形变与其他材料晶体的塑性形变一样，在本质上是晶体学的，而且不会破坏晶体的有序性。聚合物晶体的形变包括链方向上的滑移、细滑移和粗滑移以及纤维间滑移、横向滑移、孪晶、应力诱导的马氏体转变和晶体的位错等。非晶区的形变包括片晶之间的滑移、片晶之间的分离和片晶层的旋转。而 SAXS 试验证据倾向于支持应力诱导熔融-重结晶的观

点[65]，图 3-32 为室温下扫描淬火拉伸取向样品的不同形变位置的二维小角 X 射线散射图，从中可见，沿拉伸方向的散射强度随拉伸形变的增大而变弱，这表明片晶之间的位置相关性在拉伸方向上逐渐降低。与此同时，一个新的长周期散射峰在散射矢量较大处逐渐出现。这个发现与形变过程中的晶块破碎-重结晶过程一致。因为拉伸形变发生在室温，从而导致较大的过冷度，所以重结晶过程中生成的新片晶比样品中的原有片晶薄。最近，一些基于"真应力-应变"的实验[55,66]指出了上面讨论的两个观点在拉伸半结晶聚合物时都可能出现。当拉伸样品时，片晶内的晶块先开始滑移，之后更大的形变时发生应力诱导熔融-重结晶。Men 等[67]研究发现应力诱导熔融-重结晶的发生是依赖于非晶区的缠结密度和片晶的稳定性。

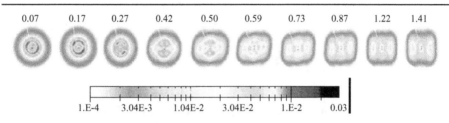

■ 图 3-32　冰水淬火的高密度聚乙烯在不同形变下的 SAXS 图案[65]

对于各向同性样品而言，屈服应力和结晶度密切相关，图 3-33 给出了一系列聚乙烯样品的屈服应力与结晶度的关系，可以看出不论是什么类型的样品，屈服应力与结晶度的变化似乎有相同的趋势，结晶度为 80% 的高密度聚乙烯的屈服应力最高，约为 33MPa。进一步仔细观察可见，在结晶度相同的情况下，高密度聚乙烯的屈服应力高于支链样品。

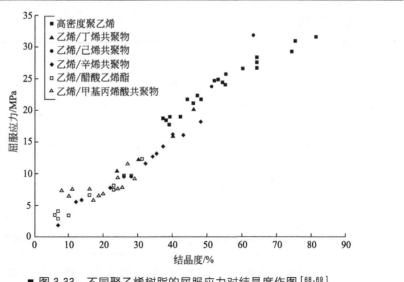

■ 图 3-33　不同聚乙烯树脂的屈服应力对结晶度作图[68,69]

屈服应力与材料的弹性模量也密切相关。图 3-34 给出了线型和支链聚乙烯样品的屈服应力和弹性模量的关系。可以看出支链和线型的聚乙烯样品有相似的趋势。

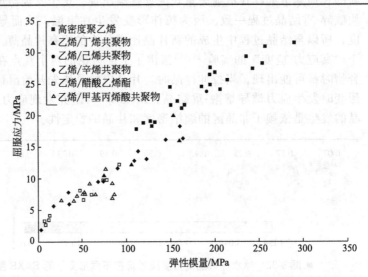

■ 图 3-34　线型和支链聚乙烯样品的屈服应力和弹性模量的关系

当把屈服后发生塑性变形的样品加热到其熔点以上发现，样品可以几乎回复到原来的长度[60,61]，表明聚合物即使发生塑性形变，但分子链之间还是缠结着，类似于橡胶的网络结构，当温度升高到其熔点之上，分子链的熵弹性使其又恢复到原来的状态。因此从唯象的角度，可以将半结晶聚合物的拉伸看做是具有高黏度、非线性网络的拉伸，可以用 Haward-Thackray 模型[62,63]描述，如图 3-35 所示。

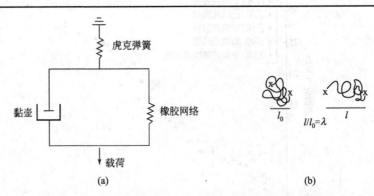

■ 图 3-35　（a）Haward-Thackray 模型；（b）基于高斯函数表征的分子链拉伸行为[56]

③ 断裂拉伸比　断裂拉伸比是指样品在拉伸断裂时的长度与初始长度的比值。聚乙烯样品的断裂拉伸比与聚乙烯分子链的属性和样品初始取向情

况有关。有利于提高样品伸长率的分子链特征与有利于结晶的分子链特征相似，即在结晶过程中阻碍分子链排列的因素也一样会阻碍样品的拉伸形变过程。主要的两个阻碍因素是缠结和支化。故在相同的外界条件下，高分子量线型聚乙烯树脂和支化样品的断裂拉伸比比低分子量无支链的样品低。图3-36 给出了线型聚乙烯压塑样品断裂拉伸比与分子量的关系，存在两种情况，一种是韧性断裂的样品，另一种是脆性断裂的样品。脆性断裂的样品是高结晶度的，在断裂前没有出现宏观形变（虽然微观形貌揭示样品会有局部的形变）。韧性样品在拉伸过程中会出现宏观的形变。它们的断裂拉伸比随着分子量的增加呈现单调递减现象。例如相对分子质量为 50000 的聚乙烯树脂断裂伸长率为 15，当分子量达到超高分子量时，断裂拉伸比下降到 3。对于韧性样品，断裂拉伸比基本不受样品最初的结晶度和形貌所影响。

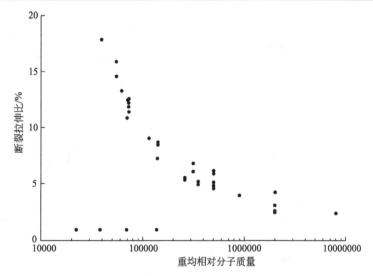

■ 图 3-36　压塑的线型聚乙烯断裂拉伸比与分子量的关系[52,68]

图 3-37 给出了一系列短支链聚乙烯树脂的拉伸比与分子量关系，其中实线为图 3-36 中所示的线型聚乙烯的变化趋势。从中可见：a. 同样分子量下，含有支链的聚乙烯树脂断裂伸长率比线型聚乙烯树脂的断裂伸长率小；b. 对于韧性断裂样品，当分子量一定时，随着共聚单体含量的增加，断裂伸长率下降；c. 当共聚单体含量一定时，样品的断裂伸长率随着分子量的增加下降。

④ **断裂应力**　断裂应力定义为样品拉伸断裂所需的力与样品的横截面积之比，同样存在工程断裂应力与真实断裂应力之分。所谓"工程断裂应力"（engineering breaking stress）指载荷与样品的初始横截面积比值，若将载荷与断裂时样品的真实横截面积比值，则得到的是"真实断裂应力"（true ultimate tensile stress）。对于高密度聚乙烯而言，真实断裂应力与分

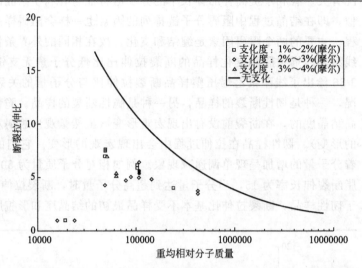

■ 图 3-37 压塑的支链聚乙烯树脂断裂拉伸比与分子量的关系[69]

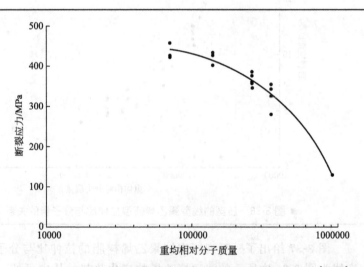

■ 图 3-38 线型聚乙烯树脂的断裂应力和分子量之间的关系[52,88]

子量近似成反比,如图 3-38 所示。分子量对真实断裂应力的影响可解释为低分子量的聚乙烯在拉伸时会有更高的伸长率,即取向度更高,而取向度越高则对应的应力就越大,故断裂时对应的应力会比高分子量的聚乙烯树脂高。通常支链聚乙烯的断裂应力比高密度聚乙烯小,很大程度上也是由于高密度聚乙烯具有更大的断裂伸长率。

图 3-39 给出了不同短支链含量的聚乙烯树脂的断裂应力与分子特征之间的关系,可见当分子量大于临界分子量时,断裂应力随着分子量的增加而下降。

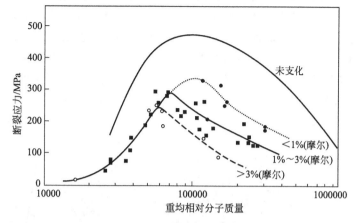

■ 图 3-39　不同支链含量的聚乙烯树脂的断裂应力和分子量之间的关系[69]

⑤ 温度对拉伸性能的影响　温度会强烈影响聚乙烯树脂的拉伸性能，尤其是在实验温度处于室温和材料的熔点之间时最为显著。在玻璃化温度和熔点之间，聚乙烯树脂的杨氏模量和屈服应力随着温度的升高而单调递减；在玻璃化温度和室温之间，断裂伸长率和断裂应力随着温度的升高变化很小。图 3-40 给出一系列支链聚乙烯和线型聚乙烯的屈服应力和拉伸温度之间的关系。对支链聚乙烯树脂，尽管支链的类型和含量有所不同，但具有相同的变化趋势：当温度从玻璃化温度升至零度，屈服应力随着温度的升高快速下降，之后屈服应力随温度升高而下降的趋势变缓，到样品的熔点附近时基本降为0；而线型聚乙烯树脂，在相同的温度范围内，其屈服应力的下降比较缓慢，在熔点附近时仍能检测到屈服应力。弹性模量随温度的变化有类似的趋势。

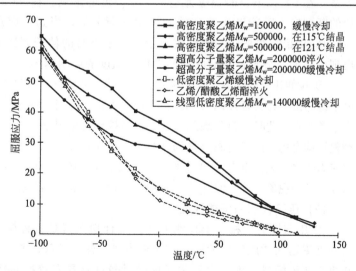

■ 图 3-40　支链聚乙烯和线型聚乙烯的屈服应力和拉伸温度之间的关系

在玻璃化温度之下，所有的聚乙烯均表现出脆性行为。图 3-41 给出了不同聚乙烯的断裂拉伸比与拉伸温度之间的关系。支链聚乙烯的断裂拉伸比随着温度的升高而增加，在 50～60℃左右时达到最大值 6～8，但增加量并不会很大。而线型聚乙烯的断裂伸长率随温度的变化趋势与支链聚乙烯有所不同：在 -100～0℃时，断裂拉伸比微量的增加；当温度继续升高时断裂拉伸比快速增加，其中分子量最低的样品增幅最大。

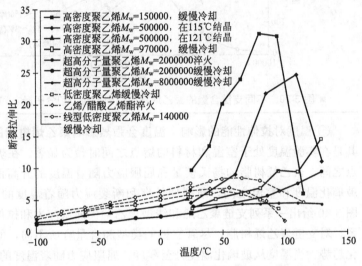

■ 图 3-41　不同聚乙烯断裂拉伸比与拉伸温度之间的关系

图 3-42 给出了支链聚乙烯和线型聚乙烯的断裂应力与形变温度之间的关系。在 0℃以下，断裂应力基本不受温度的影响。在 0℃之上，支链聚乙烯的断裂应力随着形变温度的升高而逐渐下降，当到达熔点时，其值降为 0；而线型聚乙烯树脂的断裂应力会受到断裂时的伸长率影响，有两个样品出现了极值，分子量越高的样品受拉伸温度的影响越小。

⑥ 拉伸速率的影响　拉伸速率会对样品的力学响应有显著影响，这可以用分子链的松弛行为来加以解释。例如极端的例子，当拉伸速率非常快时分子链来不及响应，此时材料呈现脆性行为；当拉伸速率很慢，分子链有充分的时间调整结构变化，此时材料呈现韧性行为。拉伸速率增加，样品的弹性模量、屈服应力随之增大；应力-应变曲线上表现出更明显的屈服峰，宏观上样品出现更明显的细颈现象。当拉伸速率足够快时，韧性样品将会表现出脆性行为。

（2）压缩性能和弯曲性能

① 压缩性能　相对于其他半结晶聚合物尤其是工程树脂材料而言，各向同性聚乙烯树脂的压缩模量与拉伸模量一样也较低，所不同的是取向并不能提高压缩模量。由于聚乙烯压缩模量较低且具有较高的延展性和蠕变性，因此不适用于压缩强度要求高的场合。虽然现在没有太多的数据将压缩模量

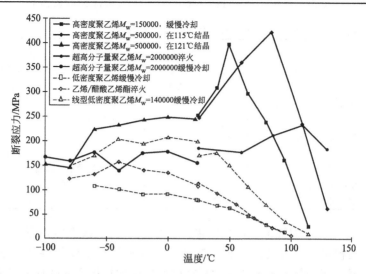

■ 图 3-42　不同聚乙烯的断裂应力与拉伸温度之间的关系 [71]

和结构参数直接的联系在一起，但压缩模量与结晶度的关系与拉伸模量与结晶度的关系趋势是一致的。

聚乙烯树脂的局部压缩强度更受人们的关注，通常称为"硬度"或"显微硬度"（MH）。硬度是模压制品保持良好光洁度的一个指标。样品的硬度与其拉伸强度、弹性模量密切相关，与结晶度呈线性关系。图 3-43 给出了高密度聚乙烯、低密度聚乙烯以及线型低密度聚乙烯的硬度和结晶度的关系。退火可使样品的其结晶度和片晶厚度增加，硬度也随之增加。

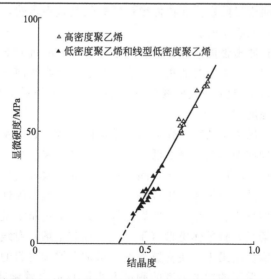

■ 图 3-43　高密度聚乙烯、低密度聚乙烯以及线型低密度聚乙烯的硬度与结晶度的关系 [72]

表 3-5 列出了各种聚乙烯树脂及其他聚合物的硬度值。

■表 3-5　各种聚乙烯树脂及其他聚合物的硬度值

聚合物	显微硬度		聚合物	显微硬度	
	邵氏硬度 D	球压痕硬度 /MPa		邵氏硬度 D	球压痕硬度 /MPa
乙烯-醋酸乙烯酯共聚物	17~45	—	聚酰胺 6	72	62.5
聚乙烯离聚物	25~66	—	等规聚丙烯	74	72.5
低密度聚乙烯	44~50	13.5	聚酰胺 66	75	72.5
线型低密度聚乙烯	55~66	—	聚苯乙烯（结晶）	78	110
高密度聚乙烯	66~73	53.5	聚对苯二甲酸乙二醇酯	—	120
聚四氟乙烯	50~65	41	聚甲基丙烯酸甲酯	—	172
聚氯乙烯（硬质）	66~85	115			

② 弯曲性能　对聚乙烯树脂应用而言，最有实用意义的弯曲性能是弯曲模量，它直接影响了聚乙烯作为包装材料的使用性能，如片材、吹塑容器、瓶子等就需要考虑材料在弹性极限内抵抗弯曲变形的能力。测定弯曲性能是在规定试验条件下，对标准试样施加静弯曲力矩，试样在弯曲实验过程中所承受的最大的载荷 p，并按式(3-4) 计算弯曲强度 σ_f：

$$\sigma_f = \frac{p}{2} \times \frac{l_0/2}{bd^2/6} = 1.5\,\frac{pl_0}{bd^2} \tag{3-4}$$

弯曲模量为 E_f：

$$E_f = \frac{\Delta p l_0^3}{4bd^3\delta} \tag{3-5}$$

式中，l_0、b 和 d 分别为试样的支撑跨度、宽度和厚度；δ 叫做挠度，是试样着力处的位移[3]；Δp 为挠度 δ_1 和 δ_2 对应的应力 p_1 和 p_2 的差值。

弯曲模量的数值和拉伸模量的数值是差不多的，且同样是由聚乙烯树脂的形貌特征决定的。

(3) 冲击性能　冲击强度用于评价材料的抗冲击能力或判断材料的脆性和韧性程度一个重要的指标，它反映了聚合物在冲击力作用下破坏时吸收的能量，常由应力-应变曲线包围的面积或由拉伸强度和断裂伸长比的乘积求得冲击强度值。

聚乙烯树脂的冲击强度与分子链的结构参数以及加工过程中所形成的凝聚态结构密切相关。例如低分子量的高密度聚乙烯（$\overline{M}_w \approx 50000$）若从熔体中淬火得到的样条，由于片晶薄且不完善，故表现出韧性行为；若是从熔体中缓慢结晶，由于片晶比较厚且完善，则表现出脆性行为。低密度聚乙烯表现出韧性行为。线型低密度聚乙烯是聚乙烯树脂中最韧的材料，Gupta 等研究了 α-烯烃共聚单体类型（丁烯、己烯和辛烯）对线型低密度聚乙烯韧性的影响，实验结果表明短支链长度的增加会增加材料的抗冲性能[73]。

广为采用的冲击强度的测量方法是 Izod 悬臂梁冲击试验和 Charpy 简支梁冲击试验。两种试验方法的原理都是用重锤冲击高聚物条状试样。薄膜样品则常用落镖冲击试验法，测试结果用 g/25μm 厚度示出。由于不少聚乙烯试验是不断裂的，所以常用带缺口的试样进行测试。不同的缺口端部半径还可以模拟材料中可能的缺陷和应力集中，进而研究裂纹的引发、增长和断裂的过程。

表 3-6 给出了用 Izod 方法测试的各种聚乙烯树脂和其他聚合物的冲击强度[70]。

■表 3-6 用 Izod 方法测试的各种聚乙烯树脂和其他聚合物的冲击强度[70]

聚合物	缺口 Izod 冲击强度 /(ft·lb/in)	聚合物	缺口 Izod 冲击强度 /(ft·lb/in)
线型低密度聚乙烯	0.35～不断裂	等规聚丙烯	0.4～1.4
高密度聚乙烯	0.4～4	聚氯乙烯（硬质）	0.4～2.2
聚乙烯离聚物	7～不断裂	聚酰胺 66	0.55～2.1
低密度聚乙烯	不断裂	聚酰胺 6	0.6～3
超低密度聚乙烯	不断裂	高抗冲聚苯乙烯	0.95～7
乙烯-醋酸乙烯共聚物	不断裂	聚甲醛	1.1～2.3
超高分子量聚乙烯	不断裂	丙烯腈-丁二烯-苯乙烯共聚树脂（ABS）	1.5～12
聚甲基丙烯酸甲酯	0.2～0.4		
聚对苯二甲酸乙二酯	0.25～0.7	聚四氟乙烯	3
聚苯乙烯（"结晶"）	0.35～0.45	聚碳酸酯	12～18

注：1ft·lb/in＝53.34J/m。

（4）长期力学性能 在长期的外力作用下，即使这个力是远小于样品的屈服应力，样品的形状也会发生变化。蠕变、应力松弛、银纹化、脆性断裂以及抗环境应力开裂性等现象均反映了聚乙烯样品形貌的不稳定性，其中蠕变和应力松弛涉及样品中大部分分子重排，而脆性断裂和应力开裂通常是样品局部分子重排。

① 蠕变 是指在一定温度和较小的恒定外力（低于瞬时屈服应力的拉力、压力或扭力等）下，材料的形变随着时间的增加而逐渐增大的现象。图 3-44 给出了聚乙烯样品长期受力下的形变示意，可以看出有 3 个明显的阶段：

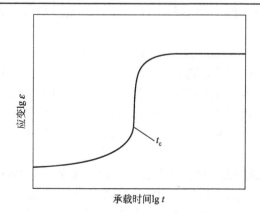

■ 图 3-44 聚乙烯在恒应力下形变与时间的关系

初期样品形变缓慢增加且变形均匀；当达到临界时间（t_c）之后，样品的形变快速增加，发生屈服，细颈出现并快速的扩展到整个样品长度，再后样品的形变基本保持不变。

蠕变是一种松弛现象，通过分子链的短程运动逐渐释放局部的应力。外力越大或者分子链的运动能力越强，样品的松弛行为发生的就越快。因此，施加的载荷越大，温度越高，样品的结晶度越低，蠕变行为就越显著。增加外力或者升高温度，形变对时间的曲线就会朝更高的形变和更短的时间方向移动。图 3-45 给出了中密度聚乙烯样品在不同外力作用下的形变对时间的关系。

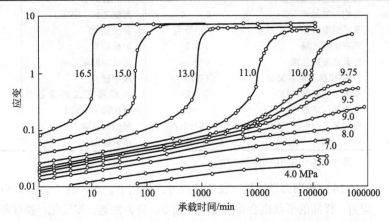

■ 图 3-45 中密度聚乙烯样品在不同外力作用下的形变对时间的关系

因为蠕变的时间需要很长，所以说明蠕变和样品的分子结构及形貌之间关系的实验数据较少。通常认为高结晶度且厚片晶的样品不容易发生蠕变。取向的样品比未取向的样品更不易发生蠕变，Crissman[74] 等发现模压制品的不同部位由于剪切史不同故蠕变的响应也不一样。

相对其他一些材料，聚乙烯容易发生蠕变，限制了其在许多方面的应用。

② 应力松弛　是指在恒定温度和形变保持不变的情况下，高聚物内部的应力随时间而逐渐衰减的现象。当高聚物被拉长时，分子链处于不平衡的构象，此时要逐渐过渡到平衡的构象，也就是链段顺着外力的方向运动以减少或消除内部应力。应力松弛和蠕变是一个问题的两个方面，都反映了高聚物内部分子链的运动情况[3]，控制蠕变的因素同样也是控制应力松弛的因素。

③ 低应力下的脆性断裂　我们主要关注的是慢速裂纹扩展现象。聚乙烯被广泛的用于输气、输液的管道[75,76]。管道内的压力是小于聚乙烯的屈服应力的，但是现实的使用中却发现即使在这个压力下，聚乙烯管道仍会发生损坏的现象甚至发生管道破裂。对于这个现象，人们普遍认为由于聚乙烯

材料内存在一些杂质（如催化剂），或者加工中产生缺陷或空穴[77]，当受到外力时容易在这些缺陷周围产生应力集中，使局部应力超过了聚乙烯的屈服应力而发生塑性形变，从而导致了银纹结构的出现。在外力的作用下，随着时间的增长，银纹内的纤维会发生断裂，产生裂纹并进一步扩展，最终导致聚乙烯管材破裂，这一过程称为慢速裂纹扩展，它决定了聚乙烯管材的使用寿命[78~80]。在工业上，已经发现了由线性短链分子和带有短支链的长链分子组成的双峰聚乙烯具有很好的抗裂纹扩展能力。具有相同的单体和化学结构的单峰聚乙烯与双峰聚乙烯，在给定的条件下具有相似的结晶度、片晶厚度和非晶区厚度，也因此具有相似的短期力学表现，但两者的长期力学能力上表现出很大的差别：单峰聚乙烯的抗裂纹扩展能力差，而双峰聚乙烯的抗裂纹扩展能力很好。

　　虽然这种双峰聚乙烯已经被广泛应用到生活中，但是其优越的抗裂纹扩展性机理却没有得到很好的解释。人们通过应力对时间作图发现，慢速裂纹扩展具有典型的韧性-脆性转变（ductile-brittle）特点[81,82]。要进一步研究慢速裂纹扩展机理，就需要先知道裂纹前端的结构。Capaccio[83]等给出了裂纹前端的典型形貌示意，如图 3-46 所示，裂纹的前端是高度取向的纤维，远离纤维的形变区存在空穴和屈服。Men 等[84]用 SAXS 研究了裂纹前端周围形变区域的微观结构，通过空穴的变化肯定了裂纹前端银纹结构的演化过程；指出在形变区域中材料有向裂纹方向发生流动的趋势，且裂纹形变区域的受力大小是有梯度变化的。

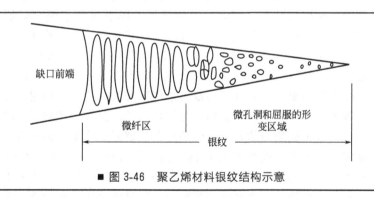

■ 图 3-46　聚乙烯材料银纹结构示意

　　Brown 等[85~87]用电镜研究发现，具有良好的抗裂纹生长能力的材料在裂纹前端纤维总是比较粗。针对这一特殊的形貌，Men 等[88]认为这与非晶区的活动能力有关，发现用 DMA 测得的聚乙烯非晶区的活动能力与 FNCT（full notch creep test）得出的时间有很好的符合关系：非晶区的活动能力越强，FNCT 得出的时间越长。为什么在相同的结晶条件下，双峰聚乙烯的非晶区活动能力会比较强呢？这就让人们联想到不同分子链构型的链段结晶过程是否不同。Hubert 等[89]认为双峰聚乙烯长链中引入了支链，使分子链在结晶过程中更容易形成连接晶粒的连接分子链。图 3-47 给出了聚乙烯树脂支链含量对断裂时间的影响。

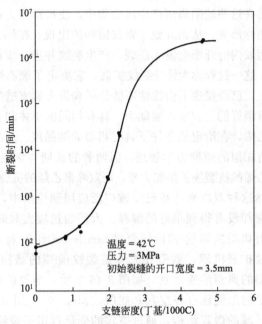

■ 图 3-47 聚乙烯树脂支链含量对断裂时间的影响

若裂纹已经形成，那么从裂纹前端结构可知，裂纹的扩展必将伴随其内部纤维结构的断裂。因此银纹内纤维的断裂决定了裂纹扩展的速率[83,90]。然而对于银纹内纤维是如何断裂的并没有令人信服的答案。现在主流的观点认为纤维的断裂是由于纤维内/间的分子链的发生解缠结所致，故认为在这过程中系带分子的数目变得很重要。其中以 Brown[85~87] 代表的一部分研究工作者用高聚物系带分子的数目来预测聚乙烯管材的使用寿命，认为系带分子越多则发生解缠结所需要的时间就越长，其理论解释了一些单峰聚乙烯管材抗裂纹扩展能力的现象，但是却不能解释双峰聚乙烯具有很好的抗裂纹扩展能力的现象，因为按照 Borwn 的计算方法，双峰聚乙烯中的缠结分子会更少[75,81]。关于纤维的断裂 Plummer 和 Kausch[91,92] 等提出另一种观点：他们认为半结晶高聚物的纤维断裂主要是因为应力集中造成分子链的断裂而非分子的解缠结。

在慢速裂纹扩展的研究工作中，Men 等[88] 提出作用在裂纹前端第一根纤维上的力大小正比于裂纹的长度（h），与纤维的长度（l）成反比，即 $\sigma_{\text{fibril}} \propto \sigma \left(1 + 2 \sqrt{\dfrac{h}{l}} \right)$，如图 3-48 所示。若裂纹前端的第一个纤维断裂，那么意味着裂纹的长度增加，而此时作用力就会增加，故之后的纤维断裂将会加速，这一现象称为裂纹的自加速行为[93]。因此对于第一根纤维的断裂研究非常重要。当形成稳定的银纹区域时，其所受的力也趋于稳定，此时认为纤维最终的断裂是一种蠕变的行为。已有研究工作表明，取向材料在很宽的尺寸范围内（从细纤维到粗棒）都具有相同的结构与性能关系，因此一些研究人员[81,83,90,94,95]利用冷拉聚乙烯的颈部来模拟裂纹前端的纤维，并观察其在单轴拉伸下的形变行为，从中希望能得到聚乙烯裂纹前端纤维结构的断裂机理。Lagaron[90]等用红外光谱研究取向聚乙烯的形变机理时发现，对于给定的宏观应变量，抗裂纹扩展性好的材料的分子力小于抗裂纹扩展性不好的材料的分子力。他们还发现随着分子量的增加以及支链的存在，单位形变所受的分子力变小，其中支链的影响力相对比较小一些。

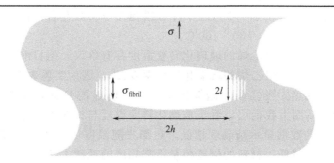

■ 图 3-48 单轴应力场中的椭圆形裂纹前端纤维的受力情况

④ 环境应力开裂性（ESC） ESC 是指在有促进剂的情况下，受力样品发生脆性断裂的时间，这一时间比仅有外力作用而发生断裂的时间大幅缩短。按照诱发开裂的方式可将应力开裂行为划分为：环境、溶剂、氧化、热或疲劳等应力开裂。随着密度的减小，分子量的增大，分子量分布的变窄和温度的下降，聚乙烯的抗应力开裂性随之提高。当存在醇类、皂类或湿润剂这些促进剂时，将加速应力开裂，称为环境应力开裂。如果没有应力，这些试剂不会对聚合物表面产生什么影响，诸如甲苯等溶剂能使聚乙烯溶胀，或因氧化使聚合物降解都会促进应力开裂。表 3-7 中列出了各种溶剂对 ESC 的效用[96]。

■表 3-7　各种溶剂对 ESC 的效用

溶　　剂	断裂时间 (2000psi)/h	溶　　剂	断裂时间 (2000psi)/h
正己烷	0.3①	乙酸	3.7
苯	0.77①	异丙醇	6.5
甲苯	0.85①	丙酮	10.4①
乙酸丁酯	1.0①	乙醇	13.2
二甲苯	1.1①	磷酸三甲酚酯	14.6
正丙醇	1.7	二甘醇	28.5
正戊醇	2.5	甲醇	50
十二烷醇	3.4	水	55.0②

① 拉伸。

② 冷拉。

3.2.3.3 热性能

(1) 热转变 高分子链的运动单元具有多重性，并且对温度具有依赖性。在低温下，整个分子链被冻结，分子不能运动，材料在力学性能上表现得像玻璃一样；随着温度的升高，分子链段的运动开始被激发，材料的力学性质从玻璃态向高弹态转变，此时对应的温度称为玻璃化转变温度；温度继续升高，当整个分子链可以发生运动时，材料就进入了黏流态。

通常认为固态的聚乙烯树脂分子运动主要有 3 个转变：α，β 和 γ 松弛，按照温度降序排列，对应于不同的分子运动机理。其中 α 松弛有很宽的温度范围，一般在 10～70℃ 之间；β 松弛在 −20℃ 左右，且并非所有的聚乙烯均出现；γ 松弛 −130～100℃。

虽然对聚乙烯的玻璃化转变温度存有争议，但目前普遍认为 γ 转变所对应的温度是聚乙烯的玻璃化转变温度 T_g，因为实验表明在这个温度区间内，材料的热膨胀性能和储能模量发生了明显的变化，如图 3-49 和图 3-50 所示。从图上我们可以看出玻璃化转变温度与材料中的非晶含量密切相关：图 3-49 的数据显示结晶度越低，热膨胀随温度变化越快；图 3-50 的数据显示结晶度越低，材料的储能模量下降幅度的就越大[97]。

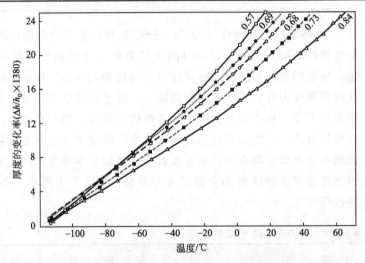

■ 图 3-49 不同结晶度的高密度聚乙烯的热膨胀率随温度变化的关系

聚乙烯 β 松弛的归属问题仍不十分清楚。β 松弛只在支化的样品中出现，而线型聚乙烯样品中不出现 β 松弛。Popli 等认为 β 松弛的强度是由片晶与非晶区之间界面层的厚度决定的[98]。Men 等比较了几种不同短支链聚乙烯的 β 松弛强度，并将其与全切口蠕变实验（full notch creep test，FNCT，是一种用来测试聚乙烯耐环境应力开裂的实验方法）所测得的样品断裂时间进行对比，发现两者的数值呈现线性关系，故认为 β 松弛是影响聚乙烯树脂耐环境应力开裂的重要因素[99]。

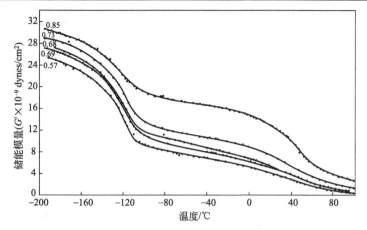

■ 图 3-50　不同结晶度的高密度聚乙烯的储能模量随温度变化的关系
1dynes/cm² = 0.1Pa

通常将 α 松弛与结晶度联系在一起。高密度聚乙烯的 α 松弛分裂为 α 和 α′松弛。对于这两个峰的归属问题，Men 等认为较低温度下出现的 α 松弛是由于片晶中晶块滑移造成的，在较高温度下出现的 α′松弛是由于晶粒中分子链滑移产生的[100]。

需要说明的是聚乙烯的各种转变温度不仅与结构相关，还依赖于试验条件。通常高频的测试条件将导致转变温度向高温方向移动。

（2）熔融行为　半结晶聚合物熔融时显示的是一个熔程，因此通常所说的熔点指峰值熔点。聚乙烯的熔融现象可以从室温到 140℃。样品内含有完善程度不同的晶体是熔程较宽的原因。此外加热过程中，聚乙烯分子链会在晶区、非晶区以及过渡层活动，发生熔融-重结晶现象，也会导致熔程变宽。

通常用 DSC 方法表征聚合物的熔融特征。聚乙烯的熔融行为与片晶的厚度有关，表 3-8 列出了聚乙烯片晶厚度与熔点数据，可以看出熔点随着片晶厚度的增加而增加[3]。

■表 3-8　聚乙烯片晶厚度与熔点的数据

l/nm	28.2	29.2	30.9	32.3	33.9	34.5	35.1	36.5	39.8	44.3	48.3
$T_m/℃$	131.5	131.9	132.2	132.7	134.1	133.7	134.4	134.3	135.5	136.5	136.7

Lauritzen 和 Hoffman1960 年从单晶出发，导出了熔点 T_m 与晶片厚度 l 的关系：

$$T_m = T_m^0 \left(1 - \frac{2\sigma_e}{l\Delta h} \right) \qquad (3-6)$$

式中，T_m 和 T_m^0 分别表示片晶厚度为 l 和 ∞ 时的结晶熔点；Δh 是单位体积的熔融热；σ_e 是表面能。显然片晶越薄，熔点越低。

熔融行为除了与片晶的厚度有关，还与片晶的稳定性有关[36,37]。Men

等[65]将冷拉取向的高密度聚乙烯样品进行退火以观察样品内部结构变化，发现退火对中等应变样品的微观结构的影响最显著，虽然新生成的片晶具有较小的长周期，但它们比原有片晶更稳定：当退火温度低于 100℃时，沿着拉伸方向新生成的薄片晶可以作为晶核，原有不稳定的厚片晶在熔化后能够在其表面发生重结晶，2D-SAXS 图案如图 3-51 所示。

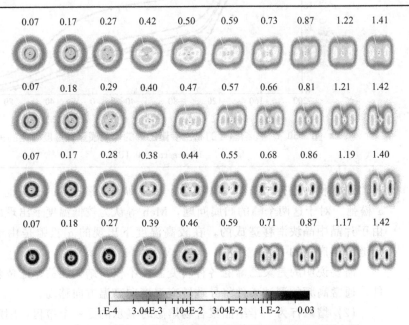

■ 图 3-51　冷拉取向的高密度聚乙烯样品在不同温度下退火后，不同的形变量所对应的 2D-SAXS 图案（拉伸方向为水平方向）

　　不同分子链结构和结晶条件的影响会导致聚乙烯片晶的形貌不同，从而影响聚乙烯的熔融行为。表 3-9 列出了分子结构、形貌以及加工过程对聚乙烯峰值熔点的影响。

■表 3-9　分子结构、形貌以及加工过程对聚乙烯峰值熔点的影响[70]

变量	对熔点的影响	注　释
支链含量增加	降低	高支链含量可以使熔点降至仅略高于室温
分子量增加	降低	线型聚乙烯相对分子质量由 50000 增至 10000000，熔点降低约 5℃
密度/结晶度降低	降低	相比于分子量，支链含量对熔点的影响更明显
冷却速度增加	降低	对线型聚乙烯影响最大
取向度增加	升高	对高分子量线型聚乙烯影响最大

　　(3) 热变形温度　热变形温度（HDT）指样品在一定载荷下出现一定量变形所对应的温度。通常热变形温度为材料的最高使用温度设限。聚乙烯的热变形温度与弹性模量、非晶区性质以及晶区/非晶区的比例等属性有关。对于聚乙烯而言，随着温度的升高样品变形就越明显，这是由于①非晶区的

分子链段的运动变得更加活跃了；②薄的片晶熔融，导致样品中晶体的比例下降；③晶粒中的分子链段更容易发生纵向的平移运动。

热变形的温度会随着样品的结晶度和片晶厚度的增加而增加。表 3-10 列出了各种聚乙烯树脂的热变形温度，为便于比较，表中也列出了其他一些聚合物的热变形温度。

■表 3-10　各种类型的聚乙烯以及一些聚合物的热变形温度[70]

聚合物	热变形温度/℃		聚合物	热变形温度/℃	
	66psi	264psi		66psi	264psi
低密度聚乙烯	40~44	—	聚苯乙烯（结晶）	76~94	68~96
线型低密度聚乙烯	40~80	—	丙烯腈-丁二烯-苯乙烯共聚物	77~113	77~104
聚乙烯离聚物	45~52	34~38	等规聚丙烯	107~121	49~60
超高分子量聚乙烯	68~82	43~49	聚碳酸酯	138~142	121~132
高密度聚乙烯	82~91	—	聚甲醛	162~172	123~136
聚对苯二甲酸乙二醇酯	21~66	75	聚甲基丙烯酸甲酯	165~225	155~212
聚氯乙烯（未增塑）	60~77	57~82	聚酰胺 6	175~191	68~85
聚四氟乙烯	71~121	46	聚酰胺 66	218~246	70~100

(4) 热传导性　与其他的非极性材料相比，聚乙烯没有自由电子能马上传导热能。故它的热传导性能低。热传导系数较低带来的缺点是可能导致冷却不均匀，从而产生热应力，导致产品翘曲变形。聚乙烯材料中晶区和非晶区的热传导性不同：晶体中由于分子链排列紧密所以热传导性比非晶区的要好，因此高密度聚乙烯的热传导性要好于低密度聚乙烯的热传导性。

(5) 热膨胀性　热膨胀是指样品的体积随着温度的升高而增大的现象，常用热膨胀系数表征。影响聚乙烯热膨胀的主要两个因素是晶区和非晶区的比例以及在膨胀方向上晶粒 c 轴的取向程度。由于非晶区中的分子链的自由活动度更大，故非晶区的热膨胀性大于晶区的热膨胀性。就聚乙烯晶粒而言，不同晶轴方向的膨胀程度不同，聚乙烯晶粒 c 轴方向上基本不发生热膨胀，主要是 a、b 轴方向的膨胀，原因是 C-C 键长、键角基本不随温度变化。因此取向样品的热膨胀性在取向方向和垂直与取向方向是不同的。随着温度的升高，非晶区的比例不断增大，故聚乙烯样品的热膨胀性变大。

(6) 表面接触特性　聚乙烯树脂在使用过程中，经常会与其他的物质接触，并在接触面有相对运动，产生摩擦或磨损。聚乙烯的摩擦磨损性能对某些应用十分关键，如传送带、轴衬、人工关节等。通常聚乙烯有较好的耐磨性和较低的摩擦系数，特别是超高分子量聚乙烯，其耐磨性胜过其他所有纯聚合物[101]。聚乙烯的耐磨性随着分子量的增加、支链水平的下降而增加。高密度聚乙烯的耐磨性好于低密度聚乙烯和线型低密度聚乙烯，超高分子量聚乙烯的耐磨性好于高密度聚乙烯。图 3-52 给出了高密度聚乙烯的比磨损率随着分子量的变化（比磨损率是指单位能量磨损掉的样品体积，耐磨性与比磨损率成反比）。

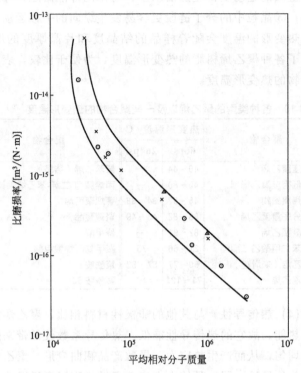

■ 图 3-52　线型聚乙烯样品与钢表面相互摩擦时的比磨损率与聚乙烯分子量的关系 [102]

　　表 3-11 列出了各种聚乙烯树脂及其他聚合物对不锈钢的滑移磨损率。由于这些数值的测试依赖于很多因素，表中数值不是绝对的，只可作为比较之用。

■表 3-11　各种聚乙烯树脂及其他聚合物对不锈钢摩擦的滑移磨损率 [103]

聚合物	砂带磨损① /(mm³/cm²)	滑动磨损率② /[mm³/(N·m)]×10⁻⁶
高密度聚乙烯	6.73	—
超高分子量聚乙烯	7.35	0.51
等规聚丙烯	9.14	—
聚碳酸酯	26.64	—
聚甲醛	14.81	11.81
聚对苯二甲酸乙二醇酯	21.53	6.72

① 砂带粒度 180。
② 对不锈钢进行摩擦。

　　除耐磨性外，聚乙烯表面接触性能的另一个关注点是摩擦阻力，可以通过摩擦系数反映摩擦阻力的大小。材料的摩擦系数受多种因素影响，包括材料本身的性质及测试条件等。就聚乙烯自身结构而言，结晶度、支化水平和分子量等是摩擦系数的主要控制因素，而球晶形态对摩擦系数影响不大。图3-53 给出了聚乙烯树脂的摩擦系数随着密度变化的关系，从中可见结晶度的增加会降低聚乙烯的摩擦系数。表 3-12 列出了各种聚乙烯树脂以及其他一些聚合物与自身滑移时的摩擦系数。

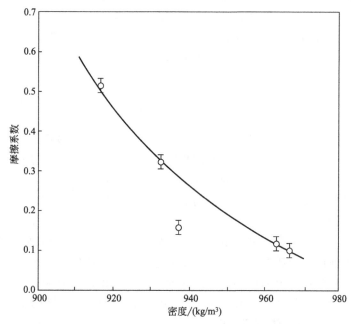

■表 3-12　各种聚乙烯树脂以及其他一些聚合物与自身滑移时的摩擦系数

材料名称	摩擦系数（与自身摩擦）	材料名称	摩擦系数（与自身摩擦）
高密度聚乙烯	0.23	聚酰胺 6	0.39
低密度聚乙烯	0.5	聚甲基丙烯酸甲酯	0.40
聚四氟乙烯	0.24	聚氯乙烯（未增塑）	0.50
聚碳酸酯	0.25	等规聚丙烯	0.67
聚对苯二甲酸乙二醇酯	0.25	玻璃	0.9~1.0
聚酰胺 66	0.36	金刚石	0.1
聚苯乙烯（结晶）	0.38	钢	0.58

3.2.3.4 光学性能

聚乙烯树脂的光学性能主要包括 3 个的指标：雾度、透明度以及光泽度。

雾度是指透过材料的散射光的通量与总光通量之比，用百分率表示。雾度是包装材料的非常重要的指标。材料内部和表面的光散射均会对样品的雾度有所影响。内部的光散射是由样品内部邻近区域的折射率差异造成的；表面的光散射受样品表面粗糙度的影响。通常雾度会随着样品厚度的增加而增加。相对于无支链的线型聚乙烯来说，含短支链线型低密度聚乙烯会降低结晶度和球晶的尺寸从而降低了内部雾度。同理，增加分子量将会降低球晶尺寸和结晶度，从而降低样品的内部雾度。表面雾度与微观表面粗糙度有关，尤其对薄膜类制品的总体雾度影响较大。表面雾度主要受以下 3 方面因素的影响：①流变；②超分子结构；③成型模具表面。

　　透明度是指样品允许光直接透过的能力，定义为直射透过物质的光强度与入射到物质上的光强度的比值。对于未着色的样品，透明度与雾度成反比，而着色的样品由于颜料吸光而使透明度降低，但并不会按比例增加雾度。通常而言，未着色的低密度聚乙烯薄膜是透明的，而高密度聚乙烯薄膜和低密度聚乙烯所制的厚膜是半透明的。除了很低密度聚乙烯样品外，其他聚乙烯样品只要厚度超过 3.2mm，即使不着色也均为不透明材料。最终用途决定了对聚乙烯光学性能的要求，比如聚乙烯薄膜既可能用于遮光又可能用于透光。在用于遮光的薄膜中，一般是通过掺杂炭黑和二氧化钛来吸收或散射光，而用于透光的薄膜通常是未着色的。实际应用中的不透明聚乙烯薄膜包括垃圾袋、农用地膜等，而透明的聚乙烯薄膜包括食品包装袋和温室薄膜。

　　光泽度是一种反射现象。通常情况下，样品表面越平滑反射就越明显，光泽度就会越高。对于光泽度的感觉不仅仅决定于镜面反射，同时也受到反射光强度与分布的影响，同时光泽也与观察角度有关。光泽度通过仪器进行评价时仪器测量通常采用 20°、45°、60°或 85°等不同的角度。

3.2.3.5　聚乙烯熔体流变性能

　　熔融态聚乙烯的流变行为是其成型加工的基础。熔融态聚乙烯的流变行为决定制品生产时的成型方法和成型条件。此外，聚乙烯的流动行为还会影响到最终产品的力学性质。例如，分子取向对模塑产品、薄膜和纤维力学性质有很大的影响，而取向主要是由加工中流动场的特点和聚乙烯的流变行为所决定的。

　　聚合物流动不同于小分子流动最突出的特征是其具有黏弹性，即在流动中既有不可逆形变发生（黏性特征），又有可逆形变发生（弹性特征）。聚合物熔体的黏弹行为可以简单地用 Maxwell 模型进行唯象描述，如图 3-54 所示，它是由一个弹簧和一个黏壶串联组成，当外力作用到这个模型上时，弹簧会瞬间响应而伸长，而黏壶则在弹簧的回缩力下缓慢的伸长。当撤除外力时，弹簧马上回缩，而黏壶将会保留一部分的永久形变。Ferry 等[105]更进一步在教学模型和理论上对聚合物的流变学进行了阐述。

　　下面将对聚乙烯熔体流动及弹性行为分别进行讨论。

(1) 熔融黏度

　　① 零切黏度　小分子液体流动时，流速越大受到的阻力就越大，剪切应力 σ 与剪切速率 $\mathrm{d}\gamma/\mathrm{d}t = \dot{\gamma}$ 成正比：

$$\sigma = \eta \frac{\mathrm{d}\gamma}{\mathrm{d}t} = \eta \dot{\gamma} \qquad (3\text{-}7)$$

　　式(3-7) 称为牛顿流体公式，比例常数 η 称为黏度。牛顿流体的特征是黏度不随剪切应力或剪切速率变化，而常见的聚合物熔体的黏度有剪切速率依赖性，因此均为非牛顿流体。故当讨论黏度的时候，先要明确此时的形变

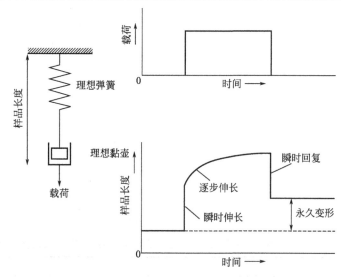

图 3-54　Maxwell 模型所示的黏弹性流体

条件。所谓零切黏度（η_0）即剪切速率趋于零时的黏度，因而排除了剪切速率的影响。零切黏度往往不是直接测量的，而是通过有限的剪切速率范围外推值得到。

零切黏度是与外部因素和内部因素密切相关的。外部因素是温度和压力。内部因素是指分子链的结构。对于高密度聚乙烯来说，最主要的影响因素是分子量，其次是分子量分布。对于支链的聚乙烯树脂来说，除了分子量和分子量分布，其支化程度和类型也是重要的影响因素：带有短支链的线型低密度聚乙烯，在黏度这一方面的情况与高密度聚乙烯类似；而含有长支链的聚乙烯，视其支链的数量、类型不同，对零切黏度有不同的影响。一般含少量长支链的聚乙烯的零切黏度高于同分子量的线型树脂，而含有大量长支链的聚乙烯的零切黏度则低于同分子量的线型树脂。

对于无支化的聚合物，通常认为其零切黏度和分子量之间存在着如下的经验关系[106]：

当 $\overline{M}_\eta < \overline{M}_c$ 时，$\eta_0 = K\overline{M}_\eta$；当 $\overline{M}_\eta > \overline{M}_c$ 时，$\eta_0 = K\overline{M}_\eta^{3.4}$

式中，$\overline{M}_\eta$ 是黏均分子量，它介于数均分子量和重均分子量之间；$\overline{M}_c$ 是为发生缠结的临界分子量；η_0 是零切黏度；K 是给定聚合物和温度下的一个常数。图 3-55 给出了一系列高密度聚乙烯的零切黏度随分子量的变化关系趋势。图上标出了高密度聚乙烯的临界缠结相对分子质量大约在 3400。当平均分子量小于临界缠结分子量时，高密度聚乙烯的零切黏度与分子量呈线性关系。当平均分子量大于临界缠结分子量时，分子链之间开始缠结导致相互作用力增强，使得高密度聚乙烯的黏度迅速增大，与分子量的 3.4 次幂成正比。

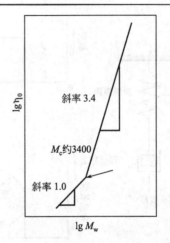

■ 图 3-55　线型聚乙烯的零切黏度随着分子量变化的示意

② 黏度与剪切速率之间的关系　所有的聚乙烯树脂均表现为剪切变稀，即黏度随着剪切速率的增加而减小。图 3-56 给出了聚乙烯树脂的黏度随着剪切速率变化趋势的示意。从只可见，当剪切速率比较小时，流动对聚乙烯分子链缠结没有大的影响，表现类似于牛顿流体；当剪切速率增加时，分子链沿着流动方向取向，分子链发生部分解缠结且彼此分开，此时分子链之间的相对运动就更加容易了，故黏度下降；理论预测当剪切速率增加到一定程度之后，由于分子链的取向达到极限状态，分子链的结构不再变化，此时熔体又遵守牛顿流动定律，其黏度应该是一个常数，但事实上在达到这个极限速率之前，熔体已经呈现不稳定流动了[107]。

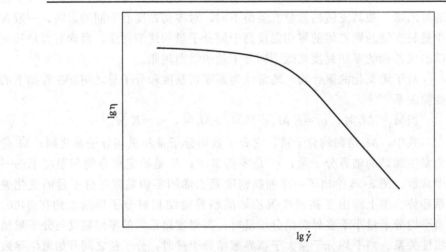

■ 图 3-56　聚乙烯树脂的黏度随着剪切速率变化的示意

黏度随剪切速率的变化实际上是分子链缠结变化。分子量、分子量分布、支化度、支链的长度和分布都会影响分子链的缠结和解缠结行为，不同的分子特征使得剪切变稀的程度产生差异。长支链能促进剪切变稀行为[108]，而窄分子量分布能减弱剪切变稀行为。图 3-57 给出了分子量分布以及支链对聚乙烯树脂剪切变稀行为的影响。从中可见，具有长支链、宽分子量分布的高压-低密度聚乙烯比短支链为主、窄分子量分布的线型低密度聚乙烯在加工过程的剪切速率范围内有更大的剪切变稀程度。

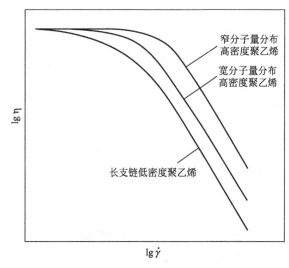

■ 图 3-57　不同类型聚乙烯树脂的黏度随剪切速率变化的示意

③ 黏度与温度和压力的关系　在一定的温度范围内，高聚物熔体的黏度与温度的关系与低分子液体一样符合 Arrhenius 方程：

$$\eta = A e^{E/RT} \tag{3-8}$$

式中，A 是一个常数；E 称为表观活化能；R 是气体常数；T 是绝对温度。从公式中可以看出，随着温度的升高，高聚物的黏度会随之下降。

在实践中，黏度随温度变化的关系通常用一个经验公式来表示：

$$\eta = a e^{-bT} \tag{3-9}$$

式中，a 和 b 是经验常数。

需提到的是聚乙烯是柔性高分子，其黏度随温度的变化并不像极性分子的黏度随温度变化的那么大。因此在加工过程中，仅仅依靠提高温度来降低黏度是不行的，因为温度升高其黏度下降的有限，同时高温有可能会使样品发生降解，从而降低制品质量，此外对成型设备的损耗也较大。

聚乙烯在挤出和注塑加工过程中，或在毛细管流变仪中进行测定时，常需要承受相当高的流体静压力，这促使人们研究压力对黏度的影响。在1966 年，Westover 就发现当压力从 2000psi 增加到 25000psi，低密度聚乙烯的黏度将会增加 5 倍[109]。按照自由体积的概念，液体的黏度是自由体积决定的，压力增加，自由体积减小，分子之间的相互作用增大，导致流体黏度升高。

④ 熔体指数 工业界经常采用熔体指数作为聚乙烯流动性的表征。熔体指数（MFR）定义为：在一定温度下，熔融态的高聚物在一定负荷下，10min 内从规定直径和长度的标准毛细管中流出的质量（g）。在相同的条件下，熔体指数越大，说明流动性越好。不同的用途和不同的加工方法，对聚乙烯的熔体指数有不同的要求。表 3-13 列出了不同熔体指数的聚乙烯树脂适合的加工方法。

■表 3-13　适用于不同加工工艺的聚乙烯熔体指数范围

加工工艺过程	熔体指数范围 /(g/10min)	加工工艺过程	熔体指数范围 /(g/10min)
吹塑成型	0.05~2	滚塑成型	2~10
吹膜加工	0.05~2	注塑	5~120
型材挤出	0.2~3	挤出涂覆	15~20
流延成膜	2~5		

（2）熔体的弹性效应　成型加工过程中的弹性形变及其随后的松弛对制品的外观、尺寸稳定性、"内应力"等有很大的影响。

熔体之所以表现出弹性效应，除了分子链本身具有的熵弹性外，还源于分子链之间的缠结作用。弹性回复的程度与外力的大小和作用的时间，以及分子链相互滑移的难易程度有关。当外力小且作用的时间短时，弹性形变的效果就显著；影响分子链之间滑移的难易程度的主要因素是缠结，分子量越大、长支链的含量越多，那么缠结就越显著，故弹性效应也越大。聚乙烯熔体的弹性对其加工行为有很大的影响，以下几种现象是加工过程中常见的熔体弹性表现。

① 挤出物胀大 当高聚物熔体从小孔、毛细管或狭缝中挤出时，挤出物的直径或厚度会明显的大于模口的尺寸，这种现象叫做挤出物胀大，或称离模膨胀，如图 3-58 所示，通常定义挤出物的最大直径与模口直径的比值来表征胀大比 $B = \dfrac{D + \Delta D}{D}$。$B$ 值越大，则挤出物胀大的现象就越明显，高密度聚乙烯的 B 值可高达 3.0~4.5。

挤出物胀大的现象是高聚物熔体弹性效应的一个典型的例子，挤出物尺寸的变化依赖于熔体的取向度和分子链缠结。当挤出物离开模口的限制时，由于分子链之间是相互缠结的，缠结点之间的分子链段回缩时会导致熔体的横截面积增大且长度减小，从而出现挤出胀大现象。

熔体在挤出过程中的取向主要是两方面原因造成，即拉伸流动和剪切流动。当熔体进入模孔时，由于流道收缩，在流动方向上产生纵向速度梯度，熔体沿流动方向受到拉伸；而熔体在模孔内流动时，则主要是受到剪切作用，

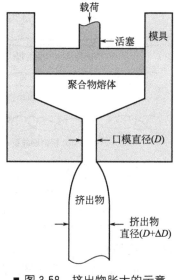

图中标注：载荷、模具、活塞、聚合物熔体、口模直径(D)、挤出物、挤出物直径(D+ΔD)

■ 图 3-58　挤出物胀大的示意

其大小与熔体黏度、熔体的流速和模孔的尺寸密切相关。在实践中，通常拉伸流动取向要大于剪切流动取向。当模孔比较长时，部分取向可以得到松弛，从而使挤出物胀大水平降低。

挤出物胀大与温度有关，当剪切速率一定时，温度越高，取向分子松弛越快，则胀大比 B 值就越小。

挤出胀大对高分子量级分非常敏感，因此分子量分布宽的样品比窄分子量分布的样品的 B 值要大。

从溶液中沉淀得到的样品由于缠结浓度降低，导致胀大比 B 值减小。此外，刚性填料的加入一般也能使 B 值减小。

② 不稳定流动及熔体破裂现象　当剪切速率不断增大超过形变极限时，就有可能出现下述两种情况之一，或者熔体与口模壁之间的黏结破坏，剪切和柱塞流交替发生（又称之为黏滑振荡）；或者发生分子链断裂，出现熔体破裂。这些现象都是聚合物流动不稳定性造成的，而出现黏滑振荡或熔体破裂的临界剪切速率取决于分子结构和剪切历史。图 3-59 给出了高聚物在不同速度下的挤出物外观示意。（a）在低于临界剪切速率时，高聚物熔体挤出物的表面光滑；（b）、（c）、（d）当剪切速率超过某一临界值时，就容易出现弹性湍流，导致流动不稳定，随着剪切速率的增加，挤出物的外观依次出现表面粗糙（如鲨鱼皮状或橘子皮状）、尺寸周期性起伏（如波纹状、竹节状和螺旋状）不规则挤出物；（e）最后导致完全无规则的挤出物断裂，称为熔体破裂。

关于挤出过程中的不稳定流动，已经提出了许多流动机理进行解释，但是至今仍未完全弄清。然而一般公认它们与熔体的弹性效应有关。

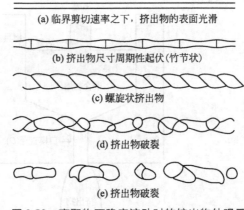

(a) 临界剪切速率之下，挤出物的表面光滑

(b) 挤出物尺寸周期性起伏(竹节状)

(c) 螺旋状挤出物

(d) 挤出物破裂

(e) 挤出物破裂

■ 图 3-59　高聚物不稳定流动时的挤出物外观示意

③ 离模后熔体的拉伸断裂行为　当聚乙烯熔体离开模口后受到拉伸时，或者由于大量的分子链解缠结发生分子链之间的滑移，或者缠结点之间的分子链段发生断裂，从而导致了熔体发生拉伸断裂现象。通常熔体拉伸断裂过程中的最大力称为熔体强度。缠结度越高，取向越明显，则熔体强度数值就越大。熔体断裂牵伸比（breaking stretch ratio）用来表征聚乙烯熔体在发生断裂前的可拉伸性能。在模口内，熔体的取向越高则熔体的可拉伸性就越低。通常熔体强度和断裂伸长率是成反比关系的。适当的熔体强度和可拉伸性对如吹膜、吹塑、熔体纺丝等加工成型方法至关重要。

（3）小结　表 3-14 给出了熔融态聚乙烯树脂的一般表征参数与分子结构参数的关系。

■表 3-14　分子结构参数对熔体流变性能的影响

性　　质	平均分子量增大	分子量分布展宽	长支链含量增加
零切黏度	增大	—	减小
剪切与熔体黏度的相关性	—	增大	增大
熔体指数	增大	减小	减小
挤出胀大	增大	增大	减小
临界剪切速率	减小	减小	减小
断裂伸长率	减小	减小	减小
熔体强度	增大	增大	增大

3.2.3.6　聚乙烯其他性能

（1）电性能　与绝大部分合成树脂相同，因为结构中不具有自由电子，聚乙烯材料是一种良好的电绝缘材料。另外，因聚乙烯化学结构中的碳-碳键和碳-氢键的极性很低，因此在电场中呈现惰性。这两种特性使得聚乙烯被广泛应用于电线电缆的包覆和制备电气罩、连线器和电容等电子产品。聚乙烯的绝缘性能优于任何已知绝缘材料，HP-LDPE 优良的电性能是其最初实现工业化并在第二次世界大战时用于雷达绝缘材料的基础。

用以表征聚乙烯电性能的主要参数包括电阻率、介电常数、介电耗散指数、介电强度和耐电弧性，前三者主要表征材料在低电应力条件下的性质，而后两者则对应材料在高电应力条件下的性质。

聚乙烯材料的电阻率涉及本体电阻率以及表面电阻率，其中本体电阻率的大小主要取决于聚乙烯树脂以及其添加剂的性质，而表面电阻率则受到表面污染物的影响。每单位立方体积材料的体积电阻被称为体积电阻率，通常被用以表征材料本体的电阻率。其数值除受到聚乙烯化学结构的影响之外，还会因抗氧化剂、催化剂残余以及水等杂质的存在而降低。表面电阻率为材料表面两平行电极之间单位面积的电阻值，它受到污染物的影响比体电阻率要显著，特别是对于湿度的变化异常敏感。

介电常数是衡量材料在外加电场下极化程度的物理量，影响其的最主要因素是介电材料的极性。由于化学结构中碳-碳和碳-氢共价键的极性很低，所以聚乙烯材料的介电常数很低。聚合物材料的介电常数随温度和湿度的升高而升高，并且与体电阻率的对数呈近似反比关系。表 3-15 列出了聚乙烯材料以及一些其他聚合物材料的体电阻率以及介电常数值。

■表 3-15　聚乙烯材料以及一些其他聚合物材料的体电阻率以及介电常数值

聚合物	体积电阻率[①] /$\Omega \cdot cm$	介电常数 (1MHz)
低密度聚乙烯	$>10^{16}$	$2.25 \sim 2.35$
高密度聚乙烯	$>10^{16}$	$2.3 \sim 2.35$
乙烯-醋酸乙烯酯共聚物	2×10^{8}	$2.6 \sim 3.2$
聚四氟乙烯	10^{16}	2.1
等规聚丙烯	10^{16}	$2.2 \sim 2.6$
聚甲基丙烯酸甲酯	$>10^{14}$	$2.2 \sim 3.2$
聚苯乙烯（结晶）	$>10^{14}$	$2.4 \sim 2.65$
丙烯腈-丁二烯-苯乙烯共聚物	$1 \times 10^{16} \sim 5 \times 10^{16}$	$2.4 \sim 3.8$
聚氯乙烯（硬质）	10^{15}	$2.8 \sim 3.1$
聚碳酸酯	2×10^{16}	$2.92 \sim 2.93$
聚对苯二甲酸乙二醇酯	3×10^{16}	3.37
聚酰胺 66	$10^{14} \sim 10^{15}$	$3.4 \sim 3.6$
聚酰胺 6	$10^{12} \sim 10^{15}$	$3.5 \sim 4.7$
聚甲醛	10^{15}	3.7

① 体积电阻率测试条件 23℃，相对湿度 50%。

介电损耗是指电介质在交变电场中产生的电能损耗，对于绝缘材料而言，介电损耗越小意味着材料的绝缘性能越好。

(2) 化学性能　聚乙烯对化学品是高度稳定的，高密度聚乙烯对任何浓度的碱性溶液，无论什么 pH 的盐溶液，包括像 $KMnO_4$ 和 K_2CrO_7 等氧化剂的溶液都是稳定的。在室温下，虽然某些溶剂（如二甲苯）对其具有溶胀效应，但高密度聚乙烯并不溶于任何已知溶剂。

(3) 渗透性能　一些液体、气体和蒸汽可透过聚乙烯。聚乙烯树脂的渗透性能好坏在其使用中会作为一个参考因素。例如在食品包装领域，不希望食品会被外界的气体或者溶液所污染，所以当使用聚乙烯薄膜作为包装材料时，会希望其渗透性小。

高密度聚乙烯对水和无机气体的渗透率很低。在 25℃ 及 101.3kPa（1atm）时，渗透率以 $mol/(m \cdot s \cdot Pa)$ 计，水为 6，氮为 0.1，氧约 0.33，二氧化碳约为 1.3。

（4）聚乙烯的热裂解及稳定作用　与其他聚合物相比，聚乙烯具有较好的热稳定性。但在高温无氧下，会发生分子链断裂或交联，在 300℃ 附近更显著。自由基降解过程使分子量降低，在聚合物分子链中生成双键，放出低分子量烃类化合物，其中包括少量乙烯。HP-LDPE 均聚物和含有丙烯酸乙酯的共聚物约在 375℃ 以上迅速降解，含有乙酸乙烯酯的共聚物约在 325℃ 以上迅速降解。在约 500℃ 的惰性气体中，HDPE 热降解成蜡，即低分子烷烃、烯烃和二烯烃的混合物[2]。

虽然聚乙烯的化学性质甚为稳定，但在使用温度下，当存在氧时仍能发生很缓慢的降解。这是一种自由基链式反应而引发的自动氧化过程，受热、紫外辐射、高能辐射等会加速这一过程。

3.3 聚乙烯树脂的微观结构表征

聚乙烯树脂的微观结构可从分子链结构、凝聚态结构和熔体流变性能 3 个方面进行表征。其中分子链结构主要涉及聚乙烯的分子量和化学组成的测定；凝聚态结构主要研究聚乙烯在固态下的形态结构；而流变性能则主要分析聚乙烯在熔融状态下对形变力的响应。凝聚态结构和流变性能均能在一定程度上反映聚乙烯的分子链结构特征。

3.3.1 聚乙烯分子链结构

采用不同催化剂和聚合工艺生产的聚乙烯树脂在分子链结构上存在很大差异，主要体现在分子量及其分布和化学组成及其分布的不同。许多事实证实，分子链结构的微小变化将直接影响到聚乙烯树脂的加工和使用性能，因此聚乙烯分子链结构的表征显得尤为重要。目前，测定聚乙烯的分子量及其分布常用凝胶渗透色谱；测定聚乙烯短支链的类型和平均含量常用红外光谱和核磁共振光谱，短支链分布常用升温淋洗分级等；长支链的表征常用带多检测器的凝胶渗透色谱和流变等。这些技术相结合将为聚乙烯的分子链结构表征提供比较全面的信息[1,2,5,110]。

（1）分子量及其分布的测定　分子量是聚合物分子链结构的一个重要参数，与聚合物的许多物理力学性能以及加工行为直接关联。由于聚合物具有多分散的特点，因此通常所说的分子量为依赖于不同的统计方法而得出的各种平均分子量，其多分散性可以用分子量分布表征。目前关于聚合物分子量的测定许多文献都有详细介绍[3,111~114]，主要包括凝胶渗透色谱、光散射、黏度等方法。其中测定聚乙烯树脂的分子量及其分布最常用的方法是凝胶渗透色谱。此外，利用聚乙烯溶解度的分子量依赖性，将聚乙烯分成不同的级分，如采用梯度淋洗分级等方法将得到比较全面的信息，有关这部分内容将在后面介绍。

① 分子量及其分布的概念　根据所采用的统计方法的不同，定义了多种平均分子量，常用的有以下几种。

数均分子量：

$$\overline{M}_n = \frac{\sum M_i N_i}{\sum N_i} = \frac{\sum W_i}{\sum N_i} \tag{3-10}$$

重均分子量：

$$\overline{M}_w = \frac{\sum M_i^2 N_i}{\sum M_i N_i} = \frac{\sum M_i W_i}{\sum W_i} \tag{3-11}$$

Z 均分子量：

$$\overline{M}_z = \frac{\sum M_i^3 N_i}{\sum M_i^2 N_i} = \frac{\sum M_i^2 W_i}{\sum M_i W_i} \tag{3-12}$$

黏均分子量：

$$\overline{M}_\eta = \left(\frac{\sum M_i^{1+a} N_i}{\sum M_i N_i} \right)^{1/a} \tag{3-13}$$

式(3-10)～式(3-13) 中 M_i 为组分 i 的分子量；N_i 为组分 i 的数量；W_i 为组分 i 的质量；a 是黏度实验测定中 Mark-Houwink 方程中的参数，对于一定的聚合物-溶剂体系，在一定温度和分子量范围内，a 为常数。

分析上述定义可见，由于低分子量部分含有较多的分子数量，因而数均分子量对低分子量部分较为敏感；而分子量分布的中部对分子质量的贡献最大，故重均分子量对分子量分布的中部较为敏感；Z 均分子量则进一步强调了高分子量部分；黏均分子量受全部分子量分布的影响。因此通常有 $\overline{M}_z > \overline{M}_w > \overline{M}_\eta > \overline{M}_n$。

表征聚合物分子量的多分散性最好是测定分子量分布，但也可用分布宽度来描述。分布宽度定义为试样中各个分子量与平均分子量之间差值的平方平均值。目前最常用 $d = \overline{M}_w / \overline{M}_n$ 表示多分散系数，d 越大，表明分子量越分散，分子量分布越宽。

② 凝胶渗透色谱　凝胶渗透色谱（Gel Permeation Chromatography，简称 GPC）又称体积排除色谱（Size Exclusion Chromatography，简称 SEC），它是一种依据流体力学尺寸分离聚合物组分的方法。该方法用多孔玻璃或交联凝胶（例如二乙烯苯交联的聚苯乙烯）的填充柱作为分离介质。分离是以分子渗透进入填充柱的微孔能力为基础的。

聚合物稀溶液首先通过进样器进入用溶剂浸泡的装满多孔填料的填充柱顶部，然后用溶剂淋洗填充柱。比较普遍接受的分离机理是空间体积排除理论，即根据聚合物分子渗透进入和流出填充柱中多孔材料的不同程度来进行分离的。在整个淋洗流动、渗透扩散过程中，很大的聚合物分子在溶液中的尺寸大得甚至不能进入填料最大的孔洞中，而经填料粒子间隙流过；较大的分子可以进入少数能容纳它们的较大的孔洞中；中等大小的分子可以进入中等大小以上的孔洞；而较小的分子既可进入较大的和中等大小的孔洞，也可进入较小的孔洞。这样，较大的分子由于可进入的孔体积较少，在填充柱中经过的总路程较短，因而在填充柱中保留时间也短，结果是较早地被洗提出来；反之，较小的分子在填充柱中经过的总的路程较长，相应的保留时间也较长，所以较晚地被洗提出来。这样聚合物分子就按由大到小的次序被洗提出填充柱外，从而达到分离的目的。GPC 分离聚合物的原理示意如图 3-60 所示。

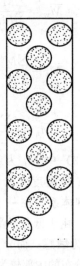

■ 图 3-60　GPC 分离聚合物的原理示意[112]

　　各级分的含量就是洗提液的浓度，可以通过对与溶液浓度有线性关系的某些物理性质的检测来测定，例如采用示差折光检测器、紫外吸收检测器、红外吸收检测器等。其中，采用示差折光检测器测定洗提液的折射率与纯溶剂折射率之差 Δn 可以表征溶液的浓度。因为在稀溶液范围内，Δn 与溶液浓度 Δc 成正比。

　　各级分的分子量的测定有直接法和间接法。直接法是指在使用浓度检测器测定浓度的同时，使用分子量检测器（自动黏度计或光散射仪）直接测定聚合物的分子量。这种方法对于某些带有长支链的聚乙烯的测定是非常有用的，因为带有长支链的聚乙烯分子比线型聚乙烯分子的流体力学体积要小，它们需要较长的时间才能洗提出来。因此用一个检测器测定分子量分布会出现错误。为了准确测定分子量及其分布，需要将浓度检测器，如示差折光检测器与另外一个对无规线团尺寸敏感的检测器如黏度计或光散射检测器相结合。同时，两个检测器相结合还可以提供聚乙烯的支化信息。间接法则是利用淋出体积与分子量的关系，将测出的洗提体积 V_e 根据标定曲线换算成分子量。广泛接受的标定方法是普适标定法，即认为聚合物分子量与本征黏度之乘积与其流体力学体积成正比，故可用来表征分离现象。由于 $\lg(M[\eta])$ 对淋出体积的曲线是线性的，因此可以用于各种聚合物。标定函数可用式(3-14) 表示：

$$V_e = A + B\lg(M[\eta]) \tag{3-14}$$

式中，A 和 B 是经验常数。

标定工作通常采用窄分布聚苯乙烯作为标样，有时也可采用其他窄分子量分布或宽分子量分布的标样进行标定。

聚乙烯的 GPC 测试必须在高温下进行，常选择的温度范围是 145～150℃，常用的溶剂是 1,2,4-三氯苯和 1-氯萘。聚烯烃的 GPC 的测试标准详见 ASTM D6474—99。由于 GPC 方法可同时得到数均、重均、Z 均等平均分子量，且微分分布曲线可直观反映分子量分布，因此是测量聚乙烯分子量及分布较好的方法。不同催化剂制得的聚乙烯的分子量分布曲线如图 3-61 所示。聚乙烯的多分散指数 $\overline{M}_w/\overline{M}_n$ 值约在 2.0～30 之间。许多实验证明，对加工性能和物理力学性能起着较大影响的通常总是分子量分布曲线中的低分子量尾端部分或高分子量的尾端部分，而 $\overline{M}_w/\overline{M}_n$ 值虽然对这两种尾端情况有所反映，然而却不是很敏感。因此最好的办法就是直接从分子量分布的曲线来进行仔细比较。

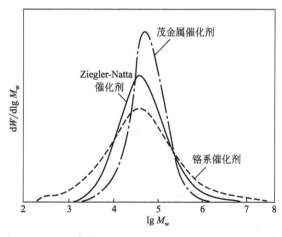

■ 图 3-61　不同催化剂的聚乙烯的 GPC 曲线[112]

对超高分子量聚乙烯而言，由于其在 GPC 分子量测试中存在诸多问题，比如在高温下溶解时的降解问题，由于高分子量和高结晶度而导致的不能完全溶解的问题，在 GPC 分析中容易剪切降解的问题，以及在建立对超高分子量聚乙烯有效的标准曲线中遇到的困难等问题，这些极大地限制了 GPC 在超高分子量聚乙烯分子量测定方面的应用。目前人们认为场流分级（FFF）技术在这方面具有明显优势，因为该方法实验过程中的剪切速率较低[115]。对于超高分子量聚乙烯的标定问题，较好的方法是直接使用光散射法测量各洗提体积的重均分子量，从而避免进行标定[5]。

③ 光散射　光散射法是测定聚合物重均分子量的一种重要方法。当入射光电磁波通过介质时，使介质中的小粒子（如聚合物）中的电子产生强迫振动，从而产生二次波源向各方向发射与振荡电场（入射光电磁波）同样频率的散射光波。这种散射波的强弱和小粒子（如聚合物）中的偶极子数量相关，即和该聚合物的质量或摩尔质量有关。根据上述原理，使用激光光散射仪对聚合物稀溶液测定和入射光呈小角度时的散射光强度，从而计算出稀溶液中聚合物的绝对重均分子量。

Rayleigh[116]根据式（3-15）阐述了由稀薄气体散射的光强度对其光学性质的关系：

$$\frac{i(\theta)r^2}{I_0}=\frac{2\pi^2}{\lambda^4 N_A}\frac{(n_0-1)^2 M}{c}(1+\cos^2\theta) \tag{3-15}$$

式中，$i(\theta)$ 为相对于入射光的一定角度 θ 下单位体积的散射光强度；r 为散射体到检测器之间的距离；I_0 为波长为 λ 的入射光强度；N_A 为阿伏伽德罗常数；n_0 为介质的折射率；M 和 c 分别为气体的分子量和浓度。$i(\theta)r^2$ 为一定的 θ、r 下散射光的分数，其与 I_0 之比通常被称为瑞利比（Rayleigh ratio）$R(\theta)$。

Einstein、Debye 等[117~119]将 Rayleigh 定律扩展至简单液体和聚合物稀溶液的研究。对聚合物而言，光学常数 K 可用式（3-16）定义：

$$K=\frac{4\pi^2 n_0^2 (\mathrm{d}n/\mathrm{d}c)^2}{\lambda^4 N_A} \tag{3-16}$$

式中，$\mathrm{d}n/\mathrm{d}c$ 表示聚合物-溶剂体系的折射率增量。此外，为了得到聚合物的分子参数，必须扣除溶剂产生的散射，这就需要使用过量瑞利比（excess Rayleigh ratio）$\overline{R}_\theta$。其中

$$\overline{R}_\theta=R_{\theta,溶液}-R_{\theta,溶剂} \tag{3-17}$$

由此可得到 $\overline{R}_\theta$ 与 $\overline{M}_w$ 之间的著名关系式如下：

$$\frac{Kc}{\overline{R}(\theta)}=\frac{1}{\overline{M}_w P(\theta)}+2A_2 c \tag{3-18}$$

式中，$\overline{M}_w$ 为重均分子量；$P(\theta)$ 是粒子散射因子，取决于聚合物的尺寸与形状；A_2 是第二维利系数。

在很小的角度下，$P(\theta)$ 值接近于 1（假设粒子都不太大）。这样式（3-18）变为式（3-19）：

$$\frac{Kc}{\overline{R}(\theta)}=\frac{1}{M_\mathrm{w}}+2A_2c \tag{3-19}$$

以上就形成了小角激光光散射的基础，根据式(3-19)，测量不同浓度溶液的 $\overline{R}_\theta$，以 $Kc/\overline{R}(\theta)$ 对 c 作图，外推到零浓度，由截距即可求出溶质的 $\overline{M}_\mathrm{w}$。

如果大分子相对光的波长不是太小时，可以通过散射角度的相关性求出均方旋转半径 $\langle s^2 \rangle$。对于一个随机的高分子链团，$P(\theta)$ 可通过式(3-20)定义：

$$P(\theta)^{-1}=1+[16\pi^2 N_0^2/(3\lambda^2)]\times\langle s^2\rangle\sin^2(\theta/2) \tag{3-20}$$

将式(3-20) 代入式(3-18) 得出：

$$\frac{Kc}{\overline{R}(\theta)}=\frac{1}{M_\mathrm{w}}\{1+[16\pi^2 N_0^2/(3\lambda^2)]\times\langle s^2\rangle\sin^2(\theta/2)\}+2A_2c \tag{3-21}$$

这就构成了拟建立的双外推法或"Zimm 曲线"。将 $Kc/\overline{R}(\theta)$ 对 $\sin^2(\theta/2)+kc$ 作图，其中 k 是一个选定的数字因子，可用来确定适宜的数据点间格。可由 $c\to0$ 的直线斜率，即散射强度的角度相关关系，求出 $\langle s^2\rangle$。同样，由 $0°$ 角的浓度相关关系求出 A_2 和 $\overline{M}_\mathrm{w}$。

光散射可以作为一个独立的技术，也可作为 GPC 的一个组件，即在线小角激光光散射检测器。这时 GPC 测量变为绝对方法，即可直接测定分子量及其分布以及均方旋转半径，而不需要借助标样作标定曲线或普适校正。其主要原理是由示差折光和光散射两个检测器以串联形式放置，可同时检测聚合物所有淋洗出的级分。这样就可以为每个洗提体积增量测 $\overline{R}_\theta$ 和浓度 c。由于聚合物浓度很小，可视作 $c\to0$。而小角激光光散射法与光散射法相比，其特点是可以在 $\theta\to0°$ 和 $c\to0$ 条件下测定，使计算大大简化。散射方程式(3-19) 可简化为：

$$Kc/\overline{R}_\theta=1/\overline{M}_\mathrm{w} \tag{3-22}$$

用下面的通式可以计算各种分子量的平均值。

$$M_\mathrm{x}=\sum c_i M_i^x/\sum c_i M_i^{x-1} \tag{3-23}$$

式中，c_i 是浓度；M_i 是第 i 个增量的分子量（$x=0$，$M_\mathrm{x}=M_\mathrm{n}$；$x=1$，$M_\mathrm{x}=M_\mathrm{w}$；$x=2$，$M_\mathrm{x}=M_\mathrm{z}$）。

除分子量外，小角激光光散射与 GPC 相结合可以计算支化聚乙烯的支化度。支化因子可由式(3-24) 定义：

$$g=(\langle s^2\rangle_\mathrm{br}/\langle s^2\rangle_\mathrm{l})_\mathrm{M} \tag{3-24}$$

式中，$\langle s^2\rangle_\mathrm{br}$ 和 $\langle s^2\rangle_\mathrm{l}$ 分别是等同分子量的支化聚合物和线型聚合物的均方旋转半径。

④ 黏度计　在聚合物的分子量测定过程中，黏度法是比较常用的方法之一。溶液的黏度一方面与聚合物的分子量有关，另一方面也决定于聚合物的分子结构、形貌和在溶剂中的扩张程度。因此黏度法用于测定分子量只是一种相对的方法。必须在给定的条件下，事先确定黏度与分子量的关系，才能根据这种关系由溶液的黏度计算聚合物的分子量。在利用黏度法测定分子

量的过程中，人们所感兴趣的不是液体的绝对黏度，而是当聚合物进入溶液后所引起的黏度的变化，一般可采取如下几个参数来描述。

黏度比（相对黏度）：为溶液的黏度与相同温度下纯溶剂黏度之比，用式(3-25) 表示：

$$\eta_r = \frac{\eta}{\eta_0} \tag{3-25}$$

式中，η 和 η_0 分别为溶液和纯溶剂在同一温度下的黏度。

黏度相对增量（增比黏度）：指对于溶剂黏度而言，溶液黏度增加的分数，表示如下：

$$\eta_{sp} = \frac{\eta - \eta_0}{\eta_0} = \eta_r - 1 \tag{3-26}$$

黏数（比浓黏度）：其意义为单位浓度下溶液对黏度相对增量的贡献，可用式(3-27) 表示：

$$\frac{\eta_{sp}}{c} = \frac{\eta_r - 1}{c} \tag{3-27}$$

其中，c 为溶液的浓度。因此，黏数具有浓度倒数的量纲。

对数黏度（比浓对数黏度）：定义为黏度比的自然对数与浓度之比，即：

$$\frac{\ln\eta_r}{c} = \frac{\ln(1 + \eta_{sp})}{c} \tag{3-28}$$

极限黏数（特性黏数）：为与浓度无关的量，即当浓度趋于零时的增比黏度或对数比浓黏度，表示如下：

$$[\eta] = \lim_{c \to 0} \frac{\eta_{sp}}{c} = \lim_{c \to 0} \frac{\ln\eta_r}{c} \tag{3-29}$$

实验证明，当聚合物、溶剂和温度确定后，特性黏数的数值仅由试样的分子量决定。由经验可知关系如下：

$$[\eta] = K(\overline{M_\eta})^\alpha \tag{3-30}$$

式(3-30) 称为 Mark-Houwink 方程。在一定的分子量范围内，K 和 α 是与分子量无关的常数。

通常测量聚乙烯稀溶液的黏度使用的是乌氏黏度计。在恒定条件下，用同一支黏度计测定不同浓度溶液和纯溶剂的流出时间 t 和 t_0。由于稀溶液中溶液和溶剂的密度相近，所以 $\eta_r = t/t_0$。再由式(3-29) 作图外推得到 $[\eta]$。测量最少需要配 5 种不同浓度的溶液。黏均分子量根据 Mark-Houwink 方程获得。使用这种黏度计测量聚乙烯的具体标准见 ASTM D1601。除了多点法，还有一点法求特性黏数，这在生产单位工艺控制过程中测定同种类聚合物样品的特性黏数是非常方便快捷的。

对于聚烯烃，高温 GPC 无法很好检测超高分子量的样品，而黏度计可以很方便地测试超高分子量的聚烯烃样品的黏均分子量。

黏度计的另一个主要用途是作为 GPC 的一个组件，即在线黏度检测器和浓度检测器相串联。根据毛细管两端的压力降以及串联的浓度检测器的输出，就可计算出作为洗提体积函数的特性黏数。通过这些测量，可以为每一洗提体积计算出黏均分子量并且给出分子量分布。这种检测器还可用于表征支化聚乙烯的长支链。基于黏度的支化因子可由式(3-31)定义：

$$g' = ([\eta]_{br}/[\eta]_1)_M \tag{3-31}$$

式中，$[\eta]_{br}$ 和 $[\eta]_1$ 分别是等同分子量的支化聚合物和线型聚合物的特性黏数。

⑤ 渗透压法　膜渗透压法和蒸气渗透压法可以测定聚合物的数均分子量，且这两种方法具有互补性，但它们在聚乙烯树脂表征中很少用到。如膜渗透压法仅可在测定从商品化聚乙烯树脂中提取的低分子量组分或者分析乙烯基蜡的绝对数均分子量时用到[1]。

(2) 化学组成的测定　和聚乙烯树脂的分子量及其分布一样，聚乙烯树脂的化学组分及其分布，如支链类型、支链含量及其分布等不仅影响熔体的加工性能，而且还直接影响制品的性能，因此聚乙烯的化学组成也是聚乙烯树脂的最基础数据之一。目前聚乙烯树脂短支链的测定常用红外光谱和核磁共振光谱方法，而长支链的表征可采用流变方法和多检测器凝胶渗透色谱法等[120~123]。

① 红外光谱　红外区辐射光子所具有的能量与分子震动跃迁所需的能量相当，所以红外光谱也可以说是分子震动光谱。红外区可分为近红外区、中红外区和远红外区。中红外区的范围是 $4000 \sim 200 cm^{-1}$，主要涉及分子基频振动的吸收，是红外光谱中最有用的区域，通常所说的红外光谱指的是中红外光谱。波长较短的区域 ($12820 \sim 4000 cm^{-1}$) 成为近红外区，主要涉及 O-H、N-H 和 C-H 键振动的倍频及合频吸收，在定量工作中较为有用。而波长较长的区域 ($200 \sim 10 cm^{-1}$) 成为远红外区，分子的纯转动能级跃迁以及晶体的晶格振动谱带多出现在这个区域。

由于红外光谱可客观地反映分子的结构、分子中各基团的振动方式，因此红外光谱成为高分子材料分析、鉴定的主要手段之一。红外光谱在聚乙烯分析中非常重要的应用之一是采用端基分析测定聚乙烯共聚物的支化度。一般采用位于 $1378 cm^{-1}$ 的甲基对称变形振动谱带作为分析谱带，这条谱带和附近的 CH_2 面外摇摆振动谱带 (位于 $1368 cm^{-1}$ 和 $1353 cm^{-1}$) 是重叠在一起的，如图 3-62 中 A 曲线所示，所以在很多工作中采用差示光谱技术排除 CH_2 谱带的干扰。如利用分子量很大而支化度很低的高密度聚乙烯作为标准，标准样品的支化度用核磁共振光谱测定，从低密度聚乙烯的光谱中减去高密度聚乙烯的光谱就可以将聚乙烯中的甲基端基测定出来，如图 3-62 中 B 曲线。图中可见，$1378 cm^{-1}$ 处的谱带被分离出来，而位于 $1368 cm^{-1}$ 和 $1353 cm^{-1}$ 处的 CH_2 双带却被消除，根据所得差谱峰的高度可以计算甲基的含量[124,125]。另外，由于支链的长短影响顶端甲基的吸光度，所以不同共聚单体的支化度测定标准曲线不能通用。使用这种方法时，所测乙烯共聚物最好是已知的共聚单体，若共聚单体未知，可根据文献方法进行鉴别[126]，即乙丙共聚物可根据 C-C 单键的 $1150 cm^{-1}$ ($1170 cm^{-1}$ 峰的肩带) 中强吸收峰来识别，乙丁共聚物可根据弱峰乙烯基 $908cm^{-1}$ 和亚甲基 $772cm^{-1}$ 来识别，乙己共聚物可根据弱峰甲基 $895cm^{-1}$ 和亚甲基 $785cm^{-1}$ 来识别。此方法仅适用于测定乙烯与丙烯、丁烯、己烯聚合的聚乙烯共聚物中的甲基含量[127,128]。

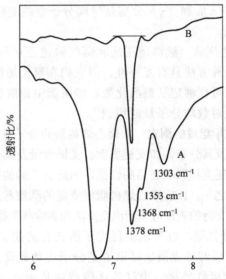

■ 图 3-62　在聚乙烯中甲基基团的定量测量
A 正常的光谱；B 差示光谱

　　红外方法测量聚乙烯的支化度比较快捷方便，且与核磁共振光谱测定的支化度有可比性，因此这种方法在聚乙烯共聚单体含量监控方面得到了较好的应用，适用于大批量的快速测定。

　　② 核磁共振光谱　在恒磁场中，磁矩不为零的原子核受射频场的激励，产生磁能级间共振跃迁的现象称为核磁共振，简称 NMR。相同原子其化学状态不同，原子核的磁矩与外磁场相互作用受到核外电子抗磁屏蔽的影响不同，共振频率会产生差异，共振谱线间产生相对化学位移。聚合物分子链上单体键接的序列不同，产生了不同化学环境的碳原子，其共振吸收峰的位置或强度即可用来分析单体序列分布。^{13}C 的化学位移变化范围很宽，常规碳谱的扫描宽度为 $200×10^{-6}$，大约是氢谱的 20 倍，结构上微小的变化就能引起化学位移的明显差别，所以分辨率很高。^{13}C 在自然界的丰度很低，只有 1.1%，另外，在 NMR 谱中，^{13}C 的信号强度不到 ^1H 的 1/5000，所以即使采用脉冲傅里叶变换，碳谱的扫描时间也要足够长，定量谱一般需要 20h。

　　NMR 是探索聚乙烯支链结构的一种有用工具。通过 NMR 谱图分析，可以知道聚合物的构象、链节序列分布、平均序列链长、短支链分布和末端基团有无活性等结构特征。采用 ^{13}C NMR 研究不同类型聚乙烯已有详细报道[129]。以下给出几种最重要的线型低密度聚乙烯的 ^{13}C NMR 谱，分别表示乙丙共聚、乙丁共聚、乙己共聚和乙辛共聚，这些 ^{13}C NMR 谱图是美国

Dow 化学公司所属 3 个不同地方的研究实验室联合提供的，如图 3-63～图 3-66 所示。高分辨 NMR 均附有面积求积功能，可以直接输出各个峰面积的数据，进而计算支化度。当支链长度大于 6 个碳原子（采用 750MHz 的可增加到 10 个碳原子[130]）时，^{13}C NMR 方法由于出峰情况相同而无法区分支链的长度，这是^{13}C NMR 技术用于长支链长度检测的一个限制。

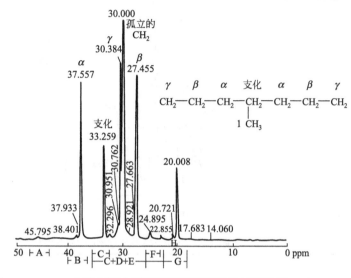

■ 图 3-63　乙烯-丙烯共聚物的^{13}C NMR 谱

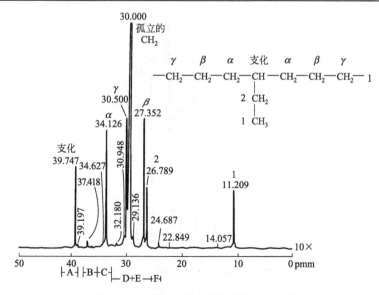

■ 图 3-64　乙烯-丁烯共聚物的^{13}C NMR 谱

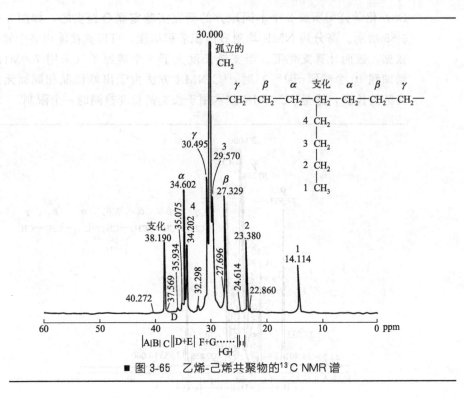

■ 图 3-65 乙烯-己烯共聚物的^{13}C NMR 谱

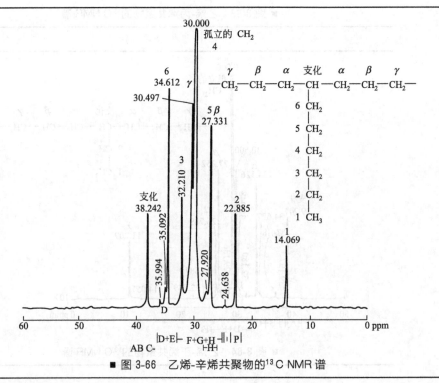

■ 图 3-66 乙烯-辛烯共聚物的^{13}C NMR 谱

(3) 化学组成分布的测定 化学组成分布通常是指聚乙烯树脂分子中短支链的浓度分布。聚乙烯树脂支化度的整体水平及其分布对许多性能都有影响，因此它们的测定很重要。目前已发展了多种表征化学组成分布的方法，大都是基于支链结构和物理性能的关系来进行测定的，常用升温淋洗分级和结晶分析仪测定，另外热分析也用来半定量测定化学组成分布。

① 升温淋洗分级 升温淋洗分级（TREF）技术是根据聚合物在不同温度下的结晶-溶解能力进行分级，通过它可以获得微观结构相对规整的级分[131]。TREF 的分级原理如图 3-67 所示。TREF 包括结晶沉析和升温淋洗两个过程。结晶沉析阶段，聚合物首先在高温下溶解形成稳定的稀溶液，之后缓慢的降温会使聚合物逐步结晶析出沉积在载体物质（一般是玻璃珠等惰性物质）的表面。链结构不同的聚合物分子会在不同的温度下析出，最容易结晶的组分将先沉积，形成内层，而最不容易结晶的组分最后沉积在外层，在随后在升温淋洗过程中，由于不同结晶组分溶解度的差异，在较低的温度下，结晶度较低的组分（外层的组分）先溶解，随着逐渐增加温度，使聚合物基本按照结晶度由低到高的顺序，逐步溶解并淋洗出来，由此可将聚合物分级出若干个结构不同的级分。

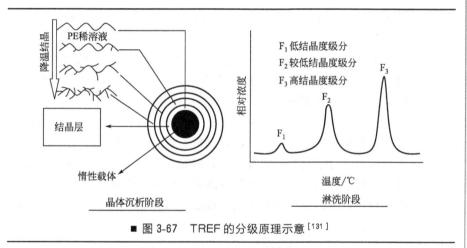

■ 图 3-67　TREF 的分级原理示意[131]

TREF 可分为制备型和分析型，TREF 技术既可在线表征聚乙烯的链结构信息，又可用于制备窄结构分布的级分，与其他分析仪器联用，提供聚合物更详细的结构信息。因此 TREF 已成为表征聚乙烯结构多分散性和研究结构与性能关系的有力手段之一[132~134]。

图 3-68 所示给出了采用传统的 Ziegler-Natta 催化剂和茂金属催化剂生产的线型低密度聚乙烯的 TREF 曲线，图中可见，采用传统的 Ziegler-Natta 催化剂生产的线型低密度聚乙烯短支链分布呈双峰，说明其结构不均匀，结合 GPC 分析还可以发现 Ziegler-Natta 型线型低密度聚乙烯的低分子量部分更容易产生短链支化；而采用茂金属催化剂生产的线型低密度聚乙烯的短支链呈单峰分布，说明其具有较窄的组成分布，支链分布均匀。

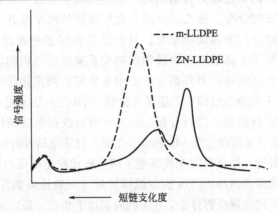

■ 图 3-68 两种线型低密度聚乙烯的 TREF 曲线[131]

② 结晶分析分级 结晶分析分级法（CRYSTAF）是 20 世纪 90 年代末出现的一个表征半结晶聚烯烃材料分子链结构分散性的方法，它在聚合物降温结晶过程中，在线检测聚合物浓度的变化，从而得到结晶分级曲线。结晶分级曲线的含义和 TREF 得到的分级曲线类似，用于表征分子链间组成的不均匀性[135,136]。

图 3-69 为 3 种不同聚乙烯的结晶分级曲线，其中试样 1（高密度聚乙烯）的结晶出现在较高的温度范围（70～92℃），试样 2（低密度聚乙烯）结晶的温度范围则较低（40～73℃），这是由于在稀溶液中，聚乙烯的结晶能力由其链结构的规整性决定，分子规整性越好，结晶能力越强，结晶温度越高。低密度聚乙烯相对于高密度聚乙烯含有较多的短支链和长支链，链的支化破坏了分子链结构的规整性，降低了结晶能力，致使其结晶温度降低。通常情况下，大分子的支化程度越高，结晶温度越低。因此，通过结晶分布曲线也可以推测试样的相对支化程度。试样 3 为线型低密度聚乙烯，其结晶

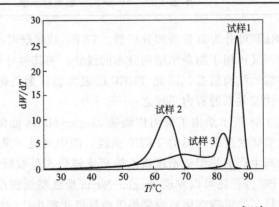

■ 图 3-69 不同聚乙烯试样的结晶分级分析[134]

分级曲线相对于高密度聚乙烯而言，除了移至较低的温度范围，还具有双峰的特征，这表明线型低密度聚乙烯中短支链在分子间的分布很不均一，部分分子链的支化度较低，而另一部分分子链的支化度较高，造成了在更低温度范围出现了另一个结晶峰。

③ 热分级　热分级是一种采用 DSC 对支化聚乙烯进行结构分级的方法，热分级技术是基于不同长度的可结晶性链段在熔体中重组织和重结晶行为具有温度依赖性的分离过程，其原理与淋洗分级的原理类似，但并不将样品进行物理分离，因此热分级的对象不是整个分子链而是分子链中的可结晶序列，其结果同时反映了分子间和分子内的链结构情况。采用热分级方法可用于聚乙烯样品中可结晶序列长度的分布研究，而可结晶序列长度又是与短支链的分布有关。不同长度的结晶序列结晶能力不同，造成结晶结构如晶片厚度、结晶度等产生一定程度的差异。这种结构、结晶与熔融行为的相关性，使得操作简单、使用方便的热分析技术也可用于聚合物的结构研究[137~139]。例如将聚乙烯样品熔融后，冷却至可结晶的温度范围内，设定若干个温度点，在每个温度恒温结晶足够长的时间（几个小时以上），然后以较慢的速度升温至熔融完成，其熔融曲线呈现多个熔融峰，这些熔融峰的位置分布、面积大小可表征聚合物分子链结构的不均一性。通常高温区的熔融峰越多或峰面积越大，说明聚乙烯含较多的未支化的链段。图 3-70 是支化聚乙烯样品分别经缓慢冷却和热分级处理后的 DSC 结果。由图可见，分级（曲线 1）和未分级处理（曲线 2）后的熔融温度范围和热流强度分布是明显不同的。未分级缓慢冷却处理的样品实际上经历的是一个非等温结晶过程，结果不能代表分子的真实结构。而分级过程实际上是一逐步降低的多步等温结晶过程，通过调节分级步长（即每种链段的过冷度）来调节合适的结晶生长速度，使结晶过程既能够接近平衡状态又能在有限时间内完成。

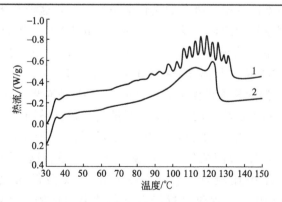

■ 图 3-70　热分级处理（曲线 1）和缓冷处理（曲线 2）聚乙烯
样品的 DSC 曲线[137]

在结晶热力学的基础上，把聚乙烯分子中的结晶链段长度与热分级后得到的 DSC 结果中的各熔融峰的温度相对应，把不同长度的链段含量与热分级后得到的 DSC 结果中各熔融峰的面积相对应，可以得到一种支化聚乙烯链段结构分布的半定量表征方法。图 3-71 是两种不同线型低密度聚乙烯链段序列结构的含量和分布结果，可以看出传统的线型低密度聚乙烯分子中的结晶链段总体上呈较宽分布，而茂金属催化线型低密度聚乙烯的结晶链段分布呈单分散的较窄分布。从所得结果可以看出，该方法能够反映出不同支化聚乙烯链段序列结构的特点，是一种有效的半定量表征手段。

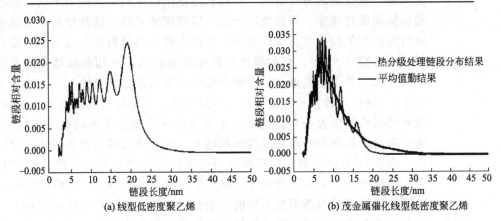

(a) 线型低密度聚乙烯　　　　　　　(b) 茂金属催化线型低密度聚乙烯

■ 图 3-71　采用热分析方法计算得到的不同催化剂线型低密度
聚乙烯的链段分布结果[137]

（4）化学组成和分子量的关系的测定　对于大多数支化聚乙烯树脂，样品中不同分子量级分的支化度是不同的，这种支化度分布随分子量而改变的现象称为组成漂移（composition drift）[1]。将分子量分析和组成分析结合使用，是研究组成漂移的有效方法。常用的技术包括分子量分级与 GPC、NMR 和其他表征技术联用、GPC-FTIR 联用、多检测器 GPC 法等。

① 溶剂梯度淋洗分级（SGF）　SGF 是对聚乙烯树脂采用不同比例的良溶剂和不良溶剂的混合液进行淋洗，根据不同分子量组分的溶解度的差异，实现样品的分子量分级，得到不同分子量的级分，可进一步采用 GPC、NMR 等测试分子量与支化度的关系。这在研究宽分子量分布的聚乙烯样品中比较常用[132]。表 3-16 为线型低密度聚乙烯经过 SGF 和 TREF 分级后又对级分进行表征的结果的比较，其中 M-F# 指 SGF 分级，T-F# 指 TREF 分级。这里 SGF 分级是在 130℃ 下采用不同比例的二甲苯/二乙二醇单丁醚（DEGME）混合液进行淋洗实现样品分子量分级的。

■表 3-16 线型低密度聚乙烯 （己烯共聚） 树脂及级分的分子量和支化度数据[132]

按照分子量分级					按照化学组成分级				
级分 代号	% DEGME	$M_w \times 10^{-3}$ /(g/mol)	M_w/M_n	支化度 /%(摩尔)	级分 代号	淋洗温度 范围/℃	$M_w \times 10^{-3}$ /(g/mol)	M_w/M_n	支化度 /%(摩尔)
树脂		123	3.6	1.66	树脂		123	3.6	1.66
M-F1	60.0	10	1.7	1.42	T-F1	<15	231	15.4	5.48
M-F2	53.0	18	1.4	0.89	T-F2	15~36	249	5.7	3.53
M-F3	49.0	35	1.5	1.13	T-F3	36~51	169	8.8	3.14
M-F4	47.0	48	1.5	1.34	T-F4	51~59	207	6.8	2.85
M-F5	44.3	86	1.7	1.57	T-F5	59~65	170	4.6	2.10
M-F6	43.0	118	1.7	1.73	T-F6	65~71	131	4.8	1.61
M-F7	42.4	156	1.7	1.78	T-F7	71~77	95	3.9	1.13
M-F8	41.9	187	1.7	1.81	T-F8	77~83	70	2.9	0.76
M-F9	41.3	234	1.6	1.81	T-F9	83~87	59	2.5	0.52
M-F10	0	336	1.5	1.74	T-F10	87~91	57	2.2	0.44
					T-F11	>91	61	1.9	0.46

② GPC-FTIR 联用 GPC 可以测量聚合物的分子量及其分布，而 FTIR 可以测定聚合物分子的化学组成，因此 GPC-FTIR 联用是聚合物分析的一个强有力的工具，可以给出短支链含量与分子量的关系。GPC-FTIR 联用是将从色谱柱流出的组分再用红外光谱仪测量，整个过程与色谱分离完全同步，这大大提高了分析效率，在分析线型低密度聚乙烯和高密度聚乙烯研究中十分有用[140,141]。图 3-72 给出了 3 种不同共聚单体制成的线型低密度聚乙烯的 GPC-FTIR 谱图的比较。

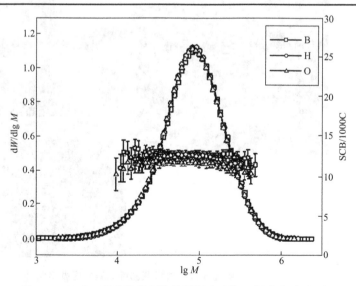

■ 图 3-72 3 种不同共聚类型的线型低密度聚乙烯（分别是丁烯、己烯和辛烯）的分子量和短支链分布[140]

3.3.2 聚乙烯的凝聚态结构

由于商品化的聚乙烯是半结晶材料，因此聚乙烯的凝聚态结构包括结晶态、非晶态、取向态等内容。其中，结晶态是聚乙烯凝聚态的主要形态之一，因此本部分主要涉及聚乙烯的结晶形态和结构参数等，主要的表征手段为显微镜法和 X 射线散射法等[1]。

(1) 结晶形态的直接观察　目前各种类型显微镜都可用来观察聚乙烯的形态特征。对于几个微米以上的球晶，用普通的偏光显微镜可以进行观察；小于几个微米的球晶（或者片晶），则用电子显微镜、原子力显微镜等进行研究。

① 光学显微镜　光学显微镜是一种利用光学透镜产生影像放大效应的显微镜。它的放大倍数约为 5～1000 倍，最小分辨距离为 0.2μm。在低放大倍数时，光学显微镜常用来研究挤出物表面的不规则结构或者薄膜和纤维的"凝胶"和"鱼眼"等。

由于偏光显微镜用于检测具有双折射性的物质，因此可利用它区分具有不同双折射率的共挤出薄膜。另外，采用偏光显微镜研究聚乙烯的结晶形态是一种简便而实用的方法[142]。图 3-73 是线型聚乙烯在不同条件下生成的晶体的照片，分别为非环带球晶、环带球晶和轴晶[143]。借助热台，可以观察到聚乙烯薄膜的熔融和结晶过程，也可以测定聚乙烯结晶过程中球晶径向生长速率与温度和时间的关系。

■ 图 3-73　线型聚乙烯的偏光显微镜照片

(a)为非环带球晶；(b)环带球晶；(c)轴晶[143]

(标尺：20μm)

② 电子显微镜　电子显微镜的结构与光学显微镜相似，它是根据电子光学原理，用电子束和电子透镜代替光束和光学透镜，使物质的细微结构能够在非常高的放大倍数下成像的仪器。电镜的分辨率比光学显微镜高近千倍，目前可达 1Å。电子显微镜可以研究聚乙烯从片晶到球晶的形态特征。

电子显微镜可分为扫描电镜（SEM）和透射电镜（TEM）。SEM 用来研究聚乙烯的表面形貌，它的分辨率为 25Å。TEM 用来研究从大块聚乙烯样品中切下的超薄切片的形态，它的分辨率为 20Å。为了使晶区和非晶区有足够的对比，做 TEM 前样品必须染色。当染色样品在 TEM 的电子束下照射，被染色区（非晶区域）因含重原子而比仅含碳氢原子的区域（晶区）散射电子更有效。重原子浓度越大，样品的反差越大。TEM 图片中亮暗区域分别对应晶区和非晶区。

采用 TEM 对 Z-N 催化剂生产的线型低密度聚乙烯进行研究[144]，如图3-74 所示，发现一部分较短的薄片晶附着在比较长的厚片晶上，片晶厚度分布很宽，在 5～17nm 之间。

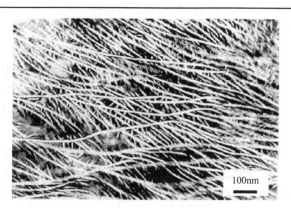

100nm

■ 图 3-74　典型的线型低密度聚乙烯的片晶形态[144]
（$M_w=8.8\times10^4$，$\rho=0.919g/cm^3$）

③ 原子力显微镜　原子力显微镜（AFM）方法是一种利用原子、分子间的相互作用力来观察物体表面微观形貌的新型实验技术。纳米级的探针固定在可灵敏操控的微米级弹性悬臂上。当探针接近样品时，其顶端的原子与样品表面原子间的作用力会使悬臂弯曲，偏离原来的位置。根据扫描样品时探针的偏离量或振动频率重建三维图像，就能间接获得样品表面的形貌或原子成分。简而言之，原子力显微镜是通过微小探针"摸索"样品表面来获得信息的，其分辨率在 X 和 Y 方向可达到 2nm，在垂直的 Z 方向小于 0.1nm。

由于 AFM 具有分辨率高、对样品无损伤及样品容易制备等优点，因此在高分子结晶领域得到越来越多的应用，比如使用相位成像技术来区分聚乙烯较硬的结晶区和较软的非晶区，提供从纳米尺度的片晶到微米级的球晶在结构和形态上的演变过程。图 3-75 给出了聚乙烯在 133℃等温结晶得到的一系列图像，显示出结晶过程中片晶的生长情况[145]。

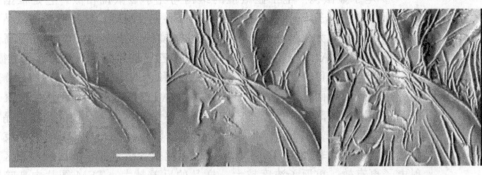

■ 图 3-75　聚乙烯在 133℃ 结晶不同发展时刻得到的 AFM 敲击模式相位图像

(标尺：1μm)

(2) 形态结构参数的计算　聚乙烯涉及的凝聚态结构参数主要包括晶胞尺寸、晶粒大小、片晶和非晶区厚度、取向度等，主要的表征手段是广角 X 射线衍射、小角 X 射线散射和小角激光散射。

① 广角 X 射线衍射　当一束单色 X 射线入射到晶体时，由于晶体是由原子有规则排列成的晶胞所组成，而这些规则排列的原子间距离与入射 X 射线波长具有相同数量级，故由不同原子散射的 X 射线相互干涉叠加，可在某些特殊方向上，产生强的 X 射线衍射，这种现象称为广角 X 射线衍射（Wide Angle X-ray Diffraction，简称 WAXD）。衍射方向与晶胞的形状及大小有关。衍射强度与原子在晶胞中排列方式有关。

聚合物晶体结构的测量是基于布拉格方程。设有等同周期为 d 的原子面，入射线与原子面间的夹角为 θ。从图 3-76 可知，从原子面散射出来的 X 射线产生衍射的条件是相邻的衍射 X 射线间的光程差等于波长的整数倍，即：

$$2d\sin\theta=n\lambda \tag{3-32}$$

这就是著名的布拉格（Bragg）公式，式中 n 是整数，知道 X 射线的波长和实验测得交角 θ，就可算出等同周期 d。

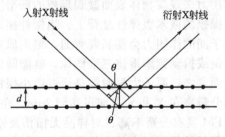

■ 图 3-76　X 射线在晶体原子面上的衍射

当单色的 X 射线通过聚合物粉末晶体时，因为粉末中包含无数任意取向的晶体，所以必然会有一些晶体使它们的晶面的等同周期 d 和 X 射线与

晶面间的交角 θ 满足布拉格公式。这样，从这些反射面就得到了锥形的 X 射线束，锥形光束的轴就是入射线，它的顶角恰等于 4θ，如图 3-77 所示。满足布拉格公式的晶面可以有很多组，它们或是相应于不同 n 值的（如 $n=1$，$2,3,\cdots$），或是相应于不同的晶面间距 d 的，这样就得到了很多顶角不等的锥形光束。将这些锥形光束记录下来，就得到了一系列的同心圆或圆弧。典型的取向聚乙烯的二维 WAXD 图和各向同性聚乙烯的一维 WAXD 谱图分别如图 3-78 和图3-79所示。

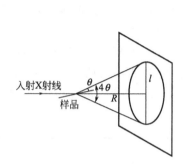

■图 3-77　粉末法的 X 射线衍射示意　　■图 3-78　取向聚乙烯的二维 WAXD 图

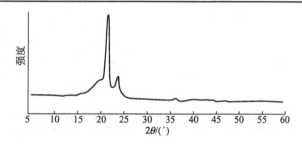

■ 图 3-79　各向同性线型聚乙烯的一维 WAXD 谱图

由于聚乙烯晶体属正交晶系，正交晶系计算公式如下：

$$\sin^2\theta_{hkl} = \frac{\lambda^2}{4a^2}h^2 + \frac{\lambda^2}{4b^2}k^2 + \frac{\lambda^2}{4c^2}l^2 \tag{3-33}$$

在高角度区选择三根清晰的衍射线，把角度和衍射指标代入上式得到 3 个方程，可计算出聚乙烯的晶胞参数 a、b、c。晶胞参数的变化与结晶条件和共聚单体类型、含量以及分子量有关。支化聚乙烯的结晶结构与线型聚乙烯是相同的，但其晶格比线型聚乙烯有所膨胀，并且随支化含量的增加，这种晶格膨胀更加剧烈。聚乙烯主链结晶时，一个甲基支链可以通过主链构象的变化而进入晶格，但乙基以上的支链不能进入晶格[146]。

片晶内部有颗粒状亚结构（granular substructure）[147]，可通过 X 射线衍射图中晶面（$hk0$）的 Bragg 衍射峰的峰宽得到。对于理想的无限大的晶体，它的某一晶面的衍射线形基本是一个非常尖锐的衍射峰，但由于实际上片晶是由小晶粒构成的，它们的尺寸很小（10~100 nm）导致了实际上的衍射峰总是宽化的（当然衍射线增宽包括仪器、样品的因素，暂且不加以考虑）。根据 Scherrer 法可得到沿着相应晶面法线方向晶粒的尺寸[26]，计算公式如下：

$$L_{hkl} = \frac{k\lambda}{\beta cos\theta} \cong \frac{2\pi}{\Delta q_{hkl}} \tag{3-34}$$

式中，L_{hkl} 是垂直于 (hkl) 晶面的平均晶粒尺寸；λ 为入射 X 射线的波长；θ 为 Bragg 角；β 为衍射线的积分半高宽（用弧度表示）；k 为 Scherrer 形状因子；Δq_{hkl} 是 (hkl) 晶面衍射峰的半高宽。

测定结晶度的原理是利用结晶的和非晶的两种结构对 X 射线衍射的贡献不同，把测得的衍射峰分解为结晶的和非晶的两部分，如图 3-80 所示，结晶峰面积与总的峰面积之比就是结晶度，如果分解过程是正确的，加上适当的校正可得到正确的结果。

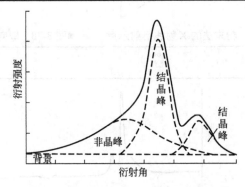

■ 图 3-80 聚乙烯的 X 射线衍射曲线

二维 WAXD 图还可以用来计算在具有取向结构的聚乙烯晶区内的分子链取向情况。关于计算聚合物材料中晶区内的分子链取向，Hermans 方程经常用来定量的表示单轴取向样品中一系列晶面 (hkl) 的取向度，它被定义为：

$$f = (3\langle cos^2 \varphi_{hkl,z} \rangle - 1)/2 \tag{3-35}$$

其中取向参数

$$\langle cos^2 \varphi_{hkl,z} \rangle = \frac{\int_0^{\pi/2} I_{hkl}(\varphi) sin\varphi cos^2 \varphi d\varphi}{\int_0^{\pi/2} I_{hkl}(\varphi) sin\varphi d\varphi} \tag{3-36}$$

式中，$I_{hkl}(\varphi)$ 是沿各个 Debye 环测量得到的方位角 φ 的强度分布函数。当晶面的法线方向无规（任意）取向时，$f=0$；当理想取向即晶面的法线方向与参考方向完全平行时，$f=1$；晶面的法线方向垂直参考方向时，

$f=-1/2$。对于这个公式的应用，Polanyi 曾提出需要对方位角 φ 进行校正，设校正后的参数为 ϑ，则：

$$\cos\vartheta = \cos\varphi \cdot \cos\theta \qquad (3\text{-}37)$$

其中 2θ 为散射角。将校正后的参数 ϑ 代入公式（3-35）中得到取向参数 $\langle \cos^2\vartheta \rangle$。

② 小角 X 射线散射　当 X 射线照射到试样上，如果试样内部存在纳米尺度的密度不均匀（2~100nm），则会在入射 X 射线束周围的 2°~5° 的小角度范围内出现散射 X 射线，这种现象称为小角 X 射线散射（Small Angle X-ray Scattering，缩写为 SAXS）。而对于聚乙烯，由于其内部存在结晶区和非晶区交替排列形成的长周期结构，其周期长度通常在十几个纳米附近，因而这种长周期结构产生的布拉格衍射峰不是落在广角区域而是出现在上述的小角散射区。SAXS 可通过长周期的测定研究高分子体系中晶片的厚度、非晶层的厚度、过渡层厚度、结晶百分数及片晶的取向等[147~150]。

图 3-82 为聚乙烯样品测定的一些 SAXS 曲线。数据是样品从 125℃ 的熔体发生结晶然后逐步冷却到 31℃，在一系列不同温度下测得的。曲线的形状与电镜下所观察到的形态特征相对应。尽管没有严格的长程有序，层状晶粒的堆砌显示出周期性。这种准周期性，称为长周期，反映为散射峰。应用 Bragg 定律可从峰位 q_{max} 推算长周期 d_{ac}：

$$d_{ac} = \frac{2\pi}{q_{max}} \qquad (3\text{-}38)$$

图中散射强度和散射曲线形状随温度的变化是由晶粒和无定形区中电子密度的变化以及连续不断的晶粒结构的变化造成的。

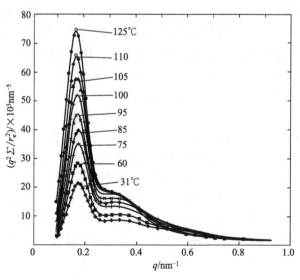

■ 图 3-81　聚乙烯样品在 125℃ 结晶结束后进一步冷却到所指示的温度的 SAXS 曲线[147]

对于结晶聚合物按照两相片层体系来处理，Strobl 提出了一维电子密度相关函数来分析 SAXS 数据[147]。从一维电子密度相关函数曲线上可以直接得到长周期（d_{ac}）、晶区厚度（d_c）或非晶区厚度（d_a）等。图 3-82(a) 为相关函数示意，图 3-82(b) 为对图 3-81 中一条散射曲线所推算参数的典型值。值得一提的是，单从曲线上并不能直接得出前面部分较小的数值是晶区还是非晶区的厚度，必须结合结晶度（由 DSC 熔融曲线可获得）的数值。若结晶度小于 50%，那么可将曲线上前面得到的数值认为是晶区的厚度；反之如果结晶度大于 50%，那么要将曲线上得到的小的数值认为是非晶区的厚度。

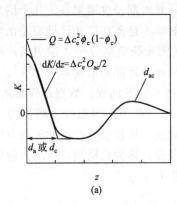 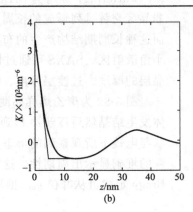

■ 图 3-82　联系结晶和无定形层状堆砌结构的电子密度相关函数 $K(z)$ 基本性质示意[147]
　　[由图 3-82(a) 中 31℃ 条件下聚乙烯的散射曲线得出的 $K(z)$，给出 $d_a = 4.6nm$；$d_{ac} = 34nm$(b)]

SAXS/WAXD 联用技术可以同时检测高分子从 0.1～100nm 尺度的晶体结构。目前，基于同步辐射光源的 SAXS/WAXD 技术可以在线观测高分子材料在外力作用下的微观结构演化、高分子的结晶和融化过程、纤维纺丝过程的微观结构形成等，其区别于电子显微镜的优势在于可以设计特定的样品环境如温度、湿度、压力、剪切以及其他外场等。

③ 小角激光散射　小角激光散射法（Small Angle Light Scattering，简称 SALS）可用于研究球晶大小，其原理如图 3-83 所示，由光源（波长为 632.8nm 的氦氖激光）发出的入射光经过起偏器（起偏振片）后成为垂直偏振光，照射在聚合物球晶试样上并被散射，散射光经过水平偏振的检偏器（检偏振片）后由数码相机记录。如起偏振片与检偏振片正交，记录的图形称为 Hv 图，而若如起偏振片与检偏振片平行，记录的就是 Vv 图。Hv 是典型的四叶瓣状花样图，在方位角 $\mu = 45°$ 奇数倍时，产生散射强度极大值。最大散射强度时的形状因子 U_{max} 与球晶半径 R 的关系为：

$$U_{max} = \frac{4\pi R}{\lambda} \sin \frac{\theta_{max}}{2} = 4.1 \tag{3-39}$$

因此可求得球晶尺寸 R 为：

$$R=\frac{4.1\lambda}{4\pi\sin\dfrac{\theta}{2}}=\frac{0.206}{\sin\dfrac{\theta}{2}} \tag{3-40}$$

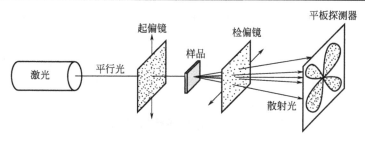

■ 图 3-83　小角激光散射实验装置示意

　　小角激光散射法（Small Angle Light Scattering，简称 SALS）研究范围在 $0.5\mu m$ 至几十微米之间，与聚合物球晶大小相当，因此可以用来研究聚合物的结晶过程，测定球晶大小及球晶生长速率、球晶中分子链的取向以及结晶聚合物在外力作用下球晶的变形过程、晶粒取向等。这种方法速度快且不破坏试样，特别对偏光显微镜难以辨认的小球晶能够进行有效的测量。

3.3.3　聚乙烯的熔体流变性能

　　聚乙烯的熔体流变性能表征主要是考察聚乙烯树脂在熔融状态下对外界所施加的各种剪切力和拉伸力的响应。目前有多种形式的流变仪器可用于聚乙烯熔体流变性能的表征，常用的有熔体流动速率测试仪、毛细管流变仪、旋转流变仪、拉伸流变仪、转矩流变仪等[1,151]。

　　(1) 熔体的稳态剪切流动分析　聚合物的黏流性质与其分子链结构密切相关。熔体流动速率作为表征聚合物黏流性质的指标得到了广泛应用。熔体流动速率测试仪能给出规定条件下聚乙烯树脂熔融时的流动信息，是科学研究、生产加工最常用的数据。而毛细管流变仪则能给出在更宽剪切速率范围内的流动信息。

　　① 熔体流动速率测试仪　熔体流动速率（MFR）又称为熔体流动指数（MFI）或熔体指数（MI），可以用来进行聚乙烯的表征和牌号的确定，使用的仪器是熔体流动速率测试仪。熔体流动速率定义为热塑性材料在一定的温度和压力下，熔体每 10min 通过标准口模的质量，单位为 g/10min。熔体流动速率是最常用的表征热塑性聚合物熔体的流动性能的指标。一般而言，熔体流动速率都是指熔体质量流动速率 MFR，而在最近的国家标准中，已根据国际标准 ISO 1133，增加了"熔体体积流动速率"的内容。熔体体积流动速率是指热塑性材料在一定温度和压力下，熔体每 10min 通过规定

的标准口模的体积，用 MVR 表示，单位为 cm³/10min。另外一个常用的指标是熔体流动速率比（FRR），通常定义为：

$$FRR = \frac{MFR(190/21.6)}{MFR(190/2.16)} \tag{3-41}$$

FRR 一般表征材料的剪切敏感性，并与分子量分布及长支链等结构相关。

需要指出的是在给出熔体指数的同时需要标明测试的温度和负荷。对聚乙烯常见的测试条件为：190℃，2.16kg；190℃，5.0kg；190℃，21.6kg 和 190℃，0.325kg。

表 3-17 给出了高密度聚乙烯的熔体指数范围及对应的加工方法和典型用途。

■表 3-17　利用 MFR 确定不同等级高密度聚乙烯的用途

MFR（190℃,5kg 负荷）	加工方法	典型用途
0.05～0.15	压膜，挤出	样模，预制块
0.1～1.3	挤出	管材，圆杆
0.1～0.4	吹塑薄膜挤出	薄膜
0.4～0.7	挤出吹塑	储油罐
1.3～3	挤出吹塑	中空制品（如瓶子）
3～13	挤出吹塑，注射	玩具，日用制品
13～25	注射	螺丝帽，啤酒箱
25	注射	日用制品

②　毛细管流变仪　毛细管流变仪是表征材料流动性应用最广泛的测量仪之一，其主要优点是测量范围宽，能够达到更高的剪切速率，其速率范围覆盖了大部分加工成型方法。毛细管流变仪的原理是物料在电加热的料桶里被加热熔融，料桶的下部安装有一定规格的毛细管口模，温度稳定后，料桶上部的料杆在驱动电动机的带动下以一定的速度或以一定规律变化的速度把物料从毛细管口模中挤出来。在挤出的过程中，可以测量出毛细管口模入口处的压力，再结合已知的速度参数、口模和料筒几何参数以及流变学模型等，计算出不同剪切速率下熔体的剪切黏度。

毛细管流变仪不仅可以测定聚合物熔体在毛细管中的剪切应力和剪切速率的关系，还可以根据挤出物的直径和外观等研究熔体的弹性和不稳定流动（包括熔体破裂）现象，从而预测聚合物的加工行为，为寻求最佳成型工艺条件和控制产品质量提供依据。毛细管流变测试标准可参见 ASTM D3835 和 ISO 11443。

（2）熔体拉伸流动分析　测定聚合物单轴与双轴拉伸流动以及相关的拉伸流变行为对于指导聚合物纺丝、吹膜、吹塑成型、热成型、发泡等加工成型过程至关重要。因为在这些成型流场中，拉伸流动占了主导地位。当前市售的直接向聚合物施加拉伸力从而测定拉伸流变行为的仪器有 Rheometric Scientific 公司的 RME 和 Goettfert 公司的 Rheotens 等。此外，通过毛细管入口效应，利用 Cogswell 方法也可以间接测量熔体的拉伸流变行为，得到拉伸黏度等一系列参数。对于聚合物的双轴拉伸流变性能，比较简单的测定方法是润滑挤压流动法。

① 熔体拉伸流变仪 RME　熔体拉伸流变仪 RME 是通过对聚合物样片在等温环境中进行拉伸来测定其拉伸黏度的方法。该方法最早是由 Meissner 教授提出并发展起来的。图 3-84 是 RME 的原理示意。聚合物样片两端分别被一对旋转的输送带夹住并以恒定的应变速率拉伸，作用在样片上的拉力由力传感器测得。在测定过程中，样片被热氮气（或氩气）流支撑着保持水平。RME 的拉伸应变速率上限仅为 $1s^{-1}$，不宜用来测定聚合物在较高应变速率下的拉伸黏度。

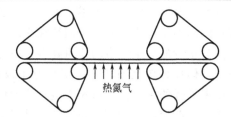

热氮气

■ 图 3-84　拉伸流变仪 RME 的原理示意

② 挤出拉伸流变仪 Rheotens　Rheotens 是另一种聚合物熔体单轴拉伸流变仪，其拉伸流变作用原理如图 3-85。聚合物熔体从毛细管中挤出后，受至垂直向下的拉伸力的作用，仪器可设定控制拉伸速度或加速度，即有 3 种实验模式：等速、等加速、指数加速。通过测定的拉伸力，可近似计算单轴拉伸应力、拉伸比、拉伸速率和拉伸黏度等。Rheotens 可与毛细管流变仪组合在一起，也可与挤出机组合，但熔融单丝必须垂直向下拉伸。挤出拉伸流变仪是从熔融纺丝挤出发展的。这种仪器的拉伸速率可以很高，从而接近于实际纺丝过程，它也可在测定瞬态拉伸黏度时，测得聚合物的熔体强度。

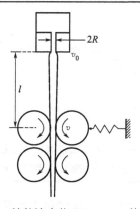

■ 图 3-85　拉伸流变仪 Rheotens 的原理示意

③ Cogswell 方法　聚合物熔体在应力作用下从截面积大的流道流入截面积小的毛细管时，必定会产生拉伸流动，造成大分子链的拉伸与取向，导致较大的压力降，被称为入口效应。毛细管流变仪的 Bagley 校正就是对入口效应的校正。Cogswell 基于对入口效应的认识，提出利用毛细管流变仪入口区域的压力差计算聚合物熔体的拉伸黏度。人们发现由 Cogswell 方法计算的拉伸黏度数值与 Meissner 拉伸实验得到的数据相差不是很大，因此认为可以接受。由于 Cogswell 方法是利用毛细管流变仪的实验数据直接计算拉伸黏度，方法简便，而且测定的拉伸速率范围较高，因此已被人们所采用。

根据理论计算，拉伸黏度与分子量的 7 次方成正比，所以，拉伸黏度对于分子量的改变比剪切黏度更加敏感。许多工业实际例子证明剪切黏度相同的聚合物有不同的加工行为，究其原因往往起因于拉伸黏度的不同。分子量分布曲线中高分子量的分子链占的比重越多，拉伸黏度就越大。另外，表征聚合物材料的熔体拉伸流变行为，能更敏感地反映聚合物分子的长链支化等，如低密度聚乙烯的主链上带有长支链，线型低密度聚乙烯的主链上有很多短支链，而高密度聚乙烯的短支链很少。由于聚乙烯分子链的结构差异，这 3 种聚乙烯表现出不同的流变特性，对于拉伸黏度的影响尤为明显。图 3-86 为熔体指数均为 1g/10min 的低密度聚乙烯、线型低密度聚乙烯和茂金属催化线型低密度聚乙烯的拉伸黏度结果。由于低密度聚乙烯的分子量分布较宽，而且有长支链，因此与线型聚乙烯相比，表现出明显的应变硬化行为（又称拉伸增稠行为）。而线型低密度聚乙烯的分子量分布比茂金属催化线型低密度聚乙烯的宽，所以线型低密度聚乙烯较茂金属催化线型低密度聚乙烯有更大的拉伸黏度。

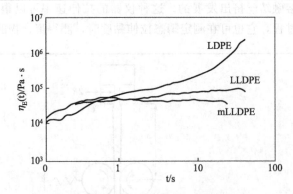

■ 图 3-86　低密度聚乙烯、线型低密度聚乙烯和茂金属催化
线型低密度聚乙烯的拉伸黏度的变化[112]

(3) 口模膨胀测定　口模膨胀现象是聚合物熔体弹性表现。由于从受限状态到非受限状态，因此聚乙烯在从口模中挤出时会发生口模膨胀，导致挤

出物的横截面积大于口模的横截面积，与熔体强度类似，该性能不是树脂的本征特性，也用于在相同条件下不同树脂或相同树脂不同条件下的相对比较。

为便于测试，使挤出物呈圆形截面，口模膨胀测试主要使用毛细管流变仪，也可使用其他仪器如熔体流动速率测试仪或挤出机配合合适的口模进行测试，其测试既可在线测量也可离线测量。在线测量是当熔融聚乙烯离开口模很短距离后直接进行测量其直径，测量可用扫描激光束、录像等手段。离线测量是将挤出物尽快冷却保持其横截面积，然后再测试其直径。两种方法均以挤出物直径与毛细管直径之比得到无量纲的数值作为该树脂在该试验条件下的口模膨胀。具体试验可参见 ASTM D3835。

试验中需要注意聚乙烯离开口模后的下垂问题，这会导致挤出物横截面积的减少，对在线测量尽可能测量靠近毛细管口模处的挤出物，对离线测量可通过挤出物挤出到油浴中，并使油浴的温度和密度尽可能与熔融物相配，或通过测量挤出很短的挤出物，忽略重力对试验的影响。

(4) 熔体的动态力学分析 利用旋转流变仪通过对聚合物熔体样品施加正弦振荡剪切并测量其响应，是研究聚合物熔体黏弹性的最有效的方法之一。由于熔体样品的动态黏弹性行为直接与其结构相关，因此通过动态流变行为的测量与研究，可获得样品有用的结构信息。

图 3-87 给出了锥板夹具旋转流变仪示意。式(3-42)～式(3-47) 给出了由熔体动态流变实验直接测定的物理量如储能模量、耗能模量、损耗角正切以及复数黏度等参数的表达式。正是通过对这些参数的表征和规律性的研究，提供了有关分子量、分子量分布、长支链的等结构的相关信息。

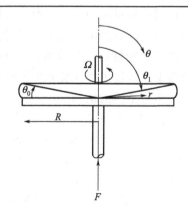

■ 图 3-87 锥板结构的示意

在动态测量中，弹性（储能）模量和黏性（损耗）模量分别为：

$$G' = \cos\delta\left(\frac{\tau}{\gamma}\right), \ G'' = \sin\delta\left(\frac{\tau}{\gamma}\right) \tag{3-42}$$

式中，δ 是相位角（即应力与应变矢量的相位移）；τ 是应力；γ 是应变。

复模量为：

$$G^* = \sqrt{(G')^2 + (G'')^2} \tag{3-43}$$

损耗角正切：

$$\tan\delta = \frac{G''}{G'} \tag{3-44}$$

动态（复）黏度的实分量：

$$\eta' = \frac{G''}{\omega} \tag{3-45}$$

式中，ω 是角频率。

动态（复）黏度的虚分量：

$$\eta'' = \frac{G'}{\omega} \tag{3-46}$$

动态（复）黏度：

$$\eta^* = \frac{G^*}{\omega} \tag{3-47}$$

(5) 熔体加工过程的模拟与分析 转矩流变仪是一种多功能、积木式流变测量仪，通过记录物料在混合过程中对转子或螺杆产生的反扭矩以及温度随时间的变化，可研究物料在加工过程中的分散性能、流动行为及结构变化（交联、热稳定性等），同时也可作为生产质量控制的有效手段。由于转矩流变仪与实际生产设备（密炼机、单螺杆挤出机、双螺杆挤出机等）结构相似，且物料用量很少，所以可在实验室中模拟混炼、挤出等工艺过程，特别适宜于生产配方和工艺条件的优选。

转矩流变仪可用做不同种类聚乙烯的检验。高密度聚乙烯、线型低密度聚乙烯和低密度聚乙烯由于结构上的差异，导致其转矩流变仪的扭矩曲线也不相同，如图 3-88 所示。实验条件为加工温度 200℃；转速分为两时间段，第一段（0～10min）为 150r/min，第二段（10～20min）为 5r/min。从图 3-88 中可以看出，高转速时线型低密度聚乙烯的扭矩曲线最高，低密度聚乙烯的扭矩曲线最低；此外，线型低密度聚乙烯比高密度聚乙烯两条扭矩曲线在 10min 的高转速混合期间发生了交叉，这在其他流变实验中是难以观察到的。而在低转速条件下，线型低密度聚乙烯和低密度聚乙烯的扭矩曲线的位置发生了交换，这与毛细管流变仪、旋转流变仪的黏度曲线是相吻合的。

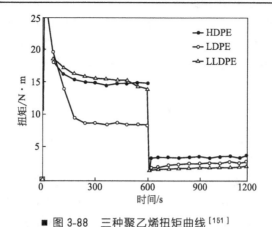

■ 图3-88　三种聚乙烯扭矩曲线[151]

3.4 聚乙烯树脂的改性

聚乙烯产量巨大，价格低廉，容易加工，具有耐酸碱腐蚀，化学稳定性高的特点，但其耐有机溶剂、抗静电性能以及阻燃等性能不好。生产不同制品的时候，由于对制品的性能要求千差万别，单纯的聚乙烯也无法满足需要。为了提高聚乙烯的抗静电性、阻燃性、抗冲击性能、抗应力开裂性能以及耐热性和其他等性能，可以采用改性方法来实现。聚乙烯的改性，按聚乙烯分子发生反应与否可分为化学改性和物理改性两种。

3.4.1 化学改性[153~155]

聚乙烯的化学改性，是通过化学的方法，使聚乙烯的分子发生改变而达到提高某些性能的方法。这种方法，一般是改性剂与聚乙烯分子发生化学反应，聚乙烯的分子结构发生改变，如增添某些基团（如极性基团）、增加某些有序结构或者发生交联等。化学改性方法中又可分为共聚改性、接枝改性、交联改性等。

3.4.1.1 共聚改性

聚乙烯从密度大小上分，可分为低密度聚乙烯、中密度聚乙烯、高密度聚乙烯，还有超高分子量聚乙烯等。这些聚乙烯都是通过不同的设备和工艺参数下聚合出来的，如果只有乙烯一种单体而没有其他的单体进行聚合，得到的树脂是均聚聚乙烯。均聚聚乙烯的分子链比较规整，很容易结晶，材料的冲击性能较低。有时为了增加聚乙烯的韧性，可采用共聚的方法。

(1) 乙烯-丙烯共聚　该聚合物是由乙烯和丙烯共聚而制得。根据乙烯和丙烯在分子链上的排列方式不同，可分为无规共聚和嵌段共聚，前者是乙烯和丙烯在分子链上呈无规分布，弹性好，耐低温，如橡胶，又称乙丙橡胶；后者是乙烯和丙烯在分子链上比较有规律的排列，如下所示：

$$-(乙烯)_m-(丙烯)_n- \quad （m，n 数值较大）$$

乙丙聚合物具有聚乙烯和聚丙烯两者的特点，比普通聚乙烯耐温高，耐低温性、抗冲击性比聚丙烯好。

上述共聚物为二元乙丙共聚物，实际应用中，为了改进二元乙丙的硫化性能，往往在分子链中引入第三种含双键单体，即聚合完成后，分子链中含有双键，可以用来硫化交联。常用的第三单体有双环戊二烯、1,4-己二烯等，共聚物的性能与第三单体有关，具有橡胶的力学性能。

(2) 乙烯-醋酸乙烯酯共聚　由乙烯和醋酸乙烯酯（VA）共聚而成，即EVA。共聚物的性能与 VA 的含量有关，可参见表 3-18 所列。

■表 3-18　共聚物的性能与 VA 含量之间的关系

VA 含量/%	外观	物理力学性能
5~18	与低密度聚乙烯相似，透明度改善	柔韧性、耐应力开裂、耐热性比低密度聚乙烯有所改善
18~40	透明度高于低密度聚乙烯	柔韧、有弹性
40~50	透明度高于聚乙烯	弹性好，可作树脂弹性体
70~90	乳液状	液体，流动性好，可配制涂料、胶黏剂或涂层

(3) 乙烯-丙烯酸酯共聚　是由乙烯和丙烯酸酯共聚而成，采用类似生产高压聚乙烯的方法聚合，以过氧化物或氧作为引发剂，引发自由基聚合制得。该共聚物具有良好的韧性、热稳定性和加工性能，比低密度聚乙烯具有更好的耐环境开裂性和抗冲击性。

(4) 乙烯与其他 α-烯烃共聚　除丙烯以外，其他可与乙烯共聚的 α-烯烃有 1-丁烯、1-己烯，1-辛烯，它们都与特殊聚烯烃有关。线型 α-烯烃，如 1-丁烯（C_4）、1-己烯（C_6）和 1-辛烯（C_8）都特定用于生产高密度聚乙烯（HDPE）和线型低密度聚乙烯（LLDPE）时的共聚单体。这类聚合材料也包括较低密度的产品（如聚烯烃塑性体和弹性体），这些产品用同样的工艺生产。HDPE 和 LLDPE 都是在低压工艺下生产出来的线型聚乙烯，线型 α-烯烃并不用于传统的高压工艺法生产的支化低密度聚乙烯。线型 α-烯烃共聚单体在聚合物中产生了很短的支化链，这些短支链阻止聚合物分子链聚集过于紧密，这样就降低了产品的密度。共聚单体浓度越高，合成出的树脂密度越低。除了控制树脂密度，α-烯烃共聚单体也改变了聚合物的加工性能和力学性能，共聚单体的链长度也会影响这些性能。如采用 α-烯烃共聚的高密度聚乙烯，可以用来生产汽车用燃料箱，树脂分子中的支化链可以增加聚合物的熔体强度，易于吹塑成型。

3.4.1.2 接枝改性[156]

聚乙烯是一种非极性聚合物，与极性聚合物相容性不好，其涂饰性、印刷性差。为赋予聚乙烯一定的极性，可以在聚乙烯分子接枝上极性基团，增加其与极性聚合物的相容性，可以提高其粘接性、涂饰性、油墨印刷性，还可以作为乙烯与其他极性聚合物共混的相容剂。聚乙烯接枝改性是一种简单方便的改性方法，该方法不改变分子主链结构，却可以引入极性基团或反应型官能团，赋予聚乙烯新的功能。聚乙烯接枝的方法有多种，如溶液接枝法、熔融接枝法、光引发接枝法、辐照接枝法等。用于接枝聚乙烯的极性或反应型官能团单体有多种，常见的有马来酸酐（MAH）、丙烯酸（AA）、丙烯酸酯类的如甲基丙烯酸甲酯（MMA）、甲基丙烯酸缩水甘油（GMA）等。

聚乙烯接枝马来酸酐（PE-g-MAH）：PE-g-MAH 可以采用熔融接枝方法制得。采用双螺杆，将引发剂如过氧化二异丙苯（DCP）、马来酸酐、聚乙烯准确称量后，通过搅拌良好混合，然后在螺杆中进行熔融反应挤出，可得到接枝聚乙烯。MAH 熔融接枝 PE 属于自由基型聚合反应，同样有链引发、链转移、链终止等基元反应。MAH 在受热的时候会产生刺鼻的味道，因为是酸酐，遇水产生酸，因此具有很强的刺激性和腐蚀性。在过氧化物引发的 MAH 接枝反应中，会发生交联反应。当加入对 MAH 聚合有抑制作用的二甲基甲酰胺（DMF），并分成几部分加入到熔融聚乙烯中时，产物中的 MAH 侧基数量会减少，避免了交联产物的产生。

聚乙烯接枝 GMA（PE-g-GMA）：GMA 是一种液体，不像 MAH 具有强烈的刺激性，腐蚀性和毒性都小，其分子中含有强活性环氧基团，能与某些聚合物的官能团发生反应，因此 PE-g-GMA 作为增容剂的研究引起广泛的关注。该接枝物也可采用熔融接枝法，将引发剂、GMA 和 PE 按比例称量并预先混合，然后进行熔融塑化接枝。

聚乙烯接枝丙烯酸（PE-g-AA）：在熔融状态下进行的 AA 接枝到 PE 上的接枝共聚反应生成了含有聚丙烯酸支链的接枝共聚物，同时也伴随着产生了丙烯酸均聚物。反应产物 HDPE-g-AA 是含有羧基的聚合物，这些聚合物均不能通过 AA 与乙烯共聚而制得，因为极性的羧酸单体会与用于这些烃类高聚物制备中的金属催化剂反应，阻止了各单体自身的聚合反应。

3.4.1.3 交联改性

交联改性，就是将聚合物的线型分子经过化学作用而形成网状的或体型的结构分子。交联可以使聚乙烯的力学性能大幅提高，其耐环境应力开裂性、耐磨性、耐热性、耐溶剂性、抗蠕变性及耐候性显著改善。但聚乙烯交联后会失去热塑性、溶解性等。交联的方法有化学交联和辐照交联。

化学交联法可以使用有机过氧化物，在加热情况下分解产生自由基，与聚乙烯分子链发生反应，产生交联；也可以使用硅烷类交联剂将聚乙烯交联。

过氧化物交联：在热的作用下，交联剂分解成活性的自由基，这些自由基使聚合物碳链上生成活性点，并产生碳-碳交联，形成网状结构。这种方法需要高压挤出设备，使交联反应在机筒内进行，然后使用快速加热方式对制品加热，从而产生交联制品。这种交联方法可用来生产交联聚乙烯管材，但过程不易控制，产品质量不稳。

偶氮交联剂交联：这种方法是将偶氮化合物交联剂与聚乙烯按一定比例共混，在低于偶氮化合物分解的温度下挤出，挤出物经过高温加热，偶氮交联剂分解形成自由基，引发聚乙烯交联。

硅烷交联及交联剂：20 世纪 60 年代研制成功硅烷交联技术。该技术是利用含有双链的乙烯基硅烷在引发剂的作用下与熔融的聚合物反应，形成硅烷接枝聚合物，该聚合物在硅烷醇缩合催化剂的存在下，遇水发生水解，从而形成网状的氧烷链交联结构。硅烷交联技术由于其交联所用设备简单，工艺易于控制，投资较少，成品交联度高，品质好，从而大大推动了交联聚乙烯的生产和应用。除聚乙烯、硅烷外，交联中还需用催化剂、引发剂、抗氧剂等。

辐射交联：该方法是采用高能射线照射聚乙烯，引发聚乙烯大分子产生自由基，形成 C-C 交联链，适用于制备薄型交联产品。辐照采用的辐照源有电子束、α 射线、γ 射线等高能射线。该交联方法一般是将聚乙烯制品，如包覆在导线上的聚乙烯护套、薄膜、薄壁管等产品用辐照的方法交联。交联度受辐照剂量和环境温度的影响，体系中交联点随辐射剂量的增加而增加。通过控制辐照条件，可以获得一定交联度的交联聚乙烯制品。

3.4.2 物理改性

聚乙烯的物理改性，是指在不改变聚乙烯分子的化学结构，聚乙烯分子本身不发生化学反应的情况下，通过物理的方法对聚乙烯进行改性。物理改性的方法有填充改性、增强改性和共混改性等。

3.4.2.1 填充改性[157,158]

填充改性方法是为了降低成本或达到增重的目的，而向聚乙烯中加入无机粒子或有机粒子，使塑料制品的性能有明显改变。采用此种方法，由于填充粒子的加入，使另一些性能得到明显的提高，但同时材料某些性能会降低。填充材料可以是无机粒子，如碳酸钙、滑石粉、陶土、氢氧化铝、氢氧化镁、炭黑、石墨等；有机粒子填充材料有煤粉、木粉、淀粉等。

无机粒子填充改性聚乙烯：无机粒子填料的化学组成、几何形状、粒径大小分布、表面形态等，以及无机粒子在聚合物中的分散情况、两相界面结构不同，填料在聚乙烯基体中起的作用也不同。增强型填料，通过填料粒子的细微化与表面处理等途径可提高其增强效果，可填充后代替价格较高的增强材料；一些功能性填料还能赋予制品导电性、耐热性及降解性等各种特殊性能，如炭黑、石墨等，加入到聚乙烯后可以提高材料的抗静电性能、导电性能，还可以起到防止光老化的作用。填料的几何形状、粒径大小对填充改性有影响：片状和棒状材料对聚乙烯的增强效果明显高于球形材料。填料颗粒的粒径越小、比表面积越大、分散越均匀，填充材料的力学性能越好。同时，填料大都需要进行表面处理，这样能够降低填料表面能，增强与基体树脂的相容性，提高分散效果和材料性能。填料的处理剂一般为偶联剂，常用的偶联剂有钛酸酯类偶联剂、硅烷偶联剂、铝酸酯类偶联剂、双金属偶联剂等，常用的为前两种。

钛酸酯偶联剂作用机理是：钛酸酯在无机填料界面与自由质子（H^+）反应，形成有机单分子层。界面只形成多分子层以及钛酸酯偶联剂的特殊化学结构，使得表面能较低，从而使黏度大大降低。钛酸酯偶联剂处理过的无机填料具有亲水性和亲有机物性。钛酸酯偶联剂处理填料后加入聚乙烯可提高冲击强度，填料添加量可达 50% 以上，且不会发生相分离。除了上述的单分子层理论，交联剂作用机理还有化学键理论、浸润效应和表面能理论、可变形层理论、约束层理论、酸碱反应理论等，比较复杂，到目前为止尚无完整统一的认识。

硅烷偶联剂作用机理为：分子式 $R_nSiX_{(4-n)}$ 中 R 为非水解的、亲有机物的有机官能团。R 与聚合物分子有较强的亲和力或反应能力，如甲基、乙烯基、氨基、环氧基、巯基、丙烯酰氧丙基等。X 为可水解基团，遇到水溶液、空气中水分或无机物表面吸附的水分后，均可引起分解，与无机物表面有较好的反应性。典型的 X 基团有烷氧基、芳氧基、酰基、氯基等；最常用的则是甲氧基和乙氧基，它们在偶联反应中分别生成甲醇和乙醇副产物。

3.4.2.2 共混改性[159,160]

聚乙烯的共混改性主要有 3 种方法：一是不同密度的聚乙烯共混改性；二是不同分子量的高密度聚乙烯共混改性；三是聚乙烯同其他种类的塑料进行共混。

（1）不同密度的聚乙烯共混 这种方法就是将不同密度的聚乙烯，如高密度、中密度和低密度的聚乙烯按不同的比例掺混在一起，目的是能够达到生产产品的性能要求。如对于生产一些中空制品来说，根据产品容积大小、强度及软硬的要求，可以将不同比例的高密度和低密度聚乙烯混合，这样既可以节省成本，又可以提高制品性能。小型中空产品，一般要求硬度不大，可以用来装化妆品、化学药品、洗涤剂、甚至饮料包装等，原料中加入的低密度聚乙烯可以少一些；相反，容积稍大，要求强度和硬度好高的产品，原料中高密度比例多一些。高密度聚乙烯起提高强度和硬度的作用，低密度聚乙烯则有利于制品柔软度，并利于加工，因此可通过改进配方设计，使制品的性能价格比达到最优。

(2) 不同分子量高密度聚乙烯共混 这种方法主要是不同分子量间高密度聚乙烯进行共混。高密度聚乙烯有很多种，有分子量较高分布较窄，也有分子量相对较低分布较宽的，还有共聚型的高密度聚乙烯。高密度聚乙烯可生产薄膜、中空产品等，不同分子量的高密度聚乙烯用于不同的产品。随着分子量的提高，熔体强度会提高，力学性能也提高，熔体强度提高，挤出会变得困难而不利于加工，对制品正常生产造成不同程度的负面影响，甚至引发安全事故。把不同分子量、不同牌号的聚乙烯按比例共混，可改善聚乙烯的分子量分布，对制品生产和加工具有较好的效果。根据制品性能要求和生产工艺要求，可设计出各种不同的配方，来满足各种不同的需求，还可达到降低生产成本的目的。

(3) 聚乙烯同其他种类的塑料进行共混 这种方法是将聚乙烯与其他种塑料进行共混，比如根据要生产的产品的要求，可在聚乙烯中混入一定比例的聚丙烯等，以改善制品的刚性，同时对冲击强度影响不大。

3.4.3 其他改性方法

除了上述一些改性的方法外，还有一些其他的方法[161,162]。如聚乙烯的氯化改性和氯磺化改性。这些方法也应该属于化学改性的领域范畴。聚乙烯氯化改性是以氯元素部分取代聚乙烯中的氢原子而得到的无规氯化物。氯化过程是在光或过氧化物的引发下进行的，工业上主要采用水相悬浮法来生产。聚乙烯氯化后主要用途是作聚氯乙烯的改性剂，改善聚氯乙烯抗冲击性能。氯化聚乙烯本身还可作为电绝缘材料和地面材料。

氯磺化聚乙烯是采用聚乙烯与含有二氧化硫的氯反应，分子中的部分氢原子被氯和少量的磺酰氯（$-SO_2Cl$）基团取代，就得到氯磺化聚乙烯。工业上主要生产方法为悬浮法。氯磺化聚乙烯具有耐臭氧、耐化学腐蚀、耐油、耐热、耐光、耐磨和抗拉强度较好性能，是一种综合性能良好的弹性体，可用于制作接触食品的设备部件。

有些聚乙烯制品，在生产成型以后，由于需要进行印刷、涂饰等原因，只需要对其表面进行改性使之具有极性即可，这时可以对制品的表面进行处理，如进行等离子体处理、紫外线/臭氧（UV/Ozone）处理法、激光辐照法、微粒子束轰击法、电晕放电处理法、硫化法处理、力化学法表面处理法等。

3.5 聚乙烯树脂的主要牌号

见附录一。

参 考 文 献

[1] Peacock A J. Handbook of Polyethylene-structures, properties, and applications. Marcel Dekker Inc. , 2000.

[2] 桂祖桐, 谢建玲. 聚乙烯树脂及其应用. 北京: 化学工业出版社, 2002.

[3] 何曼君, 陈维孝, 董西侠. 高分子物理. 第3版. 上海: 复旦大学出版社, 2007.

[4] Bovey F A, Winslow F H. Macromolecules. New York: Academic Press, 1979.

[5] 李杨, 乔金梁, 陈伟, 王玉林, 吕立新. 聚烯烃手册. 北京: 中国石化出版社, 2004.

[6] Davis G T, Eby R K, Martin G M. J. Appl. Phys. , 1968, 39: 4973.

[7] White J, Shan H F. Polymer-Plastics Technology and Engineering, 2006, 45: 317.

[8] Hendra P J, Taylor M A, Willis H A. Polymer, 1985, 26: 1501.

[9] Bassett D C, Turner B. Nature Phys. Sci. , 1972, 240: 146.

[10] Strobl G. The Physics of Polymers. 2nd ed. Berlin: Springer, 1997.

[11] Voigt-Martin I G, Mandelkern L. J. Polym. Sci. Polym. Phys. Ed. , 1984, 22: 1901.

[12] Sano H, Usami T, Nakagawa H. Polymer, 1986, 27: 1497.

[13] Men Y F, Strobl G. Chin. J. Polym. Sci. , 2002, 20: 161.

[14] Michler G H. Hanser: Kunststoff-Mikromechanik. 1992.

[15] Brandrup J, Immergut E H, Grulke E A. Polymer Handbook. John Wiley & Sons, Inc. , 1999.

[16] Stein R S. Structure and Properties of Polymer Films. New York: Plenum, 1973, 1.

[17] Maxfield J, Mandelkern L. Macromolecules, 1977, 10: 1141.

[18] Mandelkern L, Glotin M. Macromolecules, 1981, 14: 22.

[19] Wilfong D L, Knight G W. J. Polym. Sci. Polym. Phys. Ed, 1990, 28: 861.

[20] Chiu G, Alamo R G, Mandelkern L. J. Polym. Sci. Polym. Phys. Ed. , 1990, 28: 1207.

[21] Gibbs J W. Thermodynamics. In The Collected Works of J. Willard Gibbs. New Haven: Yale University Press, 1948.

[22] Hoffman J D. Polymer, 2010, 24: 3.

[23] Hoffman J D, Lauritzen J I Jr. J. Res. Natl. Bur. Stand, 1961, 65A: 297.

[24] Hoffman J D, Miller R L. Polymer, 1997, 38: 3151.

[25] Lauritzen J I Jr, Hoffman J D. J. Res. Natl. Bur. Stand. , 1960, 64A: 73.

[26] 莫志深, 张宏放. 晶体聚合物结构和X射线衍射. 北京: 科学出版社, 2003.

[27] Wen Huiying, Meng Yanfeng, Jiang Shichun, et al. Acta Polymerica Sinica, 2008, 2: 107.

[28] Ostwald W Z. Phys. Chem. Leipzig, 1900, 34: 495.

[29] Kanig G. Kolloid Z. u. Z. Polymere, 1983, 261: 373.

[30] Kanig G. Colloid Polym. Sci. , 1991, 269: 1118.

[31] Tashiro K, Sasaki S, Gose N, Kobayashi M. Polymer, 1998, 30: 485.

[32] Strobl G. Euro. Phys. J. E. , 2000, 3: 165.

[33] Strobl G. Prog. Polym. Sci. , 2006, 31: 398.

[34] Strobl G. Euro. Phys. J. E. , 2007, 23: 55.

[35] Graf R. , Heuer H W. Phys. Rev. Lett. , 1998, 80: 5738.

[36] Hauser G, Schmidtke J, Strobl G. Macromolecules, 1998, 31: 6250.

[37] 赵慧. 应用化学, 2008, 25: 1223.

[38] Mandelkern L, Posner A S, Diori A F, Roberts D E. J. Appl. Phys. , 1961, 32: 1509.

[39] Keller A. Growth and Perfection of Crystals. Wiley: New York, 1958.

[40] Hisao B S, Yang L, Somani RH, A-O CA, Zhu L. Phys. Rev. Lett. , 2005, 94: 117802.

[41] Huo H, Jiang S C, An L J, Feng J C. Macromolecules, 2004, 32: 2478.

[42] An H N, Li X Y, Geng Y, Wang Y L, Wang X, Li L B, Li Z M. J. Phys. Chem. B. , 2008, 112: 12256.

[43] An H N, Zhao B, Ma Z, Shao C, Wang X, Fang Y, Li L, Li Z. Macromolecules, 2007, 40: 4740.

[44] Kimata S, Sakurai T, Nozue Y, Kasahara T, Yamaguchi N, Karino T, Shibayama M, Kornfield J A. Science, 2007, 316: 1014.

[45] Somani R H, Hsiao B S, Nogales A, Fruitwala H, Srinivas S, Tsou A H. Macromolecules, 2001, 34: 5902.

[46] Zhang G, Fu Q, Shen K, Jian L, Wang Y. J. Appl. Phys. , 2002, 86: 58.

[47] Rodrigues K, Mathur S C, Mattice W L. Macromolecules, 1990, 23: 2484.

[48] Alberola N. J. Mater. Sci. , 1991, 26: 1856.

[49] Alamo R G, Mandelkern L. Macromolecules, 1991, 24: 6480.

[50] Mandelkern L, Peacock A J. Stud. Phys. Theor. Chem. , 1988, 54: 201.

[51] Peacock A J, Mandelkern L. J. Polym. Sci. Polym. Phys. Ed. , 1990, 28: 1917.

[52] Popli R, Mandelkern L. J. Polym. Sci. Polym. Phys. Ed. , 1987, 25: 441.

[53] G'sell C, Hiver J, Dahoun A, Souahi A. J. Mater. Sci. , 1992, 27: 5031.

[54] Fu Q, Men Y F, Strobl G. Polymer, 2003, 44: 1941.

[55] Hiss R, Hobeika S, Lynn C, Strobl G. Macromolecules, 1999, 32, 4390.

[56] Hobeika S, Men Y F, Strobl G. Macromolecules, 2000, 33: 1827.

[57] Men Y F, Strobl G. Macromolecules, 2003, 36: 1889.

[58] Smith P, Lemstra P J. J. Mater. Sci. , 1980, 15: 505.

[59] Capaccio G, Chapman T J, Ward I M. Polymer, 1975, 16: 469.

[60] Pakula T, Trznadel M. Polymer, 1985, 26: 1011.

[61] Capaccio G, Ward, I. Colloid. Polym. Sci. , 1982, 260: 46.

[62] Haward R N, Thackray G. Pro. Roy. Soc. A. , 1968, 302: 453.

[63] Haward R N. Macromolecules, 1993, 26: 5860.

[64] Bowden P B, Young R J. J. Mater. Sci. , 1974, 9: 2034.

[65] Jiang Z Y, Tang Y J, Men Y F, Enderle H F, Lilge D, Roth S V, Gehrke R, Rieger J. Macromolecules, 2007, 40: 7263.

[66] Men Y, Strobl G. Chin J. Polym. Sci. , 2002, 20: 161.

[67] Men Y, Rieger J, Strobl G. Phys. Rev. Lett. , 2003, 90: 095502.

[68] Kennedy M A, Peacock A J. Macromolecules, 1994, 27: 5297.

[69] Kennedy M A, Peacock A J. Macromolecules, 1995, 27: 1407.

[70] Kaplan W A. Modern Plastics Encyclopedia. New York: McGraw-Hill, 1997.

[71] Peacock A J, Mandelkern L. J. Mater. Sci. , 1998, 33: 2255.

[72] Lorenzo V, Perena J M, Fatou J M. Angew. Chem. , 1989, 172: 25.

[73] Gupta P, Wilkes G L; Sukhadia M A, Krisnaswmay R K, Lamborn M J, Wharry S M, Tso C C, Deslauriers P J, Mansfield T, Beyer F L. Polymer, 2005, 46: 8819.

[74] Crissman J M. Polym. Eng. Sci. , 1989, 29: 1598.

[75] Boehm L L, Enderle H F, Fleissner M. Adv. Mater. , 1992, 4: 234.

[76] Scheirs J, Boehm L L, Boot J C, Leevers S L. Trends Polym. Sci. (TRIP), 1996, 4: 408.

［77］ Hamouda H B H，Simoes-betbeder M，Grillon F，Blouet P，Billon N，Piques R. Creep Damage Polymer，2001，42：5425.

［78］ Lustiger A，Corneliussen R D. J. Mater. Sci.，1987，22：2470.

［79］ Narisawa I, Ishikawa M. Advances in Polymer Science. Berlin：Springer，1990.

［80］ Strobl G. The Physics of Polymers；2nd ed. Springer：Berlin Germany，1997.

［81］ Hubert L，David L，Seguela R，Vigier G，Corrfias-Zuccalli C，Germain Y. J. Appl . Polym. Sci.，2002，81：2308.

［82］ Lustiger A，Ishikawa N. J. Polym. Sci. Polym. Phys.，1991，29：1047.

［83］ Rose L J，Channell A D，Frye C J，Capaccio G. J. Appl . Polym. Sci.，1994，54：2119.

［84］ Tang Y J，Jiang Z Y，An L J，Men Y F，Enderle H F，Lilge D，Roth S V，Gehrke R，Rieger J. Chin. J. Polym. Sci.，2010，28（2）：165.

［85］ Brown N，Lu X，Huang Y L，Qian R. Slow crack growth in polyethylene. Makromol. Chem. Makromol. Symp.，1991，41：55.

［86］ Huang Y L，Brown N. J. Polym. Sci. Polym. Phys.，1990，28：2007.

［87］ Huang Y L，Brown N. J. Polym. Sci. Polym. Phys.，1991，29：129.

［88］ Men Y F，Jieger J，Enderle H F，Lilge D. Eur. Phys. J. E.，2004，15：421.

［89］ Hubert L，David L，Seguela R，Vigier G，Degoulet C，Germain Y. 2001，42：8425.

［90］ Lagaron J M，Dixon N M，Gerrard D L，Reed W，Kip B. J. Macromolecules，1998，31：5845.

［91］ Plummer C J G，Kausch H H. J. Macromol. Sci. Phys. B，1996，35：637.

［92］ Plummer C J G，Kausch H H. Macromol. Chem. Phys.，1996，197：2047.

［93］ Brostow W，Fleissner M，Mueller W F. Polymer，1991，32：419.

［94］ Clutton E Q，Rose J J，Capaccio G. Compos. Process Appl.，1998，27：478.

［95］ Tang Y J，Jiang Z Y，Men Y F，An L J，Fu Q，Enderle H F，Dieter L L，Roth S，Gehrke R，Rieger J. Polymer，2007，48：5125.

［96］ Isaksen R A，Newman S，Clark R J. J. Appl. Polym. Sci.，1963，7：515.

［97］ Stehling F C，Mandelkern L. Macromolecules，1970，3：242.

［98］ Popli R，Glotin M，Mandelkern L，Benson R S. J. Polym. Sci. Polym. Phys. Ed.，1984，22：407.

［99］ Men Y F，Rieger J，Enderle H F，Lilge D. Euro. Phys. J. E.，2004，15：421.

［100］ Men YF；Rieger J Macromolecules，2003，36：4689.

［101］ 张春阳，曹平，作锋锋等. 超高分子量聚乙烯耐磨性试验及应用. 金属矿山，2008，7：112.

［102］ Anderson J C. Tribol Int，1982，15：43.

［103］ Boehm H，Betz S，Ball A. Tribol Int，1990，23：399.

［104］ Karpe S A. ASLE Trans，1982，25：537.

［105］ Ferry J D. Viscoelastic Properties of Polymers. 3 ed. New York：Wiley，1980.

［106］ Berry G C，Fox T G. Adv. Polym. Sci.，1968，5：262.

［107］ 马德柱，何平笙，徐种德等. 高聚物的结构和性能. 第 2 版，北京：科学出版社，1995.

［108］ Hogan J P，Levett C T，Werkman R T. SPE J，1967，23（11）：87.

［109］ Westover R F. Polym. Eng. Sci.，1966，6：83.

［110］ Vasile C，Pascu M. Practical Guide to Polyethylene，Shawbury，rapra technology limited，2005.

［111］ 何平笙. 新编高聚物的结构与性能. 北京：科学出版社，2009.

［112］ Herman F. Mark. Encyclopedia of Polymer Science and Technology. 3rd Edition. Wiley-Interscience，2004.

［113］ 殷敬华，莫志深. 现代高分子物理学（上、下册）. 北京：科学出版社，2001.

［114］ 郑昌仁. 高聚物分子量及其分布. 北京：化学工业出版社，1986.

［115］ Messauda F A，Sandersona R D，Runyonb J R，Otte T，Paschc H，Williamsb S K R. Prog Polym Sci，2009，34，351.

［116］ Rayleigh L. Phil Mag，1871，41：447.

［117］ Einstein. Ann Physik，1910，33：1275.

[118] Debye P. J Apl Phys, 1944, 15: 338.

[119] Debye P. J Apl Phys, 1946, 17: 392.

[120] 娄立娟, 刘建叶, 俞炜, 周持兴. 高分子通讯, 2009, (10): 15.

[121] Wood-Adams P M, Dealy J M. Macromolecules, 2000, 33: 7481.

[122] Dealy J M, Larson R G. Structure and Rheology of Molten Polymers from Structure to Flow Behavior and Back again. Munich: Hanser Publishers, 2005.

[123] Tribe K, Saunders G, Meibner R. Macromol Symp, 2006, 236: 228.

[124] 吴人洁. 现代分析技术——在高聚物中的应用. 上海: 上海科学技术出版社, 1987.

[125] 沈德言. 红外光谱法在高分子研究中的应用. 北京: 科学出版社, 1982.

[126] 美国标准: ASTM D2238—92; ASTM D3124—98; ASTM D5576—00; ASTM D6248—98; ASTM D6645—01.

[127] 杨素, 杨苏平, 周正亚, 尚小杰. 红外, 2005, 9: 9.

[128] 谢侃, 陈冬梅, 蔡霞, 侯斌, 张佐光. 合成树脂及塑料. 2005, 22 (1): 48.

[129] 朱善农等. 高分子链结构. 北京: 科学出版社, 1996.

[130] Klimke K, Parkinson M, Piel C, Kaminsky W, Spiess H W, Wilhelm M. Macromol Chem Phys, 2006, 207: 382.

[131] 孔杰, 范晓东. 高分子通报, 2003 (2): 72.

[132] Vadlamudi M, Subramanian G, Shanbhag S, Alamo R G, Varma-Nair M, Fiscus D M, Brown G M, Lu C, Ruff C J. Macromol Symp, 2009, 282: 1.

[133] Zhang Z. Macromol Symp, 2009, 282: 111.

[134] Ortin A, Monrabal B, Sancho-Tello J. Macromol Symp, 2007, 257: 13.

[135] 魏东, 罗航宇, 殷旭红, 盛建方, 黄红红, 郭梅芳. 石油化工, 2004, 33 (11): 1080.

[136] 腾洪详, 史燚, 金熹高. 现代仪器, 2002 (6): 11.

[137] Müller A J, Lorenzo A T, Arnal M L. Macromol Symp, 2009, 277: 207.

[138] Müller A J, Arnal M L. Prog Polym Sci, 2005, 30: 559.

[139] Gupta P, Wikes G L, Sukhadia A M, Krishnaswamy R K, Lamborn M J, Wharry S M, Tso C C, DesLauriers P J, Mansfield T, Beyer F L. Polymer, 2005, 46: 8819.

[140] Piel C, Jannesson E, Qvist A. Macromol Symp, 2009, 282: 41.

[141] Gedde U W, Mattozzi A. Adv Polym Sci, 2004, 169: 29.

[142] Rego L J M, Gedde U W. Polymer, 1988, 29: 1037.

[143] Kojima H K, Furuta M. Macromol Chem, 1986, 187: 1501.

[144] Hobbs J K. Chinese J Polym Sci, 2003, 21: 135.

[145] 刘结平, 何天白. 高分子通报, 2002, (3): 52.

[146] Strobl G. The Physics of Polymers Concepts for Understanding Their Structures and Behavior. Springer-Verlag, 2007.

[147] 赵辉, 董宝中, 郭梅芳, 王良诗, 乔金梁. 物理学报, 2002, 51 (12): 2887.

[148] 赵辉, 郭梅芳, 董宝中. 物理学报, 2004, 53 (4): 1247.

[149] 朱育平. 小角 X 射线散射——理论、测试、计算及应用. 北京: 化学工业出版社, 2008.

[150] Albrecht T, Strobl G R. Macromolecules, 1995, 28: 5827.

[151] 周持兴. 聚合物流变实验与应用. 上海: 上海交通大学出版社, 2003.

[152] Brydson J A. Plastics Materials, 1966.

[153] 吴培熙, 王祖玉. 塑料制品生产工艺手册. 北京: 化学工业出版社, 1994.

[154] 戚亚光, 薛叙明. 高分子材料改性. 北京: 化学工业出版社, 2005.

[155] Costamagna V, St rumia M, Lopez Gonzalez M, et al. Gas transport in surface modified low density polyethylene films with acrylic acid as a grafting agent. Journal of Polymer Science Part B: Polymer Physics, 2006, 44 (19): 2828-2840.

[156] 段予忠. 塑料填料与改性. 郑州: 河南科学技术出版社, 1985.

［157］ Atikler U，Basalp D，Tihminlioglu F. Mechanical and morphological properties of recycled high-density-polyethylene, filled with calcium carbonate and fly ash. Applied Polymer Science，2006，102：4460-4467.

［158］ 杜新胜. 聚乙烯改性的研究与进展. 国外塑料，2009，27（9）.

［159］ 刘生鹏，张苗，胡昊泽等. 聚乙烯改性研究进展. 武汉工程大学学报，2010，32（3）.

［160］ 杜新胜，杨成洁，陈秀娣，薛小妮. 聚乙烯改性的研究进展. 上海塑料，2009（3）.

［161］ Deshmukh R R，Shetty A R. Surface characterization of polyethylene films modified by gaseous plasma. Journal of Applied Polymer Science，2007，104（1）：449-457.

［162］ Ataeefard M，Moradian S，Mirabedini M，et al. Surface properties of low density polyethylene upon low temperature plasma t reatment with various gases. Plasma Chem Plasma Process，2008，28（3）：377-390.

第 **4** 章 聚乙烯树脂的加工方法

4.1 引言

聚乙烯只有通过加工成型才能获得所需的形状、结构和性能，成为有价值的材料与制品。PE 常用的加工成型方法有挤出、注塑、吹塑、热成型、压延成型、纺丝等[1]。这些过程实现的基本条件是聚合物具有一定的流动性和可塑性，因此必须对 PE 进行熔融或溶解使之成为聚合物流体。但应该指出，超高分子量 PE 纤维可以采用固态挤出的方法进行加工，这种固态挤出不需溶剂、加工助剂或配料，所有操作是在聚合物的熔点下进行。

4.1.1 聚乙烯树脂在不同温度下的三态变化

聚乙烯树脂是热塑性高分子聚合物[2~4]。在恒定的压力下受热时，于不同的温度范围内，会出现低分子化合物所没有的玻璃态、高弹态、黏流态三种物理状态，如图 4-1 所示。

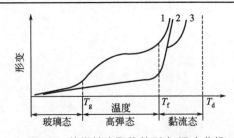

■ 图 4-1 热塑性高聚物的形变-温度曲线

由玻璃态转化为高弹态的温度，称为玻璃化转变温度 T_g；由高弹态转化为黏流态的温度，称为黏流温度 T_f，高聚物在此温度开始熔化，由固相转变为液相（黏性流体）；而当温度高于 T_d 时，聚合物便开始降解或分解，称 T_d 为分解温度。热塑性高聚物有结晶型高聚物和非结晶型高聚物之分，非结晶型高聚物有明显的三态变化，如图 4-1 中的曲线 1。聚乙烯材料属于结晶型高聚物，其高弹态不明显，当温度高于熔化温度时便很快熔化而处于黏流态，如图 4-1 中的曲线 2。

通常的 PE 加工成型是在黏流温度 T_f 与分解温度 T_d 之间的温度范围内进行。塑料在挤出机中，由固相玻璃态转化为液相黏流态。聚乙烯的分解温度高于黏流温度，$T_f \sim T_d$ 温度范围较宽，除必要的抗氧剂外，可以不加其他助剂直接挤出成型。当结晶型高聚物分子量较大时，在黏流态会出现高弹形变，如图 4-1 中曲线 3 所示。这种变形不利于成型加工，会使塑料制品存在内应力。所以，在满足强度要求的前提下，结晶型高聚物挤出成型时，应选用分子量较低的品种，或提高成型温度到高出黏流温度 30℃ 以上，使塑料完全熔融。

4.1.2 聚乙烯树脂的流变性能

聚乙烯主要是通过熔融加工过程成型为各种产品，PE 树脂在加工时要经历一定温度下熔体流动过程。注塑、吹塑成型、挤出成型以及热成型都属于熔融成型过程。所以了解熔体流动的特性是保证加工过程完善的前提。研究聚合物的熔体流动的学科是流变学。

热塑性材料的熔融流变行为非常复杂，强烈地依赖温度和剪切速率的变化情况。熔体黏度在不同的条件下变化非常大，而熔体黏度就是表征流动难易的一个物理量。热塑性塑料流动性能的两个关键因素是非牛顿流体和高黏度。这种特性是由聚合物特有的长分子链导致的。实际上也就是意味着需要在一定外力的作用下才能使塑料熔体流进模具中或者通过模头。

在熔体加工过程中，需要研究熔体黏度随温度和剪切速率变化的情况。剪切速率是表示熔体通过管道或孔口的快慢情况。简单的流体在不同的剪切速率下具有恒定不变的黏度值。水就属于这种简单的流体。这种流体称作牛顿流体，其黏度是一个恒定的值。但塑料熔体并不如此，在恒定的温度下，其黏度随着剪切速率的变化而大幅度的变化。这称为非牛顿流体行为。

熔体指数的测试是在较低的剪切速率下进行的，所以熔体指数对于剪切速率中等或较低的加工方式具有实际的参考意义，比如常见的吹塑成型和热成型。而对于具有较高剪切速率的注塑，并不能完全准确的表示其加工性能。熔体指数的定义是在一定温度和压力下，聚合物熔体在 10 分钟内通过标准毛细管的重量值，因此熔体指数越高，熔体的黏度越低，意味着材料的流动性就越好。

通常认为熔指对评判不同材料的流动性能有较好的参考价值。但是熔指测试是在理想的低剪切速率下进行的，由于不同的材料及材料牌号对于剪切速率的依赖性不同，使之并不能完全代表实际加工时的流动难易程度。但是直到现在，由于熔指测试具有简单易行、成本低廉的特点，仍然被广泛应用。不同加工方法的剪切速率范围参见表 4-1 所列。

■表 4-1　各加工方法剪切速率范围

加工方法	剪切速率
注塑	高
吹塑	中到高
挤出	中到高
热成型	中到低
熔体指数测试	低
毛细管流变仪测试	中到高

可信度更高的黏度测试可以通过高剪切流变仪进行。其测试条件近似于挤出、注射时的实际剪切速率，所以这些数据更值得在加工中作为参考依据。现在通过计算机模拟，采用这些黏度模型可以对加工中的控制参数进行预测。应用最为广泛的简单模型是幂律模型，更为复杂准确的模型包括Carreau、Cross 或者 Elli 模型。材料的流动模型数据不像熔体指数那样容易得到，有一些材料供应商可以提供这些数据，比如 Campus 就是一个免费的树脂材料数据库，其中包括了材料的流变数据。螺旋流动试验也是常用来判断塑料在成型中可模塑性的方法。该试验是在一个有阿基米德螺旋形槽的模具中进行的。模具结构如图 4-2 所示。塑料熔体在注射压力推动下，由中部注入模具，熔体伴随着流动过程逐渐冷却并固化为螺线。螺线的长度反映了不同种类和不同级别塑料的流动性，螺线越长塑料的流动性就越好。螺线的长度还与熔体的流动压力有关，并随压力的增加而增大。同时，注射时间、螺槽的几何尺寸等也会影响螺线的长度。

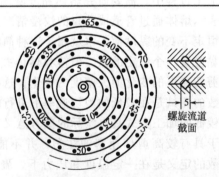

■图 4-2　螺旋流动试验模具示意（入口处在螺旋中央）

通过螺旋流动试验可以了解：①塑料在宽广的剪切力和温度范围的流动性质；②模塑温度、压力和周期等最佳条件；③成型模具浇口及模腔形状与尺寸对塑料流动性和模塑条件的影响；④聚合物分子量和配方中各种助剂及其用量对塑料的流动性和成型条件的影响。各种热塑性塑料按螺旋流动试验所测得的熔体指数和温度对流动性的影响如图 4-3 所示。

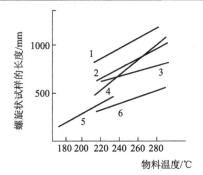

■ 图 4-3 熔体指数和温度对塑料流动性的影响

1—高密度聚乙烯（MI：5.0）；2—聚丙烯（MI：4.0）；3—高密度聚乙烯（MI：2.0）；

4—抗冲击聚苯乙烯；5—ABS；6—聚丙烯（MI：0.3）

综上所述，实际加工的流动行为仍然难于完全预测。有些学者提出了多种黏度模型来描述聚合物熔体的流动行为，对这些模型的详细说明可见其他流变学专著，这里不再详述。

4.1.3 聚乙烯的热力学性质与聚集态结构

(1) 热力学性质

① 比热容　在规定的条件下，将单位质量塑料温度升高 1℃所需热量，称为该种塑料的比热容。比热容可按式(4-1)计算：

$$C = \frac{\Delta Q}{m \Delta t} \qquad [J/(kg \cdot K)] \qquad (4-1)$$

式中，ΔQ 为样品吸收的热量，J；m 为试样的质量，kg；Δt 为试样吸收热量前后温度差，K。

比热容是温度的函数（图 4-4）。

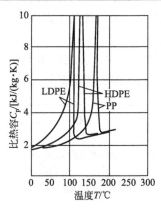

■ 图 4-4　比热容作为温度的函数

② 比体积　比体积 V_p 是密度的倒数（也称比容）。它与温度的关系如图 4-5 所示。

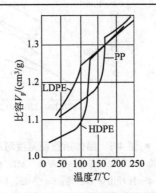

■ 图 4-5　比体积作为温度的函数（压力为 0.1MPa）

③ 比焓　比焓是在特定温度下单位质量材料的热含量。如图 4-6 所示。焓不能绝对地来度量，它总是与某一参考温度（0℃或 20℃）有关。

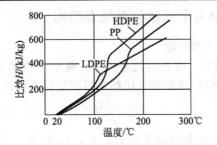

■ 图 4-6　塑料比焓作为温度的函数

在计算塑料加热或冷却的能量时需要使用焓。

(2) 聚集态结构　聚乙烯是非极性高分子聚合物，其聚集态结构主要是指它的晶体结构。

① 聚乙烯的结晶结构　在结晶聚合物中，最有代表性的两种结构是平面锯齿型和螺旋结构。聚乙烯的晶体结构为平面锯齿型，如图 4-7 所示。

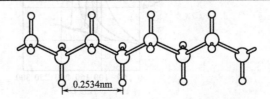

0.2534nm

■ 图 4-7　聚乙烯的结晶结构（锯齿型构象）

由于结晶条件的变化，会引起分子链构象的变化或者堆积方式的改变，同一种聚乙烯可以形成几种不同的晶型。聚乙烯的稳定晶型是正交晶系，拉伸时可形成三斜或单斜晶系。晶型不同，高聚物的性能有差异。

② 聚乙烯的结晶形态　聚乙烯的结晶结构进一步堆砌起来会形成晶体外形——结晶形态，这种结晶形态的尺寸可达几到几十微米，有时甚至可达几厘米。

聚乙烯的结晶形态没有固定的模型，它随结晶成型条件不同而发生变化，其中主要有单晶、球晶、串晶、柱晶、伸直链片晶和纤维晶等。其中球晶是最常见的一种结晶形态，在浓溶液或熔体冷却结晶时，高聚物多倾向于生成球晶结构。它们呈圆球状，尺寸从几微米到几毫米。

聚乙烯聚合物的结晶能力与加工成型条件密切相关，对于聚乙烯来说，在不同温度条件下结晶，会对结晶度产生影响。而且加工条件不同，其球晶大小、晶型结构也会有所变化。

4.1.4 聚乙烯在挤出系统中的结构变化

(1) 挤出过程中物态的变化　PE 树脂进入挤出机后，由传动系统带动螺杆旋转，塑料沿着螺槽向前运动，由机筒加热器加热升温，逐渐软化、熔融、塑化。按 PE 树脂在螺杆中运动的情况，可将螺杆分成 3 个区域，通常称加料段、压缩段、均化段。三段螺杆的变化如下：①加料段靠近加料口附近，塑料颗粒在加料段为固体状态，受机筒加热软化，该段螺槽深度可为等距等深，也可逐渐变浅；②压缩段位于螺杆中部。此段螺槽深度逐渐变浅，塑料受热开始熔化，由于机头、过滤板、过滤网的阻力，使塑料形成很高压力，将逐渐熔融的塑料压得很密实。塑料在压缩段由固态向黏流态转变，塑料全部转变为黏流态，压缩段结束，均化段开始；③均化段靠近螺杆头部，塑料在进入均化段时，已完全转变为黏流态，但温度与塑化尚不够均匀，均化段使黏流态塑料进一步塑化均匀，最后将熔融塑料定量、定压地投入机头。

机头内塑料为均匀的黏流态，通过机头时，塑料在机头内发生的形变为不可逆的塑性形变。塑料出机头冷却定型后，按机头形状制成所需的最终产品。

(2) 聚乙烯熔体的流变性质　聚乙烯的挤出只有在其黏流状态时才可能实现。聚乙烯在挤出过程中熔体黏度必须合适。否则，虽然熔体黏度很低，熔体流动性很好，但保持形状的能力却很差；相反，熔体黏度很高，会造成流动和成型困难。

在挤出过程中，聚乙烯熔体主要受到剪切作用，聚乙烯熔体的黏度随剪切应力或剪切速率的增大而降低。聚乙烯聚合物的挤出性质常用其流变性来表征。

聚乙烯材料在挤出机口模、注射机喷嘴和流道中流动时，会受到剪切作用。根据聚合物黏度与应力或应变速率的关系，将聚合物流体分为牛顿流体和非牛顿流体。聚乙烯流体的流变行为一般为非牛顿型假塑性流体的流变行为。其熔体的流动曲线如图 4-8 所示。通常聚乙烯熔体成型时所经受的剪切速率在假塑性区域。其黏度随剪切应力或剪切速率的增加而下降。

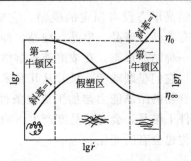

■ 图 4-8　聚乙烯熔体的普通流动曲线

在聚乙烯加工成型过程中，根据聚乙烯种类不同，选用不同的控制工艺。对于聚乙烯而言，熔体黏度对剪切的作用是敏感的，在加工中就必须严格控制螺杆的转速和压力不变，否则剪切速率的微小变化都会引起黏度的显著变化，致使制品出现表观不良、充模不均、密度不均或其他缺陷。在挤出成型中，剪切速率不能过大，即螺杆转速不能超过一定的限度，否则挤出物的外形会逐渐变得不规整。

4.2 注塑

4.2.1 注塑设备

注塑机的结构组成形式有多种，但是，不管是哪种组成形式的注塑机必须具备塑料的塑化、注射、成型模具合模、制品冷却固化和制件的取出等功能动作方式。

注塑机结构一般由塑化注射、合模成型、液压传动系统、电控、加热冷却、润滑和安全保护及监控测试等部分组成。

注塑机的塑化注射装置有多种类型的结构，基本上可分为 3 种：即柱塞式、柱塞预塑化式和往复螺杆预塑化式。

柱塞式塑化注射装置一般多用在较小的塑料制品成型。从它的工作方式和结构看，它的不足之处有加热仅仅依靠加热套热传导、预混不均匀等，现在注塑机多采用往复螺杆预塑化式（图 4-9）。

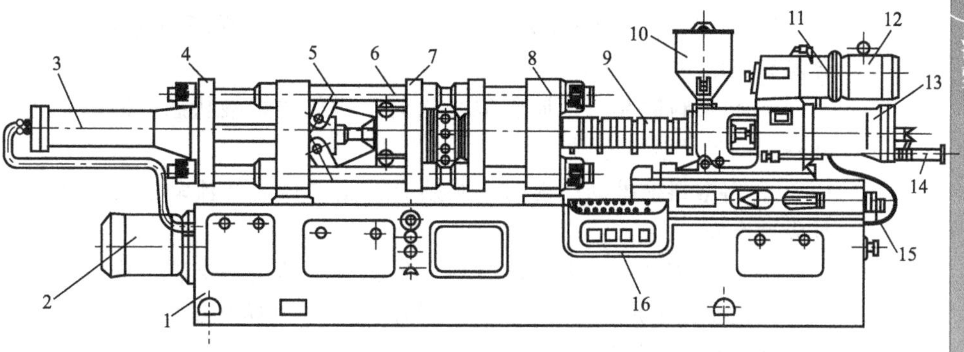

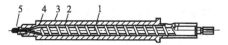

■ 图 4-9　注塑机的外观正面侧视图

1—机身；2—油泵用电动机；3—合模油缸；4—固定板；5—合模机构；6 —拉杆；

7—活动模板；8—固定板；9—塑化机筒；10—料斗；11—减速箱；12—电动机；

13—注射油缸；14—计量装置；15—移动油缸；16—操作台

往复螺杆式注射装置中的主要零部件主要有：螺杆、机筒、螺杆头部、喷嘴和加热器，如图 4-10 所示。

■ 图 4-10　往复螺杆式注射装置中的主要零部件位置

1—螺杆；2—机筒；3—电加热部位；4—螺杆头部；5—喷嘴

注塑机的合模装置部分，是保证注塑工作中合模注射、保压降温成型和预塑化制品脱模 3 个工作程序顺利进行的重要环节。合模成型工作的好坏，同样是影响塑料制品质量主要工序，在这一环节的工作程序中：一组模具结合的牢固可靠性，模具开启结合的灵活性和成品制件取出的方便安全性，都是生产中应注意和要求设备准确保证的必备的工作条件。

合模部分主要零部件有拉杆、模板和推动移动模板前后运动的油缸。合模部分中顶出装置的配备，目的是为了注塑件的顺利脱模取出。要求这个装置应具备有一定的顶出力量，把制品顶出成型模具。小型注塑机只用一个顶出杆即可完成制件的顶出工作，而较大型注塑机上制件规格形体也较大，则需要有多个顶出顶杆，才能让制品脱模，多点顶出要求各顶出杆的顶出力要均匀，以免损坏制品。顶出杆活动频率和移动速度应与模板的开合速度匹配协调，而顶出杆的行程大小也应能根据模具的厚度尺寸调节。

4.2.2 注塑加工工艺

注塑制品加工过程主要是在注塑机上完成的。"注塑过程"包括预塑、计量、注射充模、冷却定型等过程。

塑化注射部分的功能动作是塑料注塑制品工作循环中的第一步，这个部分需完成以下几项工作。

① 将塑料制品所用原料混合均匀，塑化成熔融状态，同时，还应选择好一定的工艺温度条件。

② 熔融料被推动注射时，必须有一定的压力和流动速度，才能进入模具成型空腔。

③ 注入模具空腔内的熔融料，要能充满模具各空腔，同时要保持在一段时间内压力恒定，以补充物料冷却固化收缩和防止熔融料回流。这种工艺条件目的是为保证制品质量密实、制品外形尺寸准确和表面光滑平整。

无论从制品加工程序角度还是从成型机理角度，"注塑过程"一词较确切地表达了这一过程的实质。"注塑"既表示了预塑过程中的塑化概念，又表达了注射充模时的模塑概念。

(1) 预塑计量过程 预塑计量过程是高分子物料在料筒中进行塑化的过程：是把固体粒料或粉料经过加热、压实、混合，从玻璃态转变为均化的黏流态。所谓"均化"是指聚合物熔体温度均化、黏度均化、密度均化和组分均化。在塑化过程中同时完成了计量程序。如前所述得知，聚合物的热力学性能是它的重要特性，因此影响预塑过程的重要因素是热能输入和转换条件。

在预塑阶段，影响聚合物熔体塑化质量的因素主要来自两个方面：预塑过程有关的工艺参数，如料筒加热温度、螺杆行程、螺杆转速、预塑背压、计量时间等；聚合物热物理性能和流变性能有关的参数。上述因素对温度的影响见表 4-2 所列。

■表 4-2　预塑过程参数与聚合物性质对熔体温度影响

项目	影响因素	变化趋势	熔体温度变化
工艺参数	料筒温度	+	+ +
	预塑行程	+	−
	螺杆转速	+	+ −
	预塑背压	+	+ +
	计量时间	+	+
聚合物性质	比热容	+	−
	黏度	+	+

注："+"表示增加，"−"表示降低。

制品质量与储料室的熔体质量有直接关系，并由预塑过程的质量及计量精度所决定的。近代注塑制品十分强调精度和计量作用，因此预塑过程又称"计量过程"。塑化过程追求的主要指标是：塑化质量、计量精度和塑化能力。

(2) 注射充模 注射充模过程是把计量室中预塑好的熔体注入模具型腔里面去的过程。这是聚合物熔体经过喷嘴、流道和浇口向模腔流动的过程。从工艺程序看，有两个阶段：注射阶段与保压阶段，这两个阶段虽都属于熔体流动过程，但流动条件却有较大区别。

注射阶段是从螺杆推进熔体开始，到熔体充满型腔为止。注射时，在其螺杆头部的熔体所建立起来的压强称注射压力；螺杆推进熔体的速度称注射速度；熔体的流率称注射速率；螺杆推进熔体的行程称注射行程，在数值上它是和计量行程相等的。在注射阶段，熔体速度表现是主要的，必须建立足够的速度头和压力头才能充满模腔。保压阶段是从熔体充满模腔开始到浇口冻封为止。注射阶段完成后，必须继续保持注射压力，维持熔体的外缩流动，一直持续到浇口冻封为止。因此保压阶段的特点是：压力表现是主要的。保压阶段的注射压力称保压压力。在保压压力作用下，模腔中的熔体得到冷却补缩和进一步地压缩和增密（图4-11）。

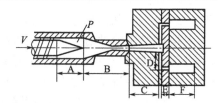

■ 图4-11　熔体经由流道示意

A—计量室流道；B—喷嘴流道；C—主流道；D—分流道；E—浇口；F—模腔

（3）冷却定型过程　冷却定型过程是从浇口"冻封"开始至制品脱模为止。保压压力撤除后，模腔中的熔体，继续冷却定型，使制品能够承受脱模顶出时所允许的变形。

冷却定型过程的特点，温度表现是主要的。熔体温度逐渐降低，一直降到脱模温度为止，这一过程没有熔体流动。熔体在温度影响下比体积和模腔压力会发生变化：随着温度的降低，比体积和模腔压力减少。

4.2.3　聚乙烯的注塑工艺特点及模具

4.2.3.1　工艺特点

聚乙烯是目前世界上产量最大，应用最普遍的一种热塑性塑料。它不仅化学性能稳定，气体渗透性低，吸水性小，介电性能高，而且还具有无毒、无味，原料丰富易得，价格低廉，加工容易等优点，被广泛应用于电气、食品、化学、机械制造以及农业、医药卫生、家庭日用等各个方面。

聚乙烯的注塑有如下工艺特性。

① 聚乙烯熔体属于非牛顿型流体，它的剪切速率与剪切应力之间呈非线性关系，并且具有假弹性材料的特性，当外加应力去除后有一定程度的弹性回复。

② 与其他的结晶型聚合物相似，PE树脂也有着较为明显的熔点，且软

化温度范围窄小（约 3～5℃），其结晶度随温度的上升而下降。表 4-3 所列为聚乙烯的密度与熔点之间的关系。

■表 4-3　聚乙烯的密度与熔点的关系

项　目	密度范围	熔点温度/℃
LDPE	0.910～0.925	108～126
MDPE	0.926～0.940	126～134
HDPE	0.941～0.965	126～137

③ 纯的聚乙烯耐热老化性能较好，在不和氧接触的情况下分解温度可达 300℃ 以上，而一旦和氧接触，温度超过 50℃ 就有被氧化的倾向，氧化后的聚乙烯不仅色泽变黄，而且其物理力学性能和电气性能等均有下降的趋势，因此，在聚乙烯树脂出厂之前通常都添加了适量的抗氧剂。

④ 在注塑加工成型时，熔融状态下的 PE 树脂要承受很高的剪切应力，此时分子量分布对熔体的流动性有着较大的影响。由于分子量分布较宽的 PE 流动性较好，因而在聚乙烯中有时会加入适量的低分子量聚乙烯树脂以加宽分子量分布，达到改善流动性之目的，但这样做会影响其物理力学性能，造成拉伸强度、耐应力开裂、柔软性以及耐热性等有所下降。

⑤ 图 4-12、图 4-13 分别为料筒温度与聚乙烯熔体流动长度的关系和注射压力与聚乙烯熔体流动长度的关系。从中可以看出，注射压力的变化对聚乙烯熔体流动性的影响要比料筒温度更加明显，这在注塑中是十分重要的。但需注意，在高剪切速率下容易使聚乙烯熔体出现破裂现象。实验证明，当剪切力达 4.31×10^5Pa，剪切速率超过 238.0s^{-1}时，就会使注塑制品的表面出现毛糙、斑纹等熔体破裂现象。因此，聚乙烯熔体存在着临界的剪切速率和应力问题，在成型过程中须控制在临界值以下。

⑥ 聚乙烯的吸水率较低（<0.01%），通常情况下可以不进行干燥处理。

⑦ PE 树脂的收缩率大且方向性明显，制品易翘曲变形，须注意模具的设计和成型工艺的合理性。

⑧ 为防止颜料出现迁移，需注意对着色剂的选择，如油溶红等易发生迁移的颜料一般不宜采用。

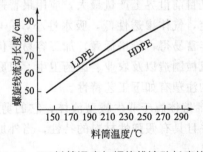

■ 图 4-12　PE 料筒温度与螺旋线流动长度的关系

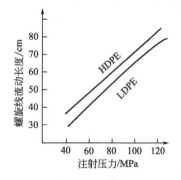

■ 图 4-13　注射压力与螺旋线流动长度的关系

⑨ 聚乙烯对注塑加工设备并无特殊要求，一般均可使用。

4.2.3.2　制品与模具设计

（1）制品　制品的壁厚与熔体的流动长度有关，而聚乙烯的流动性又随着密度的不同有所不同，因此在选择制品的壁厚时需充分考虑流动比。低密度聚乙烯的流动比为 280∶1，高密度聚乙烯的流动比为 230∶1。

在选取制品的壁厚时，还应考虑其收缩率的影响关系。表 4-4 所列为低密度聚乙烯制品的壁厚与成型收缩率的关系。

■表 4-4　聚乙烯制品壁厚与收缩率的关系

制品壁厚范围/mm	成型收缩率/%
1～3	1.5～2
3～6	2～2.5
>7	2.5～3.5

从有利于熔体流动、减少制品收缩来考虑，聚乙烯制品的壁厚应不小于 0.8mm，一般可在 1～3.5mm 之间选取。其脱模斜度：模芯部分沿脱模方向为 25′～45′，模腔部分为 20′～45′。（角度单位：1°＝60′）

（2）模具　为防止因收缩不均，方向性明显所引起的翘曲、扭曲等问题，对于侧壁带有浅凹槽的制品，可采取强行脱模的方式进行脱模。排气孔槽的深度应控制在 0.03mm 以下。

4.2.3.3　PE 原料的准备

除了带有各种添加剂的品级外，注塑所用的聚乙烯一般是呈乳白色的球形或圆柱形颗粒。其流动性是用熔体指数（MI）予以表示，即在温度为 190℃，负荷为 2160g 下，10min 内熔体通过孔径为 2.1mm，长度为 8mm 孔的质量（g）。熔体指数值越小，树脂的分子量就越大，流动性差，加工性能也就越差。表 4-5 为聚乙烯的密度与熔体指数的关系。

■表 4-5　不同密度的聚乙烯与熔体指数范围

项　目	密度范围	熔体指数范围
LDPE	0.910～0.925	1～31
MDPE	0.926～0.940	0.5～20
HDPE	0.941～0.965	0.2～8

　　注塑用的聚乙烯为了保证制品具有一定的机械强度，通常选用熔体指数数值稍低的级别，而对于强度要求不高、薄壁、长流程的制品，熔体指数就可以选择稍大一些。由于聚乙烯的吸水率甚小（＜0.01％），而成型中的水分允许含量可达 0.1％左右，因此在成型加工之前不必进行干燥处理，对于那些因包装不严、储藏不当而引起水分过量的颗粒，可在 70～80℃温度下干燥 1～2h。

4.2.3.4　成型工艺

　　(1) 注射温度　虽然聚乙烯的熔点不高，料筒温度对熔体流动性的影响不如注射压力，但在成型过程中，由于结晶晶核的熔融需吸收大量的热量，故料筒温度的选择点远较熔点为高（通常要高出数十度），这样对改善熔体流动性也是有利的。当然，在提高温度时，还须注意防止熔体的氧化变色，以及对制品的性能、成型收缩率等的影响和溢边的可能性。图 4-14、图 4-15分别为料筒温度与制品的拉伸强度关系，以及对成型收缩率的影响。图 4-16为温度与相对伸长率的关系。从中可以看出，不同的料筒温度对聚乙烯性能的影响将有所不同，因此在温度的选择上，应根据制品的要求和成型情况而选择合适的料筒温度。

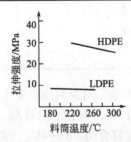

■ 图 4-14　料筒温度与拉伸强度的关系

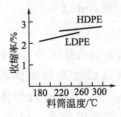

■ 图 4-15　料筒温度与收缩率的关系

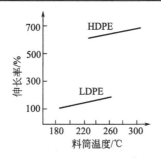

■ 图 4-16　料筒温度与伸长率的关系

在一般情况下，聚乙烯注射料筒温度所选择的范围是根据其密度情况而定，低密度聚乙烯在 160～220℃ 之间，高密度聚乙烯在 108～240℃ 之间。温度在料筒上的分布情况则要求加料段宜低些，以免出现物料黏附于螺杆上的情况，进而造成加料不畅。

(2) 注射压力与注射速度　注射压力的选择是根据制品的壁厚情况和熔体的流动性，以及模具情况综合考虑的。由于聚乙烯在熔融状态下的流动性能较好，因此选取较低压力下进行成型是可以满足大多数制品的要求，除了薄壁、长流程、窄浇口的制品和模具要求注射压力较大外（120MPa 左右），对于易流动的厚壁制品，其注射压力可在 60～80MPa 间选取，一般制品的注射压力均在 100MPa 以下。

图 4-17、图 4-18 分别为注射压力对成型收缩率的影响和保压压力对成型收缩率的影响。可以看出，无论是注射压力的增加还是保压压力的增加，对制品收缩率的降低是有利的，但压力过大有可能导致制品内应力的增加，这是压力选择时需加注意的问题。从生产效率而言，人们总是希望熔体能快速充满模腔，制品得以及时脱模，以便缩短整个成型周期，但由于聚乙烯熔体在高速运动过程中，存在着熔体破裂的倾向，因此在成型过程中，不宜选用高速注射，而应选用中速或慢速注射。对于流动性较好的聚乙烯熔体，在一定的注射压力作用下，选用中等注射速度足能满足大部分制品的成型要求。

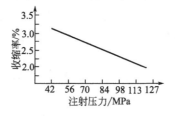

■ 图 4-17　注射压力与成型收缩率的关系

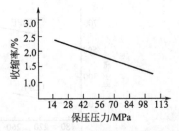

■ 图 4-18　保压压力与成型收缩率的关系

(3) 模具温度　模具温度的高低对聚乙烯制品有较大的影响，即模具温度高，熔体冷却速度慢，制品的结晶度便高，硬度、刚性均有所提高，但模具温度的提高对制品的收缩率显然是不利的，这从图 4-19 中可以看出。模具温度低，熔体的冷却速度快，所得制品的结晶度低，透明性增加，呈现柔韧性，但内应力也随着增加，收缩的各向异性明显增加，易出现翘曲、扭曲等问题。

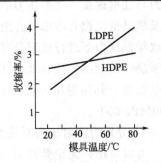

■ 图 4-19　模具温度与收缩率的关系

模具温度选择的范围应根据密度的不同而有所不同，通常低密度聚乙烯的模具温度为 35～55℃，高密度聚乙烯为 60～70℃。在选取时，还应注意制品的形状与温度选择间的关系，如箱形、框形制品常以模腔温度高于模芯温度的办法来解决其侧壁易变形的问题。

(4) 成型周期　在聚乙烯注塑过程中，除了注意要有适当的注射时间和冷却时间外，还应注意要有足够的保压时间，以弥补因熔体收缩所产生的缺料问题，否则在制品中易出现气泡、凹痕等缺陷。

保压时间的长短应根据流道、浇口的大小，制品的壁厚而定，一般在 10～30s 之间选取。

4.3 挤出

挤出成型是指聚合物材料在熔融设备中通过加热、混合、加压，使物料以流动状态连续通过口模进行成型的方法。在聚合物挤出成型中，最常用的熔融设备是挤出机。挤出成型所用的口模，是形状各异的金属流道或节流装置，以便达到当聚合物流体通过时能获得特定的横截面形状的目的。根据机头和口模不同，可以挤出成型管材、薄膜、板材与片材、棒材、异型材以及单丝、撕裂膜、打包带、网、电线电缆等。

如果从 1797 年 J. Brand 开始用挤出工艺生产铅管算起，挤出工业已经有 200 多年的历史。1845 年，H. Bewlgy 改进了 R. Broom 申请的专利，开始用柱塞式挤出机生产电缆。20 世纪 30 年代，热塑性塑料迅速发展，开始了工业化生产。PVC、PE 和 PS 分别在 1939 年、1940 年和 1941 年开始采用挤出法来加工，这就促使挤出工业得到了很大发展。从 50 年代到 70 年代，通用塑料如 PE、PVC、PP 和 PS 等的产量，几乎以 5 年翻一番的速度增长，各种管、膜、板、丝和中空吹塑制品也得到了广泛应用。

4.3.1 挤出成型的分类和特点

按物料塑化方式的不同，挤出成型工艺主要分为干法和湿法两种。干法挤出（dry extrusion）的塑化是依靠加热将固体物料变成熔体，塑化和挤出可在同一设备中进行，挤出塑性体的定型仅为简单的冷却操作。湿法挤出（wet extrusion）的塑化需要溶剂将固体物料充分软化，塑化和挤出必须分别在两套设备中各自独立完成，而塑性体的定型处理要靠脱出溶剂操作来实现。湿法挤出虽有物料塑化均匀性好和可避免物料过度受热分解的优点，但由于有塑化操作复杂和需要处理大量易燃有机溶剂等严重缺点，目前生产上已很少采用。

按对塑化体的加压方式不同，又可将挤出工艺分为连续式和间歇式两种方法。前者所用的设备是螺杆式挤出机，后者则是柱塞式挤出机。用螺杆式挤出机进行挤出加工时，装入料斗的物料随转动的螺杆进入料筒中，借助于料筒的外加热及物料本身和物料与设备间的剪切摩擦生热，使物料融化而呈流动状态；与此同时，物料还受螺杆的搅拌而均匀分散，并不断前进。最后，均匀塑化的物料通过口模被挤到挤出机外而形成一定形状的连续体，经冷却固化后得到制品。柱塞式挤出机的主要部件是一个料筒和一个由液压操纵的柱塞。挤出加工时，先将一批已经塑化好的物料放入料筒内，后借助于柱塞的压力将物料经口模挤出，料筒内的物料挤完后，应退出柱塞以便进行下次操作。柱塞式挤出的明显缺点是操作过程的不连续性，所生产的型材长度受到限制，而且物料还要预先塑化，因而应用较少。但由于柱塞可对物料施加很高的压力，故这种挤出方法可用于 PTFE 之类的难熔塑料的成型。

在当今世界四大材料（木材、硅酸盐、金属和聚合物）中，聚合物和金属是应用最广、最重要的两种材料，而树脂按其体积产量已超过钢铁。聚合物材料中大约 80％都要经过螺杆挤出这一重要的工艺来加工。其中不仅包括膜、板、管、丝和型材等制品的直接成型，还包括中空吹塑、热成型等坯料的挤出加工。同时，如果考虑到注塑级几乎都用螺杆来预塑这一重要因素，把螺杆挤出过程称为"现代聚合物加工的灵魂"一点也不为过。除此之外，在填充、增强、共混和改性等复合材料和聚合物合金生产过程中，螺杆挤出在很大程度上取代了开炼、密炼等常规工艺。此外，在树脂输送、脱水、排气、干燥、预塑和造粒等前处理工序中，无论是大型的树脂厂，或者是小型的制品厂，几乎都采用了挤出工艺。

4.3.2 聚乙烯管材的挤出成型[5]

在工业生产条件下，主要是利用挤出机连续挤出成型的方法制造塑料管材。挤出法生产过程可保证管材生产连续不断、稳定、高效率和经济，该法通用性好，且工艺过程的调节和自动化容易实现，所得的管材质量也比较好。

挤出成型也称为挤压模塑或挤塑，它是在挤出成型机中通过加热、加压而使物料以流动状态通过机头口模成型的方法。挤出成型加工过程，就是使塑料在一定的温度和一定的压力下熔融塑化，并连续地通过一个型孔，成为特定断面形状的产品。同其他成型方法相比，挤出成型可以连续化、自动化生产，应用范围比较广泛，生产效率高，产品质量稳定。管材是挤出成型的重要产品之一。可以用做管材原料的塑料有硬质 PVC、软质 PVC、聚乙烯、聚丙烯、ABS、聚酰胺、聚砜、聚碳酸酯、聚三氟氯乙烯、聚全氟丙烯等热塑性塑料。目前产量最大的是聚氯乙烯、聚乙烯和聚丙烯管材。

管材挤出成型加工如图 4-20 所示，由挤出机将塑料加热、塑化熔融后稳定地输送到管材机头，由机头成型出管坯，在牵引装置作用下通过定型和冷却装置达到所要求的几何形状，尺寸精确；而后切断、堆放、收藏。主要设备是挤出机及辅机，辅机主要有定型装置、冷却装置、牵引装置、切割装置、翻管装置或盘管装置（生产盘卷管）等。此外，还根据具体要求配备打码机、管壁尺寸自动测量设备等。

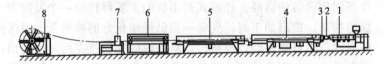

图 4-20　管材挤出成型加工
1—单螺杆挤出机；2—机头；3—定径套；4—真空定径槽；
5—冷却槽；6—牵引机；7—切割机；8—翻管装置或盘管装置（生产盘卷管）

(1) 挤出机的类型及选择　挤出机种类较多，可按多种方式分类，按有无螺杆，可分为螺杆式和无螺杆式；按螺杆数目，可分为单螺杆挤出机、双螺杆挤出机和多螺杆挤出机；按螺杆在空间的位置，可分为卧式挤出机和立式挤出机；按可否排气，分为排气式和非排气式；按挤出机的用途，可分为成型用挤出机、混炼造粒用挤出机等。目前最通用的是卧式、单螺杆、非排气式挤出机，通常选用该类型挤出机生产聚乙烯管材。

选用挤出机的总原则是技术上先进、经济上合理。要全面衡量机器的技术经济特性。具体应注意如下一些因素：①机器的生产效率；②挤出质量的稳定性；③能量消耗；④机器使用寿命；⑤通用性和专用性；⑥机器的操作维修性。

对于聚乙烯管材挤出线的选择应着重考虑如下几点。

① 尽管聚乙烯的加工窗口较宽，但挤出机的组成结构及功能对管材的质量仍有重要的影响。选择挤出机，必须详尽考察其组成，如螺杆、熔体分配器等结构。

② 整条挤出线各组成部分的功能要平衡。整条挤出线，特别是挤出机、机头、定径装置、冷却系统、牵引机的功能要相互匹配。当要实现管材的高速挤出时，各主要组成部分均要适应。尤其是控制系统，应从整条挤出线的水平、所要求产品质量的水平，以及经济性的分析着眼。如聚乙烯燃气管材的高性能挤出，应配备带有微处理器的控制系统。

③ 应考虑挤出材料。采用不同种类的 PE 挤出管材，总的来说，挤出性能差别不是非常大。如长期以来，经常采用生产 HDPE 管材的挤出线挤出 LDPE 管。但如果要达到最佳的技术经济效果，不同密度的 PE 之间，以及不同等级的 PE 管材料如 PE40、PE63、PE80、PE100 之间，在成型性方面仍存在明显的差异。

④ 不同国家、不同时期制造的不同水平的挤出线差异较大。目前，聚乙烯管材挤出已发展到高性能挤出阶段。采用高性能挤出线，不仅提高了管材的质量，提高了生产效率，而且提供了科学的质量保证手段，是生产高品质的聚乙烯管材，如聚乙烯燃气管、建筑内冷热水管的比较好的选择。

(2) 聚乙烃管材挤出系统

① 单螺杆挤出机　图 4-21 为常用的单螺杆挤出机基本结构，由挤出系统（螺杆、机筒、加料装置）、加热及冷却系统、传动系统、辅以控制系统组成。

a. 挤出系统　担负输送、熔融、混炼物料等任务，是挤出机的工作机构。它由加料装置、螺杆和机筒组成。

b. 传动系统　保证螺杆以所需要的扭矩和转速，稳定而均匀地旋转。主要由电动机、减速器、推力轴承系统等组成。一般要求速度可调节，现代挤出机大多数采用电动机无级调速，机械减速器减速的传动系统。

c. 加热、冷却系统　功能是通过对挤出机各部分的加热和冷却，调节聚合物温度，以保证物料始终在其工艺要求的范围内挤出。主要由加热器和冷却装置组成。

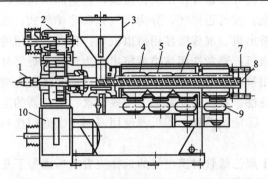

■ 图 4-21　单螺杆挤出机的结构

1—螺杆冷却装置；2—减速箱；3—料斗；4—螺杆；5—机筒；

6—加热器；7—机头连接法兰；8—过滤板；

9—冷却鼓风机；10—可变主电动机

d. 控制系统　主要由检测元件、仪表和其他机电元件等构成。其作用是控制驱动电动机，满足工艺要求的转速和功率；控制挤出机机头温度和压力、机筒各段温度以及挤出量等；保证制品质量，设定和检测工艺条件；与辅机控制系统联动，保证主辅机能够协调运行，并实现整个机组的自动控制。较先进的挤出机还配有微处理器控制系统。

② 机头组件　机头组件的主要作用是：使熔融物料由螺旋运动变为直线运动；产生必要的成型压力，保证制品密实；使物料通过机头得到进一步塑化；通过机头成型所需要的断面形状和尺寸的制品。

在许多挤出机中，在挤出系统和机头组件之间装有多孔板。

挤管机头按塑料在挤出机和机头中流动方向来分，可分为两种：a. 直向机头，这种机头的中心线，与挤出机的中心线相重合，即机头中的料流方向与挤出机的螺杆轴线是一致的；b. 角向机头，机头挤出的物料方向，或机头的中心线，与挤出机螺杆的中心线成一定角度，常为 90°。

聚乙烯管材一般使用直向机头。角向机头一般用于小直径（直径小于 10mm）的导管与复合管材的生产。且一般仅在内冷/内定径时采用。

③ 定型装置　离开机头的管材熔体型坯，必须冷却固化，才能传递牵引力，成型为管材。为使制品具有正确的形状、尺寸和好的表面光滑度，应使用定径装置。

管材定径方法有两种：内径定型法和外径定型法。所谓内径定型法，是采用定径装置控制管材的内径尺寸及圆度，使熔体管坯包紧于定径套的外表面冷却硬化。外径定型法，即定径装置控制管材的外径尺寸及圆度。由于 ISO 标准、欧洲标准及我国国家标准对塑料管材规格系列依据外径确立，因此，一般情况下，塑料管材生产采用外径定型工艺，内径定型仅用于一些特殊情况。外径定型工艺通常可分为两类：压力定型和真空定型。以前，真空外径定型仅用于直径 160mm 以下的 PE 管，但近年来聚乙烯管材已基本上采用真空外径定型工艺。目前，2000mm 的真空槽式定径工艺已开发出来。与压力定型相比，真空定型有如下优点：引管简单快速，废料少；压力定型方法中，压缩空气存留在管内，随着生产的连续进行，气体温度不断升高，而真空定型空气在管内自由流动，管材内壁冷却效果好；能较好地控制尺寸公差；管坯在机头出口处于塑化状态，几乎没有变形；管材的内应力小；没有被螺塞撕裂的危险；不会因螺塞磨损而停产；机头口模与真空定型装置两者分离，因而温度能单独控制。

下面分别介绍几种定型方法。

a. 内径定型　内径定型的定径套直接与机头配合，直接联结在机头芯模上，定径套内通入循环冷却水，熔体管坯从口模出来直接套在定径套上。聚乙烯管材的内径定型多与直角机头相配合（图 4-22），因为这种结构冷却水的进口比较容易设置。

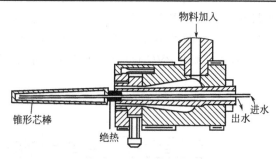

■ 图 4-22　内定径设备示意

b. 外径压力定型　亦称管内压力加压法定径（图 4-23）。定径套与挤出物之间的接触是由空气压力（约 20～100kPa）所造成的。压缩空气经由机头的芯棒导入密封的管内。可盘的较小管和软管端部密闭。较大管材用滑动塞封闭。滑动塞由一系列圆形橡胶密封件组成，置于管内，用缆绳系在模头端面上，放松缆绳直到滑动塞在定径管下游滑动一定距离后才拉紧。

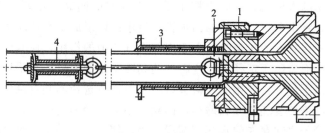

■ 图 4-23　外径压力定型

1—口模；2—空气入口；3—定径套；4—滑动塞

该法中定径装置应良好对中并尽可能直接与管机头用法兰连接,以防内压胀开或撕裂管材。定径套以及管材在连接的冷却段中用循环水(夹套式)、滴水冷却、或用喷水器进行冷却。外径压力定型,过去曾用于直径大于350mm 的聚氯乙烯管材,以及直径大于 90mm 的聚乙烯管材。目前一般仅用于特大型管材的生产。

c. 外径真空定型 在真空定型中,管材型坯与定径装置之间的接触,通过给定径装置抽真空达到。管内只需维持大气压力,平衡空气压力的钻孔安置在机头模芯上。聚乙烯管材的真空定径,已由"真空套式定径"发展为"真空槽式定径"。

真空套式定径(图 4-24)即定径套自带真空段,或者说对定径套的某一段抽真空。它是采用在冷却水箱前安装一个定径套,管材先经空气冷却,然后进入真空定径套。定径套分为三段或多段;第一段冷却,第二段抽真空,然后是冷却段(三段式);或冷却段与真空段交替设置(多段式)。抽真空部位设有一些细孔或缝口。此种结构,对于机头出口处管坯温度较高的聚乙烯类塑料的定型比较困难,管材生产速度只能控制在很低值,否则会出现外表面不光滑、管材圆度不好等缺陷。该结构适合于能迅速冷却并且不易变形的热塑性塑料(例如 PVC-U)。这种方法目前已很少用于聚乙烯管材的生产。

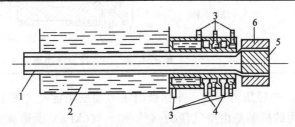

■ 图 4-24 真空法外定径设备示意

1—挤出管材;2—冷却水槽;3—冷却水;4—通真空泵;5—芯模;6—口模

目前,聚乙烯管材定径通常采用"真空槽式定径"。即定径元件固定在密闭的水槽内,在向水槽中供给冷却水的同时,水环式真空泵对水槽抽真空,将水和空气一并抽出水箱,使水槽内形成真空负压力,熔体管坯通过处于减压状态的水箱时,由于内部大气压力的作用,使其向定径元件内壁方向膨胀而紧贴于定径元件内腔,达到冷却定型的目的。采用真空槽式定径,具有以下优点:使用同一机头口模,可通过选择不同直径的定径套以及控制真空度来使管坯膨胀和缩小,而获得不同直径的管子;管材冷却充分;定径套和管子之间存在的水起到润滑作用,使定径套和塑料管之间的摩擦力大大减少,因此引管容易。

④ 冷却装置 熔体管坯通过定径套冷却定型后,尚需进一步在真空状

态下冷却。经过足够的真空冷却后，再进行常压冷却。

a. 真空冷却槽　为便于管材开始牵引生产时真空度的快速建立，带定径元件的真空槽应较短。在该真空定径槽后，紧接独立的真空槽。目前更多采用的是所谓的"双室真空槽"，即一个真空槽分为两部分，在第一真空室内装有定径套，这不仅极大地方便了管材生产的牵引操作，而且在需改变真空度以调节管与定径套之间的摩擦力时，也相当灵活。还可充分考虑到冷却不同阶段时对真空度的需求。第一真空室长度通常不超过 1m。

真空槽的总长度过去常为 6m 左右，近年来，由于生产速度的提高及对尺寸精度公差的要求，真空槽长度现已发展为 10～12m。真空槽通常都是矩形的，横断面为正方形。水箱的支架应做得可以调节高度，支架还应能够纵向移动，为的是能调节与模头的距离，以便于控制塑料管的牵引。真空箱的两端是敞开的，两段安装上柔性垫圈，挤出管通过两头的垫圈进出水箱。另外应设置一个有排水口的集水箱，用来收集从垫圈漏出的水。挤出管由许多沿整个水槽长度设置的滚轮支撑和导引。这些滚轮应按一定尺寸加工和排列。为了维持真空箱内的真空，真空箱要装上带铰键的箱盖和垫片，保持气密状态。箱盖和侧壁上常常装有观察窗。对于"双室真空槽"，附加的贯通式垫片把后续的各真空室与定径室隔开，各真空室也彼此隔离。每个室都有一个可调的放气阀，分别调节各自的真空度，真空度的高低要与该冷却段对管要求相适应。虽然这些真空室是单独进行调节的，但它们可以公用一个真空源。必要时，可由几个单独的真空装置为定径室和后续的各冷却室提供真空源。大多数真空箱垫片是用柔性橡胶制作的，上面有一个孔，孔径略小于挤出管管径，以确保真空箱端头及箱内不同真空室间的真空密封良好。为彻底阻止空气泄漏，通常把这种橡胶垫片做得相当厚。垫片原料必须具有足够的柔韧性，使挤出管周围严密而又不产生过大的摩擦阻力。倘若垫片太硬或太小，都可能导致诸如颤痕和线纹等表面缺陷。采用能耐高温的硅橡胶或阻力较小的聚四氟乙烯制造的垫片使用效果较好。

真空冷却必须采用水环式真空泵。所能产生的真空度一般为 0～0.08MPa。真空槽冷却介质温度越低，真空泵吸入能力越高，5～15℃的工作介质温度为佳。

b. 总冷却长度　管材的总冷却段中除前面所述的真空冷却槽（冷却的同时保证尺寸），还包括常压冷却槽（只需考虑冷却功能）。管材的总冷却长度，及冷却槽的总长度，与管材的种类、尺寸、冷却方式、冷却水、牵引速度等有关。冷却段总长度可按式(4-2)粗略计算：

$$L = L_{spec}Q \tag{4-2}$$

式中，L_{spec} 为比冷却段长，单位是 mm/(h/kg)；Q 为产量，单位是 kg/h。

通常做如下假设：口模温度 220℃的熔体管坯，利用 20℃冷却水喷淋冷却，冷却末端管材内表面温度不超过 85℃。

在此假设条件下，L_{spec}仅与管材标准尺寸比（压力等级）有关，而与管材的直径及绝对壁厚值无关。表 4-6 为比冷却段长度（L_{spec}）与管材公称压力等级（PN）的关系。

■表 4-6　比冷却段长度（L_{spec}）与管材公称压力等级（PN）的关系

PN(DIN)/×10⁵ Pa	2.5	3.2	4.0	6.0	10	16
L_{spec} HDPE(PE63)/（mm·h/kg）	18	22	28	42	70	112

对于要盘卷的管子，冷却长度必须是双倍的；盘卷时内壁温度不应超过 40℃。

为减少管材内应力，最好采用间隔冷却方式，即冷却槽间留有一定距离。冷却槽间，管壁内部的热量向外扩散，管壁外层升温而内层相应降温。通过此方式，可显著降低内应力的产生。对外径大于 110mm 的 PE 管，间隔冷却尤其重要，而且外径愈大，愈必要。

⑤ 牵引机　牵引机的主要作用是给机头出来的熔体管坯提供一定的牵引力和牵引速度，克服冷却过程中所产生的摩擦力，使管材以均匀的速度自冷却定型装置中引出，并通过调节牵引速度来调节管材的壁厚。

牵引机要能适应夹持多种直径管材的需要，而且能在较大范围内无极平滑变速，因为一条牵引机要用于不同管径、不同壁厚管材的生产；要提供足够大的牵引力，并且牵引机对管材的夹持力可调节；以使厚壁管材不致产生永久变形，另外，又应有足够的拉力生产厚壁管材；牵引速度在相当大的范围内保持速度平稳，因牵引速度的脉动，会引起管材表面产生竹节。牵引机主要有履带式和皮带式两种。

皮带牵引装置主要用于压力敏感、薄壁、管径较小和生产速度较高的管。除此之外，一般使用履带牵引机。

履带牵引机牵引力大，速度调节范围宽，与管材接触面积大，管材不易变形，不易打滑。通常处于下方的履带根据不同的直径，通过手动或由齿轮电动机、芯轴传动调节位置。其他履带通过汽缸保持与管材接触，接触压力可通过压力控制阀调节。履带必须绝对地平行，以防止管材产生旋转。履带应能反向运转，以方便开始生产时，牵引管材向口模方向的运动。

牵引装置的选配还要考虑下列因素。

a. 管径　最大出口宽度，即牵引装置的自由通道应比受传送的管径的最大外径大 50mm。

b. 管壁厚度和硬度　低硬度管和薄壁管要求有几个长履带牵引装置。

c. 牵引速度和牵引力　牵引速度和牵引力应有约 20%～30%的余量。

⑥ 其他下游及辅助设备

a. 切割装置　切割装置的主要作用是将连续挤出的管材按要求长度切割。目前管材切割的主要方式有两种：一种是圆盘式切割，多用于中小口径管材；另一种是自动行星锯切割，多用于大口径管材。近年来还出现了切刀式切割。

b. 翻转装置　翻转装置的主要作用是支撑管材，使连续挤出的管材定向前移。一般采用气动翻板式，管材切割后自动进入托架。

c. 打印设备　通常可采用热打标装置或喷墨打印装置。喷墨打印机由于采用计算机程序，调整灵活，可按要求设定打印汉字、字母、阿拉伯数字及当前日期、时间、产品序列号等内容，并可以提供防伪功能。但使用热打标装置，标志的永久性效果好。

d. 集中供料系统　最初给挤出机加料，是利用人工将料倾倒入挤出机的料斗中。现在一般采用气动传送机为单个挤出机加料。气动传送是将颗粒、粉末类的物质送到空气流中使之浮动进行传送。这类传送大体上可分为压送式和真空式两类。压送式一般适合于高流速远距离的传输。目前聚乙烯管材挤出线车间内的供料系统多采用真空式。塑料管材制品行业比较讲究规模效益，一个车间内布置几条或十几条挤出生产线是很常见的。因此，集中供料可提高生产效率，减少原料污染，保证产品质量。

(3) 管材挤出过程的自动化　自动化对于管材挤出生产线已是不可或缺的东西，区别在于自动化的程度。目前世界先进的聚乙烯管材生产线的自动化过程主要特点如下。

① 模块化设计　管材挤出线的控制过程参数多，分布点广。从原料输送到成品管材下生产线，有好多单个的设备，每个都有自己的控制系统和控制目标。但它们的控制参数要与生产工艺的设定值一致，并且它们之间也要相互协调。管材生产线的完整自动化控制系统是由这些多参数、多设备、多控制系统组合完成的。图 4-25 是一条聚乙烯管材挤出线模块化控制。通过模块化设计，设备制造商可以制造用户可以选用不同自动化控制水平的生产线。

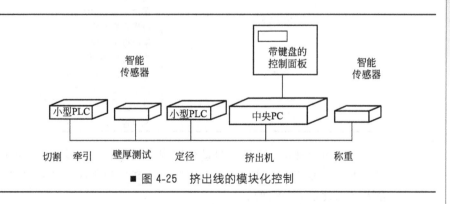

■ 图 4-25　挤出线的模块化控制

② 集中操作和分散干预　所有下游设备都配有小型 PLC，并连接到挤出机的中心 PC 机上。这样设置的优点是下游设备可实现局部智能化控制，每个下游设备都可单独操作。当整合到自动化管材生产线上时，挤出机的中心 PC 机将承担过程控制和监视的任务。这样，牵引和切割既可在机器旁操

作，也可由挤出机集中控制，极大地方便了设备的操作。特别是当采用现场主线系统（主要为 CAN 主线）时，不仅可获得高的数据传输速度，而且通过相互协商，不同设备制造商生产的管材挤出线，可以结合在一起使用。无论是设备制造商还是管材生产商，对于生产线的组成及扩展有更大的灵活性。

③ 管材生产自动化的扩展　不仅可整合到工厂自动化系统中，而且有的自动化系统甚至可通过互联网实现远程生产线的检测、诊断和控制（如可以连接到生产线的制造商）。

④ 控制的可视化　中心 PC 机在监视器上对控制系统和控制参数以图和数据表形式显示，界面非常直观、明晰。

采用自动化系统，可以为管材制造商带来明显的利益：节约原材料；稳定生产，改善质量；减少停工时间；设备操作更简单方便。

此外，目前的自动化系统通过集成数据管理系统，记录了加工故障报警和重要的加工过程及参数等。这些结果在长达一年的时间里具有可追溯效力，非常好地满足了 ISO9000 质量认证的要求。当产品的稳定性要求非常高时（如燃气管和地板加热管），这样的系统就显得更有价值。

在实际的管材加工厂中，聚乙烯管材挤出生产线自动化控制的实现有着不同的层次和水平，如德国 Battenfeld 公司将其分为 4 个层次（表 4-7）。

■表 4-7　管材挤出生产线自动化控制的层次与功能

自动化控制的层次	功　能
水平 4	生产过程记录
	温度控制，同步运行
	每米质量偏离控制
	最小壁厚及平均壁厚的控制
水平 3	生产过程记录
	温度控制，同步运行
	每米质量偏离控制
	最小壁厚的控制
水平 2	生产过程控制
	温度控制，同步运行
	每米质量偏离控制
水平 1	生产过程记录
	温度控制，同步运行

聚乙烯管材挤出设备的自动化实现的程度与设备及其功能的配制极为密切。水平 1 为基本的挤出线自动控制，较高自动化水平是通过在挤出线上整合入下列设备而获得的。

a. 重力计量加料装置　通过挤出机料斗上方的重力称重装置，对加入的粒料快速称重。精确称重的原材料与设定的标准值相比较，产生的偏差通过改变螺杆速度或牵引速度来校正，实现了闭环控制。因而保证了生产过程中每米管材质量的稳定，提高了产品的质量，并节约了原材料（水平 2）。

b. 壁厚测量装置　即使保证了每米质量的恒定，壁厚在整个圆周也有可能出现不均的现象，无法实现最小壁厚的控制。在调整壁厚时先应对壁厚进行测量。大部分测量系统，如同位素、红外线和超声等均可采用，但通常采用的是超声波测厚装置。

所有测量信息将以数字和图形的形式显示在中央 PC 机的监视器上。操作者可以人工调整口模和芯模（水平 3），也可以通过自动对中系统实现（水平 4）。

采用重力加料装置和超声波测厚系统后，生产线就可以通过调整牵引速度永久地实现在自动化系统中设定的最小壁厚。最小壁厚是管材标准中的公称规定值加上安全余量。

c. 自动对中系统　人工对中口模的精度决定于管径和壁厚，并决定于操作者的经验和技能。更高精度的口模调整是根据管材壁厚断面的测量结果，通过两种自动对中系统（热口模对中和电动机械口模对中）实现的。使用自动对中系统可获得壁厚均匀的管材断面。

自动化控制水平 4 是综合采用重力计量加料装置、壁厚测量装置、自动对中系统实现的。该水平的高性能管材挤出线可节约原料约 5％，并有效地提高了管材质量。原料的节约是通过每米质量控制、最小壁厚控制和壁厚断面的均匀控制来逐步实现的。

4.3.3 聚乙烯波纹管的加工

PE 波纹管是指挤出管壁为同心环状中空棱纹的管材，波纹为平行环型。波纹管具有用料省、刚性高的特点。从纵向截面形状看 PE 波纹管又可分为单壁波纹管和双壁波纹管（图 4-26）。单壁塑料波纹管是指塑料管的内、外壁均具有波纹的管材；双壁塑料波纹管，是在单壁塑料波纹管的基础上发展起来的，管壁纵截面由两层结构组成，内层光滑，外层为波纹状（波纹形状可为直角、梯形、正弦形等）。双壁波纹管是同时挤出两个同心管再将波纹外管熔接在内壁光滑的内管上而制成的。由于管材的轴向带有环形波纹结构，大大增强了管材的刚性和耐压性，且兼有软管易弯曲、盘绕的柔性。此外，由于管壁截面中间是空芯的，在相同的外压承载能力下可以比普通的实壁管节省 50％ 以上的材料。PE 波纹管主要用于室外埋地排水管道、污水管道、通信电缆套管和农用灌溉排水管。

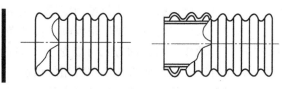

■ 图 4-26　单壁波纹管和双壁波纹管

PE 波纹管的挤出成型工艺与通用 PE 管材的加工工艺相似，均是采用螺杆挤出机挤出，管机头处成型管坯，区别在于波纹管的挤出管坯定形实际上是连续化的挤吹成型过程。波纹管的生产工艺为：首先，充分塑化熔融的物料经管机头成型为管坯，机头中心通入压缩空气，管坯内有气塞棒截留压缩空气，使管坯向外膨胀紧贴成型模具或波纹状内表面，成型模以块状固定在两条连接运转的履带上，块状定型模对合，形成波纹管壁的成型空间，波纹管由风冷方式冷却连续牵出，并卷绕或切割成为波纹管制品。

PE 波纹管的挤出成型用设备与通用 PE 管材的挤出成型用设备条件基本相似，区别在于挤出管机头的结构和管材的波纹成型模具。

(1) 管机头结构 波纹管机头结构与普通直通式管机头相似，但一般波纹管实际壁厚较薄，因此口模环隙较小由于机头口模部分要伸入到定型块中一部分，因此口模和芯模比较长，且这一部分不设加热圈。

单壁波纹管机头中管坯壁厚均匀度的调节是通过固定口模和芯棒调节来进行的，芯棒中心有固定气塞棒的结构和压缩空气通气孔；双壁波纹管机头中进入机头的熔体被分流，分别进入内芯棒与口模形成的环状流道和外芯棒与口模形成的环状流道，压缩空气从内外流道夹层通入，吹胀外壁贴紧定型模内壁层波纹。内层芯棒通压缩空气，并用冷却水对内层坯冷却定型。

(2) 波纹成型模具 波纹成型模具是挤出 PE 波纹管的关键设备，波纹模具可以通过压力和真空，迫使熔体管坯进入到波纹模具中，使管材获得波纹面，同时可以起到牵引、退管的作用。PE 管纹管用波纹模具的工作结构如图 4-27 所示。

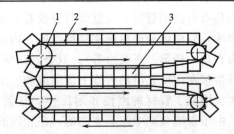

■ 图 4-27 波纹成型模具组成及工作运行示意
1—传动链轮；2—波纹成型模具；3—闭合模具

波纹成型装置主要由链式传动装置和定型模块组成，两条相对移动的环形链条上，固定着数十对管波纹成型用模具，由链条带动运行，完成两半开模具的闭合和打开动作。对开的方式可以是上下的，也可以是水平方向的，当两半开模具闭合时，便形成吹塑波纹管用的型腔；当两半模具打开时，则管的表面波纹成型，波纹管脱模。当变更产品规格时，应更换相应规格的定型模块。操作时应注意定型模块、气塞棒和机头的对中。机头口模部分伸入定型模内应大于一副成型块的距离，以保证波纹管成型时两模块完全闭合。两模块的波形必须对正，不能错位。吹塑压力应保证管坯完全与定型模内壁贴合，波纹形状完成一般需 0.15MPa 压力。定型模温度为 45～60℃，这样能使开模前波纹管基本定型。卷取前经过充分冷却，防止波纹节距被拉长。波纹管成型用波纹模具的运行速度，一般在 10m/min 以内，吹胀管坯用空气压力为 0.02～0.15MPa 左右，模具的温度约 50℃ 左右，采用水喷淋或吹冷风法为模具降温。

4.3.4 片/板材加工

聚乙烯片/板材的挤出成型同样是采用螺杆挤出机作为主机，对 PE 进行熔融、混炼，制备 PE 熔体。片材的挤出成形部分主要是通过片材机头实现，片材的冷却定型部分主要是通过三辊压光机实现。片材的厚度一般在 0.2～10mm 范围内，超过 6mm 厚的片材就很少见了。生产的片材厚度绝大多数在 1mm 附近，这时片材利于卷曲、剪裁和堆积。片材的宽度一般在 600～2000mm 范围内。

图 4-28 是 PE 挤出片/板材的生产工艺流程，图 4-29 是 PE 挤出片/板材生产线示意图，PE 原料经挤出机熔融挤出后，进入到片材机头中；PE 熔体通过机头结构分流、均化后由机头口模的狭缝挤出成形片材；熔体片材立即被引入到三辊压光机的压辊间，冷却定型；片材经夹辊牵引，并裁切后得到 PE 挤出片/板材制品。

■ 图4-28　PE 挤出片/板材的加工工艺流程

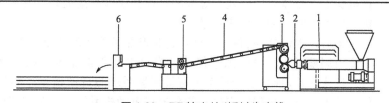

■ 图 4-29　PE 挤出片/板材生产线

1—挤出机；2—片材机头；3—三辊压光机；4—辊传送器；

5—起料夹辊；6—闸刀和堆积装置

（1）片材机头挤出成形　PE 片/板材的挤出主要采用衣架式片材机头，如图 4-30 所示，结构主要包括：机颈、扇形流道、歧管、稳压流道、狭缝口模、上/下模唇、模唇调节螺钉、阻流调节块、加热器等。

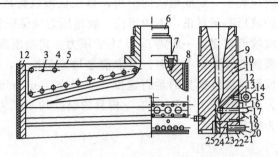

■ 图 4-30 衣架式片材机头

1—电热板；2—侧板；3，10—圆柱销；4，7，11—内六角螺钉；
5—下模体；6—连接颈；8—电热棒；9—电热圈；12,16—调节螺钉；
13—上模体；14—吊环；15—压条；17—长螺钉；
18，19，23—螺栓；20—调节螺母；21—固定座；
22—面板；24—上模唇；25—下模唇

　　PE熔体由机颈入口进入到衣架式片材机头，经机头中的扇形流道在机头幅宽方向分流，并改变为层流。在机头的扇形流道内，开有多道与口模方向水平的歧管（圆形槽），并且歧管直径逐渐变小。歧管中有少量的存料可起稳压作用，歧管截面积的缩小，可以减少物料的停留时间。经过歧管，在扇形流道末端的稳压流道中，使熔体的横向流速达到一致。再通过阻流调节块进行微调后，熔料流速与压力就达到均匀性要求。通过调节上模唇，可挤出多种厚度规格的板、片材。上、下模的内表面须具有很低的粗糙度，最好能镀铬，以提高板、片材的光亮度和平整度。由于衣架式机头运用了流变学的理论，采用的衣架形的斜形流道弥补了中间和两端薄膜厚薄不均匀的问题，这方面的研究比较成熟，所以衣架式机头应用广泛，但其缺点是型腔结构复杂，价格较贵。

　　片材机头装配前，应使上模唇的调节螺母处在松弛状态，唇口处在自然开放状态，同时应仔细检查型腔表面、上下模唇是否有碰伤、划痕。按要求将机头上下模体装配一起，螺栓的螺纹处涂以高温油脂，并将过滤器安放在机头法兰之间，调整机头水平位置。

　　最后，控制片/板材的厚度，这是产品最重要的质量要求，厚度的控制，主要由调整机头唇口间隙来保证，模口厚度通常比生产的片材厚度要略大些。现代的片/板材生产线都装有带测量系统的自动模口。测量系统的输出信号端可以置于热膨胀螺栓、转化器或电动机系统上。热引起的厚度变化会引发激励信号，导致压电效应引起模口产生变化，因为自动调整仅仅允许厚度的微小的改变，因此生产前对模口狭缝必须进行手动设置。

　　(2) 三辊压光机定型　板坯从机头成型后要立即在三辊压光机（简称压光机）定型。从扁平机头挤出的板坯的温度较高，由三辊压光机压光并逐渐冷却，同时还起一定的牵引作用，调节板坯各点速度一致，保证板材的平直。应当注意，三辊压光机不是压延机，其结构没有压延机牢固。板材厚度定型主要靠模唇间隙，绝不能靠压光机将厚的板坯压成薄的板材。压光机对板坯只能有轻微的压薄作用，否则滚筒会变形损坏。

操作时，根据要求调整三辊压光机滚筒的间距，将板坯慢慢引入压光机滚筒之间，并使之沿冷却导辊和牵引辊前进。除了非常厚的片材，其他的片材在离开第一个冷却辊前，在整个厚度方向上结晶都是非常完全的，因而第二个冷却辊仅是简单地去除多余的热量。片材通过辊传送器时，有时会采用风扇来进行冷却，通过一个厚度测量装置后，片材就可以剪裁、堆叠和缠绕。精确控制熔体和辊的温度对生产高质量的片材非常关键，因为小的差异会引起片材两侧结晶和收缩行为不同，导致片材卷曲和翘曲。三辊压光机与片材挤出机头的距离应尽可能地靠近，一般为 50～100mm，若距离太大，板坯易下垂发皱，光洁度不好，同时易散热冷却。如果挤出的坯料从上辊和中辊间隙进入，贴紧中辊绕半圈，经过中辊和下辊的间隙，再经过下辊半圈而导出，这时中辊的温度最高，上辊的温度稍低，约比中辊低 10℃，而下辊的温度最低，约比中辊低 10℃。

压光机牵引速度应略高于板坯从机头唇口挤出速度，但牵引速度要根据唇口间隙对板坯厚度控制条件，来决定压光机的工作速度，压光机辊筒的线速度一般为 0.5～5.0m/min，并可根据板材厚度调节。由压光机出来的片板/材的芯层温度以接近高弹态温度为原则。牵引机使板材保持一定的张力，若张力过大，板材芯层存在内应力，使用过程会发生翘曲，或在二次成型加热时产生较大收缩或开裂；若张力过小，板材会变形。

4.3.5 电线电缆挤出包覆成型

塑料线缆的基本结构是在铜、铝等电线芯外面包上塑料作为绝缘层。导电线芯有的是由单根导线构成的，也有的是把多根导线按一定要求绞制在一起的。导电线芯的截面大小是根据通过电流的多少来决定的。在导电线芯外面还要包覆绝缘层。塑料材料具有良好的电气绝缘性和一定的机械强度、耐热性、耐老化性，加工也容易，所以塑料作为绝缘材料是非常理想的。

电线电缆的绝缘层越厚，其绝缘性就越好，机械强度也越高。但绝缘层太厚，由芯层发生的热量就难以通过绝缘层散失；另一方面线缆需要一定的柔软度，绝缘层越厚，线缆的柔软度越差。因此，线缆的绝缘层厚度需要综合各方面的因素决定。

有些电缆需要在绝缘层外面再挤出包覆一层塑料作为护套。常用的塑料品种有 PVC、PE、PP、聚酰胺和氟塑料等。

下图给出了电线电缆的生产工艺流程。在典型的生产线中，输线卷盘将放线卷筒放出的铜线捋直，进入预热器，预热导线（一般在 150～175℃）是为了防止聚合物在金属导线上过早地收缩，并有助于聚合物黏附在导线上。预热的导线进入直角模头时，来自挤出机的熔体就包覆在导线上，然后，包覆后的线缆通过冷却槽，冷却水槽的水温要求是梯度下降。接下来通过火花试验仪来检查导线包覆绝缘的缺陷点，再测定产品的直径和偏心度（也就是导体是否在绝缘材料的中心），最后，把挤出包覆好的线缆产品缠绕在圆鼓和卷筒上，准备线缆产品的出厂性能测试（图4-3）。

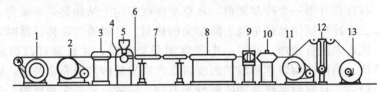

■ 图4-31　电线电缆生产工艺流程

1—放线辊；2—输线绞盘；3—预热器；4—挤出机；5—PE电缆料；6—导线包覆模头；
7—冷却槽；8—火花测试仪；9—直径量规；10—偏心度测量仪；
11—输出绞盘；12—拉伸控制仪；13—缠绕辊

挤出线缆时一般采用的挤出机的螺杆直径在30～200mm之间，螺杆的长径比一般在18～24范围内。

4.4 纺丝[5～10]

纺丝类产品也是聚乙烯的重要应用领域。PE的纺丝产品主要有PE长纤维、PE短纤维和PE纤维非织造布等。

尽管PE的纺丝类产品种类繁多，但其加工原理和加工方法都有一定的相似性，即无论是PE单丝纤维，还是纤维非织造布，其纺丝原理都是通过熔融纺丝-加热拉伸-固化定形，这一基本的加工工艺来实现的。其中，加热拉伸步骤的目的是增加材料中PE大分子和结晶区的取向，从而改善纺丝制品的内部结构，提高制品的纵向拉伸强度和耐磨性。

目前，生产加工乙纶主要采用常规的熔体纺丝的方法。而近年来随着纺丝工艺技术和装备制造技术的发展，出现了许多新型的PE纤维的生产加工方法和工艺，如短程纺丝法、纺-牵一步法，以及非织造布生产工艺、一步法膨体长丝生产工艺、空气变形丝和复合丝工艺等。

4.4.1 长纤维的加工

乙纶长丝一般采用常规的"熔体纺丝"的方法。熔体纺丝（melt-spinning）是通过螺杆挤出机挤出的方法制备聚乙烯纺丝熔体，并使PE熔体经由纺丝箱体的喷丝板压出，形成熔体细流，并在空气或水的冷却作用下，固化成纤维的方法。

熔体纺丝法流程短，纺丝速度高，成本低，并可通过改变喷丝孔的形状，从而改变纤维的截面形态和纤维性能。

　　然而，PE 原料经过熔体纺丝后得到的仅是取向度较低、结构性能不稳定的初生纤维。初生纤维虽然已经形成丝状，但其物理力学性能较差，如强度低、伸长大、尺寸稳定性差、沸水收缩率高，纤维硬而脆，没有使用价值，尚不能直接用于纺织加工。因此，为了完善纤维结构、提高纤维性能，熔体纺丝制备的初生纤维必须经过一系列的后处理工艺，才能生产出性能优良的纺织用乙纶长丝。乙纶长丝初生纤维的后处理步骤主要包括拉伸取向、热定形、卷曲和加捻等。其中，后拉伸处理可以增大纤维中大分子和结晶区的取向，改变初生纤维的内部结构，提高纤维的断裂强度和耐磨性，减少纤维的伸长率；热定形处理可以调节纺丝过程中高聚物内部分子间的作用力，提高纤维的稳定性和物理力学性能；卷取和加捻处理可以改善纤维的加工性，并使纤维膨松、有弹性，增加纤维间的抱合力，提高复丝的强度，从而满足不同织物的要求。

　　熔体纺丝法生产乙纶长丝的主要工艺流程如图 4-32 所示。

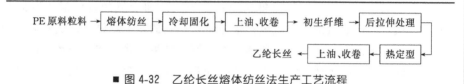

■ 图 4-32　乙纶长丝熔体纺丝法生产工艺流程

　　熔体纺丝法生产乙纶长丝的主要生产装置如图 4-33 所示。

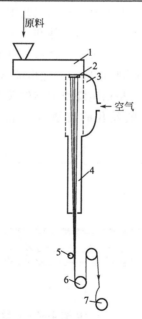

■ 图 4-33　乙纶长丝熔体纺丝法生产装置

1—螺杆挤出机；2—喷丝板；3—吹风窗；4—纺丝通道；

5—给油盘；6—导丝盘；7—盘绕装置

PE 熔体纺丝法生产长丝纤维的主要设备包括：螺杆挤出机、熔体计量泵、纺丝箱、喷丝板、纺丝筒、冷却吹风系统、受丝筒，以及集束架、导丝架、拉伸箱、热定型机、上油辊、卷取辊等。

熔体纺丝法的工业化生产有两种实施工艺：一是采用聚合装置出来的产物直接挤出熔体纺丝工艺，该工艺省去了原料造粒、干燥、运输、再熔融等工序，简化流程，提高生产效率，降低成本；二是采用 PE 粒料挤出熔体纺丝工艺，该工艺停开车方便，灵活性强，原料选择性大，方便控制。

熔体纺丝法的主要工艺流程如下。

PE 原料经螺杆挤出机塑化、熔融后，得到的熔体进入到纺丝箱体中；为保证挤出纤维纤度相同，PE 熔体在纺丝箱体内先经过熔体过滤，并经由熔体分配流道，均匀地分配到喷丝板各处，之后从喷丝孔中以相同流量压出，形成熔体细流；离开喷丝板的熔体细流，经冷吹风系统冷却固化后，成形乙纶初生纤维，并收集到受丝筒中，冷却吹风的具体形式可以为侧向吹风、环形吹风或纵向吹风；熔体纺丝得到的初生纤维，从受丝筒中引出，并经由集束架、张力调节器和导丝架使各丝束的张力均匀一致，以便进行后续的拉伸工序；初生纤维进入到拉伸箱，经加热介质加热到一定温度后，开始后拉伸处理、热定型工艺。热定型工艺可以分为紧张热定型和松弛热定型；为防止纤维在之后的加工过程中因摩擦产生较大静电，纤维表面需经过上油辊上油；最后，经卷取装置收卷后，即得到合格的乙纶长丝产品。

在熔体纺丝法生产乙纶长丝的工艺中，最重要的步骤是：①熔体纺丝成形初生纤维；②初生纤维的后拉伸和热定型。

熔体纺丝成形初生纤维：熔体纺丝法成形乙纶初生纤维的生产过程中，PE 原料通过螺杆挤出机熔融，并经由喷丝板挤出。其中，喷丝板（图4-34）上开有若干喷丝孔，是初生纤维成型的关键设备。喷丝板的结构与纺丝状态及纺丝产量有关。喷丝孔的流道直径应逐渐缩小，从而产生压力将熔体压实。

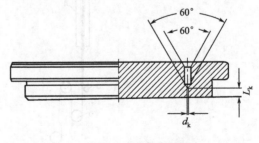

■ 图 4-34　喷丝板结构

熔体纺丝法纤维成形，首先要求将纺丝熔体通过喷丝孔中挤出，并使之形成细流。因此，熔体细流的形态对初生纤维的生产影响大。依据纺丝熔体黏弹性和挤出条件的不同，挤出熔体细流的类型大致可以分为图 4-35 的 4 种类型，即液滴型、漫流型、胀大型和破裂型。其中，只有胀大型属于正常的纺丝细流。只要胀大比 B_0（细流最大直径与喷丝孔直径之比）控制在适当范围内，细流就能连续而稳定。一般纺丝流体的 B_0 约在 $1\sim2.5$ 范围内。B_0 过大，对于提高纺速和丝条成型的稳定性不佳，因此实际纺丝生产过程中希望 B_0 接近于 1。孔口胀大的根源在于纺丝流体的弹性。自由挤出细流的胀大比随孔口处的法向应力差的增加而增大。增加松弛时间，减小喷丝孔长径比 L/R_0，以及增加纺丝流体在喷丝孔道中的切变速率均能使法向应力差增大，从而导致挤出胀大比增加。

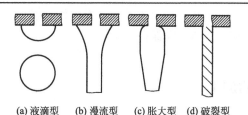

(a) 液滴型　(b) 漫流型　(c) 胀大型　(d) 破裂型

■ 图 4-35　挤出熔体细流类型

由于聚乙烯熔体是高分子材料，属于非牛顿型流体，因而其熔体细流在喷丝孔中的流动，以及压出喷丝孔后的固化成形历程，基本上可分为入口区、孔流区、膨化区、形变区和稳定区。

① 入口区　PE 熔体在进入喷丝孔直径较大的入口处时称为入口区，此时会产生明显的"入口效应"，即熔体流速迅速升高，并将一部分能量转化，使柔顺的 PE 分子链以高弹形变的方式改变分子构象，并将弹性能储存在熔体内。

② 孔流区　PE 熔体在喷丝孔的毛细孔中流动的区域称为孔流区。此时，熔体流速不同，孔中心流速较高，在毛细孔径向产生了速度梯度。此外，由于熔体流经孔道时间约为 $10^{-8}\sim10^{-4}$ s，与 PE 大分子的松弛时间相差较大，因而熔体细流在入口区产生的弹性内应力，不能够得到有效松弛，弹性形变仍较高。

③ 膨化区　PE 熔体经喷丝孔喷出后，熔体细流直径迅速膨胀变大的一段区域称为膨化区。发生膨化现象的主要原因是，熔体细流在离开喷丝孔后，剪切应力迅速减小，PE 大分子在喷丝孔内发生的构象变化，出现自动回复成卷取状态的趋势，并释放出储存的弹性能和分子间的应力，使得熔体的高弹性形变迅速回复，并且伴随熔体速度场的变化及熔体表面张力的作用，从而导致熔体细流在喷丝孔出口处产生径向胀大。熔体细流直径的膨化程度与分子质量、纺丝温度、喷丝孔长径比有关。但是，在熔体纺丝时膨化比过大时，易导致纤维纤度不均、熔体破裂、熔体和喷丝板剥离困难等现象

的发生。

④ 形变区　PE 熔体细流发生冷凝固化的区域称为形变区。这一区段是熔体细流形成初生纤维的过渡区，以及发生拉伸流动和形成纤维最初结构的区域，因此是熔体纺丝成型过程中的重要区域。形变区一般在离开喷丝板约 10~80cm 的范围内。熔体细流在膨化区后仍具有较好的流动性，在卷取力的作用下，被迅速拉长变细，同时受到冷吹风的冷却作用，温度降低，开始冷凝并固化形成初生纤维，工业上称之为喷丝头拉伸，其拉伸倍数为卷绕速度与熔体喷出速度之比。

⑤ 稳定区　PE 熔体细流发生固化，并成形初生纤维后的区域称为稳定区。此时，由喷丝板挤出的熔体细流已经冷却固化，成形乙纶初生纤维，因而不再有明显的流动和形变发生，纤维结构进一步稳定，不再受外界条件的影响，纤维直径和速度保持恒定。

4.4.2　短纤维的加工

乙纶短纤维的生产，目前大多数采用短程纺丝工艺。

乙纶短纤维生产的短程纺丝工艺流程如图 4-36 所示，短纤维的短程纺丝工艺与乙纶长丝生产工艺基本相同，同样是采用螺杆挤出机进行熔体制备，并由纺丝箱体的喷丝板压出进行纺丝。但是短程纺丝工艺得到初生纤维后，不经过受丝筒进行收集，而是将初生纤维直接引入到拉伸机上，进行后拉伸处理。因而，乙纶短程纺丝技术与常规纺丝工艺技术相比，具有工艺流程短、喷丝孔数量多、纺丝速度适当降低、纺丝工序与拉伸处理工序直接相连的特点，是近年来出现的新工艺，并已经被广泛采用。

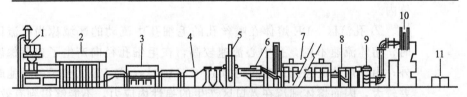

■ 图 4-36　乙纶短纤维生产的短程纺丝工艺

1—料斗；2—纺丝箱体；3—牵引机；4—导丝机；5—张力调整架；
6—卷曲机；7—烘干定型机；8—J 形箱；9—切断机；10—打包机；11—成品

聚乙烯纤维原料及添加剂，经计量加入到螺杆挤出机中，经熔融、塑化后，熔体被压送到纺丝箱体中，之后由喷丝板上的喷丝孔中挤出成熔体细流。经冷却吹风固化成型后得到初生纤维。初生纤维不必经过卷曲和储存步骤，而经丝束合并后直接引入到拉伸和热定型设备上，进行后拉伸和热定型处理；处理后的纤维丝束经切断后打包得到乙纶短纤维产品。

短程纺丝工艺最大的特点是生产厂房可由多层压缩到一层，厂房面积大大减小，投资成本大大缩减，不需要大量的集丝筒，省空间；从 PE 原料共混到纤维切断得到短纤维成品实现了连续化生产，并大大提高了丝线密度，可生产单丝线密度 1～200dtex 的短纤维。特别是对于乙纶必须采用的原液染色，短程工艺能够满足频繁地改变颜色的需要。

短程纺丝工艺所采用的生产设备具有以下的技术特点。

① 大型多孔喷丝板　为保持产量恒定，需要开发大孔数的喷丝板，以长方形喷丝板为例，线密度为 1.67～2.2dtex 时为 3 万孔左右，而环形喷丝板比长形的孔数成倍增加。目前已开发有 15 万孔喷丝板。而喷丝孔数决定产品的性能和经济性之间的平衡。孔数增加，增加了熔体流量在各个喷丝孔间均匀分配的难度，并且也增加了纤维丝束内外吹风冷却速率平衡的难度。

② 冷却吹风系统　短程纺丝工艺挤出纤维线密度大，而吹风冷却段缩短，要求在较短的距离内（5～50mm）将丝束冷却，必须大大提高吹风速度，达到 20～50m/s，因此要求冷吹风风道气流保持层流，尽量避免湍流；其次是气流走向合理，从而对冷却长度、吹风方向、风口距喷丝板面距离、冷却风温度和湿度进行调节；目前先进的风冷系统开始由电脑系统控制，如 Rieter 公司开发的软件系统 Sinair。此外还可增加环吸装置和导流板提高吹风的均匀性。环形吹风装置风口距喷丝板 3～11cm，温度 17～25℃，冷却风从里向外吹透丝束。

4.4.3 纤维非织造布的加工

聚乙烯纤维非织造布（无纺布）是 PE 纺丝成型的又一大类制品。PE 非织造布是指将纺丝成形的 PE 纤维，排布或喷射到基底上，经不同形式的固化成型后得到的一种有序或无序的纤维非织造片材。PE 非织造布是纺织行业中新兴的具有广阔发展前景的新技术，具有成本低、用途广泛的优点，发展迅速。2005 年全球非织造布的产量为 $470×10^4$ t，并在不断增长中。

聚乙烯纤维非织造布的成型方法主要有纺黏法（spinning fusion）和熔喷法（melt-blowing）。此外随着加工技术的发展，目前还开发出了纺黏/熔喷复合法（SMS）。

纺黏法是成型 PE 无纺布应用最为广泛的一种一步法纺丝成型工艺。纺黏法将纤维纺丝技术和非织造成型技术相结合，利用熔体纺丝原理，在聚合物纤维纺丝过程中将经高速气流拉伸的连续纤维长丝铺制成网，最后纤网经机械、化学或加热加固生产出 PE 纤维非织造布。纺黏法非织造布是采用连续长丝纤维成形，生产线速度高。纺黏非织造布产品强度较高、尺寸稳定性好，但蓬松度低、成网的均匀性和表面覆盖性稍差。

熔喷法是 PE 非织造布直接成型的另一种工艺，熔喷法是将经螺杆挤出的 PE 熔体用高速高温气流喷吹，使熔体细流受到较高倍率拉伸而形成超细短纤维，然后堆积到凝网帘或成网滚筒上，形成连续的短纤维网，后经自粘合作用或其他加固工艺而制成非织造布。该方法可制成薄型片材，也可制成较厚的毡状材料。熔喷法非织造布是采用超细短纤维成形，生产线速度低，但工艺流程短，投资较少。熔喷非织造布产品比表面积大、蓬松度高、过滤阻力小、过滤效率高，表面覆盖性和屏蔽性能好，但强度较低、尺寸稳定性差、耐磨性不佳，且加工过程耗气量大，能耗高。

下面详细介绍上述两种聚乙烯纤维非织造布成型方法。

(1) 纺黏法非织造布的加工　纺黏法非织造布的生产技术是 20 世纪 50 年代由美国杜邦公司开发，并实现了工业化生产。世界各国是在 20 世纪 60 年代末从事相关应用工业技术开发。而我国则是在 20 世纪 80 年代中期以技术引进为起点开始发展。纺黏法在工艺技术、产品性能和生产效率方面具有明显优势。

纺黏法 PE 非织造布的生产工艺流程如图 4-37 所示，其生产设备示意如图 4-38 所示。

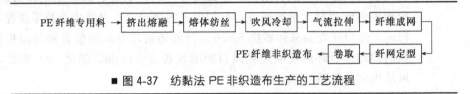

■ 图 4-37　纺黏法 PE 非织造布生产的工艺流程

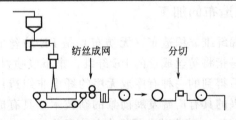

■ 图 4-38　纺黏法 PE 非织造布的生产设备示意

纺黏法利用了熔体纺丝的方法，PE 原料经挤出机熔融混炼后，由纺丝机头的喷丝板挤出，形成熔体细流。采用高速骤冷空气对挤出的熔体细流进行冷却，同时使 PE 纤维在冷却过程中受到拉伸气流的拉伸作用，形成强度较高，性能稳定的连续长丝。PE 长丝经分丝工序，形成分布均匀的单丝结构后，被铺放在带有负压的凝网帘上形成非织造 PE 纤网。PE 纤网再经过后续的加固装置，进行热轧加固、针刺加固或水刺加固定型后，经卷取装置收卷后得到纺黏法 PE 纤维非织造布。

(2) 熔喷法非织造布的加工　熔喷法开发于 20 世纪 50 年代，是美国海军研究所最早开始研究气流喷射纺丝法时开发的，纺得直径在 5μm 以下的极细纤维，并制成非织造材料。

我国对熔喷法无纺布成型技术研究较早，20 世纪 50 年代末，中国核工业部第二研究院等，就开展了相关工作。20 世纪 90 年代初中国纺织大学、北京超纶公司等单位设计出的间歇式熔喷设备，在国内陆续投产了近百台。2007 年我国熔喷法非织造布总生产能力达到 3 万 8 千吨。

熔喷法 PE 非织造布的生产工艺流程如图 4-39 所示，其生产设备示意如图 4-40 所示。

■ 图 4-39　熔喷法 PE 非织造布生产的工艺流程

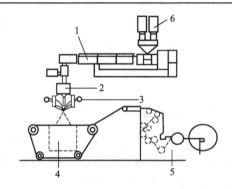

■ 图 4-40　熔喷法 PE 非织造布的生产设备示意
1—螺杆挤出机；2—计量泵；3—熔喷装置；
4—接收网；5—卷绕装置；6—喂料装置

熔喷法 PE 非织造布的加工同样采用了熔体纺丝的方法，即由喷丝孔挤出熔体细流成形纤维。但与纺黏法不同之处在于，熔喷法采用的喷丝机头，在其喷丝孔两侧具有特殊设计的风道（气缝），加热的高压空气从风道中吹出，对熔体细流进行高速拉伸，从而喷吹成超细的短纤维。超细短纤维经喷丝机头下方的冷吹风冷却后，以很高的速率喷射到带有负压的纤维收集装置，主要是凝网帘或滚筒，形成纤网。最后，通过自黏合或热黏合等方法加固定型后，得到成型熔喷法 PE 非织造布。

尽管，熔喷法 PE 非织造布的生产流程较纺黏法有所缩短，但其工艺过程更为复杂，影响因素较多，其中原料熔体性能、熔体挤出量、喷吹气流流速和温度、纤维收集距离、加固方式等参数对产品性能影响较大。

(3) 复合法非织造布的加工　为了克服熔喷法非织造布强度低、尺寸稳定性差的缺点，最早由美国 Kimberlley 公司开发了，由两台或多台熔喷机和纺黏机组成的熔喷法非织造布和纺黏法非织造布复合非织造布生产工艺，即纺黏/熔喷复合（SMS 或 SM）法。

SMS（Spunbond/Meltblown/Spunbond）复合法的工艺流程如图 4-41 所示，基本原理是在两台纺黏法非织造布成型机之间加入一台熔喷法非织造布成型机，从而组成复合生产线，用以生产纺黏纤网和熔喷纤网互相叠层的 PE 非织造布。该工艺结合了长丝纤维纤网强度高、尺寸稳定性好的优点，以及超细短纤维纤网蓬松度高、透气性好的优点，从而复合出综合性能优良的 PE 非织造布，并已被广泛应用于手术衣、过滤材料等方面。

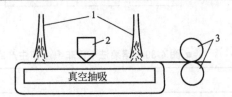

■ 图 4-41　SMS 复合法工艺流程 [8]
1—纺粘生产线；2—熔喷生产线；3—热轧辊

4.4.4　超高分子量聚乙烯的凝胶纺丝工艺

1979 年，荷兰的 DSM 公司高级顾问 Pennings、Smith 等正式发表了用超高分子量聚乙烯准稀溶液纺制成凝胶丝，并将凝胶丝进行超倍拉伸的方法制成高强高模聚乙烯纤维的研究工作，并取得了世界上首个凝胶纺丝工艺的专利，在该专利出现前，人们尝试了各种方法进行柔性链合成纤维的高强化，并在实验室内取得了一些成功，但由于这样、那样的问题，柔性链高性能纤维工业化始终只停留在实验室阶段。

UHMWPE 纤维的生产采用凝胶纺丝方法，现有的生产工艺可以分为两大类，一类是以 DSM 和东洋纺公司为代表的干法纺丝法，另一类是以 Honeywell 为代表的湿法纺丝法。两者的主要区别是采用了不同的溶剂和后续工艺。DSM 工艺采用十氢萘为溶剂，十氢萘易挥发，可以采用干法纺丝，省去了其后的萃取过程；Honeywell 采用石蜡油溶剂，需要后续的萃取工段，将溶剂萃取出来，循环应用。

国内外使用较多的萃取剂有氟氯烃（如三氯三氟乙烷）、溶剂汽油、甲苯、二甲苯、二氯甲烷、二氯乙烷等。虽然氟氯烃低毒、不燃、萃取效率高，但是其受到保护臭氧层等国际公约的限制。寻求高效、低毒、安全的萃取剂一直是 UHMWPE 纤维生产工艺开发的重要内容。下面给出了无断点和有断点的两种凝胶纺丝工艺的工艺流程。

无断点的凝胶纺丝工艺包括：超高分子量聚乙烯粉末和助剂等固体物料和溶剂混合均匀后的溶液加入到螺杆挤出机中，经过计量泵计量后通过纺丝箱体，由喷丝板喷出，进入凝固水槽中凝固，然后经导丝辊带动出水槽，再

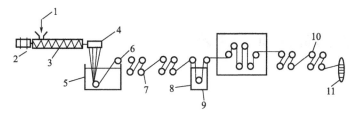

■ 图 4-42　无断点的湿法 UHMWPE 纤维生产工艺流程
1—溶液加入；2—电动机；3—螺杆挤出机；4—纺丝箱体；
5—凝固水槽；6—导丝辊；7—预牵引机；8—萃取槽；
9—干燥箱；10—多级热牵引；11—卷绕机

经预牵引机进入萃取槽中萃取，萃取完成后，纤维进入干燥箱中干燥，而后进行多级热牵伸后再卷绕机上卷绕成型，包装成成品（图 4-42）。

　　有断点的湿法 UHMWPE 纤维生产工艺流程如图 4-43 所示。与无断点的纤维生产流程相比，该工艺增加了静置和相分离过程，即冻胶丝成型后有静置和相分离的过程。在静置的过程中，纤维中的石蜡油会有部分析出，出现分离现象。由于部分溶剂石蜡油析出，降低了纤维的含油量，减少了萃取工段的负荷，但是工艺要稍微复杂些。其工艺流程包括：超高分子量聚乙烯粉末和助剂等固体物料和溶剂混合均匀后的溶液加入螺杆挤出机中，经过计量泵计量后通过纺丝箱体，由喷丝板喷出，进入凝固水槽中凝固，然后经导丝辊带动出水槽，落入纺丝车中。冻胶丝在放丝车中静置、相分离后再经预牵引机进入萃取槽中萃取，萃取完成后，纤维进入干燥箱中干燥，而后进行多级热牵伸后再卷绕机上卷绕成型，包装成成品。

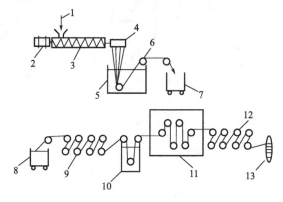

■ 图 4-43　有断点 UHMWPE 纤维生产工艺流程
1—溶液加入；2—电动机；3—螺杆挤出机；4—纺丝箱体；
5—凝固水槽；6—导丝辊；7,8—存丝车；9—预牵引机；
10—萃取槽；11—干燥箱；12—多级热牵引；13—卷绕机

4.5 聚乙烯薄膜加工工艺

4.5.1 挤出吹膜法

挤出吹塑成型薄膜，简称挤出吹膜，是把聚乙烯树脂经挤出机塑化后，在成型薄壁管模具中挤出，然后通入压缩空气，将其吹胀，同时通过牵引机架上的牵引辊夹紧纵向牵伸，风冷却环将冷风吹向膜外表面，使膜泡冷却，并在牵引膜泡周围空气中继续冷却下定型，被人字板压叠，最后卷曲切割成膜卷。

一般吹塑薄膜挤出成型一共有 3 种方案：上吹法、下吹法、平吹法。聚乙烯一般采用上吹法和平吹法。上吹法的示意如图 4-44 所示，这种生产线布置占地面积小，操作方便，泡管运行平稳，可生产大折径薄膜。

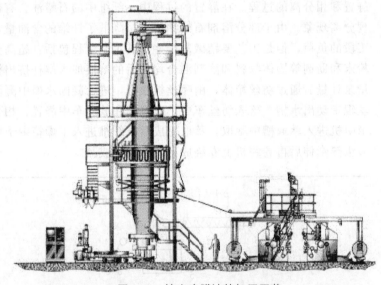

■ 图 4-44 挤出吹膜法的加工工艺

4.5.1.1 挤出吹膜的工艺参数[11]

(1) 螺杆 聚乙烯吹膜机组的主机是单螺杆挤出机，生产吹塑薄膜的折径大小不同，挤出机的规格也不同。

螺杆分为加料段 L_1、熔融段（压缩段）L_2、均化段 L_3。在螺杆总长 L 中各段比例为：$L_1 = 0.15 - 0.25L$；$L_2 = 0.5 - 0.55L$；$L_3 = 0.25 - 0.30L$。目前采用的新型螺杆结构有：屏蔽型带销钉混炼型螺杆和波状型带销钉混炼型螺杆（表 4-8）。

■表 4-8　吹塑规格与螺杆规格关系[11]

螺杆直径/mm×长径比	吹膜折径/mm	厚度/mm
30×20	30～300	0.01～0.06
45×25	100～500	0.015～0.08
65×25	400～800	0.01～0.12
90×28	700～1500	0.01～0.15
120×28	1000～2500	0.04～0.18
150×30	1500～4000	0.06～0.2
200×30	2000～8000	0.08～0.24

采用屏蔽型螺杆，当熔融物料经过熔融段后部至均化段上的屏障混炼段时，被分成多股料流进入该段的进料槽，熔料和粒度小于屏障间隙的未溶物料越过屏障棱进入出料槽。在剪切力作用下，塑化不良的小颗粒被熔融，并使进出料槽的物料做涡状环流运动进一步混合和均化。

波状螺杆段设在熔融段后半部至均化段上，物料在螺槽深度呈周期性变化的流道中流动，通过波峰时受到强烈挤压和剪切；流入波谷时，物料膨胀、松弛。因此，能促进不同组分和同一组分各部分物料的熔融和均化。

销钉混炼段设在均化段末端。在没有螺棱的螺杆芯轴表面按一定排列方式设置一定数量的销钉，能使熔料各部位流动方向发生变化，经过多次分流与汇合而达到充分混合与均化的要求。

(2) 挤出温度　从分子运动学角度来说，流动性好坏与内摩擦、扩散、取向等有关，温度对流动性有很大的影响。当温度升高时，体积膨胀，分子间相互作用减小，链段活动能力增加，流动性变好。HDPE 挤出吹塑的温度通常为 170～220℃。加工温度过低，熔体表面粗糙，但耐垂延性好；加工温度过高，表面光泽好，但型坯下垂严重，壁厚不均；芯模与口模温度应尽可能相同，芯模温度高时，型坯会向外翻卷，反之型坯向里翻卷。

(3) 挤出速度　挤出速度过快，会出现熔体波动及鲨鱼皮现象。而且挤出速度越大，型坯离模膨胀越大，型坯直径与壁厚也越大，若冷却不足则可能导致制品翘曲，而其中冷却时间因素往往大于冷却温度。将冷却时间延迟 1～2s 就有可能解决此问题。若夹断处破裂则表明温度过低，但也可能是合模速度太快造成的。鲨鱼皮现象与挤出速度有关，不适当的挤出速度会造成熔体破裂，可通过改变挤出速率进行调整。若连续挤出，生产上一般采取逐步降低挤出压力或放慢挤出速度的方法，直到制品恢复正常。

(4) 吹胀比　吹胀比是膜泡管直径与口模直径之比，实际上是薄膜横向拉伸的倍数，是挤出聚乙烯薄膜的一个关键工艺参数。吹胀比过低，则使薄膜在纵向（MD，顺着机器输出方向）方向有取向作用，通常导致薄膜的横向物理性能如冲击强度、撕裂强度、耐穿刺强度、模量和韧性等下降；吹胀比过高，会使薄膜在横向（TD，垂直机器输出方向）方向有取向作用，从而导致薄膜的纵向物理性能下降。表 4-9 列出了几种聚乙烯的最佳吹胀比。

■表 4-9　几种聚乙烯的最佳吹胀比[11]

聚乙烯	LDPE	HDPE	LLDPE
吹胀比	2.0~3.0	3.0~5.0	1.5~2.0

(5) 牵伸比　牵伸比是指吹胀冷却定型薄膜泡管，其牵引的速度与熔融态模坯从模具口被挤出速度之比。牵伸比大，成品膜的纵向拉伸强度要好些。一般薄膜的牵伸比为 (4~6)：1，HDPE 膜的牵伸比还要更大些。

(6) 口模间隙　口模间隙是指模具中的口模与芯棒装配后，两零件内径和外径的表面间距 h。是制品厚度、吹胀比和牵伸值三者的乘积。一般 LDPE 的口模间隙为 0.5~1.00mm，HDPE 的口模间隙为 1.20~1.50mm。

(7) 吹气压力与速度　吹气同时起到吹胀与冷却的作用，吹气体积速度越大，则型坯吹气时间越短，可使制品壁厚均匀，但吹气速度过大，进气处易形成局部真空，容易造成制品瘪陷。

(8) 模温和冷却时间　模具切口一般都采用强度较高的工具钢和轴承钢制成，因此截坯口部及底部必须有良好的冷却。模具温度过高则冷却不足，截坯口处制品容易变薄，制品收缩率太大从而引起脱膜变形和表面无光泽；反之如果温度过低，则截坯口急骤冷却，无延展性，其他部位变薄；若冷却时间足够长，模温对制品成型收缩率的影响将变小。如在潮湿的夏季，由于模温过低（低于露点），水气就会在模具表面凝结即模具发生"出汗"现象，虽然通过提高模具温度，延长冷却时间可以解决此问题，但影响生产效率，因此生产上一般可采取在模具周围设一个"围墙"，放入除湿器吸掉水分的方法以防止水气在模具表面凝结。

根据最终用途不同，聚乙烯膜的工艺参数不同，表 4-10 列出了一些常用聚乙烯膜的工艺参数。

■表 4-10　一些常用聚乙烯膜的工艺参数[11]

项目	原料	设备	工艺
通用 LDPE 膜	密度 0.916~0.930g/cm³ MFR 0.5~4g/10min	单螺杆挤出机，渐变型螺杆，长径比为 (20~30)：1，压缩比为 3：1，成型模具的芯棒为螺旋式，口间隙 1mm 左右，风环冷却	加料段 120~140℃，塑化段 135~155℃，均化段 145~165℃，模具温度 150~170℃，熔料温度 160℃；
重包装 LDPE 膜	MFR 0.3~0.5 g/10min 也可选用含 30% LLDPE 的共混物	长径比 20：1，压缩比 4：1 或 3：1	加料段 130~150℃，塑化段 160~190℃，均化段 190~210℃，模具温度 190~210℃；模口间隙 1mm，吹胀比 2~3
高透明 LDPE 膜	密度 0.921~0.925 g/cm³，MFR=2~4g/10min	等螺距螺纹深度渐变型螺杆，长径比 20：1，压缩比 3：1	加料段 120~140℃，塑化段 130~150℃，均化段 140~165℃，模具温度 150~165℃，熔料温度 155℃

项目	原料	设备	工艺
LDPE 棚膜	密度 0.919 ~ 0.922g/cm³，MFR 0.5 ~ 1.0g/10min 增强棚膜可加入 40% 的 LLDPE	选用大规格挤出机，折径 2m 的薄膜选用 90mm 挤出机，折径 4m 的薄膜选用 150mm 挤出机	加料段 140 ~ 160℃，塑化段 160 ~ 180℃，均化段 190 ~ 200℃，模具温度 180 ~ 190℃；吹胀比 2 ~ 3，口模间隙 1 ~ 1.2mm，牵引速度 2 ~ 20m/min.
挤出平吹 LDPE 膜	MFR 2 ~ 5g/10min	长径比 20：1，压缩比 3：1	加料段 120 ~ 135℃，塑化段 140 ~ 165℃，均化段 170 ~ 180℃，模具温度 165 ~ 175℃；吹胀比 2 ~ 3，牵伸比 3 ~ 5

4.5.1.2 工艺条件对薄膜性能的影响[12]

采用不同工艺生产的树脂以及相同工艺不同牌号树脂的吹膜工艺条件不尽相同。适宜的吹膜工艺条件更能突出树脂本身的特性。

(1) 熔体温度对薄膜雾度和力学性能的影响 从图 4-45 可以看出。随着熔体温度的增加，薄膜的雾度呈下降趋势。这是因为随着熔体温度的提高，LDPE 分子的松弛能力增加，分子的内应力得到较好的释放，使薄膜表面更加光滑平整，从而降低了薄膜的雾度。但是当熔体温度低于 160℃ 时。薄膜表面发花，呈云团状斑块。并伴有"鱼眼"生成，这是因为熔体温度太低，树脂得不到充分混炼和塑化所致；而当熔体温度达到或高于 185℃ 时，试验过程中膜泡抖动，难以控制，这是由于熔体温度过高，使熔体不能充分冷却。导致膜泡稳定性下降。

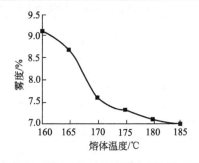

■ 图 4-45　熔体温度对薄膜雾度的影响[12]

表 4-11 系统地列出了加工温度对 LDPE 薄膜力学性能和光学性能的影响。

(2) 吹胀比对薄膜雾度和力学性能的影响 从图 4-46 看出，随着吹胀比的增加。薄膜雾度下降。这是因为提高吹胀比，膜泡随之胀大，使熔融树

■表 4-11　加工温度对 LDPE 薄膜力学性能和光学性能的影响[13]

薄膜性能	加工温度/℃		
	240	250	260
雾度/%	7.8	7.7	7.4
透光率/%	90.0	89.9	89.7
屈服强度（纵/横）/MPa	17.2/11.2	16.8/11.5	16.2/11.6
断裂伸长率（纵/横）/%	231/563	392/585	422/442
撕裂强度（纵/横）/N	1.6/2.4	2.1/2.5	1.8/2.7
剥离强度/N	17.7	17.3	16.1
冲击强度/J	0.42	0.44	0.40

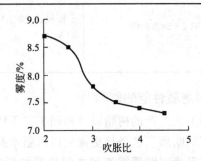

■ 图 4-46　吹胀比对薄膜雾度的影响[12]

脂中高相对分子质量部分可以得到较好的塑化，利于薄膜纵横延伸，薄膜表面更趋平滑，从而降低了薄膜雾度。在试验过程中发现：吹胀比太小（如为2.0）时，不仅薄膜的雾度偏高，还会因分子的取向作用造成薄膜横向拉伸强度偏低；而吹胀比太大（如为4.5）时，会引起膜泡蛇形摆动，使薄膜产生褶皱。

表 4-12 系统地列出了吹胀比对 LDPE 薄膜力学和光学性能的影响。

■表 4-12　吹胀比对 LDPE 薄膜力学和光学性能的影响[13]

薄膜性能	吹胀比			
	1.8	2.0	2.2	2.4
雾度/%	7.9	7.4	7.9	6.8
透射率/%	90.9	89.7	89.9	90.2
屈服强度（纵/横）/MPa	17.7/11.6	16.2/11.6	16.0/11.8	15.3/11.4
拉伸强度（纵/横）/MPa	23.9/22.4	24.8/17.8	26.8/20.0	24.7/18.3
断裂伸长率（纵/横）/%	344/546	422/422	458/469	451/425
撕裂强度（纵/横）/N	1.8/2.8	1.8/2.7	1.7/2.7	1.2/2.1
剥离强度/N	17.2	16.1	15.8	15.1

（3）牵伸比对薄膜雾度的影响　由图 4-47 可以看出，随着牵伸比的增加，薄膜雾度呈上升趋势。这是因为提高牵伸比，实际上是加快了牵伸速度，相对缩短了 LDPE 分子的松弛时间，使熔融树脂在冷却固化前不能得到充分松弛，造成薄膜凹凸不平，从而导致雾度上升。但在试验过程中发

现：牵伸比太小（如为 3.0）时，由于分子的取向作用小而造成薄膜纵向拉伸强度偏低；而牵伸比太大（如为 5.5）时，薄膜的薄厚均匀度难以控制，经常将薄膜拉断。

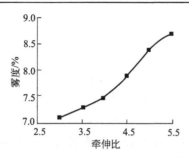

■ 图 4-47　牵伸比对薄膜雾度的影响 [12]

(4) 冷凝线高度对薄膜雾度的影响　从图 4-48 看出，随着冷凝线高度的增加，薄膜的雾度呈下降趋势。这是因为提高冷凝线高度使薄膜的冷却时间增加，LDPE 分子有更多时间松弛，纵向和横向得到较好的均衡，因此，薄膜表面更为光滑，雾度下降。但同时也观察到，当冷凝线高度过低（如为 10.0cm）时，实际上缩短了 LDPE 分子的松弛时间，使薄膜纵、横两向得不到较好的均衡，造成薄膜雾度上升，纵、横向拉伸强度下降；而当冷凝线高度增加到 22.5cm 时，膜泡的稳定性变差，薄膜出现褶皱。这是由于增加冷凝线高度，相当于延长了膜泡处于熔融状态的时间，易受到牵引和风环冷风不均衡风流的影响而颤动，从而导致薄膜出现褶皱现象。

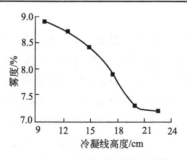

■ 图 4-48　冷凝线高度对薄膜雾度的影响 [12]

(5) 冷却风环的风量对薄膜制品性能的影响　风量过小会导致泡管膜冷却固化慢，冷凝线偏高，膜厚误差大，泡管牵引速度无法加快；如果风量过大则泡管冷却固化快，冷凝线偏低，薄膜透明性差，可以提高泡管的牵引速度；风量不稳定则膜坯泡管运行偏离中心，运行抖动，厚度误差大，表面易产生褶皱。

(6) 加工 mPE 中的问题与解决方法　当茂金属聚乙烯原料计量进入挤

出机加料段时，树脂开始熔融，黏度突然增大，通过螺杆传递扭矩，驱动电动机电流上升。扭矩过大会造成停机等故障，料筒内物料的温度也随之上升，融体出口模时牵引不平稳，出现破膜、断膜、膜泡不稳定，进而影响薄膜的幅宽和厚薄均匀性。如果采用降温的方法，则薄膜塑化不好、晶点多、透明度差，薄膜的力学性能下降，膜质较硬，且粗糙。与其他薄膜复合时出现局部收缩、脱层、热封效果差等一系列问题。因此 mPE 吹塑工艺必须遵循挤出由：低-高-中温区挤出工艺的规律，从而使融体塑化均匀，出料平稳，牵引、收卷正常。因此在加料段必须保持低温，以确保送料及时和强大的推力；在压缩段应迅速升温，使树脂提前熔融，减少融体因黏度增大而产生的超扭矩反应；融体进入均化段应采用急降温的办法，便于转移更多的热量积累，使物流处于平稳的黏流状态，保证熔体均衡通过滤网，形成稳定的管膜，避免熔体破裂。

冷却是 mPE 薄膜加工中的重要环节，由于 mPE 树脂融体挤出温度比 LLDPE 高而结晶温度比 LLDPE 低 $4\sim7℃$，及时转移熔体热量尤其重要。采用双层风环及时散热以满足工艺要求。双层环风量的调整高度限制了薄膜的吹胀比。适宜的吹胀比有助于膜泡冷却，提高薄膜的均衡取向，也保证薄膜厚薄的均一性。在 mPE 薄膜的生产过程中吹胀比保持在 $1.8\sim3.5$ 之间，可以保证薄膜的综合质量。

mPE 树脂在进入挤出机后物料从受挤压到熔融，物料进入熔融中期时熔体黏度陡增，物料的摩擦力增大，造成螺杆扭矩增大，产生压力传递，挤出机的驱动部分承受很大负荷，使主机电流升高，因而在设备选型时，必须选择驱动功率能足够承受生产中出现的高扭矩及高负荷。在生产过程中，控制合理的工艺条件也可在一定范围内改善主机承受的负荷，确保生产正常进行。

挤出机螺杆长径比选择也是 mPE 薄膜生产设备的关键，选择螺杆的长径比合理既可生产优质的 mPE 薄膜，同时也能保证生产能力的实现，从而减少浪费，取得高效益。目前对 mPE 薄膜加工要采用的螺杆技术参数看法不一致，但挤出机螺杆应有足够的挤出压力，使螺杆在压缩段具有足够的剪切作用；进入均化段后又必须减少剪切，使融体松弛，并迅速转移热量，快速出模以稳定生产能力。一般螺杆长径比选择在 $25:1\sim32:1$ 之间才能保证 mPE 薄膜的产能及产品质量。

采用两台单螺杆挤出机配以复合旋转吹塑模头生产设备可弥补出料不稳定，解决薄膜厚薄不均匀等缺陷。如生产中出现条纹或其他不正常现象，可调整口模温度，以控制 mPE 薄膜质量。

4.5.2 聚乙烯流延膜

聚乙烯流延薄膜原料主要是使用 LDPE，先经过挤出机把原料塑化熔融。通过 T 形结构成型模具挤出，呈片状流延至平稳旋转的冷却辊筒的辊面上，膜片在冷却辊筒上经冷却降温定型，再经牵引、切边后把制品收卷。

流延和吹塑两种工艺各有优劣，主要工艺的对比见表 4-13 所列。

■表 4-13　吹塑法和流延法的工艺对比[12]

工　艺	吹　塑	流　延
设备成本	低	高
生产速度	高	低
薄膜强度	好	不如吹塑
透明度、光泽性	差	好
薄厚公差	大	小
物料损耗	换机头时有损耗	边料损耗，分切损耗
发展趋势	高速化，大折径，多层吹塑	高速化，流水线分切

聚乙烯流延膜的生产成型工艺如图 4-49 所示。

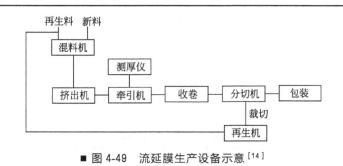

■ 图 4-49　流延膜生产设备示意[14]

与挤出吹膜形成的膜坯成管状不同，这种成膜方法的膜坯为片状。吹膜的膜坯是经过吹胀和牵引拉伸风冷定型，而流延膜的膜坯是在冷却辊筒上冷却定型。流延薄膜在挤出流延和冷却定型过程中，既无纵向拉伸，又无横向拉伸。用流延法成型的薄膜，厚度比吹塑薄膜均匀，透明性好，热封性好。厚度在 0.005～1mm 范围内。一般多用来包装干燥饼干、瓜子，做复合材料的热封层基材及各种建筑用防水材料等。流延膜的原料一般选择密度为 0.91～0.925g/cm³，MFR 为 2.5～8g/10min 的 LDPE 和 LL-DPE。

生产用 T 形机头是关键设备。由于宽幅薄膜有利于提高生产能力，而生产中从机头间隙中挤出的薄膜宽度减去"颈缩"宽度和切边宽度后即为产品宽度，因此宽幅薄膜需要用相应宽度的机头来生产。在机头的设计制造中，使物料沿整个机唇宽度（最大达 3.5m）均匀地流出，机头内部流道内无滞流死角，并且使物料具有均匀的温度，需要考虑包括物料流变行为在内的多方面因素，并采用精密的加工技术。在聚乙烯生产中，采用最多的是渐减歧管衣架式机头（图 4-50）。该种机头一般采用节流块和弹性模唇共用的方式，以调节挤出薄膜的厚度均匀性。

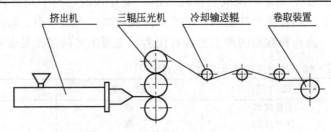

■ 图 4-50　渐减歧管衣架式 T 形机头[14]

薄膜冷却定型设备主要由冷却辊、气刀、喷嘴压辊、导辊组成，其相应位置如图 4-51 所示。

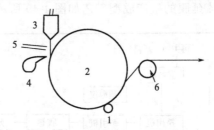

■ 图 4-51　冷却定型设备示意[14]

1—压辊；2—冷却辊；3—模头；4—气刀；5—喷嘴；6—导辊

(1) 气刀　冷却辊筒侧有喷嘴长度与辊面宽度一致的气刀，当流延膜贴在冷却辊筒工作面上时，气刀喷嘴吹出有一定压力的气流，均匀一致地吹向熔体，使流延膜紧贴在冷却辊筒工作面上，以达到流延膜均匀冷却降温的效果。

对气刀的要求是喷口的风压和风量沿整个宽度部分应一致；喷口吹出的气流应处于与喷口平行的直线上。所以一般气刀都采用两侧进风方式。为适应不同薄膜厚度、生产速度的需要，喷口间隙在 0.5~2mm 间可调。

气刀喷口位置应位于薄膜与冷却辊相接触之处，或偏向薄膜前进方向数毫米处。气流方向应与薄膜成直角或大于 105°的钝角。气刀风压为 98~980kPa。

气刀压力过低，贴辊效果不良；气刀压力偏高，会增加薄膜内的晶点数量。压力过高时，会将薄膜吹得抖动，造成薄膜的厚薄公差加大，甚至将膜吹破。

从模唇顶端到气刀喷口中的气流使薄膜接触冷却辊的接触线之间的距离称为气隙。气隙短时，膜的弹性模量提高，模唇间隙大时的平面取向性也提高；而冲击强度、撕裂强度和模唇间隙小时的平面取向度降低。雾度则在某一适当气隙时呈最低值。

（2）**喷嘴** 喷嘴的作用是将从机头挤出的薄膜的两边吹附到冷却辊上，以免膜边翘起与冷却辊相脱离，冷却效果变差，并且防止因"颈缩"现象造成的宽度的减少。喷嘴应安装在薄膜与冷却辊相接触间的稍偏向机头一方。喷嘴边缘应分别位于距薄膜边部 5mm 处，离膜的垂直距离约 5mm。气流由压缩空气通过喷嘴吹到薄膜上，压缩空气的压力为 98kPa 左右。过低时效果不足，过高时将吹破薄膜。

（3）**冷却辊** 冷却辊的作用是对薄膜进行快速冷却，使薄膜获得良好的光学性能。冷却辊筒的直径在 $\phi600\sim800$mm 之间，要求辊筒转速要与膜的流延速度匹配，在其工作转速范围内可无级升降速度，运转平稳；辊面应该平整光洁，粗糙度 R_a 应不大于 0.02μm；辊内有循环冷却水为辊体降温。冷却辊筒与成型模具出口的距离一般控制在 $25\sim70$mm 范围内。

通过冷却辊对薄膜的快速冷却，可以使聚乙烯从熔融状态到固态，在 PE 分子链重排中，形成微晶和无定形结构。反之，在慢速冷却中，则会形成较大直径的球晶。温度低，则将使冷却速度加快，从而使透明性、冲击强度及撕裂强度提高。

（4）**流延薄膜成型工艺温度** 挤出机机筒各段温度：加料段 $160\sim180$℃；塑化段 $190\sim220$℃；均化段 $220\sim240$℃。

成型模头温度：中间 230℃，两端 235℃。

流延冷却辊的辊面温度：$40\sim60$℃

根据 QB/T 1125—2000 标准规定，流延膜的力学性能见表 4-14 所列。

■表 4-14 流延膜的力学性能

项　目		指　标	
		厚度＞40μm	厚度≤40μm
拉伸强度/MPa	纵向≥	14	12
	横向≥	12	10
断裂伸长率/%	纵向≥	300	200
	横向≥	400	300
摩擦因素	动 μ_d	≤0.25	
	静 μ_s		
润湿张力/(mN/m)		38	

4.6 中空成型

中空成型[15~17]，是一种生产内部中空的制品的加工方法，总的说来包含有两种，一种是不需采用高压空气作为辅助介质的加工方法，如滚塑，也称为回转成型；一种就是中空吹塑，是采用高压气体，对在闭合模具中的物料进行吹胀使之成为中空制品的一种加工方法。近几十年来，中空成型技术迅速发展，如今可以采用中空吹塑的方法生产小到几十毫升，大到千升以上的中空制品，而且制品也不仅仅只限于包装领域，还有各种工业、民用的大型零部件等；采用滚塑的方法可以生产形状复杂、形式多样的大型物件，如大型油箱、水箱、壳体等。

聚乙烯在可用于中空成型方法的材料中所占比例最大，所涵盖的领域最广，既能生产小型中空制品，也能生产大型（甚至超过 1000L）的大型制品。当今，聚乙烯中空制品大量用于汽车燃油箱、IBC 包装桶、几升至 200L 的化工原料包装桶等等，消费量巨大。经济发展带动了包装业的发展，每年的 20～1000L 的包装桶生产能力超过 90 万个。随着汽车业的迅猛发展，汽车用挤吹制件更是迅猛发展，2008 年仅汽车用油箱的消费量就达到 600 万只。除此之外，汽车用通风管、物流托盘、中空成型座椅每年也有大量的消费。

4.6.1 挤出吹塑[17～19]

挤出吹塑是采用挤出机将塑料在一定温度下熔融，通过机头口模挤出型坯，将型坯置于吹塑模具内，通过模具上的吹气口吹入压缩空气并吹胀成型的一种成型方法。

挤出吹塑成型的过程为：挤出机将塑料（热塑性塑料）熔融，熔融塑料进入到机头，通过机头的口模挤出型坯；型坯达到需要的尺寸后置于吹塑模具内，控制系统合模；在模具的型腔内，由模具上的压缩空气出口（吹针）吹出一定压强的压缩空气，使型坯在型腔壁上贴实；继续保持型腔内的压力一定时间，待制品完全定型后，开模取出制品（图 4-52）。

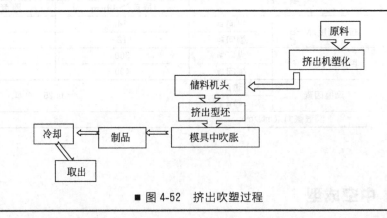

■ 图 4-52 挤出吹塑过程

(1) 挤出吹塑的分类 挤出吹塑按照物料挤出的方式分为连续挤吹和间歇式挤吹（图 4-53、图 4-54）。连续挤吹法是在挤吹过程中，型坯不间断的从机头模口中挤出，没有储料设备存储物料，即在吹塑成型过程中物料仍然在机头处挤出。间歇式挤吹法是挤出机间歇地直接挤出型坯或者是将熔融物料挤压到一个储料机头中，当物料储存到满足型坯需要的量时，由储料机头

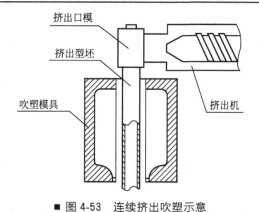

挤出口模

挤出型坯

吹塑模具

挤出机

■ 图 4-53　连续挤出吹塑示意

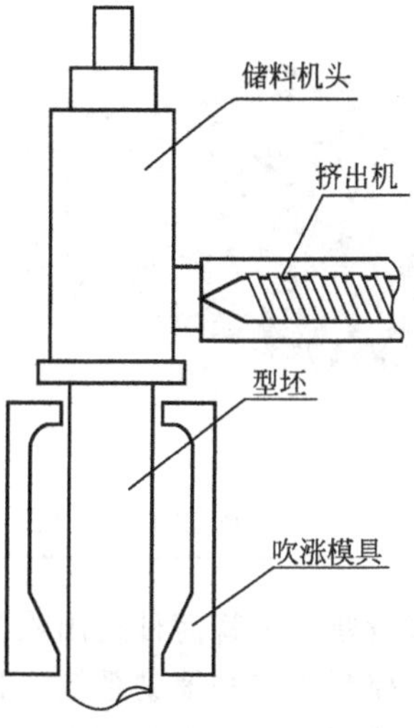

储料机头

挤出机

型坯

吹涨模具

■ 图 4-54　间歇式挤出吹塑示意

挤出口模形成型坯，再经过合模、吹塑、冷却定型后得到制品。

　　按型坯复合方式，挤出吹塑可分为单层挤出吹塑和多层挤出吹塑。单层挤出吹塑，挤出机一般只有一台，只能挤出一种物料，型坯也是单层的。多层挤出吹塑工艺中，设备含有 2 台以上的挤出机，最多可达 6 台以上。这些挤出机可以挤出同一种物料，也可以挤出不同的塑料，故也可称之为"多层复合"挤出吹塑。采用多层挤吹技术目的是通过各层不同种类的塑料合理匹配，实现各种材料间性能的相互补充，以克服单层挤吹中某种材料的固有缺陷，使制品具有更优异的性能。如许多生产商在生产一些比较低档产品时，可以采用两层挤出吹塑设备，一层物料使用的是第一次原料，另一层使用的是生产过程中产生的边角料粉碎后的回收料。这样一来，既克服了单层挤出制品强度低、易产生漏孔的缺点，同时又节约了原材料，降低了制品成本。

227

一些有特殊要求的高档制品，大部分采用多层复合挤出吹塑，如高档轿车的燃料油箱，一般采用 6 层复合挤出吹塑。制品要求油箱要有很好的强度、韧性和防渗漏性能，生产商为达到综合效益，采用不同功能的 6 层材料，由外及里分别是焊接层、回收料层、黏结层、阻隔层、黏结层、内层。焊接层，即制品的表面一层，还要焊接一些小的塑料部件，故热焊接功能要好；回收料层，采用的是生产过程中的回收料，目的是要降低成本；黏结层是为了黏结其他层与阻隔层，阻隔层的材料与其他层相容性不好，一般采用接枝聚烯烃来作为黏结材料，使阻隔层能跟其他材料很好的黏合在一起，提高制品强度（图 4-55）。内层采用的是与外层同样的材料，只是一般不要添加色母，与燃料直接接触。其他制品根据不同的要求，采用不同的设备。

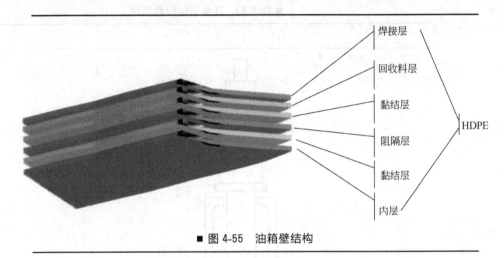

■ 图 4-55 油箱壁结构

（2）**挤出吹塑设备**　不管何种挤出吹塑设备，整体上来说主要分为挤出部分、模具系统、控制系统和辅助系统。挤出部分，主要是挤出机和型坯口模。根据型坯层数的多少相应有不同个数的挤出机按一定方式排列，可以将物料挤入到口模（或储料机头）中。模具系统中有控制模具开合的液压机构，可以根据不同的模具，进行不同的动作；还有对型坯进行吹胀的机构，根据不同的要求进行底吹、顶吹或侧吹等功能。控制系统包括挤出控制系统和模具吹胀控制系统，前者控制挤出机的挤出速度、挤出量，后者控制制品生产过程中模具的程序动作和吹胀程序动作，并可以实现人机对话，控制调节各种工艺参数，如时间、压力、制品壁厚调整等。辅助系统有冷却系统和压缩空气供应等，这些都是生产过程必不可少的。

（3）**挤出吹塑工艺**　聚乙烯挤出吹塑工艺中，可进行人工控制的工艺参数有温度、挤出速度、挤出量、吹胀压力、工艺动作时间、壁厚等。无论使用哪种型号的设备，制品挤吹成型过程中依靠的都是这些参数的调控。

① 温度控制　温度控制包括挤出机加热温度、型坯口模温度。生产过程中物料首先在挤出机螺杆中进行熔融塑化，然后再经过口模挤出型坯，在

这个过程中挤出机的温度对成型过程和型坯的质量有很大影响。挤出机都是分段加热，在温度设置时，从加料段到挤出口模段温度由低到高。临近加料口的温度设定最低，往后各段呈阶梯状上升，间隔一般为5~10℃，这样设置是为了防止熔融的物料在压力下发生倒流，有利于物料混炼塑化和稳定的向机头供料。温度过低过高都不利于制品生产，过低的温度下，物料不能很好的塑化，制品各种性能差，设备负荷也会增大；提高挤出机温度，能够降低熔体的黏度，提高熔体流动性，从而降低挤出机的功率消耗；提高温度时可以适当提高螺杆转速，有利于提高效率；提高温度也有利于提高物品的表面强度和光泽度，改善制品表面性能。温度设置也不能过高，熔体温度过高会使挤出的型坯产生严重重力下垂现象，型坯被拉伸导致纵向壁厚不均；同时，温度过高也会使制品成型后的冷却时间变长，生产消耗加大，效率降低。

挤出吹塑用聚乙烯的成型温度设置，需根据材料的性能和牌号的不同合理设置，密度大、强度高、融体指数低的聚乙烯温度要高一些；密度小、强度低、融体指数高的聚乙烯温度要低一些。有时聚乙烯中还要加入其他一些助剂如色母等，也要根据具体情况来设置温度，一般以挤出物料能较顺利挤出又不发生下垂为标准。对于不同的设备，有时设置温度也会有一些差别。比如小型的设备和大型设备，连续式挤出和间歇式挤出，连续挤出设备在挤出大型中空容器时，由于挤出物料速度相对较慢，为抵消在挤出过程中的冷却因素，一般可将温度提高10~20℃。

根据牌号性能和设备不同，一般情况下温度设置为：

原料	挤出温度设置/℃	口模温度/℃
低密度聚乙烯	100~180	160~180
高密度聚乙烯	150~250	180~260

② 挤出速度、挤出量控制　对于间歇式挤吹设备来说，挤出速度包括挤出机的螺杆转速和储料机头的注射速度。挤出机螺杆转速的快慢直接影响物料输送的快慢，影响储料机头的储料速度。储料机头的注射速度跟注射杆液压系统的压力有关，压力大，则注射快；反之则慢。在间歇式挤出设备中，储料机头的储料量是一定的，有个上限值，储料量超过上限值，通过限位开关时给系统信号，产生注射动作，以保护设备。在实际生产中，考虑到生产效率和成本的关系，一般情况下，挤出机设置的转速尽可能地快而又不超出系统负荷；储料机头每个循环的储料量，可根据不同产品和要求而设置一个特定量，以足够成型一个产品为标准，料量过大造成浪费，料量过小无法成型。因此，要根据制品的大小来确定每个循环的储料量。

对于连续式挤出吹塑设备来说，在挤出型坯口模一定的情况下，挤出速度主要靠挤出机的速度来控制。同样，根据生产产品的不同要求，设置挤出速度，在挤出料量达到设定值时，进行型坯的吹塑。

③ 壁厚控制和调节　挤出吹塑中挤出的型坯一般是环状的型坯，挤出过程中型坯会受到两个方面的作用：一是挤出口模的影响，另一个是地球重

力的影响。首先，由于口模之间间隙的偏差，吹塑型坯在纵向方向和径向方向会造成壁厚的不均匀。其次，在挤出过程中，型坯受到重力的作用会被纵向拉伸，从而造成纵向方向壁厚不均；有时制品要求在不同部位厚度大或小，故在成型过程中都要对壁厚进行调节。

口模间隙导致的壁厚不均，原因是在机械加工、装配过程或在加工过程中产生径向偏差而导致壁厚不均，这种情况可以通过手工调整口模调节螺栓来控制。在挤出口模的外围一般都设有 4～6 个调节螺栓，通过松、紧不同部位的螺栓来调节口模相应处的间隙大小，从而达到调节相应处型坯的壁厚。这种调节是一种静态的调节，调节一次以后便不再改变。调节壁厚还可以采用挤出口模的芯模上下移动来轴向调节壁厚，其原理主要是用芯模来控制口模的间隙，芯模上升，间隙减小，壁厚减小；反之则间隙增大，壁厚增大。

在实际生产过程中，挤出型坯由于各种原因壁厚不均，或者制品本身有些地方需要的壁厚与其他地方不同，这就需要采用一种动态的调节。这种动态的调节通过控制系统编程，自动地控制型坯的壁厚。壁厚控制包括轴向壁厚控制和径向壁厚控制。

轴向壁厚控制：由于挤出吹塑型坯受拉伸作用导致轴向壁厚不均，或者制品要求轴向一些部位有不同拉伸比而需要较大的壁厚，此时就需要进行轴向壁厚控制。轴向壁厚控制室通过程序控制的输出信号，通过液压伺服阀驱动液压油缸，使口模的芯棒上下移动来调节口模间隙，从而达到挤出型坯壁厚的要求。目前壁厚的轴向控制采用多点控制的方法，型坯从下而上分为多个点，如 10 个点、20 点，最多可达 256 个点。可以在控制面板上根据要求逐点设置相对应点的口模的开口量，从而使型坯达到相应壁厚。如图 4-56 为某种油箱型坯的 100 点轴向控制曲线。

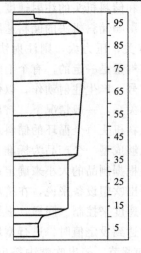

■ 图 4-56　油箱壁厚控制曲线

径向壁厚控制：径向壁厚控制技术，如今基本上有两种设计，一种是扰性环方式，另一种是修形口环方式。扰性环方式是通过液压伺服控制薄壁扰性环在一个方向上，或者两个对称的方向上产生变形来影响挤出型坯的厚度。只要口模直径不发生变化，径向控制就可发挥作用。修形口环方式控制壁厚的方法是利用口环的上下移动来实现，这种修形口环比扰性环寿命长，更换成本低。径向壁厚控制能够有效提高大型制品的质量，可在保证质量的同时减轻制品重量，经济效益较高。

④ 吹胀压力　吹胀压力指的是用于吹胀型坯的压缩空气的压强。吹胀有两个过程：一个是低压预吹，作用是保持型坯有一定的膨胀，以便于后面的过程动作，如防止型坯粘连，或者能够让吹针顺利的刺入型坯内部等。低压预吹结束后，即转入到高压吹胀。

低压预吹的压力相对来说较低，一般为 0.1～0.3MPa 之间，根据材料、工艺的不同有所变动。低压预吹气压过高，可能会造成型坯膨胀过大被过度拉伸，造成后面过程中制品某些部位成型困难；对于有预夹封口的型坯，过高压力会导致型坯在预夹时爆破漏气。故低压预吹的时候，保持合适的压强是很必要的。

在低压预吹之后，模具合实即开始高压吹胀。高压吹胀时高压气体将模具型腔内的型坯吹到模具上与型腔壁贴实而成为型腔的形状，冷却定型后就成为我们想要的制品。为了能够把型坯很好地贴合到型腔壁上，就需要吹胀的气压是足够的。但为了经济考虑和设备安全考虑，吹胀气压也不是没有限制地越大越好。吹胀气压的大小取决于 HDPE 的牌号、性能、型坯壁厚、制品大小、吹胀比等许多因素。

型坯温度比较高时，材料黏度较小，熔体强度比较低，可以采用较低的气压；型坯温度低，黏度大，熔体强度高，则需要较高的气压；体积较小的制品，采用相对较低的气压；体积较大的制品，要采用相对较高的气压；需要制品壁厚较薄时采用较高气压，反之采用较低气压；模温较高时采用较低气压，模温较低时采用较高气压等，可根据实际情况相应调整。

⑤ 工艺动作时间　工艺动作时间包括挤吹制品过程的多个环节，如挤出型坯时间、预夹（具有此功能的设备）时间、低压预吹起止时间、高压吹胀时间、冷却时间等。这些时间的控制对制品的性能影响很大。

型坯挤出时间是指型坯从口模刚刚挤出开始到型坯达到要求的长度为止。对于间歇式挤吹设备，型坯从储料机头中挤出，这个时间越短越好，这样可以提高效率。对于连续式挤吹设备，这个时间与挤吹过程时间有关系，要求型坯挤出达到要求的时间与型坯进入模具吹塑到制品脱模的时间相符。如果挤出太快，会造成型坯挤出过长、型坯冷却时间过长黏度变大、型坯过度拉伸等问题，导致效率降低。当然，型坯挤出的时间也不能太慢，这样会使成型周期增长，导致效率降低。

预夹时间（有此功能的设备）：这里包括型坯挤出至预夹时间、预夹延迟时间。型坯挤出至预夹时间是指型坯开始注射到预夹动作开始之间的时间，这个时间一般比较短，一般在 1~2s 之间，因为这个动作是为了把型坯下口封住，如果时间太长，封口处靠上，会产生很多边角料，故时间需设得很短。预夹延时时间，是指开始预夹到预夹结束之间的时间，这段时间一般为 1s 以内，一般为零点几秒。时间太短，则型坯口模封不住，产生漏气；时间过长会影响挤出，容易造成物料堆积。

低压吹时间：低压吹时间包括型坯挤出开始至低压吹时间以及低压吹延时时间。型坯挤出开始至低压吹时间，是指型坯挤出开始一直到低压吹开始之间的时间。这段时间控制低压吹的起始时间，这段时间短，低压吹过早，容易引起型坯爆裂（有预夹时）；时间过长，低压吹过晚，容易造成型坯过瘪，吹针不易扎入，故根据不同情况设置不同的时间。低压吹延时时间，是低压吹开始一直到结束这段时间。这段时间是为了让型坯鼓起，因此一旦合模完成后就可以结束，并开始高压吹。

高压吹胀时间：高压吹时间包括合模至高压吹时间和高压吹延时时间。合模至高压吹时间是指模具合模到高压吹胀开始之间的时间。这段时间不宜太短，如果太短，吹针还没有完全刺入型坯，若开始高压吹，会把型坯吹瘪而无法成型。一般根据需要设置 2s 以上，10s 以下。高压吹延时时间，指的是高压吹气开始到高压吹结束时的时间。这个时间相对来说较长，目的是为了让吹胀好的制品能够在高压下冷却定型，因此较长的时间有利于制品稳定。但考虑到制品大小和生产效率，高压吹时间也不宜过长，够用就好。

冷却时间：一般说在模具合实高压吹开始后，这时冷却实际已经开始。但这里说的冷却时间是高压吹停止后，保持一定压力直到开模的这一段时间。由于前面高压吹过程已有一定的冷却，所以后面的冷却过程不需过长时间，可根据需要设置十几秒到几十秒不等。

4.6.2 注射吹塑[17~21]

注射吹塑，其工作原理是将塑料在加热的注射机中熔融塑化，通过螺杆的旋转高压输送，由挤出机喷嘴注入闭合模具中形成型坯，再转移到吹塑模具中进行吹胀。其基本过程分为两步，一步是型坯制备，即注塑坯；第二步是对型坯进行吹塑。

(1) 注塑吹塑方式 与挤出吹塑相比，注射吹塑的制品径向吹胀比比较大，轴向吹胀比小。注射吹塑成型根据型坯旋转方式、型腔个数和模具数不同分为多种方式，这些方式都是根据不同制品而设计的，有单坯单模具、双坯双模具、多坯多模具、二工位、三工位甚至四工位注吹方式等。

(2) 注射吹塑设备 注射吹塑成型设备总体上来说有两个主要部分，一个是注射部分，一个是吹塑制品部分。注射部分主体为注射机和型坯模具，用来成型型坯；吹塑制品设备包括型坯转移、吹塑以及脱模等机构。

注射吹塑设备必须具备：注塑装置，用来塑化聚乙烯原料、熔融注射出吹胀型坯；注射型坯所用的模具和用来吹塑制品形状的模具，前者制作型坯，后者吹胀制品；控制型坯转移顺序和定位的装置，准确控制注射出的型坯顺利转移到吹胀型腔吹成制品；制品顶出机构，完成制品的脱模。

注射吹塑系统主要包括注射系统、吹塑系统、控制系统、液压系统等。

注射系统主要设备注射机，根据不同的制品，采用不同的注射机。注射机可将物料熔融、混炼、塑化并输送，经过喷嘴以一定的压力注入型坯模具型腔，保压、补料、定型后制成型坯待下一步吹塑应用。

吹塑系统是将型坯吹胀成制品的部分。吹塑部分含有锁模、转位和脱模装置等，不同的设备设计也不同。吹塑制品过程中采用液压或气压驱动设备运动，完成制品的吹胀、转位和脱模。

控制系统是整个设备的控制中心，其提供了人机对话的界面，操作者可以通过界面设定和调整各项动作参数，对各个动作进行程序控制。

(3) 注射吹塑的生产过程 注射吹塑设备根据需要采用不同的设计，主要区别在于生产制品的工位。最常见注射吹塑生产过程有二工位吹塑、三工位吹塑及四工位吹塑。

① 二工位注射吹塑 二工位注射吹塑的成型设备可设计成往复式和旋转式两种。往复式注射吹塑工作原理是：首先，注射机将物料注入型坯模具形成型坯，型坯模具开模后，型坯留在芯棒上；然后，吹塑模具移动到型坯处，型坯进入吹塑模具进行吹塑；吹塑完成后，吹塑模具带着吹塑完成的制品移动到原来的位置准备脱模；注射模具合模进行下一个型坯的制备。整个过程中，吹塑模具往复移动，如图4-57所示。

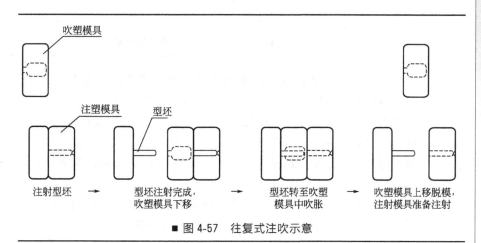

吹塑模具

注塑模具   型坯

注射型坯 → 型坯注射完成， → 型坯转至吹塑 → 吹塑模具上移脱模，
            吹塑模具下移   模具中吹胀   注射模具准备注射

■ 图4-57 往复式注吹示意

旋转式注射吹塑的工作原理是：吹塑模具不像往复式吹塑那样来回移动，而是与注塑模具在一条直线上或形成一定夹角，型坯是依靠转位装置的旋转，从注塑模具转送到吹塑模具，如图4-58所示。

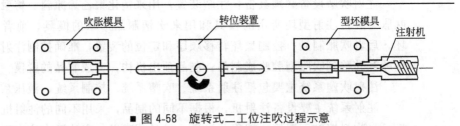

■ 图 4-58　旋转式二工位注吹过程示意

② 三工位注射吹塑　三工位注射吹塑工作原理是：三个工位按 120°均匀排列，分别是注射工位、吹塑工位和脱模工位。转位装置负责将注射好的型坯转送到吹塑工位，将吹塑工位吹塑完成的成品转送到脱模工位。在生产过程中，三个工位是在同时动作，即注射工位制备型坯的同时，吹塑工位正在吹塑一个型坯，脱模工位正在脱出成品。转位装置每旋转 120°，三个工位各完成一次动作；转位装置旋转一周将吹塑成型 3 个制品。这种方式最常见，生产效率很高，如图 4-59 所示。

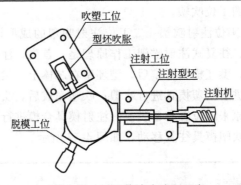

■ 图 4-59　三工位注吹成型示意

③ 四工位注射吹塑　四工位注射吹塑，即设备有四个工位，通常也是采用旋转方式工作。工作原理与三工位基本相同。第四个工位可以灵活的安排在不同位置上，可以安排在注射吹塑工位之间，用来在吹胀之前对型坯进行温度调节或者表面处理；也可安排在脱模和注射工位之间，用来对制品表面进行处理、印刷、贴标等，或者对型芯进行处理和温度调节，如图 4-60 所示。

(4) 注射吹塑工艺　注射吹塑过程中，影响工艺的因素很多，操作人员可以调整的参数主要有温度、压力、动作时间等。

① 温度　注射吹塑过程可控制的温度主要是物料温度（设备温度）、模具温度等。

物料温度：物料温度就是聚乙烯材料在注塑机挤出料筒里的温度，实际上物料温度是通过设置设备温度即料筒的温度来控制的。注射机挤出料筒的

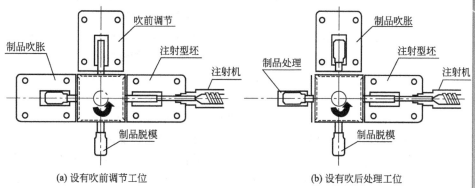

(a) 设有吹前调节工位　　　　　　　　(b) 设有吹后处理工位

■ 图 4-60　四工位注吹过程示意

温度设置从加料器一直到喷嘴前的温度是逐渐升高的，而喷嘴的温度稍低一些，为的是减少流延的产生。聚乙烯对温度不太敏感，一般情况下设置的温度范围为 160～250℃，可根据实际情况进行调整，分子量较高、黏度较大的聚乙烯温度适当调高些；分子量低、黏度较小的聚乙烯温度可适当调低些。

模具温度：注吹设备具有两种模具，一种是型坯注射模具，一种是型坯吹塑模具。对于型坯注射模具，其温度（内表温度）直接影响型腔内型坯的温度。温度过高，型坯不容易定型；温度过低，型坯冷却过快，在转送到吹塑模具后可能会因温度过低而吹胀不佳。因为聚乙烯是热的不良导体，长时间注射型坯后，模具温度会升高，这对型坯形成也会不利，因此，一般情况下注射模具采用定温的冷却水，来控制不同部位的温度，如颈部、底部以及形状复杂的部分。吹塑模具的温度主要通过冷却水来控制。生产制品较多后，吹塑模具温度会上升，这会导致制品的冷却时间过长，成型周期过长；降低吹塑模具温度能够缩短制品冷却定型的时间，从而使成型周期缩短，提高生产效率。

② 压力　这里所说的压力包括由液体提供的压力和由气体提供的压力。液体提供驱动的压力有注射过程中的塑化压力、注射压力、锁模压力、保压压力等；由气体驱动的压力主要是吹胀制品的吹胀压力。

塑化压力是注射机螺杆在塑化物料时，螺杆旋转后退所受的压力，这个压力是靠液压调节来设定的。塑化压力的作用是让物料充分塑化，并压实物料，排除物料中气体。但塑化压力不可过大，否则可能使螺杆转动困难、摩擦加剧而温度升高使物料降解变色，也可能造成过载。必须要根据设备的能力和物料的特性和要求进行设定。

注射压力是注射机螺杆在将物料推入模具型腔时对物料施加的压力。注射压力为物料流动提供了动力，让物料以一定的速度进入模具。注射压力小，会发生物料充模不满，制品出现收缩痕等；提高压力可改善熔体物料流动性，型坯易于熔接，整体密实；但注射压力过高会出现制品飞边过大，模具漏料，不但制品质量变差，对设备本身也有影响。

保压压力是注射完成后，注射机继续保持一定的压力，以便模具型腔中的制品在收缩时可以及时补料，并让制品内部能够密实、尺寸稳定。

锁模压力是指锁模装置在模具合实后对模具施加的压力，这个压力保证模具能够严实闭合，防止在注射过程中发生漏料。

吹胀压力是在吹塑过程中将型坯吹胀成制品的压缩空气的压力。吹胀压力可以通过调整阀门来控制大小，不同牌号、性能的聚乙烯，以及根据制品体积大小和壁厚的大小，要求有不同的压力。吹胀气压一般为 0.2 ～ 1.0MPa，对于壁厚较厚、形体较大的制品有时会更高。吹胀气压过低，制品吹胀无法贴紧型腔，尺寸不够且表面质量差，而吹胀压力过高则可能会吹破型坯。

③ 动作时间　动作时间包括注射吹塑过程中的每个程序所需要的时间。包括注射过程中的塑化时间、保压时间、冷却时间，还有吹塑过程中的吹胀时间、冷却时间等。这些时间同样根据物料性能、制品大小、形状等因素进行调整。

4.6.3 拉伸吹塑

聚乙烯的拉伸吹塑，实际上是将聚乙烯的挤出型坯或者注射型坯进行双向拉伸吹塑，因此从型坯的制备方法上可分为挤出拉伸吹塑和注射拉伸吹塑（简称注拉吹）。其基本工作原理是：将型坯温度调整到理想拉伸温度，首先经过内部（芯棒）或外部（夹具）工具的机械力作用，进行轴向拉伸，再经过压缩空气吹胀而进行径向拉伸。

(1) 拉伸吹塑的分类　拉伸吹塑从型坯的成型方法上分为挤出拉伸吹塑和注射拉伸吹塑，这两个方法根据设备不同又可分别分为一步法和两步法。

聚乙烯一般很少采用挤出拉伸吹塑的方法生产，故本节主要介绍注射拉伸吹塑。

注射拉伸吹塑（注拉吹）一步法，是注射型坯和吹胀两个部分在同一台设备上进行。注射型坯完成后，经过型坯温度的调整后，马上进入吹胀模具进行拉伸吹塑成型。

两步法注拉吹，是注射型坯的过程和拉伸吹胀的过程在分离的两台设备上分别进行。注射好的型坯，可以暂时储存，需要进行拉伸吹塑时，先将型坯进行预热，达到需要的温度后放进模具中完成拉伸吹胀。

一步法和两步法工艺相比较，前者生产连续进行，设备自动化程度高，人力成本低，占地较少；工艺上热历程短，耗能低。缺点是，设备价格较高，技术要求也高，无法将注射和拉伸吹分开优化工艺。两步法工艺中注射和拉伸吹设备是分开的，注射机注射型坯后可储存，注射机也可用于其他用途，设备可以分开来购买，相对来说设备投资不大，见效快，操作维修方便，可分别优化注射和拉伸吹工艺，产量高。缺点是人工成本高，自动化程度低，属劳动密集型。

(2) 注拉吹工艺 注拉吹工艺，是将注塑的型坯，经过温度调整达到要求的拉伸温度，在内部拉伸芯棒机械力的作用下，进行纵向拉伸后，再经压缩空气吹胀而进行径向拉伸，经冷却定型后，脱模形成制品。

① 一步法注拉吹工艺 一步法工艺中注塑型坯和拉伸吹胀都在一台设备上，注射完成后直接转送到拉伸吹塑模具上进行拉伸吹胀，过程连续。一步法工艺注拉吹设备有三工位和四工位之分。三工位方式中，一个工位注射型坯，一个工位进行拉伸吹塑，一个工位进行制品脱模，这样来回往复。四工位方式中，其多出的一个工位用来进行型坯的温度调节。型坯注塑出来以后，转入型坯加热调温工位，之后再进入拉伸吹胀工位，最后转入脱模工位。

② 两步法注拉吹工艺 该方法是把型坯的注射和型坯的拉伸吹胀分为两个步骤进行。首先注射型坯，型坯可以在任何一个普通注射机上生产，也可以从其他厂家购买。型坯准备好了以后，需要在热烘道中进行加热，在达到要求以后，置入模具中进行拉伸吹胀，成型完毕后冷却脱模。

(3) 注拉吹工艺参数控制 注拉吹过程包括注射型坯和拉伸吹塑两个步骤，因此在生产过程中需要控制的就是注射型坯过程的参数和拉伸成型的参数。

① 注射型坯工艺 压力包括塑化压力、注射压力、锁模压力、保压压力等，这些参数与注射吹塑参数控制方法基本一致。

② 拉伸吹塑工艺 拉伸吹塑工艺参数包括拉伸吹塑的温度、吹胀压力、拉伸比和拉伸速率等。拉伸温度根据聚乙烯性能和牌号相对设定，由于聚乙烯容易结晶，其拉伸的温度要比晶体熔点稍高一些。但温度不宜过高，否则型坯轴向取向不充分，造成强度低。吹胀压力根据材料性能和制品的形状和壁厚进行设置，因为注拉吹的制品都不会很大，故压力调整范围也不会很大。拉伸比是在设计产品和模具时设定的参数，拉伸比分为轴向拉伸比和径向拉伸比，两者的乘积称为总拉伸比。总拉伸比在生产中具有实际意义：根据拉伸比和制品的高度、直径，可近似确定型坯的尺寸；根据拉伸比可以确定成型的周期，拉伸比较大时，型坯要求壁厚较大，成型周期要延长；拉伸比增大，可以提高制品的强度。拉伸速率是指型坯置入拉伸吹塑模具后被芯棒机械拉伸的速率。拉伸过程要保持一定速率，但不能过大，否则型坯容易产生破裂。

4.6.4 滚塑

滚塑成型，不需要压缩空气的吹胀，但制品也可以是中空的。滚塑成型又称旋塑、旋转成型、旋转模塑、旋转铸塑、回转成型等。其工作原理为：将定量的粉状树脂装入冷态的模具中，合模后，在加热的同时，由滚塑机带动模具绕两个互相垂直的转轴进行缓慢的公转和自转，从而使型腔内树脂熔融并借助重力和离心力均匀地涂布于整个模具内腔表面，最后经冷却脱模后得到中空制品。滚塑工艺主要应用于热塑性材料上，近年来，可交联聚乙烯等热固性材料的滚塑也发展很快。滚塑设备和模具价格低廉，使用寿命长；生产中不需要很高压力、剪切速率或精确计量；复杂的部件的成型不需要后组装；多种产品和多种颜色可以同时成型；颜色和材料容易改变；产生的边角废料损失少。

(1) 滚塑工艺的过程 滚塑工艺的加工过程是：将聚乙烯粉末或粒料放在模具里，在加热的同时，模具围绕两个相互垂直的轴旋转，加热一定时间后，冷却定型。材料在加热的时候，逐渐融化，由于模具的旋转，在自身重力和旋转产生的离心力作用下，融化的物料涂满整个模具型腔，并与模具紧密黏合在一起；随后模具转入冷却工区，继续旋转并经过强制通风或喷水冷却，使型腔内制品定型；然后停止旋转并放置于工作区，将模具打开，取出制件完成一个循环，如图 4-61 所示。

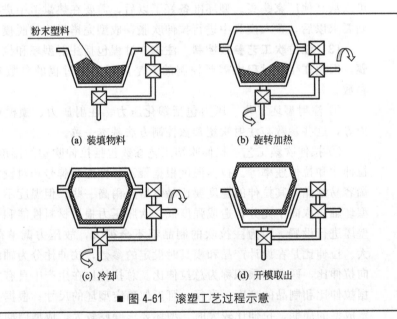

(a) 装填物料   (b) 旋转加热

(c) 冷却   (d) 开模取出

■ 图 4-61　滚塑工艺过程示意

(2) 滚塑设备及工艺 滚塑工艺的设备一般有如下几种。

① 摇摆式滚塑机　这种设备生产的制品体积大、形状简单。该设备的自动化程度较低，生产效率不高，人工操作繁重。

② 穿梭式滚塑机　该设备可生产大型储存罐、容器及小型制品。操作比较简单，维护费用低廉，属入门级设备。

③ 蛤壳式滚塑机　该设备占地面积小，人工操作容易，生产的制品质量好。设备双轴旋转是由主、副轴变速齿轮电动机提供。旋转转臂可直也可

弯，能使用小型或大型模具。

④ 垂直式滚塑机　垂直式滚塑机有三臂式和六臂式，设备转臂在同一个平面内，有分开的加热、冷却或装/卸工位，最大的模具摆幅有限制，通常为900～1200mm，因此制品的大小受到限制。设备主要用于制作玩具娃娃部件、玩具、球类和汽车部件等。

⑤ 固定转臂式滚塑机　设备的模具摆幅较大，范围为1000～3800mm，有3个工位，分别是加热、冷却和装或卸，设备效率高、维护容易，是滚塑工艺中的主流设备。

⑥ 独立转臂式滚塑机　该设备具有空气循环加热室和空气/水冷却室，可以提供5个工位，其中一台为自动车架，用来控制每台转臂绕中心台转动，每台转臂和车架之间是独立的，自动化更高。

⑦ 蚌式滚塑机　该设备的加热箱也可作为冷却箱，结构分上下两部分，上部可开启和关闭，形状及开启方式像河蚌，故此得名。模具回转直径范围为1200～3600mm。

通常加热是整个周期的关键因素，因此它成了设备运转的控制因素。加热方式分为直火式和热箱式，一般生产大型产品大多采用直火式加热，生产小型产品多采用热箱式加热。

滚塑制品内部易产生气泡，表面易出现空洞；制品易出现弯曲、收缩、变色等，这些现象影响制品外观和制品力学性能。因此，在滚塑生产中要根据材料、设备和制品的特点，调控加热和冷却。

4.6.5 其他中空成型

除了以上所述的主要的中空成型以外，近些年又发展出一些新的中空成型方法。这些新的中空设备都是在原来基础上进行改进，如多层复合挤出吹塑、多层型坯注射吹塑、立式挤出吹塑、挤出浸蘸吹塑、气体辅助注塑中空成型等。

(1) 多层复合挤出吹塑　多层复合挤出吹塑是指生产过程中型坯是由多层材料（可以是同一种，也可以是不同种材料）组成，各层材料性质相互取长补短，以提高制品的各项性能。多层复合挤出工艺目前有2～6层不等，根据制品的不同要求采用不同的设备。如对于需要阻隔性能的制品，可以采用三层或更多层复合挤出，外层、粘接层、阻隔层。一般说需要几层复合，就需要几台挤出机，分别挤出不同的材料，每个挤出机单独控制，通过控制挤出量、挤出速度来控制各层的薄厚。各挤出机挤出物料通过一个复合机头后挤出复合层型坯，置入模具吹胀。吹胀过程的控制与单层挤吹工艺调节方法是一致的，根据要求调节吹胀压力、吹胀时间、冷却时间等。

如今最常用的就是高档汽车用塑料油箱，采用6层复合挤出吹塑。这种油箱要求具有良好的防渗漏性能，从外到内分别是焊接层（高密度聚乙烯）、回收料层（生产过程中的边角料经粉碎）、粘接层（接枝聚乙烯）、阻隔层（一般是阻隔性能较好的材料，如 EVOH）、粘接层（接枝聚乙烯）和内层（聚乙烯）。最外层需要进行各种零件的焊接，要求 HDPE 的焊接性能要好；各层之间要有很好的黏合，不能分离。

二层复合挤出吹塑设备可以生产要求不太高的中空制品。第一层（外层）材料采用聚乙烯纯料，第二层采用生产过程中的回收料，这样既可以降低成本减少浪费，又可以提高制品的抗渗漏性。

(2) 多层型坯注射吹塑 多层型坯注射吹塑的型坯是由多台注射机注射而成。型坯制备过程是：在支持型坯的型芯上先注射第一层，然后进入第二个型腔注射第二层，以此类推可以注射多层。型坯制备好后，放入吹塑模具即可进行吹胀。生产过程中，型坯注射的参数控制，由每一层的注射机单独调整。

(3) 立式挤出吹塑 此种吹塑方式为移动吹塑，物料熔融温度较低，预成型压力也不高。挤出机挤出熔料，进入料腔内，料腔平移到吹塑工位后向上移动，型芯进入料腔形成型坯，型腔靠底部活塞的压力压紧型坯，完成制品瓶颈；芯棒拉伸型坯，然后通入压缩空气进行吹胀，冷却定型后，开模放出制品。

(4) 挤出浸蘸吹塑 挤出浸蘸吹塑方法生产的中空制品没有飞边和料柄，生产过程没有材料浪费，能耗也比较低。成型模具是由喷嘴、模芯、容器颈凹模、吹塑型腔共同组成，一个型腔配备一个模芯。该工艺无废料处理，节省材料，容器壁厚调整方便，模具结构简单，浸蘸吹塑可多腔成型。

(5) 气体辅助注塑中空成型 该工艺是注塑与中空成型的一种结合，因工艺过程中增加了气体流道结构以及注气过程，整个的工艺比普通注射吹塑要复杂一些。气体能够均匀有效地传递压力，当模腔内注入未满的熔料后，再把惰性的气体通过气道注入熔料当中。注入的气体并未与熔料混合，而是在熔料内部形成连续的空心，最后制成中空的制品。其生产过程分为几步：首先进行熔料注射，由注射机将熔料定量注入型腔，但不是注满，而是充满型腔容积的 $60\% \sim 97\%$，一般情况是 $60\% \sim 70\%$，具体比例根据制品要求而定；然后由气体注嘴将高压气体注入熔料内部，气体会沿着阻力最小的方向前进，熔料被高压气体驱动向前，并且气体将熔料推向型腔壁，使熔料的外表能够紧贴型腔内壁，并逐渐冷却；接着继续保持气体的压力，让制品冷却固化定型；冷却定型后，要进行减压，并排出气体，回收再利用；最后开模取出制品。

4.7 聚乙烯发泡成型

4.7.1 发泡工艺简介[22]

发泡是使塑料产生微孔结构的过程。按照泡孔结构可将泡沫塑料分为两类，若绝大多数气孔是互相连通的，则称为开孔泡沫塑料；如果绝大多数气孔是互相分隔的，则称为闭孔泡沫塑料。开孔或闭孔的泡沫结构是由制造方法所决定的。

主要的发泡工艺有两种：化学发泡和物理发泡。

化学发泡由加入的化学发泡剂受热分解或原料组分间发生化学反应而产生的气体，使塑料熔体充满泡孔。化学发泡剂在加热时释放出的气体有二氧化碳、氮气、氨气等。

物理发泡是在塑料中溶入气体或液体，而后使其膨胀或气化发泡的方法。和化学发泡相比，物理发泡过程中化学反应较少，污染较小，组分的温度敏感性较低，且气体流量或气体载入量易于控制，因此生产效率较高。

相对于不发泡的塑料，发泡塑料在性能上有如下优势。

密度低，因为有大量气泡存在，其密度为 $10\sim500kg/m^3$，为非发泡品种的几分之一至几十分之一。

隔热性能优良，由于泡沫塑料中有大量泡孔，泡孔内的气体比塑料低很多，所以泡沫塑料的热导率很低。

隔音效果好，泡沫塑料隔音效果是通过吸收声波能量，使声波不能反射传递而达到的。

比强度高，由于泡沫塑料密度低，比强度自然比非发泡制品高。泡沫塑料的机械强度随发泡倍率的增加而下降，微孔或小孔泡沫塑料强度高。

在实际加工中，影响发泡制品质量的关键因素是控制气泡的生成与增长，使之形成细小均匀而又相互独立的泡孔结构。泡孔结构主要包括泡孔尺寸、泡孔密度和泡孔壁厚。

泡沫塑料泡孔的开闭对泡体的力学性能影响很大，是泡体的重要结构参数。如图 4-62 所示，开孔泡沫塑料泡体中的泡孔是破的，气泡间相互连通，泡体中的气相和塑料都是连续相，流体可以通过泡体，通过的难易程度与聚

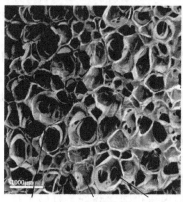 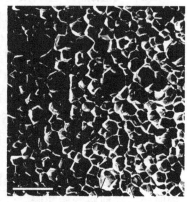

开口泡沫塑料   闭口泡沫塑料

■ 图 4-62 薄膜塑料微观形态

合物材料的性能及开孔率有关。闭孔泡沫塑料泡体中的泡孔是封闭的，孤立地分散在泡体中，只有塑料基体是连续相。在实际的泡体中，泡孔不是纯开孔或纯闭孔，而是开孔中带一些闭孔，或闭孔中带一些开孔。泡体中泡孔的分布对泡沫塑料的性能影响也是很大的。结构泡沫塑料的泡体具有不发泡或少发泡的皮层和发泡芯体，它与自由发泡塑料的主要区别是皮层，自由发泡塑料的表层也发泡，经过定型皮层可以达到平整，但不可能达到和结构泡沫塑料那样的光滑程度。

4.7.2 泡沫塑料形成机理[23]

发泡的过程就是由发泡剂在聚合物熔体相中形成气体相的过程。气体相的形成可以通过溶解气体的分离、挥发性气体的气化或化学反应产生的气体的释放等实现。

发泡过程分为四个步骤。

(1) 聚合物/发泡剂均相溶液的形成 这一过程必须保证溶解体系的均匀性，如果发泡剂过量，很多气体不能溶解到熔体内，就会形成大的孔洞。因此确定溶解度是很重要的。

在达到热力学平衡时，气体溶解在聚合物熔体的溶解度取决于系统的压力和温度，可以用 Henry 定律来估算：

$$c_s = H p_s \tag{4-3}$$

式中，c_s 为气体在聚合物熔体中的溶解度；p_s 为饱和状态压强；H 为 Henry 定律常数，在低压和低浓度下 H 为常数，在高压下 H 与压力和温度有关。

溶解所需时间与扩散速度成反比，如果气体扩散溶解所需时间比聚合物熔体停留时间长，也无法得到均匀的聚合物/气体溶液体系。

(2) 气泡成核 塑料发泡过程的初始阶段是在塑料熔体或液体中形成大量的气泡核。如果在熔体中能形成大量均匀分布的气泡核，将可以得到泡孔细密均匀的泡体。

一般认为气泡成核的机理为热点成核机理，一方面由于压力的下降，导致气体在塑料熔体中的溶解度下降，气体从聚合物熔体中挥发出来，形成过饱和气体；另一方面，熔体内部形成大量热点，由于热点处熔体温度上升，使熔体黏度下降，表面张力下降，使熔体中的过饱和气体在此处形成气泡核。前一个因素主要靠加工设备调节，后一个因素可以通过向体系内加入成核剂的方法实现。

(3) 气泡增长 形成气泡核后，当气泡核内压大于熔体压力和表面张力的时候，气泡将开始膨胀，气泡内压也随之降低，打破了热力学平衡。气泡壁附近形成浓度梯度，熔体中的气体就向气泡扩散，建立起新的热力学平衡。只要流动过程中熔体作用于气泡的总法向应力不断减小，气泡就会不断长大。

(4) 气泡稳定和固化 气泡的稳定过程一般是通过冷却使熔体的黏度上升，逐渐失去流动性，固化定型。

在这过程中气泡可以继续膨胀也可能合并、坍塌与破裂，根据气泡在熔体中所受力的平衡关系，该关系见式(4-4)：

$$p_g + \tau_{rr}(R) = p(R) + \frac{2\sigma}{R} \tag{4-4}$$

如果 p（R）值过低，以上平衡就不能维持，气泡中的气体就会向熔体中扩散，并导致气泡塌陷。

气泡合并的情况发生在两个大小不等的相邻气泡间。其压差可以表示为：

$$\Delta p = 2\sigma\left(\frac{1}{R_2} - \frac{1}{R_1}\right)$$

在外界条件相同的情况下，小气泡中的气体压力比大泡中的气体压力大，泡径相差越大，压差也就越大。因此小泡中的气体易向大泡扩散。

发泡聚乙烯的专利最早在 1941 年由 Du Pont 公司提出，其后其他公司也取得了多项制备聚乙烯泡沫的专利。1958 年，Dow 公司首次采用无交联挤出发泡法实现了高发泡聚乙烯泡沫的工业化生产，目前美国的高发泡聚乙烯多数仍采用此法生产。20 世纪 60 年代初，日本三和化工、古河电气和积水化学等公司先后研制和开发出交联高发泡 PE，并从 1965 年开始生产高发泡 PE 产品。欧洲大约从 20 世纪 70 年代开始生产交联 PE 发泡材料。目前大部分厂家都以日本开发的技术为基础，来生产 PE 发泡材料。

聚乙烯泡沫塑料一般是闭口的，开口的聚乙烯发泡塑料可以通过后处理制备，具有热导率低、吸湿和透湿性小、质轻、浮力大、收缩率小、耐海水侵蚀、良好的电绝缘性能、毒性极低等优点，应用范围越来越广。现在，PE 泡沫塑料产量仅次于 PU、PS 居第 3 位，且在应用方面比 PU、PS 更广泛，已开发的制品达 1000 种以上，发展迅速，大有后来居上之势。

聚乙烯的发泡工艺根据选择发泡剂的类型一般分为化学发泡和物理发泡，根据材料可分为非交联聚乙烯发泡和交联聚乙烯发泡，根据交联的工艺可分为化学交联发泡和辐射交联发泡。

4.7.3 聚乙烯发泡用助剂[22]

根据发泡塑料的形成机理，发泡剂、成核剂是发泡工艺必须的助剂，一般也需加入表面活性剂，可以提高发泡质量。就聚乙烯发泡而言，往往需要交联，因此交联剂也是必要的。本章仅介绍这四种在聚乙烯发泡加工过程中所要加入的通用助剂，对于聚乙烯在特定应用中需要加入的助剂将在下一章进行介绍。

4.7.3.1 物理发泡剂

按照发泡成型的特性，一般可分为 3 类：惰性气体、低沸点液体和固态空心球等。

惰性气体：这类发泡剂的化学活性弱。常用的有 N_2、CO_2 等。它们的优点是无色、无味、发泡后在聚合物中不会留下残渣，也不会对泡沫塑料性能产生不良影响。

低沸点液体：低沸点液体是目前广泛使用的物理发泡剂。它的性能范围广泛，最好能使用在常温下呈气态的低沸点液体，一般要求它在常温下沸点低于 110℃。

聚乙烯用的物理发泡剂一般是丁烷、丙烷、异戊烷、环戊烷、二氯二氟甲烷、二氯四氟乙烷、氯代乙烷、氯代甲烷等。这些发泡剂是常温下呈气态的低沸点类发泡剂。实际使用中可以用一种发泡剂，也可同时用两种以上发泡剂，其种类和用量取决于树脂的品种、交联度和对制品的质量要求，一般用量为 1%～20%（表 4-15）。

■表 4-15 常用低沸点液体发泡剂[22]

发泡剂	相对分子质量	密度(25℃)/(g/cm³)	沸点/℃	蒸发热/(J/g)
戊烷	72.15	0.616	30～38	360
异戊烷	72.15	0.613	9.5	
己烷	86.17	0.658	65～75	
异己烷	86.17	0.658	55～62	
丙烷	44	0.531	−42.5	
丁烷	58	0.599	−0.5	
二氯甲烷	84.94	1.325	40	
二氯四氟乙烷 F114	170.90	1.440	3.6	137
三氯氟甲烷 F11	137.38	1.476	23.8	182
三氯三氟乙烷 F112	187.39	1.565	47.6	147
二氯二氟甲烷 F12	120.90	1.311	−29.8	167

固态空心球：用于成型轻质泡体的固态空心球的类型很多，根据球壳的材料，空心球可分为无机和有机两大类。无机空心球的材料主要有玻璃、氧化铝、陶瓷、炭、硼酸盐等。有机固态的空心材料有天然的，如纤维素衍生物、天然胶乳等；也有合成的，如酚醛树脂、聚醋酸乙烯酯、聚酯、环氧树脂等。用固态中空微球与塑料复合而成的泡沫塑料成型过程，与一般用发泡剂成型过程完全不同。因此，这种发泡方法并不是所有塑料都适用的。

超临界二氧化碳（$ScCO_2$）作为一种新型的发泡剂，具有无污染、化学稳定、低成本、临界点容易获取等优点，正越来越广泛地应用于微孔发泡工艺。

目前国内使用较多的是低沸点液体物理发泡剂。但不论哪一种，选择时都应考虑以下几个方面的要求：在标准状态下成气态，在加压条件下容易液化；无臭味、无毒性、无腐蚀性；发泡后在聚合物中不留残渣；在聚乙烯熔体中渗透率低；不可燃；不影响聚合物本身的物理和化学性能；具有对热和化学药品的稳定性；在室温下，蒸汽压力低，呈液态，以便储存、运输和操作；低比热容和低潜热，以利于快速气化；分子量低，相对密度高；通过聚合物薄膜壁的扩散应比空气小；来源广，成本低。

目前，丁烷气体是最常用的聚乙烯物理发泡剂，采用丁烷气体作为发泡剂，具有成本低的优点，但其缺点为易燃，成品薄片料在生产卷曲过程中由于表面摩擦又会产生大量静电荷，而静电产生的火花极易引燃含有气体的片材。发泡助剂一般在生产过程中会加入适量的 EVA 和抗静电剂，主要是使其发泡片材的表观密度、抗拉强度得到增强。

4.7.3.2 化学发泡剂

化学发泡剂一般可以分为有机和无机两大类。化学发泡剂在热的作用下发生化学变化，分解放出气体。具有这种性质的化合物很多，但是对塑料发泡成型有使用价值的并不很多，常用的有十几种。

无机化学发泡剂：无机化学发泡剂主要有碳酸氢钠、碳酸铵等。它们是最早被采用的化学发泡剂，尤其是在橡胶发泡制品中采用较多。其他的无机发泡剂如硼氢化钠等。工业上采用无机化学发泡剂的实例为数很少，原因是这类发泡剂在聚合物中不易分散，产生的气体 CO_2 易透过膜壁散逸，分解放出的气体温度范围比较宽，不易控制。但这类发泡剂价格廉价，也有少量应用。

有机化学发泡剂：有机化学发泡剂是目前塑料化学发泡用的主要发泡剂。常用的有机发泡剂有十几种，主要是偶氮类、亚硝基类和磺酰肼类的化合物。其中的偶氮二甲酰胺（俗称 AC 发泡剂）应用很广，属于高效发泡剂。这一发泡剂的价格便宜，其分解产物无毒、无臭、无色，分解温度高，易储存，在聚合物熔体中易分解。发泡剂的活化剂为有机酸及其盐类，如硬脂酸铅、硬脂酸锌、尿素等。AC 发泡剂的毒性很低，基本可认为无毒。

选用化学发泡剂时一般应考虑以下几个方面的条件。

发气量大而迅速，分解放出气体的温度范围应稳定，能调节，但不要太宽；发泡剂的放气速度应能用改变工艺条件进行控制调节；发泡剂分解放出的气体和留下的残余物应无毒、无味、无腐蚀性、无色，对聚合物及其他助剂无不良影响；发泡剂在塑料中有良好的分散性；发泡剂分解时的放热量不能太大；化学性能稳定，便于储存和运输，在储存过程中不会分解；在发泡成型过程中能充分分解放出气体。

AC 发泡剂是化学法挤出发泡成型的常用发泡剂，具有分解反应可控，释放气体快，发泡压力高，分解时放出的气体及分解残渣无毒无害，易在 PE 熔体中分散等特点。

纯 AC 发泡剂的分解温度为 $180\sim200℃$，发气量约 $275ml/g$。AC 发泡剂的分解温度可通过加入适量的活化剂和促进剂（如氧化锌、硬脂酸钙等）加以调整。

发泡剂的适宜用量：AC 发泡剂的用量直接关系到制品的密度，通常制品的密度是随着发泡剂用量的增加而下降的；但若 AC 发泡剂用量过大，制品密度反而增大，因为过多的发泡剂使熔体内气压过高，部分气体冲破泡壁逸出或形成大气泡，从而使制品的密度反而有所增大。AC 发泡剂用量增大时，聚合物体的表观黏度随之降低（增塑效应）。AC 发泡剂的适宜添加量一般为 0.5~0.65 份。

4.7.3.3 成核剂

为了在发泡过程中形成更多的气泡核，一般可以通过以下途径：加入成核剂；形成大量热点；加污化剂；提高气体的过饱和度。

常用的成核剂有两种，一种成核剂本身就起到了发泡和成核双重作用，另一种成核剂是通过材料间导热性能的差别形成热点成核，这一类成核剂一般有柠檬酸、硅油、滑石粉、金属粉等。

4.7.3.4 表面活性剂

采用表面活性剂水溶液可以将有机过氧化物溶解在其中并呈均匀的细粒状态，这是制取具有均匀细小泡孔泡沫塑料的必要条件。否则，各聚乙烯粒子的交联程度可能会不一致，可发性粒子的泡孔可能就会不均匀，发泡能力也将会减弱。选用的表面活性剂应不明显妨碍交联反应和聚乙烯粒子的悬浮稳定性。表面活性剂可以用一种或两种并用。如非离子性表面活性剂聚氧化乙烯辛基苯酚醚、阴离子表面活性剂十二烷基苯磺酸钠、其他两性活性剂和阳离子型表面活性剂等都可使用，其用量一般为有机过氧化物的 5%~50%。另外，也可将有机过氧化物溶解在甲醇等低级醇中，然后再与上述表面活性剂一起使用。

4.7.3.5 交联剂

聚乙烯树脂属结晶聚合物，呈线型结构，受热熔化时大分子间作用力很小，呈现高弹态的温度范围很窄，当树脂熔融后黏度很低，因此发泡时发泡剂分解的气体不易保持在树脂中，使发泡工艺较难控制；PE 结晶度大，结晶速度快，由熔融态变至晶态要释放大量结晶热，加上熔融 PE 热容较大，冷却至固态所需时间长，不利于气体在发泡过程中保持。此外，PE 树脂的气体透过率高，其中低密聚乙烯比高密度聚乙烯更容易渗透气体。这些因素都会促进发泡气体的逃逸。

为了克服上述缺点，通常要使分子间相互交联成为部分网络结构，以增大树脂黏度，减缓黏度随着温度升高而降低的趋势，即调整树脂的黏弹性，以适应发泡要求。因此，PE 泡沫可分为交联和非交联两种。交联部分约占聚乙烯泡沫塑料市场的 50%。交联 PE 泡沫塑料分为辐射交联和化学交联两种工艺。

化学交联技术可使热塑性塑料 PE 分子链之间相互交联，形成凝胶状态，进而形成三维结构，具有热固性硬塑料的部分性质。从理论上讲，

LDPE 和 HDPE 都可用于交联。从实际应用角度出发，为了降低泡体密度，通常都采用 LDPE 为原料。

石化企业供应交联聚乙烯切片，塑料加工企业购买基础聚乙烯树脂采用化学交联法加工，是目前取得交联聚乙烯的两种方式。

聚乙烯泡沫塑料的模压成型所采用的交联剂，见表 4-16 所列。其原理为当聚乙烯树脂与有机化合物混合并受热后，过氧化物分解为化学活性很高的自由基，它能夺取聚乙烯树脂分子中的氢原子，使聚乙烯主链的某些碳原子转变为活性自由基，聚乙烯中二个大分子链上的活性自由基相互结合就产生了交联键。交联剂的分解温度应高于 PE 熔融温度而低于发泡剂的分解温度。同时还要考虑到价廉，使用方便，不易和其他物质反应。

■表 4-16　聚乙烯泡沫塑料用交联剂[22]

名称	过氧化二异丙苯	过氧化二苯甲酸	2,5-二甲基-2,5-双（叔丁基过氧）三烷	1,3-双（叔丁过氧）异丙苯
分解温度（半衰期 1min）/℃	171	133	179	182

树脂的塑化和交联是相伴而行，交联和发泡对于高发泡 PE 而言原则上是先交联后发泡，但要控制捏和混炼过程，避免局部交联。在一次发泡模具中，依靠外界热量慢慢交联，达到一定黏弹性后，发泡剂逐步分解，达到适宜的交联度。交联度通常用凝胶率来表示。凝胶率在 30% 以下，泡孔不可能均匀，泡沫塑料成型稳定区一般控制凝胶率在 50%～80% 之间。在该条件下，产生的气体能保持在聚乙烯中，等到二次发泡中，AC 进一步分解，然后高压气体膨胀，形成闭孔、微孔、稳定的泡沫体。

过氧化物交联的一大特征是它可以交联饱和聚合物，形成—C—C—交联键。除此之外，过氧化物交联一般具有如下优点：交联物的压缩永久变形小；无污染性；耐热性好；通过与助交联剂并用，可制造出具有各种特性的制品。但也存在在空气氛围下交联困难；易受其他助剂的影响；交联剂中残存臭味；与硫化相比，交联物的力学性能略低等缺点。

交联剂可用过氧化二异丙苯和 2,5-二甲基-2,5-二叔丁基过氧化己烷等，用量一般为树脂质量的 3%。

4.7.4 交联聚乙烯发泡工艺

4.7.4.1 化学交联工艺参数对性能的影响

在实际加工中，发泡工艺主要的影响因素有发泡剂的用量、物料在料筒内滞留时间（螺杆转数）及各种助剂的用量等。

随着 AC 发泡剂用量的增加，制品的密度逐渐减小。因为在一定的 AC 发泡剂用量范围内，AC 发泡剂越多发气量越多，形成泡孔越多，气相结构越多，因此密度逐渐减小。AC 发泡剂的用量使拉伸强度和断裂伸长率相应地大幅度减小，综合考虑以上因素，每 100 份 LDPE 中 AC 发泡剂的用量在 3 份时最佳[24]。

采用玻璃微珠等物理发泡剂时，要注意原材料的混炼温度不能过低，树脂在较低的密炼温度下，熔体强度高，空心玻璃微珠所受剪切力大，导致空心玻璃微珠大量破裂，所载气体析出，模压时几乎没有发泡所需的气体，无法得到理想的发泡制品。

4.7.4.2 辐射交联工艺

辐射交联 PE 泡沫由日本于 1965 年首先实现工业化。现在日本有三家公司（东丽、积水、住友电工）九台加速器设备以总功率 270kW 生产辐射交联 PE 泡沫，年产值逾 100 亿日元。其他从事 PE 辐射交联泡沫生产的主要厂家有：美国的 Voltex、德国的 BASF 及英国的发泡橡胶和塑料公司[25]。

高分子辐射交联技术就是利用高能或电离辐射引发聚合物电离与激发，从而产生一些次级反应，进一步引起化学反应，实现高分子间交联网络的形成，是聚合物改性制备新型材料的有效手段之一。

高聚物的辐射交联是一个伴随着交联和主链降解的过程。它的基本原理为：聚合物大分子在高能或放射性同位素作用下发生电离和激发，生成大分子游离基，进行自由基反应，并产生一些次级反应。其反应终止机理大致如下：

① 辐射产生的邻近分子间脱氢，生成的两个自由基结合而交联；
② 产生的两个可移动的自由基相结合产生交联；
③ 离子-分子反应直接导致交联；
④ 自由基与双键反应而交联；
⑤ 链裂解产生的自由基复合反应实现交联；
⑥ 环化反应导致交联。

将聚乙烯和发泡剂以低于发泡剂分解温度的温度混炼并成型为初坯，接着以剂量 1～200kGy 的射线辐射，使之交联，然后再加热到发泡剂的分解温度以上，使发泡剂分解放气，就制成了泡沫塑料制品。

辐射交联和化学交联的泡沫塑料之间的差别主要在于由辐射交联得到的泡孔质量更好一些。由于生产过程中辐射交联先于发泡所以辐射交联法对于发泡板材的厚度有一定的要求，通常以薄型发泡制品为主。另外，过量的辐射也会导致泡孔破裂并得到高密度制品。而化学交联体系，交联同时在片材的中间和两面发生交联，所以对发泡板的厚度无限制。化学交联需要在高温下进行，而辐射交联在常温常压下就可以完成。辐射反应便于精确控制，重现性好，均匀性优于化学交联。

4.7.4.3 辐射交联的影响因素

(1) 辐照剂量对发泡倍率的影响 PE 在接近熔点时的黏度对泡沫塑料的制造有重要的关系。由于晶体结构熔融，PE 的黏度急剧下降，使发泡过

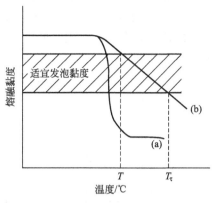

■ 图 4-63　交联对 PE 熔融性能的影响[25]

（a）无交联 PE；（b）交联 PE

程中的气体易于逃逸，发泡的有利条件限制在狭隘的温度范围之内，加工十分困难。采用交联的方法可以解决这个问题，交联的 PE 在熔融时，其黏度随温度的变化不是急剧下降，从而可以在比较宽的温度范围内获得适宜于发泡的条件，提高泡沫在加工过程中的稳定性，如图 4-63 所示。

用辐射交联法制备高发泡 PE 泡沫时，辐照剂量对发泡倍率的影响如图 4-64 所示。由图 4-64 可知，在剂量为 20～30kGy 时，制得泡沫的发泡倍率较高。这是因为低于 20kGy 时，PE 的交联程度低，熔融黏度小，使发泡剂分解的气体易于逃逸，因此发泡倍率低。高于 30kGy 时，PE 的交联程度大，熔融黏度增大，使气体不能均匀地分散于其中，而是呈大泡状逃逸，也使发泡倍率降低。

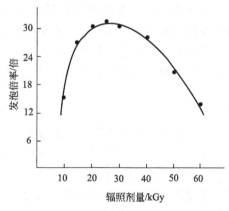

■ 图 4-64　辐照剂量对发泡倍率的影响[25]

（2）辐照剂量与凝胶含量的关系　如图 4-65 所示，在一定条件下，聚乙烯的凝胶含量随着辐照剂量的增加而增加。当辐照剂量增加到一定程度后，凝胶含量的增加开始趋于缓和并最终不再增加。辐照初期，交联占主要趋势，继续辐照，交联趋势减缓而裂解趋势增加。因此，交联度开始时增加较快，后期由于裂解程度增强而使得交联度增加变缓，当交联和裂解达到平衡时交联度基本不再增加。

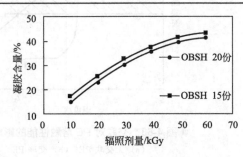

■ 图 4-65　辐照剂量与凝胶含量的关系[26]

4.7.5 聚乙烯泡沫塑料加工成型[27]

（1）可发泡聚乙烯珠粒　可发性聚乙烯是近几年来发展起来的新的研究课题，因为塑料经过发泡后，再成型困难、运输体积大，造成了材料浪费，运输成本加大，而可发性聚乙烯的研制解决了这一系列的问题，有很大的发展前途。

可发性聚乙烯的制备方法主要是高压渗透法，即将有机过氧化物作为交联剂投入盛有表面活性剂水溶液的压力釜中，使之溶解，再加入作为分散剂的难溶于水的无机盐，然后加入聚乙烯粒子，使之悬浮在水相中，将压力釜加热至100℃，交联剂即可浸渍到聚乙烯树脂中去。进一步在高温下加热，聚乙烯便会发生交联。在已交联的聚乙烯粒子（交联度10%～70%）的水悬浮液中加入发泡剂再加热至130℃，使发泡剂浸渍到聚乙烯粒子中去。冷却以后，从釜中取出树脂粒子，过滤、洗净、干燥，即可得到可发性PE粒子。这种方法主要存在的问题是温度压力不易控制，聚乙烯易熔结成大块，难以形成珠粒。

也可以采用化学发泡剂挤出造粒制备可发性聚乙烯珠粒。这种方法发泡剂的分解温度必须适当，既要保证挤出温度低于发泡剂的分解温度以利于形成可发性聚乙烯，还要防止发泡剂还没分解时聚乙烯就老化降解。

（2）挤出发泡法　聚乙烯挤出发泡方法可分为挤出化学发泡和挤出物理发泡。挤出化学发泡又分无交联的直接挤出化学发泡法和挤出后常压交联化学发泡法两种。

直接挤出化学发泡法是在聚乙烯树脂中加入化学发泡剂，树脂在挤出机料筒中加热熔融成熔体。发泡剂在料筒中受热分解产生气体，气体溶解于熔体形成气体-聚合物混合熔体。当混合熔体被挤离出口模时，压力骤降至常压，开始发泡，再经冷却定型即得聚乙烯泡沫塑料制品。这种发泡方法用于制造聚乙烯泡沫塑料板材（约 10mm 厚）、片材（0.1～1.0mm 厚）、棒材等。

挤出后常压交联化学发泡是在聚乙烯发泡混合料中增加交联剂组分。挤出后常压交联化学发泡也可不用化学交联剂，而用离子化辐照交联的方法。其工艺过程与上述大体相同，在相同的温度下，用挤出机挤出成型未发泡片材，片材以剂量 0.1～20Mrad 的射线辐照，使聚乙烯树脂交联。然后再加热已交联片材，使其温度高于发泡剂分解温度，发泡剂分解产生气体而发泡，经冷却定型，制得聚乙烯泡沫塑料片材。辐照交联可在加热下进行，以缩短交联时间。对于较厚的片材可采用化学交联剂交联和离子化辐照交联相结合的方法。即挤出成型片材先进行离子化辐照，使其初步交联，然后加热使交联剂和发泡剂分解，交联和发泡一起完成。

聚乙烯挤出物理发泡是将物理发泡剂直接注入挤出机料筒中的熔体，在挤出压力下发泡气体分散在熔体中，形成气体-聚合物混合熔体，当混合熔体被挤离口模时，压力骤降而发泡。该方法用于制造高发泡聚乙烯板、片、管和棒等制品。

挤出物理发泡可用于无交联或辐照交联聚乙烯，辐照交联在发泡工艺上有难度，因此挤出物理发泡是在熔体出口模时发生，交联也只能在熔体出口模时发生，而且应先交联后发泡，这在工艺上很难控制。为了解决在挤出温度聚乙烯熔体的黏弹性应满足发泡要求的问题，可采用在聚乙烯树脂中添加 10% 的苯乙烯接枝聚烯烃（苯乙烯单体接枝量为 10%）的办法。挤出物理发泡法的制造工艺较简单，但必须使用专用挤出机，通常有两种方式：单台挤出机和两台串联挤出机。

单台挤出机挤出物理发泡必须在加压下将物理发泡剂注入料筒中的熔体，为了使发泡剂既均匀分散在熔体中，又不使熔体在料筒中发泡，挤出机螺杆应不同于普通挤出机的螺杆。

两台挤出机串联挤出物理发泡过程中，第一台挤出机的料筒端部与第二台挤出机的进料口用管道密闭连接。第一台挤出机的作用是将聚乙烯熔融体（含成核剂）连续不断地向第二台挤出机供给。第二台挤出机的作用是均化熔体，注入物理发泡剂及完成挤出发泡。

(3) 模压发泡法 聚乙烯泡沫塑料模压发泡法是将可发性的聚乙烯片材定量装入成型模具中，通过加热和挤压使之发泡成型，经冷却定型，制得聚乙烯泡沫塑料制品，聚乙烯模压发泡法通常采用化学发泡和化学交联相结合的制造工艺。按发泡完成的方式可分为一步法和两步法两种。

① 一步法　原料：树脂选用 HDPE、LDPE 各半作为发泡组分；发泡剂通常选用偶氮二酰胺；交联剂一般选用氧化二异丙苯（用于低密度聚乙烯）和 2,5-二甲基-2,5-双（叔丁基过氧）己烷（用于高密度聚乙烯）；填料选用无机填料。通常还可添加 EVA 或乙丙橡胶等。化学发泡、化学交联的

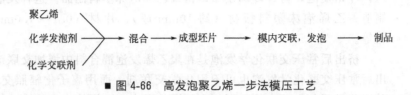

■ 图 4-66 高发泡聚乙烯一步法模压工艺

高发泡聚乙烯一步法模压发泡工艺流程如图 4-66 所示。

② 两步法 聚乙烯两步法模压发泡的基本工艺与一步法相同，只是树脂熔体在模内交联完毕，少部分发泡剂分解产生气体，形成气体过饱和熔体。卸压开模，型腔内熔体中气体快速膨胀而完成第一次发泡。然后将已经部分发泡的物料再次加热完成第二次发泡。由于两步发泡，熔体发泡率大大降低，泡沫的稳定性与熔体黏弹性较易平衡。从而可提高聚乙烯的发泡效率。

(4) 可发性聚乙烯粒料模压成型 可发性聚乙烯颗粒经过预先发泡后，采用模压成型方法制造的可发性聚乙烯泡沫塑料制品，其名称和发泡工艺与可发性聚苯乙烯泡沫塑料极其相似。可发性聚乙烯粒料模压成型法，是先制成可发性聚乙烯颗粒，粒料预先发泡成颗粒，颗粒填满成型模具型腔，模具夹套通入蒸气并由模具壁面小孔进入加热颗粒，熔结而成泡沫塑料制品。该方法适用于形状复杂的泡沫塑料制品的制造，制品密度约 0.05g/cm^3。

(5) 旋转发泡成型法 旋转发泡成型法是将含有发泡剂的粒料加入成型模具中，模具安装在旋转成型机上。通过外界加热使模具壁面温度达到聚乙烯树脂熔融温度，加热的同时启动旋转成型机，模具绕着正交的主、次两轴作复合旋转。粉料熔融并且均匀地涂布在模具的壁面上，形成泡沫制品的外表面，含有发泡剂的粒料熔融，发泡并且黏附在外表面内侧形成泡沫制品的外表面，形成泡沫层。若再加入粉料，熔融黏结在泡沫层上，形成密实的内表面。这样制成的制品壁面形成内、外密实的表面层，中间为泡沫芯层。

(6) 聚乙烯溶液涂覆发泡法 溶液涂覆发泡法是物理发泡制造聚乙烯泡沫塑料的一种方法。该方法主要用于电缆的泡沫塑料绝缘层的制造。聚乙烯在室温下不溶于任何有机溶剂，只能在溶度参数相近的溶剂中溶胀。但是随着温度的升高，聚乙烯结晶被破坏，大分子与溶剂的作用增强，在较高的温度下可以溶于脂肪、芳香烃、卤代烃等；利用高温下聚乙烯溶于溶剂的特性，可以配制成涂覆发泡用溶液；HDPE-二甲苯溶液和 LDPE-甲苯溶液都可以做涂覆发泡用聚乙烯溶液。

4.7.6 微孔发泡聚乙烯

常规泡沫塑料的泡孔直径一般大于 $50\mu\text{m}$，泡孔的密度（单位体积内泡孔的数量）小于 10^6 个/cm^3。这些大尺寸的泡孔受力时常常成为初始裂纹的发源地，降低了材料的力学性能。为了满足工业上降低成本而不降低力学性能的要求，20世纪80年代初期，美国麻省理工大学（MIT）的学者 J. E. Martini、J. Colton 以及 N. P. Suh 等以 CO_2、N_2 等惰性气体作为发泡剂研制出泡孔直径为微米级的泡沫塑料，并将泡孔直径为 $1 \sim 10\mu m$，泡孔密度为 $10^9 \sim 10^{12}$ 个/cm^3 之间的泡沫塑料定义为微孔塑料[1]。微孔塑料的主要设计思想在于：当泡沫塑料中泡孔的尺寸小于泡孔内部材料的裂纹时，泡孔的存在将不会降低材料的力学性能；而且，微孔的存在将使材料原来存在的裂纹尖端钝化，有利于阻止裂纹在应力作用下的扩展，从而使材料的性能得到提高。因此，与未发泡的塑料相比，微孔塑料除密度可降低5%～95%外，还具有以下优点：冲击强度高（可达未发泡塑料的5倍）、韧性高（可达未发泡塑料的5倍）、比刚度高（可达未发泡塑料的3～5倍）、疲劳寿命长（可达未发泡塑料的5倍）、介电常数低、热导率低[28]。

微孔发泡材料一般通过高压发泡工艺制备，装置的示意如图4-67所示，加工参数的不同，对微孔发泡材料的产品性能产生不同的影响，见表4-17所列。

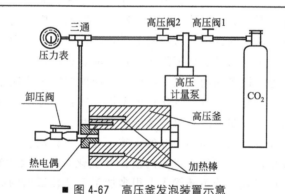

■ 图 4-67　高压釜发泡装置示意

■表4-17　加工条件对气泡的影响

口模入口压力	泡孔的直径随挤出压力的增加而减小，泡孔密度随压力的增加而增加
挤出口模温度	1）温度的升高能使所形成的气泡核半径减小 2）当温度提高时，气体的溶解度会相应降低，不利于微孔塑料的成核 3）随温度的升高聚合物熔体的强度会降低，从而降低气泡核的稳定性，使气泡容易发生合并、塌陷等现象，不利于微孔塑料的加工

微孔发泡一般采用超临界 CO_2、N_2 等惰性气体作为发泡剂。超临界流体是一种性质介于气体和液体之间的流体，兼具近似液体的密度、溶剂强度和传热系数，以及气体的低黏度和高扩散系数。与传统发泡剂相比，超临界二氧化碳（$scCO_2$）用于聚合物发泡具有独特的优势：①临界温度较低（临界点 31.1℃），临界压力不高（临界点 7.37MPa），CO_2 容易达到超临界状态；②传质系数高，可在较短时间内达到平衡浓度，缩短了加工时间；

③超临界 CO_2 可以塑化大多数聚合物，降低它们的玻璃化温度，且在聚合物中有较高的平衡浓度；④CO_2 无毒、不可燃、操作安全、价廉易得。目前已有大量的以聚乙烯为基体的微孔发泡塑料研究成果问世。

4.8 聚乙烯加工工艺的新进展

4.8.1 概述

聚乙烯加工行业是个传统行业，其发展已有近百年的历史。其技术进步的驱动力主要有两个。首先是应用的驱动，随着社会的进步和工业的发展，对聚乙烯材料的性能提出了越来越多的要求，民用领域如管材、食物包装、农膜等对聚乙烯的环保卫生要求越来越高，在工业领域如土工膜、工业包装等对聚乙烯的使用条件要求越来越苛刻，这些要求都推动着聚乙烯加工业不断改良工艺，发展技术。另外，随着聚乙烯相关产业的发展，聚乙烯加工技术也有了不断提升的技术基础，原料、助剂、机械这三个工业领域的发展直接导致了工艺的进步。从原料上讲，茂金属聚乙烯的应用越来越广泛，相对于这一特殊聚乙烯的加工工艺也日趋成熟；助剂上讲，随着有机合成水平的提高，越来越多的助剂被合成出来，而他们的工业应用效果和相互之间的协同效应的研究也日益系统化；加工机械的自动化水平日益提高，工艺控制日益精细化，在线监测和反馈系统也在不断升级，生产的可控性日益提高。除了这三大传统聚乙烯加工业的支撑工业，计算机软件的发展也推动了加工工艺的进步，通过对加工过程的模拟和优化，可以大大简化工艺优化的过程。随着对加工理论的不断深入，很多加工工艺领域内的原始创新也日益。

本节就助剂、加工机械的进展、计算机科学在加工领域的应用和全新加工技术四个部分进行论述。

4.8.2 聚乙烯用助剂的进展

4.8.2.1 高分子量的光稳定剂和阻燃剂

聚乙烯制品的加工条件和应用环境复杂多样，助剂在制品加工和应用过程中的挥发、迁移和抽出损失将直接影响稳定剂性能的发挥和最终制品的卫生性能和表观性能。提高助剂的分子质量无疑是降低挥发、迁移和抽出损失的基本措施。为此，高分子质量化已经成为全球助剂品种开发的重要趋势。

实现助剂高分子质量化主要有下列途径：其一是将具有功能性结构的低分子用化学方法连接起来成为大分子，或连接其他的辅助基团；其二是将具有功能性的基团连接到可聚合的单体分子上，进行聚合以提高其分子质量；

其三是将功能性单体直接聚合成高分子质量的稳定剂。

提高稳定剂的分子质量虽可改善某些性能，但并非分子质量越高越好。根据其分子结构、稳定剂的种类不同而异，一般其范围在 1000～4000 表现较好。分子质量太高，效果反而下降，当达到 10 万时，几乎不显示效果。

HALS 是聚乙烯常用的光稳定剂，高分子量的 HALS 已成为光稳定剂开发研究的一个热点。该类光稳定剂的开发大体上经历了两个阶段：第一阶段，HALS 的相对分子质量大都在 1000 以下（例如 UV-700、UV-744）；第二阶段，HALS 的相对分子质量在 2000 以上。表 4-18 列出一些高分子质量的 HALS 光稳定剂的制造厂商和商品牌号。

■表 4-18　高分子质量 HALS

供应商	商品名	化学结构
Ciba spec Chem	Tinuvin 622	
American Cyanamid	Cyasorb UV-3346	
Borg Warner	Spinuvex A-36	

高分子质量的 HALS 可使制品不仅具有良好的光稳定性，还能提高热稳定性。最近发现 HALS 还有钝化金属离子的作用。高分子质量的 HALS 在塑料加工的高温条件下，既不会分解，也不挥发[29]。

CL-IP 欧洲公司推出了一组高分子溴化阻燃剂，典型的结构式见表 4-19 所列。这种高分子阻燃剂具有低水溶性，低迁移性，在加工时不会有小分子析出，因为产品分子量高，不会深入到人的生物组织中，更不会在人体内积累[30]。

4.8.2.2 反应型的紫外吸收剂[31]

反应型紫外吸收剂也称为高分子键合型稳定剂（polymer-bond stabilizer），它含有反应性基团，在高分子热加工或在聚合过程中，通过化学反应或自由基反应键合在所保护的高分子链上，从而使低分子质量的有稳定作用的化合物达到高分子质量稳定剂所具有的耐热、耐抽提、易相容的效果。

■表 4-19 CL-IP 公司的高分子量抗氧剂

商品名	相对分子质量	化学结构
F-2400	50000	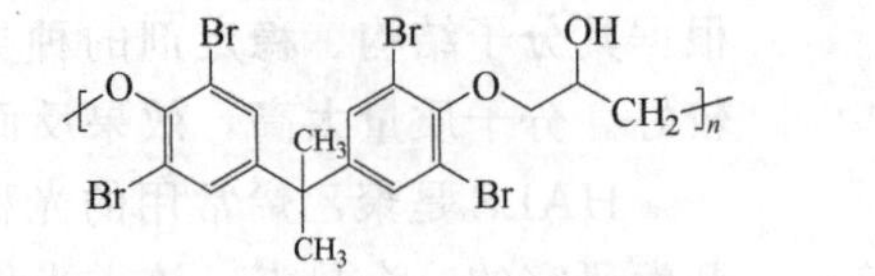
F-3100	15000	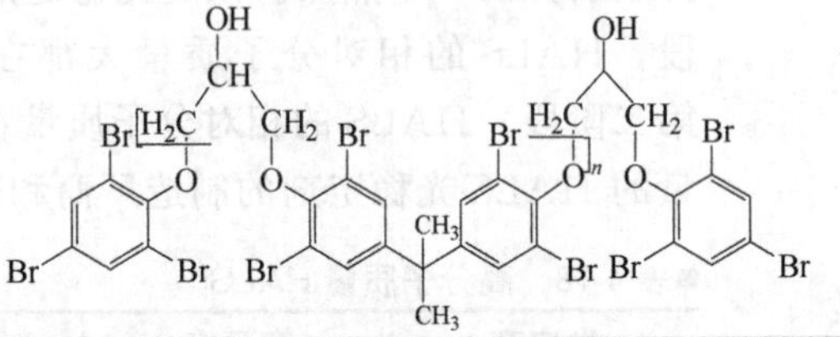

将反应性基团引入紫外线吸收剂分子中，使其加工时与聚合物分子链键合，从而永久的存在于高分子材料中。国内外对此进行了大量研究，部分产品已经商业化，如美国 Nat. Starcbwc 公司开发的 Permasorb MA 是一种反应型二苯甲酮类紫外线吸收剂，可以与乙烯单体共聚，也可以与聚乙烯接枝共聚；美国氰特公司开发的 Cyasorb UV416 也是一种反应型光稳定剂，在聚合物中，在较高温度下保持光稳定耐久性；美国 Pennwalt 公司采用含有二苯酮基团的醋与水合肼反应得到含有反应性酰肼基团的二苯甲酮类紫外线吸收剂（图 4-68）。

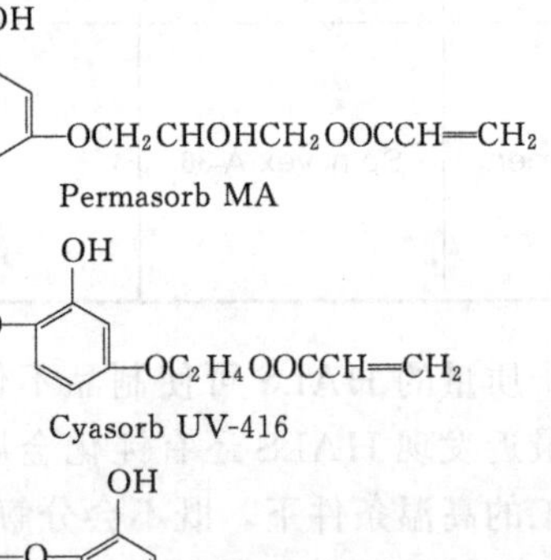

Permasorb MA

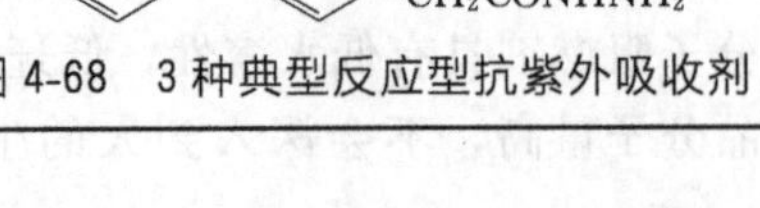

Cyasorb UV-416

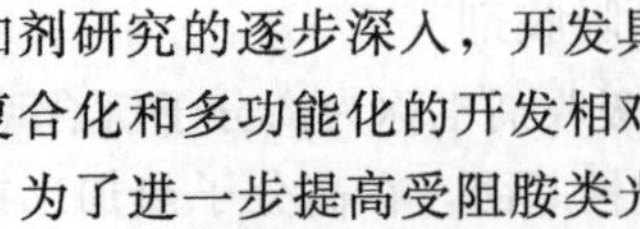

■ 图 4-68 3 种典型反应型抗紫外吸收剂[32]

4.8.2.3 复合化助剂

随着人们对塑料添加剂研究的逐步深入，开发具有全新结构的新产品越来越难，助剂的产品的复合化和多功能化的开发相对容易，一剂多能是未来聚合物助剂的发展趋势。为了进一步提高受阻胺类光稳定剂的稳定性能，人们设法将受阻胺官能团的分子内键合，使其成为具有紫外线吸收、抗热氧化、过氧化物分解及其他作用的功能性基团，在分子内产生协同作用，使产品稳定性大大提高。

Great Lakes Chemical 公司推出了一种镍基的光稳定剂，这种无尘颗粒状稳定剂专门用于 PE 农业膜，它是由镍 UV 猝灭剂和 Lowlite 22 UV 吸收剂复配而成的。它不但消除了可能引起哮喘的粉尘污染，而且还起到了降低熔点的作用，使分散更为容易。此外，该公司还推出了 Lowlite 19 光稳定剂。这种光稳定剂的分子量较大，挥发性较低，其单体 HALS 与聚烯烃中的颜料的相互作用也很弱。同时，它还是一种抗氧化剂，可增加材料长期的热稳定性。

4.8.2.4 成核剂

成核剂主要用于 PP，但近年来，成核剂在聚乙烯（PE）尤其是 LL-DPE 方面的应用越来越多。比如，HDPE 薄膜具有拉伸强度高、耐热、耐寒性好、防水、防油、防酸、防碱性好，透气性、透水性差等优点，但是薄膜通常呈现不透明或半透明性，因此需要加入成核剂。研究较多的是将用于聚丙烯的成核剂用于聚乙烯的成核，但由于聚乙烯的晶体结构及结晶速度与聚丙烯有很大差别，因此结果往往并不理想。此外，多是将一些常用的塑料助剂如硬脂酸盐用于聚乙烯的成核改性，其结果也难如人意。只有美国 Milliken 公司推出了商业化聚乙烯成核剂 HPN-20E[33]。

4.8.3 聚乙烯加工机械的进展

4.8.3.1 挤出机械进展

（1）**管材挤出自动变径技术**[34]　生产中改变产品规格意味着损失时间和成本。为解决这一难题，伊诺艾克斯公司（iNOEX）推出了自动变径系统 Advantage。其系统的核心是一个活性定径套，它可在保持使用原有模头情况下改变管径尺寸和它们的压力等级。该系统适用于外径为 32～400mm 的聚乙烯管材（图 4-69）。

生产线做一些改造，装上自动变径系统即可实现瞬间生产。自动变径系统的 4 个基本面：①系统采用模块式结构，可以通过一个控制器动态的或自动的改变管材的规格；②系统组成中的"活性定径套"和"活性密封套"可以替代传统工艺中的各种可调式定径套和传统的密封套；③系统可以实现在线改变生产规格，所需时间更短，也更方便；④系统可以方便的整合，不需考虑挤出机的型号，只要对下游设备进行最小化的更改，而最大化的替代了传统设备对不同尺寸更换的处理。安装过程也简单，无需改变熔缝尺寸就可改变管材规格。

如图 4-69 所示，自动变径系统由一个带尺寸导轨的导腔、一个活性定径套、一个活性密封套及一个控制器组成。特点在于：目前生产线上使用的模头和挤出模具可以继续使用，该系统在改变新产品规格时不需要改变熔缝尺寸，这确保了该方案不再需要其他方面的投入。

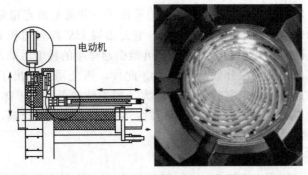

电动机

■ 图 4-69   自动变径系统的工作原理

(2) 在线黏度仪[35]   Gneuss 公司开发出可与熔体管路或挤出生产线灵活匹配的小型在线黏度检测仪。该在线黏度仪具有极紧凑的腔体，可安装在法兰之间。熔体流道可以与现有直径介于 20～110mm 之间的熔体流道相匹配。该仪器配置有泵、泵驱动器、压力传感器、温度传感器以及控制、评估和显示系统。可以通过用户友好的操作界面（触摸面板）对工艺参数、评估和显示系统进行调节。当然，电器系统可以并入现有控制系统中。除了可监控熔体温度和压力外，该仪器还可以监控和显示黏度值和剪切速度。在线黏度仪具有多种优点：驻留时间短、无死点、在熔体流道的任何地方都不会有沉积物；在方形断面的毛细管内进行测试，从而消除聚合物弹性性能的影响；可在旁路中进行测试，不会损失聚合物；与熔体接触的所有部件的温度偏差都很小。

(3) 片层挤出高级控制闭环回路系统[36]   挤出片材的厚薄不均属于一种严重的产品质量问题。如果将薄壁片材用于热成型加工部件，片材型坯厚度的均匀性是决定能否加工得到正确壁厚的最终部件的重要因素，并且还可防止部件产生光学畸变，上述两项都是包装制品中易于出现的严重质量缺陷问题的指标。

将分布曲线扫描测量装置与控制系统相连接，通过调节挤出机（或熔体泵）的速度或骤冷辊的牵引速度，达到控制纵向尺寸厚度的目的，通过调节模头螺栓可控制横向的尺寸厚度。然而，分布曲线测量装置和控制系统对横向型坯的分布曲线进行矫正调节略有滞后。传统的控制系统通常只能对某个独立的控制参数进行矫正。高级的控制系统可协调全部加工工艺参数，把所有闭环控制回路之间的负面作用影响减至最小。

在多数情况下，高级控制闭环回路系统可运算处理主要控制闭环回路，恒定二级加工参数。如某个机筒温度的自动化调节系统可超越局限范围进行调整，保证最终熔体温度恒定。

有一种自动化分布曲线控制系统，利用一种软件调节模头螺栓，实现调节片材后续批量加工的厚度。由于骤冷辊和周围环境气流影响冷却速率，片材的拉伸率和收缩率也跟着变化，模头保形功能作用也需经过十分复杂的过程。

(4) 管材加工中监测技术与控制技术的组合[37]　传统的管材挤出工艺，精确控制管材的壁厚度或米重非常困难。在螺杆转速和牵引速度恒定的情况下，树脂颗粒间轻微的挤压和堆积都会影响下料速度，进而造成壁厚的波动。精密加料控制技术是一种常用的控制措施。其工作原理是：每批材料用体积式或重力式混合站进行混合或储存。由固定在出口处的滑道将规定量的材料送入下方的失重式重力系统中。重力系统中有一个储存容器，对容器所盛装的材料不断进行称量，以确定单位时间内的失重。当失重式加料器中的称量容器排空时，位于其上方的混合站滑道自动打开，并重新填满容器，之后对新材料进行称重和加工。将失重加料器和挤出机的控制系统连接，就可以通过对加料量的在线测量，自动调节螺杆转速和牵引速度，即加料量发生波动，螺杆转速和牵引速度也发生波动，精确控制管厚。

除了失重加料系统，超声波系统测量管壁也可以实现对管材生产的精确控制，通过超声波系统测量管厚。如壁厚产生波动，螺杆转速和牵引速度可自动调整。这些在线控制技术除了可以精确控制壁厚还可以提供生产数据信息，减少原料的使用，提高生产能力。

(5) 共挤出技术[38]　共挤出技术是用两台或者两台以上单螺杆挤出机或双螺杆挤出机将两种或多种聚合物同时挤出，并在一个机头中成型多层板式或片状结构等的一步法加工过程。共挤出技术避免了传统的高代价且复杂的多步层压或涂层工艺，可容易地成型具有特殊性能的薄层或超薄层，使之具有易着色、遮蔽紫外线等优点，并能提供阻隔性、控制薄膜表面特性等，也可方便地将各种添加剂如抗结块剂、抗滑移剂和抗静电剂等加入到需要的任何一层。

按照共挤物的特性，可将共挤出技术分为软硬共挤、芯部发泡共挤、废料共挤、双色共挤等。共挤出技术可以在一个工序内完成多层复合制品的挤出成型，绝大多数共挤出复合制品不需要基材和胶黏剂，具有生产成本低、工艺简单、能耗低、生产效率高、制品种类多等特点，特别适合于生产复合薄膜、板材、管材等复合制品，是目前多层复合制品最有发展前景的复合成型技术之一。多层共挤复合机头是研究和开发的热点，也是共挤复合研究的难点。开发高效、节能的多层结构单机共挤出设备是共挤出设备的发展趋势。新开发的 Conex 挤出机[39]可以实现多层结构单机共挤出设备，该工艺采用了一系列起着螺杆作用的锥形转子，每一转子内均有一凹槽，每一凹槽内流动着一层树脂，与外部转子表面的凹槽一样，内部凹槽也有一定几何形状，安放在锥度相同的类似机筒的定子中，定子沿机器的平面方向倾斜一角度。转子用来塑化、输送物料并使物料在最低程度上承受热与剪切作用，以减少降解与应力。Conex 挤出机的挤出速度为 40～300 kg/h，目前可供具有 3 个转子 6 层共挤出的生产线。

Conex 挤出机的主要特点可归纳为：可配合单层或多层挤出；滞留时间短；可进行快速换色；可通过控制转子和送料螺杆的速度来控制物料的输出量和熔融温度；可调校通道间隙；结构紧凑，节省空间；可使无机物分子取向；对温度敏感的聚合物热应力较小；对固体的剪切率较高；噪声低。此外，这种新型的多层挤出机头不仅能改变对熔体的控制，而且参数调整简便可靠。每个料层的厚度可以由送料速度来控制，也可以用改变流道间隙的方法来调整。并可以通过改变空心套的转速和送料速度来调整熔体的温度和产量。如果送料螺杆的速度不变，空心套的转速增加，则熔体的温度会升高；如果空心套的转速不变，而送料螺杆的速度增加，则熔体温度会降低。

现有的技术可以制备层数更多的共挤薄膜，要把 7 层结构的茂金属复合薄膜体系，改为 9 层的 mLLDPE/丁烯-LLDPE/胶黏剂/聚酰胺 6/EVOH/聚酰胺 6/胶黏剂/丁烯-LLDPE/mLLDPE 共挤复合薄膜，需要充分了解挤出口模处聚合物熔体的流变行为，特别是不同聚合物的剪切及拉伸黏度的流变行为，以及聚合物熔体的界面不稳定性。加拿大吹塑薄膜加工设备制造商 Brampton 工程公司的成功经验为：剪切和拉伸黏度数据有助于判断和解决界面不稳定性的问题。在 PE/胶黏剂/PE 结构的挤出复合膜中，利用 2 个不同几何形状的口模进行对比试验，结果发现，具有较高拉伸黏度值树脂的界面稳定性也较高。同时发现 LDPE 的流变性对口模几何形状最为敏感，而 HDPE 的流变性则受复合膜层厚度变化率的影响较大。

4.8.3.2 吹塑机械进展[40]

德国 Kiefel Extrusion 公司推出了最新型 Kirion MDO 机组，适用于加工单向拉伸薄膜和复合薄膜。传统单向拉伸薄膜的应用用途是作为口香糖、香烟包装盒上的撕裂带、结构警示带材料、窗框包封材料等。而 Kiefel 公司从提高单向拉伸薄膜的产品附加值方面出发，研制出 Kirion MDO 薄膜生产机组，可用于加工生产船运用货物重包装袋、标签薄膜、立式蒸煮袋以及复合包装膜的黏结基材。采用单向拉伸工艺进行加工，可提高塑料薄膜的透明度和光泽度，在加工阻隔性复合薄膜过程中，即使把 EVOH 或聚酰胺层的厚度设计得更薄，也能使复合薄膜具有更佳的气体和水蒸气阻隔性能，同时还可提高薄膜的挺度和机械强度。而该工艺对薄膜制品性能不利方面，就是会造成抗撕裂强度、抗穿刺强度有所下降。Kirion MDO 机组可加工的最大薄膜宽幅为 2600mm，拉伸比 10∶1，产率达 1000kg/h，生产速率为 300m/min。设有 11 个独立的油加热辊和冷却辊，分别由独立的伺服电动机控制。生产流程是：薄膜先经过最初的 3 个 400mm 直径预热辊组，再经过第 4、第 5 拉伸辊，通过夹辊和送膜辊的配合进行拉伸间隙可控调节（最多 200mm），膜片连接在独立驱动的拉伸辊上，有效实现薄膜牵引并可防止出现薄膜滑脱现象；紧接着薄膜基材经过的 3 个辊属于退火工位，用于调节薄膜性能；最后的 2 个冷却辊可使薄膜基材冷却至室温状态。该种设备的技术优势主要表现在加工具有不对称结构的复合薄膜制品时，如薄膜的一面需印刷上图案，而其他的则作为薄膜结构组分，其他的结构组分通常有处于低加热条件的要求，例如热敏性的 LLDPE 膜层或者一种塑性体材料。这样的结构设置，也是为了消除薄膜基材从辊到辊的牵引过程中会产生的条纹。

美国 Addex 公司推出了 MDO Lite 型号加工设备，这种设备除去了制袋工序装置，设备的运转工序包括：吹塑薄膜、改良的基材复合工艺、硅化处理、印刷工序等。这是一种薄膜折平机，对薄膜仅经过轻度拉伸，在退火工序实现控制薄膜的性能。奥地利 SML 机器制造公司推出的设备配置有 8 个预热辊，具备良好的拉伸温度控制能力，在 2 套以不同速度旋转的钢辊和橡胶辊之间进行薄膜拉伸。SMS 塑料技术集团公司也制造出品了 MDO 薄膜加工设备，其设计特点是：减小 PE 薄膜厚度，提高产品性能，关键是考虑对综合阻隔性能和薄膜强度的影响降低很小，或者不影响。该公司设备在加工厂最初的应用实例是，用于预拉伸共挤 LLDPE 薄膜，或用于加工茂金属 LLDPE 拉伸膜。这种设备可装配在其现有的吹塑生产线上，拉伸比达到 2：1 或 3：1。

4.8.3.3 注塑机械的进展

超声波分析缩痕：IKV 注塑成型部开发了一种当制品还在模具中时就能预测缩痕的出现及其严重程度的新技术。超声波通过物料的传播速率受到温度和压力的影响。当熔体处于最热状态时，超声波传播的速度最慢；当制品冷却后，超声波传播速度增加，直到制品脱离模具型腔，信号结束。在模具里设置成对的超声发射器和接收器，在制品成型过程中改变设备的参数，利用激光分析缩痕的深度。采用多元回归的方法对超声信息和收缩尺寸进行分析，从而得出一个线性方程。通过测量成型过程中的超声波信息，可以评定某种特定物料在特定模具里的收缩深度。这种新的在线质量控制工具将来能够用于对成型参数进行微调，从而最大限度地减少缩痕。

4.8.3.4 二次加工技术的进展

（1）激光塑性成型技术[41]　　激光塑性成型技术是近年来塑性加工界出现的一种新技术。早期主要应用于金属加工领域，近年来开始应用于塑料加工领域。

其机理是高度聚焦的激光束垂直照射在待变形的聚乙烯板材上，（聚乙烯直接吸收激光能量的能力很低，所以在被照射部位需涂上黑色丙烯涂料），板材上表面吸收热量导致温度急速上升（不超过熔点）；而没有涂覆涂料的下表面由于没有吸收激光的热量，其温度在短时间内不发生明显变化。从而使被照射部位的上下表面之间形成较大的温度梯度。由于温度的影响，板材上表面的膨胀量远远大于下表面，从而在上表面产生热应力，此过程中沿板材厚度方向产生的热应力模型如图 4-70 中上半部分所示。由于聚乙烯的热膨胀率是金属的 4 倍[42]。这样由于上表面温度高，故其膨胀量很大，而屈服极限低，因而在此热应力的作用下，上表面处的聚乙烯产生较大的塑性变形，使这个部位的聚乙烯产生堆积。这一加热过程的直接结果是板材向下表面方向弯曲。

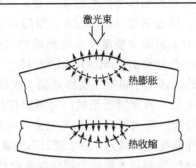

■ 图 4-70　激光照射中及照射后材料的变形过程

当激光停止照射以后，上表面被加热部位处于高温状态下的材料所吸收的热量迅速向各个方向传导，以达到热平衡状态。此过程中，上表面附近的温度很快降低而下表面处的温度渐渐升高。换言之，上表面附近的材料开始逐渐收缩而下表面处的材料则继续膨胀。此过程中产生的温度应力方向正好与加热过程相反（图 4-70 中下半部分）。随着冷却过程的延续，加热过程中产生的反向弯曲逐渐减少。同时由于上表面处的温度不断降低，故其屈服应力不断增加，加热过程中上表面附近产生的聚乙烯的堆积不能全部复原。最终形成了朝向上表面光源方向的弯曲角。同时在滞后于光束某距离处，用水流或气流沿扫描轨迹进行冷却（因为聚乙烯的热导率较低）。循环往复地进行这种加热和冷却过程，将在板料内部产生相应的应力，从而使其发生一定的塑性变形 。设计激光束的不同扫描路径，比如直线、平行直线、不平行直线等，就可以产生不同的三维变形。

这种成型技术的优点是：不需要成型模具，生产周期短，适合于单件小批量或大型工件的生产；变形时无外力作用，因而无回弹现象，成形精度高；可以进行复合弯曲成形，以制作各类异型工件。

(2) 挤胀成型技术[43]　挤胀成型技术是一种塑性成型方法：其基本过程是预成型的管坯在组合外力的作用下沿径向向外扩张，通过塑性变形形成与模具型腔一致的制品。挤胀成型的基本工艺过程如图 4-71 所示。将管坯放入模具并在管坯内填入胀形介质 [图 4-71(a)]；对管坯及其内部的胀形介质施加挤压力，使管坯材料在一定的应力状态下变形并流向其径向的模腔自由空间 [图 4-71(b)]；管坯在胀形介质产生的内压作用下不断变形，得到与模腔形状相同的制件 [图 4-71(c)]；外力撤销后，胀形介质恢复原状或散开，从制品内部取出 [图 4-71(d)]。

胀形介质一般是刚性体，如分块式凸模或小钢球；弹性体，如天然橡胶和聚氨酯橡胶；液体，如水、油等。除此之外，石蜡、低熔点合金等塑性介质也可作为胀形介质。

相对于注塑、中空吹塑、滚塑等传统加工方法，挤胀成型有如下优点：

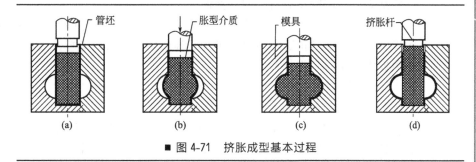

■ 图 4-71　挤胀成型基本过程

①成型设备结构相对简单，设备投资低；②成型模具的结构简洁，造价低；③被加工材料不产生相变，而且成型过程通常都是在较低温度下进行，能耗低；④控制系统比较简单，工艺控制十分灵活，通过控制挤胀行程，利用同一副模具有可能得到不同尺寸的制品；⑤能充分利用挤出制型坯的高生产率和低成本；⑥在生产批量较小的情况下能大幅度降低生产成本[10]。

4.8.4 计算机技术在聚乙烯加工中的应用

4.8.4.1 注塑模拟软件

注塑 CAE 技术就是一种利用高分子材料学、流变学、传热学、计算力学和计算机图形学等基本理论，建立塑料成型过程的数学和物理模型，利用诸如边界单元法（BEM）、有限单元法（FEM）、有限差分法（FDM）等有效的数值计算方法，实现成型过程的动态仿真技术。MoldFlow 软件就是基于这一技术开发的产品，是目前应用最广的注塑流动分析软件，一直主导塑料成型 CAE 软件市场。

MoldFlow 软件包括以下三部分。

(1) MoldFlow Plastics Advisers（产品优化顾问，简称 MPA） 塑料产品设计师在设计完产品后，运用 MPA 软件模拟分析，在很短的时间内，就可以得到优化的产品设计方案，并确认产品表面质量。

(2) MoldFlow Plastics Insight（注塑模拟分析，简称 MPI） 对塑料产品和模具进行深入分析的软件包，它可以在计算机上对整个注塑过程进行模拟分析，包括填充、保压、冷却、翘曲、纤维取向、结构应力和收缩，以及气体辅助成型分析等，到目前已经升级到 MPI 6.1。其主要模块包括以下几方面。

① 模型输入与修复　MPI 6.1 有 3 种分析方法：基于中心面的分析、基于表面的分析和三维分析。中心面既可运用 MPI 软件的造型功能完成，也可从其他 CAD 模型中抽取，再编辑；表面分析模型与三维分析模型直接读取其他 CAD 模型，如快速成型格式（STL）、IGES、STEP、Pro/E 模型、UG 模型等。模型输入后，软件提供了多种修复工具，以生成既能得到

准确结果，又能减少分析时间的网格。

② 塑料材料与注塑机数据库 材料数据库包含了超过 4000 种塑料材料的详细数据，注塑机数据库包含了 290 种商用注塑机的运行参数，而且这两个数据库对用户是完全开放的。

③ 流动分析 分析塑料在模具中的流动，并且优化模腔的布局、材料的选择、填充和保压的工艺参数。

④ 冷却分析 分析冷却系统对流动过程的影响，优化冷却管道的布局和工作条件，与流动分析相结合，可以得到完美的动态注塑过程。

⑤ 翘曲分析 分析整个塑件的翘曲变形，包括线形、线形弯曲和非线形，同时指出产生翘曲的主要原因以及相应的改进措施。

⑥ 纤维填充取向分析 塑件纤维取向对采用纤维化塑料的塑件性能（如拉伸强度）有重要影响。MPI 软件使用一系列集成的分析工具来优化和预测整个注塑过程的纤维取向，使其分布合理，从而有效地提高该类塑件的性能。

⑦ 优化注塑工艺参数 根据给定的模具、注塑机、塑件材料等参数以及流动分析结果自动产生控制注塑机的填充保压曲线，从而免除了在试模时对注塑机参数的反复调试。

⑧ 结构应力分析 分析塑件在受外界载荷情况下的力学性能，在考虑注塑工艺的条件下，优化塑件的强度和刚度。

⑨ 确定合理的塑料收缩率 MPI 3.1 通过流动分析结果确定合理的塑料收缩率，保证模腔的尺寸在允许的公差范围内，从而减少塑件废品率，提高产品质量。

⑩ 气体辅助成型分析 模拟气体辅助注塑过程，对整个成型过程进行优化。

⑪ 特殊注塑过程分析 MPI 6.1 可以模拟共注射、反应注射、微芯片封装等特殊的注塑过程，并对其进行优化。

(3) MoldFlow Plastics Expert（注塑过程控制专家，简称 MPE） 集软硬件为一体的注塑品质控制专家，可以直接与注塑机控制器相连，可进行工艺优化和质量监控，自动优化注塑周期、降低废品率及监控整个生产过程。

MoldFlow 软件在注塑模设计中的作用主要体现在以下几方面。

① 优化塑料制品 运用 MoldFlow 软件，可以得到制品的实际最小壁厚，优化制品结构，降低材料成本，缩短生产周期，保证制品能全部充满。

② 优化模具结构 运用 MoldFlow 软件，可以得到最佳的浇口数量与位置，合理的流道系统与冷却系统，并对型腔尺寸、浇口尺寸、流道尺寸和冷却系统尺寸进行优化，在计算机上进行试模、修模，大大提高模具质量，减少修模次数。

③ 优化注塑工艺参数 运用 MoldFlow 软件，可以确定最佳的注射压力、保压压力、锁模力、模具温度、熔体温度、注射时间、保压时间和冷却时间，以注塑出最佳的塑料制品（图 4-72）。

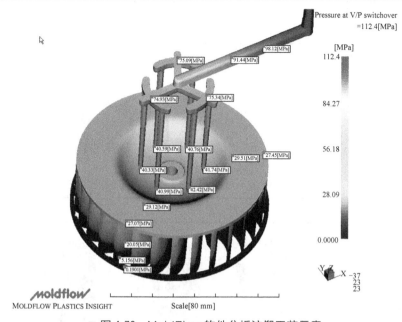

Pressure at V/P switchover
=112.4[MPa]

■ 图 4-72　MoldFlow 软件分析注塑工艺示意

4.8.4.2　黏弹态流体模拟软件[44]

黏弹态流体模拟软件，是基于对材料的黏弹性、复杂三维模拟以及取向、残余应力和固化现象的研究。Polyflow 就是在这些研究的基础之上，基于有限元法的用于黏弹性流体的模拟软件，在塑料成型加工中的应用包括：热成型、挤出成型、共挤出成型、中空吹塑成型、流延薄膜、纤维拉伸、涂覆成型、模压成型、共混、反应加工等，几乎覆盖了所有的塑料加工方法。在模拟黏弹性流动方面始终领先于其他软件。

Polyflow 软件具有以下特点：主要包括三个模块：Polymat、Polydate、Polystate，它们由一个主控程序 Polyman 来执行；具有多种多样的黏性模型、内容丰富的黏弹性材料库，这个数据库每年都在不断地进行更新；在模拟复杂的流变特性流体或者黏弹性流体的时候，主要具有 3 种模型：广义牛顿模型、屈服应力模型、黏弹性模型（拥有多种可扩展的特性）；采用的变形网格、接触算法以及网格重叠技术，保证了计算结果的准确性；与 GAMBIT、IDEAS、PATRAN 都具有数据接口，可以使用它们生成的网格，并且 Polyflow 内部嵌套 GAMBIT 软件。Polyflow 支持多种类型的网格，如四面体、五面体、六面体、三角形、四边形，组合网格等（图 4-73）。

4.8.4.3　吹塑模拟化软件[45]

吹塑成型加工模拟化软件可以预知型坯的挤出和膨胀、模具的膨胀、其他操作情况，因而得到轻质且有特定壁厚的最优化塑料部件。加拿大 Compuplast 公司出品了 B- SIM 吹塑模拟软件，使用这些模拟软件可以省去原型加工和切模成本及传输时间。模拟软件可以提高工作效率，同时也给经验缺乏的设计者一个工作的起点（图 4-74）。

■ 图 4-73　Polyflow 软件分析挤出工艺示意

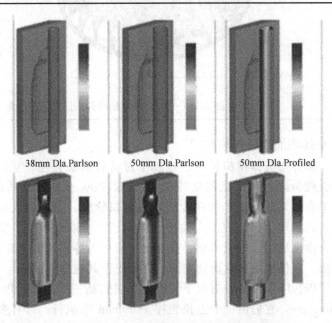

38mm Dla.Parlson　　50mm Dla.Parlson　　50mm Dla.Profiled

■ 图 4-74　B-SIM 模拟吹塑椭圆形瓶子的示意

4.8.4.4 专家系统[46]

　　专家系统也称专家咨询系统，是人工智能的一个分支，是一种智能计算机（软件）系统。它拥有相当数量的专家知识，能模拟专家的思维，在解决困难、复杂的实际问题时能达到专家级水平。专家系统的显著特点是具有推理能力，使得专家和专家知识的应用不受时间和空间的约束，为更多的专业和管理人员提供各种咨询、分析和决策，从而对各种成型加工过程进行更精确的模拟。

　　专家系统的理想概念结构如图 4-75 所示。将专家知识以适当的形式表示后存储在知识库中，通过运行推理程序，求得问题的解。知识库是构建专家

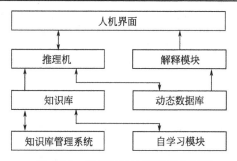

■ 图 4-75　专家系统的理想概念模型

系统的核心，它包含有描述关系、现象、方法的规则，以及在系统专家知识范围内解决问题的知识。知识库可以认为是由事实性知识和推理性知识组成的。推理机是根据当前已知事实，利用知识库中的知识，按照一定的推理方法和控制策略进行推理，以求得问题的答案或者证明某个假设的正确性。推理机是组成专家系统的核心。动态数据库是存放初始证据事实、推理结果和控制信息的场所，或者说它是上述各种动态数据结构的集合。解释模块是专家系统中与用户通信的部分。知识库管理系统是知识库的支撑软件，其功能包括知识的删除、更新和查询以及知识库的维护等。

　　实际使用的专家系统，由于问题的复杂性和多样性，将使专家系统结构变得多样性。如知识库的分层或分块，多推理机，甚至整个专家系统嵌套在其他的专家系统中[13]。

　　目前各国学者都在研究新模型、新算法及新的成型模拟系统，并将模拟软件与制品设计、模具设计与制造紧密结合，开发一体化的专家系统，使计算机模拟技术呈现智能化、集成化的趋势。

参 考 文 献

［1］　沈新元．高分子材料加工原理．第2版．北京：中国纺织出版社，2009．

［2］　王加龙．塑料挤出成型．北京：印刷工业出版社，2009．

［3］　杨鸣波．聚合物成型加工基础．北京：化学工业出版社，2009．

［4］　孙逊．聚烯烃管道．北京：化学工业出版社，2002．

［5］　董纪震，孙桐，古大治等．合成纤维生产工艺学．北京：纺织工业出版社，1981．

［6］　袁健鹰，李冶．非织造布．2002，10（4）：14-16．

［7］　2007年中国纺丝网非织造布工业生产统计公报．中国产业用纺织品行业协会纺粘法非织造布分会，2008，2．

［8］　刘玉军，侯幕毅，肖小雄．纺织导报，2006（8）：79-81．

［9］　郑伟，刘亚．合成纤维，2007，（4）：29-31．

［10］　J. W. Hearle主编．高性能纤维．马渝茳译．北京：中国纺织出版社，2004．

［11］　周殿明等．聚乙烯成型技术问答．北京：化工工业出版社，2006．

［12］　王涛，宋磊，郝振军等．合成树脂及塑料，2007，24（1）：51-55．

［13］　王艳芳等．塑料，2008 37（1）：33-38．

［14］　何尔叶等编 聚丙烯树脂的加工与应用．第2版．北京：化学工业出版社，1998．

[15] 于丽霞，张海河. 塑料中空吹塑成型. 北京：化学工业出版社，2006.

[16] 张玉龙，齐贵亮. 塑料吹塑成型入门. 北京：化学工业出版社，2009.

[17] 张玉龙，张子钦. 塑料吹塑制品配方设计与加工实例. 北京：国防工业出版社，2006.

[18] 李树，贾毅. 塑料吹塑成型与实例. 北京：化学工业出版社，2007.

[19] 邱建成. 大型工业塑料件吹塑技术. 北京：机械工业出版社，2009.

[20] Norman C. Lee. Blow Molding Design Guide, 1998.

[21] Doald V. Rosato, Dominick V. Rosato. Blow Molding Handbook. New York：Hanser Publishers，1988.

[22] 吴舜英，徐敬一. 泡沫塑料成型. 北京：化学工业出版社，1999.

[23] 何继敏. 新型聚合物发泡材料及技术. 北京：化学工业出版社，2007.

[24] 徐冬梅等. 齐鲁石油化工，2006，34（3）：267-269.

[25] 姚占海，杨慧丽，徐俊. 塑料加工应用，1997（2）：1-4.

[26] 梁宏斌，张玉宝，王强. 化学工程师，2004，105（6）：6-8.

[27] 杨阳，陈爱平，古宏晨. 塑料加工，2001，34（6）：38-41.

[28] 傅志红，唐少炎，王菊槐. 塑料，2005，34（1）：77-82.

[29] 王玉民，郭振字，丁著明. 精细与专用化学品，2010，18（2）：1-8.

[30] International conference on markets and technical developments in polyolefin, compounds 2009.

[31] 陶刚，梁诚. 塑料科技，2009，37（7）：90-96.

[32] EP303283.

[33] 白雪，史建公，张敏等. 中外能源，2009，14（4）：64-70.

[34] http：//www. inoex. de/cn/

[35] http：//www. newrp. com. cn/news

[36] 李汉鹏，黄泽雄，李静. 国外塑料，2006，24（3）：30-40.

[37] http：//www. c-cnc. com.

[38] 贾明印，薛平，朱复华. 工程塑料应用，2006，34（1）：66-69.

[39] Puissant S, et al. Polym Eng Sci, 1996，38：936-941.

[40] 黄泽雄，李汉鹏. 国外塑料，2007，25（4）：20-31.

[41] 何东野，张弛，赵勇. 塑料工业，2006，34（4）：33-35.

[42] Mucha Z. 2003. Ukraine：Katsiveli, Crimea, 2003：131-142.

[43] 何亚东，薛平，朱复华. 塑料，2003，32（3），20-25.

[44] 文劲松. 塑料成型加工模拟技术及软件应用. 计算机辅助工程，2003，12（4）：56-62.

[45] 申长雨. 塑料成型加工过程的 CAE 技术. 塑料加工，2005，40（2）：32-37.

[46] 于骊. 专家系统在塑料注射成型加工中的应用. 广东塑料，2005（1）：16-20.

第**5**章 聚乙烯塑料制品及对原料树脂的要求

聚乙烯是产量最大的合成树脂，2009年世界总消费量7140万吨。据预测，2010年我国聚乙烯消费量高达1414万吨，其中LDPE和LLDPE共776万吨，大部分用于薄膜制品，约占总消费量的76%。除此之外，9%用于注塑制品，6%用于挤出制品，6%用于纤维制品，3%用于吹塑和其他制品。消费HDPE 638万吨，18%用于注塑制品，18%用于挤出制品，11%用于纤维制品，42%用于薄膜制品，11%用于吹塑、发泡和其他制品。

制品不同，所需的原料树脂的性能也不尽相同。制品对原料树脂的要求包括加工性能和使用性能，加工性能决定了原料是否能成型合格的制品，如熔体流动速率（MFR，也即熔体指数）、结晶性能、抗氧化性能、热收缩性能等；使用性能决定了原料是否能达到使用目标，如力学性能、光学性能、耐候性、抗光氧化性、耐老化性、阻燃性等。根据制品的需要，合理选材，优化工艺，才能让聚乙烯的优异性能得以充分发挥。

5.1 注塑制品

用于注塑的聚乙烯树脂由于密度不同[1]，各有其适当的熔体流动速率（MFR）范围，通常可选用PE树脂的MFR在10～20g/10min范围内。MFR高的PE树脂，分子量小，黏度低，加工温度也低，但成品的力学性能较差；熔体指数低的树脂，分子量大，黏度高，成品的力学性能也好，但加工温度要高些。分子量分布宽的树脂（采用双峰聚合技术制备的PE树脂或采用加入低分子量聚乙烯树脂的方法制备而成PE共混物），注塑时流动性好，而且制品的力学性能和耐热性适中。

聚乙烯具有非极性结构，因此吸湿性很小，但是由于它属体积电阻率很高的高分子绝缘材料，所得的颗粒在储存过程中，极易产生静电，从而吸附空气中的水分，造成树脂的水分含量偏高。如果PE树脂的含水率超过0.05%而不经干燥直接用来注塑，会使制品内部容易产生气泡，因此，在成型前应进行干燥处理，一般来说，在80℃下热风烘干2～3h即可达到要求。

可采用普通的注塑级 PE 树脂进行加工[2]。一般来说，制品的拉伸强度和断裂伸长率与注塑工艺，尤其是注塑温度密切相关，注射温度提高会使制品的拉伸强度及伸长率下降。PE 树脂的注塑工艺大体如下：料筒温度后段 140～160℃，前段 170～200℃；压力 60～100MPa，注射时间 15～60s，保压时间 0～3s，冷却时间 15～60s，总周期 40～130s，收缩率 1.5%～4%。

5.1.1 聚乙烯注塑制品及其对原料树脂的要求

5.1.1.1 低密度聚乙烯（LDPE）

LDPE 的注塑牌号常用来制作对韧性、柔软性和透明性要求较高的部件，如用于制作家庭用品、玩具、盖和罩等，树脂的熔体流动速率（MFR）范围在 2～50g/10min 之间，密度为 0.917～0.924g/cm³。用于吹塑的 LDPE 树脂的 MFR 为 0.25～1.5g/10min 之间，密度为 0.918g/cm³。LDPE 吹塑制品（如可挤压的瓶）一般要求有较好的韧性。表 5-1 中列出了几种常用注塑级 LDPE 的性能指标。

■表 5-1 注塑级 LDPE 的性能指标

产品牌号	PE-M-18D022	PE-M-13D022	PE-M-18D500
熔体流动速率/（g/10min）	2.0	2.0	50
密度/（g/cm³）	0.9122	0.9175	0.9162
拉伸强度/MPa	13.0	13.0	7.5
断裂伸长率/%	500	500	370
维卡软化点/℃	85	85	73

5.1.1.2 高密度聚乙烯（HDPE）

HDPE 注塑制品除了广泛用于制作各种盆、桶、筐、篮、篓等日用盛器、日用杂品和家具外，还可用于制造冷藏库部件、电器零部件、各种机动机械和通用机械零件，如盖壳、手柄、手轮、叶轮、紧固件、衬套、密封圈及载荷齿轮、轴承等。其制品之多，可谓五花八门。注塑制品，一般可根据具体产品和加工条件，选用熔体流动速率为 0.5～8.0g/10min 之间的树脂。如生产粉尘口罩、安全帽等，可用 PE-GA-57D006 型粒料；生产周转箱和渔业用箱等，则应用 PE-MA-57D045 型粒料。几种常用注塑级 HDPE 料的性能见表 5-2 所列。

■表 5-2 注塑级 HDPE 的性能指标

产品牌号	PE-MA-57D045	PE-MA-57D075	PE-MA-62D045	PE-ML-57D075
熔体流动速率/（g/10min）	3.6～5.4	6.0～9.0	4.5～6.5	6.0～9.0
密度/（g/cm³）	0.958～0.962	0.955～0.959	0.962～0.966	0.956～0.960
拉伸强度/MPa	≥26	≥26	≥26	≥26
断裂伸长率/%	≥60	≥80	≥80	≥60
简支梁冲击强度/（kJ/m²）	≥10.0	—	5.0	—
悬臂梁冲击强度/（J/m）	—	35	—	30

5.1.1.3 线型低密度聚乙烯（LLDPE）

与 LDPE 相比，LLDPE 注塑制品具有刚性、韧性好、耐环境应力开裂好、拉伸强度和冲击强度优异、纵横向收缩均匀不易产生翘曲、软化点和熔点高、耐热性好（容器可蒸煮杀菌）、着色性及表面光泽性好且成型收缩率低的特点。由于强度高，可用高流动性树脂提高生产效率，实现制品薄壁化，更具经济性，因而广泛用于生产气密性容器盖、罩、瓶塞、各种桶、家用器皿、工业容器、汽车零件、玩具等，是仅次于薄膜应用的第二大 LL-DPE 应用市场。注塑级 LLDPE 的性能指标见表 5-3 所列。

■表 5-3　注塑级 LLDPE 的性能指标

产品牌号	DNDA-1077 DGC-3100	DNDA-7144 DGL-2420	DFDA-7145 DGL-2612	DFDA-7147 DGL-2650	DFDA-1081 DGL-3130H
熔体流动速率/（g/10min）	100	20	12	50	130
密度/（g/cm³）	0.931	0.924	0.926	0.926	0.931
熔流比	30	30	30	30	30
屈服强度/MPa	9	10	11	10	9
拉伸强度/MPa	9	8	12	9	9
正割模量/MPa	300	260	270	270	300
冲击强度/（kJ/m²）	30	5	7	5	3
脆化温度/℃	−20	−60	−60	−60	−60
耐环境应力开裂（F50）/h	0.5	12	10	2	0.5

5.1.2　聚乙烯注塑中的常见问题

聚乙烯注塑中的常见问题，主要由聚乙烯成型工艺特点所决定。其常见问题主要有以下几点。

（1）聚乙烯注塑制品最显著的特点是收缩率大　这与材料的结晶性密切有关。刚注塑出来的制件，虽然结晶程度不一定很高，但随着时间的延长（主要是在注塑加工 72h 内）结晶程度会不断提高，直至达到一种平衡状态。这时候，分子间的间隙缩小，塑料密度增大，体积也就缩小，因此反映出收缩率大的特性来。收缩率大虽然在模具设计时可以预留补偿尺寸，但是由于制件的形状、大小、厚度不一，定型后各个方向上的收缩程度也会不尽相同，在强的收缩牵引作用下，可令制件变形和翘曲从而形成次品、废品。所以要严格控制好生产条件，如加料量、注射压力、模具温度、成型温度等，目的是使收缩率降低和使收缩程度固定化。一般而言，适宜的注射压力在 65～150MPa 之间，压力大，注塑件的密度高，收缩率小；料筒温度根据聚乙烯材料的品种而有所不同，如高密度聚乙烯的注塑温度在 150～300℃ 之间，低密度聚乙烯为 120～280℃，如温度超过 300℃，收缩率将会增大。模具温度对收缩率的影响也很大，要保持相对稳定的数值，对高密度聚乙烯来说，一般为 50～80℃，低密度聚乙烯则为 40～60℃。

　　(2) 聚乙烯注塑制品容易出现变形和开裂　产生这个问题的主要原因还是在 PE 树脂的结晶化上，在 PE 的后结晶过程中，因为收缩率的各向差异，造成内部某些区域的应力集中，引起制件的翘曲变形乃至开裂。其次是熔体本身有比较高的熔体温度，在较冷的模具内迅速冷固时，会将注射过程带入的能量如注射压力封固在制件内（以直浇口的周围为甚），其后这些能量逐渐释放，便造成制件的开裂。为此，在成型操作中，料温和模温都宜控制偏高一些，注射压力控制偏低一些，模具的冷却特别要讲究迅速均匀。在设计模具时应尽量避免死角，弯位弧度宜大不宜小，厚薄不要太悬殊，制件长宽比例不能太大。成型制品可放到 80℃热水中浸泡以进行适当热处理，以使形成的应力得到一定程度的松弛。

5.2 挤出制品

　　几乎所有类型的聚乙烯树脂均可采用挤出成型的方法进行制品的加工，其中包括挤出成型管材、电线电缆包覆层、板材、棒材、丝、薄膜等，本节中重点对 PE 管材、板材和电线电缆包覆层的挤出制备做介绍。

5.2.1 聚乙烯管材制品及其对原料树脂的要求

　　聚乙烯树脂是塑料管材的主要原材料之一[3]，PE 管材以其重量轻、耐腐蚀、节约能源等特点，越来越受到重视，应用领域也越来越大，目前已部分替代了金属管。在发达国家 PE 管的年增长率在 2.5% 以上，它的消费量仅次于聚氯乙烯，是世界上消费量第二大的塑料管道品种，广泛应用于给水、农业灌溉、燃气输送、排污、矿山砂浆输送等工程及油田、化工、邮电通信等领域。

　　聚乙烯管应用扩大的主要技术和经济原因如下。

　　国际上对应用于管材的聚乙烯材料一直不断地研究和改进，正是因为材料性能的不断提高和改进，才增强了聚乙烯管的优势，扩大了聚乙烯管的应用领域，一般公认其发展可以分为三代，最近有报道说已经开发出第四代聚乙烯管材料 PE125。

　　第一代：最初制管使用低密度聚乙烯，继之是用刚性和承压能力较高的"一型"高密度聚乙烯，这些材料被称为第一代聚乙烯管材料，其性能较差，相当于现在的 PE63 以下等级的聚乙烯管材料。

　　第二代：20 世纪 60 年代为了燃气管的应用，开发了具有较高"长期静液压强度"和抗开裂能力的中密度聚乙烯管材料，被称为第二代聚乙烯管材料。相当于现在的 PE80 级聚乙烯管材料。我国"七五"（第七个五年计划）期间，齐鲁石化开发了燃气管专用料，接近 PE80 级的水平。

第三代：20 世纪 80 年代出现了被称为"第三代聚乙烯管材料"的管材专用材料 PE100。

PE100 不仅提高了管材的长期静液压强度，其最小要求强度 MRS（minimum required strength）已经达到 10MPa（PE80 是 8MPa，PE63 是 6.3MPa），而且有优异的抵抗快速开裂裂纹增长的能力。

MPS 是指管材在连续受压 50 年不破坏的要求下，管壁承受环向张应力的强度。管材设计时根据材料的 MPS，除以安全系数（或称使用系数）C，得出许可的设计应力。近年来对于 MPS 的测定已经有标准的方法（ISO/TR 9080）。快速开裂是指管材受到冲击，导致管壁沿轴向以很快速度裂开的偶然性的破坏方式，世界各国的实践和测试证明塑料管存在快速开裂的危险，尤其在管材直径大和使用温度低的场合。所以近年来国外对于塑料管材抵抗快速开裂裂纹扩展 RCP（rapid crack propagation）的能力进行了很多研究和试验，在塑料管材的新标准中加进了有关的要求和测试方法。

PE100 的聚乙烯管因为容许更大的应力，可以在同样使用压力下减薄壁厚，增加输送截面，例如在 10bar（1bar ＝ 10^5Pa）压力下输送水，用 PE100 的聚乙烯管比用 PE80 的聚乙烯管壁厚减少 33％，输送截面增加 16％，输送能力可以增加 35％；或者在同样的壁厚下增加所用的压力，提高输送能力，例如用同样壁厚管输送天然气，用 PE100 的聚乙烯管输送压力可以到 10bar，用 PE80 聚乙烯管输送压力只可以到 4bar。特别是在直径较大、使用环境较差（如低温）的场合，用 PE100 才能保证安全性。换句话说，PE100 的出现使聚乙烯管的应用范围扩大到了压力更高（输送天然气可达 10bar，输送水可达 25bar）、直径更大、环境更差的场合。

目前在国际上这三代聚乙烯管专用料都在使用，分别被使用在要求不同的场合。国际标准 ISO 4427—1996 把聚乙烯管的材料分为 PE32、PE40、PE63、PE80 和 PE100 五个等级。实际上，国外应用于燃气管和给水管的主要是 PE80 和 PE100。我国过去对于聚乙烯管用的聚乙烯材料没有分级，聚乙烯管材的标准也没有根据所用材料的不同而有不同的规格系列，目前正在修订中。

应用量大的排水、给水、燃气管道等都在室外埋地铺设，连接是否方便可靠，铺设工作能否迅速经济，常是工程中最优先考虑的因素。

聚乙烯管可以用比较方便的热熔对接方法得到可靠的、内外表面与原管材接近的牢固连接（连接处有不大的熔接凸起环），或采用专门的电热熔接管件连接聚乙烯管，连接方便可靠（但是连接处管件直径会大于原管材）。聚乙烯管的熔接接头可以承受轴向负荷而不发生泄漏和脱开，因此在接合处和弯曲处不需要进行费用不小的"锚定"。

聚乙烯管有独特的柔韧性，其断裂伸长率一般超过 500％，弯曲半径可以小到管直径的 20～25 倍，还有优良的耐刮伤的能力，因此铺设时很容易移动、弯曲和穿插。聚乙烯管对于管道基础的适应性强，一方面铺设时对于管基的要求较低可以节约费用，另一方面铺设后管基发生不均匀沉降和错位时也不容易损坏，所以聚乙烯管最适宜用于有地震危害的地区，世界各地的实践证明聚乙烯管是耐地震性最好的管道，有报道说，在 1995 年日本神户地震中，聚乙烯燃气管和供水管是唯一没有被破坏的管道。

聚乙烯管耐低温的性能远优于聚氯乙烯管，在冬季野外施工时聚氯乙烯管容易脆裂，我国北京地区铺设聚氯乙烯埋地给水管试点工程中，总结出的一条经验是温度在零度以下就不适宜进行聚氯乙烯管的铺设施工。

聚乙烯管的上述特点给其铺设带来了很多好处，为其应用开拓了不少新的领域。

(1) 较小直径的聚乙烯管可以以长盘管形式供货　根据国外经验，直径达 160mm 的 HDPE 管都可以做成长盘管，这样可以大大地减少接头，从而减少连接的工作量。

(2) 较大直径柔韧的聚乙烯管一般可以在地面上（即在管沟处）连接好后再铺入管沟　聚乙烯管（实壁耐压管）直径可以达到 1600mm（63in）。聚乙烯管铺设时对于管沟的平直要求不很高，这样就可以明显地减少管沟的挖掘量，加快铺设工程的速度。根据国外的经验，在沙土地铺设聚乙烯管时，可以先在地面上连接好聚乙烯管，然后用开沟机开挖出一条窄沟，同步完成把聚乙烯管铺入和覆盖土层的工作。在多石块地铺设聚乙烯管时，也是先在地面上把聚乙烯管连接起来，然后用开沟机开挖出一条窄沟后再铺入连接好的聚乙烯管，不同的是在铺设聚乙烯管的前后要铺一层砂层保护。与之比较，埋地聚氯乙烯管必须在管沟内完成连接工作，这就要求挖掘的管沟比较宽，而且聚氯乙烯管对于管沟的平直、沟的密实都有较高的要求，因为聚氯乙烯管的柔韧性较低，用橡胶圈密封的插接式连接也不容许过多的变形。

(3) 可以采用定向钻孔技术来铺设聚乙烯管道　根据国外经验，在需要管道穿过道路、河流等场合，可以用专门的钻孔设备在地下按管道设计位置钻出孔（有一种专门设备，能够在地面上一面检测地下的情况一面控制地下钻头前进的方向，或升或降躲开地下的已有管道等障碍，特别适用于城市，可以在不破坏地面又不损伤已有管道的条件下铺设新管道），然后把柔韧的、已经连接成一长管的聚乙烯管拖入孔内，在地面没有破坏的条件下完成管道的铺设。

(4) 可以用长管沉入的方法在江河湖海的水底铺设聚乙烯管道　国外利用聚乙烯管可以连接成很长的管道，而且又有柔韧性和耐腐蚀性等特点，开拓了在江河湖海的水底铺设管道的新技术。方法是先把聚乙烯管连接成很长的管道（几百米），在水面上浮着拉到设计铺设的位置，然后在管外固定上重物（一般是混凝土环），最后沉入水底（有的在水底开沟，铺管后再加覆盖）。从国外的报道看，在这个领域有不少成功的实例：例如，马来西亚在 1989 年铺设了一条直径 400mm、长度 20km 的 HDPE 管，穿过水深 25m 的海峡，把水供应到一个岛上；土耳其在 1992 年铺设了一条 11km 的 HDPE 管通入黑海，把一家公司的尾渣排到深 350m 的海底。

(5) 聚乙烯管可做衬管修复旧的城市给水或排水管　世界上很多城市面

临的难题是怎样修复旧的给水和排水管，因为不及时修复而泄漏的旧管道会造成资源的浪费或环境的污染，但是这些埋在城市道路和建筑下的旧管道如果要采用开挖的方法来修理或更新，所需要的代价太高。从国外经验看，利用聚乙烯管做衬管修复旧管是个经济实用的方法。聚乙烯管柔韧，可以连接成长管，连接处外径和管材外径接近，所以适合于做衬管。国外介绍有一种方法是直接把连接好的聚乙烯管拉进旧管道；还有一种是把聚乙烯管先挤缩成较小直径（成"凹"形），拉进旧管后通入蒸汽使其恢复原来的形状和直径，紧贴在旧管壁上。

传统上排水管领域主要是用混凝土管或钢筋混凝土管，近年来国际上采用塑料管做各种排水（污水）管的趋势正在逐步增加。一方面是因为传统应用的混凝土/钢筋混凝土污水排水管耐腐蚀性差，而且容易泄漏，造成污染，逐步被塑料管替代的大趋势已定；另一方面是因为聚乙烯有容易成型和熔接等独特的优点，已经在排水管领域有力地和聚氯乙烯管争夺市场。而我国国内在排水领域应用塑料管刚起步。

在欧洲，排水领域已经成为塑料管应用量最大的市场，在美国，近年聚乙烯的排水管成为发展的热点，根据美国 CPPA（聚乙烯波纹管协会）刊物 PIPE-LINE 1995 年 6 月一文介绍：1993 年美国的雨水排水管市场上聚乙烯管已经占到 16%，其余是聚氯乙烯管 4%，增强混凝土管 60%，波纹金属管 20%。

聚乙烯管能推广应用的另外的原因是因为聚氯乙烯日益受到环境保护方面的压力。

首先是因为聚氯乙烯本身的卫生性问题：众所周知，在正规生产和严格控制下生产的聚氯乙烯管是可以保证卫生性能，容许应用在饮用水的给水管的。但是还是有人担心在控制不严的地方可能会发生问题：如聚氯乙烯树脂中氯乙烯单体的超标，在给水用聚氯乙烯配方中误用了有毒的助剂，把不保证无毒的排水用聚氯乙烯管和管件误用到了给水管和管件等。其次是聚氯乙烯管的回收问题：聚氯乙烯和聚乙烯一样是热塑性塑料，从理论上讲都是可以加以再利用的，但是各国的实践证明，旧塑料制品能回收再生的比例有限，主要的处理方式是焚烧回收能源，聚氯乙烯因为含氯，在焚烧时控制不好就可能产生有害物质，而聚乙烯仅含碳氢，燃烧后只生成水和二氧化碳。

所以在欧美等国家，现在聚氯乙烯的应用受到一些环境保护组织日益加重的压力。

5.2.2 国内外聚乙烯管材专用料的生产、 开发现状

5.2.2.1 国外聚乙烯管材专用料的研制、 生产情况

目前国外聚乙烯管材专用料已发展到第三代，即从 PE63 到 PE80 再到 PE100，研究开发从分子设计开始，使 PE 分子结构得到最优化的设计，既考虑分子量分布、共聚单体分布，又考虑共聚单体在分子链上的排列，从而

改善了专用料的性能，使专用料在燃气管道和大口径压力管道的应用上均具有优势。表 5-4 为 PE80、PE100 的性能比较。

■表 5-4　PE80、PE100 的性能比较

项　目	PE80	PE100
设计强度/MPa	6.3	8.0
密度/（g/cm³）	0.945～0.956	0.957-0.961
MFR(5kg, 190℃)/(g/10min)	0.4～0.7	0.2～0.4
拉伸屈服强度/MPa	18～23	23～25
断裂伸长率/%	>600	>600
脆化温度/℃	<−70	<−70
弯曲强度/MPa	650～1000	1000～1250
冲击强度/（kJ/m²）	没有断裂	没有断裂
线膨胀系数/（×10⁻⁵/K）	12	12

通常 PE 燃气管材料大都是 PE80 级别，密度相对低一些，在 0.950g/cm³ 以下，即中密度聚乙烯，它的柔韧性较好，具有较好的耐环境应力开裂性能；而大口径 PE 压力管除了上述要求外，还要求具有一定的刚性。使用 HDPE 拉伸屈服强度可达到 23MPa 以上，PE100 级料做到了这一点。

国外 PE 生产商十分重视 PE 管材料的研究与开发。1995 年德国赫斯特公司成功地推出了 HDPE 双峰料 Hostealen GM5010T3 和 Hostealen CRP100，两种专用料在结构上均有着双峰分子量分布的特征，由于在聚合生产中采用特效催化剂，使得支链分布上选择性提高，使专用料的刚性和韧性平衡达到最佳成为可能，并且成功地在反应釜中制造出短链和长链分子共混的聚乙烯合成物，这两种专用料均为 PE100 产品。菲纳（Fina）公司使用双环管工艺开发出了 PE100 产品 Finathene XS10，这种新型的双峰乙烯-己烯共聚物具有卓越的耐慢速裂纹生长和耐快速开裂扩展性能。巴塞尔（Basell）公司采用高活性第三代钛基齐格勒催化剂，开发出了高分子量 HDPE 双峰管材专用料 CRP100。北欧化工采用北星双峰技术开发了双峰系列 HDPE 高分子量管材专用料 HE3490-LS、HE3492-LS、HE3496-LS 等牌号。据报道，北欧化工北星双峰生产线在芬兰的公司也生产双峰专用料 HE3490-LS，2002 年 2 月在挪威顺利地挤出了直径 1600mm 的大口径给水管材，当时此管径号称世界最大。苏威（Solvay）公司的 TUB121 等也是 PE100 级别专用料，且为高分子量双峰分布，以上情况汇总见表 5-5 所列。

■表 5-5　国外主要 PE 生产商管材专用料情况

公司	牌号	MFR/(g/10min)	密度/(g/cm³)	用途
赫斯特	CRP100	0.08	0.959	大口径压力管
	GM5010T3	0.1	0.954	大口径压力管
菲纳	XS10	0.08	0.955	压力管、大口径压力管
巴塞尔	GRP100	0.08	0.959	大口径压力管
北欧化工	HE3490-LS	0.08	0.956	压力管、燃气管
	HE3492-LS	0.08	0.956	压力管、燃气管
	HE3496-LS	0.08	0.956	压力管、燃气管

世界上 PE 生产商开发的第三代 PE 管材专用料代表着产品开发的先进水平，目前可生产 PE100 等级管材专用料的生产商主要是催化剂和工艺技术开发比较先进的北美和欧洲的石化公司，主要生产商见表 5-6 所列。

■表 5-6　PE100 级原材料及生产商

生产商	国家	材料牌号
Chevron phillips	美国	DRISCOPIPE-5100，DRISCOPIPE-8700
ATOFINA	比利时	Finathene XS10
BOREALIS	丹麦	HE2490，HE2492，HE3490-LS，HE3492-LS
SOLVAY	比利时	TUB120 系列
BP-SOLVAY	美国	K38-20-160
BASELL(Elenac)	德国	CRP100
DOW	美国	DGDA-2490NT
SAMSUNG	韩国	P110

5.2.2.2 国内 PE 管材专用料的生产、开发现状

我国对 PE 管材的开发与推广应用从 80 年代开始，PE 管的消费量也从 1989 年的 8 万吨增加到 2005 年的 48 万吨，与国外 PE 管材专用料相比，我国 HDPE 管材专用料的开发应用还有较大的差距，主要表现在专用树脂牌号少，原料产量低，产品质量不稳定，产品规格品种不配套。由于国内 PE 管材专用料质量稳定性不好，导致大多数管材生产厂使用低等级的管材专用料生产排水管。随着聚乙烯管材市场应用领域的不断扩大，我国对聚乙烯供水管材和燃气管材的标准不断进行修订与完善，管材市场也在不断规范，对聚乙烯管材专用料的级别鉴定提出要求：供水管专用料的最低级别要求是 PE63，燃气管专用料的最低级别要求是 PE80。而目前我国的状况是管材专用料牌号树脂量小（只占管材用聚乙烯树脂总量的 20% 左右），牌号少，目前只有七八个 PE 生产商可生产管材专用料。燕化的三井油化淤浆工艺，可生产双峰管材牌号 6380M，该树脂在 2003 年通过了 ISO 9080 方法 PE80 等级认证。同时燕化还研制开发了埋地管专用料 6360M、6100M 和给水管专用料 6000M、7000M。齐鲁石化气相法全密度聚乙烯工艺，开发了 DGDB-2480 管材专用料，具有较高的熔体强度、抗撕裂强度和良好的耐环境应力开裂性能（>1500h），加工性能优良，制品外观平整、光泽好，接缝套接质量高。上海石化引进北欧化工的北星双峰工艺技术建设的 25 万吨/年 PE 装置于 2002 年 4 月建成投产，生产了 PE100 级双峰聚乙烯管材专用料 YGH041T，并在瑞典通过了 ISO 9080 标准检测，获得 PE100 等级认证，至今为止已生产 PE100 管材专用树脂 3.5 万吨。同时该工艺也开发生产了 YGH051T 管材专用料，该专用料也获得了 PE80 等级认证。目前北星双峰专用料 TGH041T、YGH051T，代表着国内 PE 管材专用料的先进水平。大庆石化公司采用三井油化技术的 HDPE 生产装置，近年来也相继开发了管材专用料系列产品，如：6100M、6200M（硅芯管专用料）、6366M、

7000M 等，其中也有双峰产品如大庆石化的 6366M。目前几个管材专用料产品也在积极做工作，准备作 PE80 等级认证。另外扬子石化也利用淤浆法工艺生产出管材专用料 6100M，还自行开发了双峰产品 YZ600。国内 PE 管材专用料的树脂牌号情况见表 5-7 所列。

■表 5-7　国内 PE 管材专用料树脂牌号

公司名称	牌号	MFR(21.6kg)g/10min	密度/(g/cm³)	用途
燕山石化	6380M	0.1(13.5)	0.949	燃气管
	6000M	0.04	0.961	工业用管
	7000M	0.03	0.961	工业用管
	6100M	0.14	0.954	工业用管
齐鲁石化	DGDB-2480	0.08 (11.0)	0.944	燃气管
	DGD-2400	0.09(14.0)	0.939	饮水管、燃气管
	DGD-3190	0.1	0.953	饮水管、燃气管
	DFD-4427	0.6	0.920	输水管
	DXDN-1224	0.8	0.920	输水管
扬子石化	6100M	0.14	0.954	工业水管
	YZ600	0.08	0.950	燃气管
大庆石化	6100M	0.14	0.954	工业给水管
	6200M	0.04	0.961	硅芯管道
	6366M	0.06	0.952	压力管道
	7000M	0.03	0.961	压力管道
上海金菲	TR480	0.096	0.945	燃气管
	TR400	0.08	0.940	燃气管
北星双峰	YGH041T	0.08	0.948	燃气管
	YGH051T	0.08	0.940	燃气管
辽阳石化	GM5010H	0.31	0.946	压力管道
	J1310	0.33	0.941	通用管
抚顺石化	LLDPE-51-35B	0.33	0.941	输气管道

5.2.2.3 国内管材专用料的市场使用情况

我国对聚乙烯管材专用料的开发及生产应用起步较晚，20 世纪 80 年代开始，HDPE 管材专用料在工业化后进入市场，目前主要应用于建筑、通信、农田灌溉及地矿、石油化工、冶金、有色金属、煤炭轻工等行业。如 HDPE 矿用固液输送管，最低使用温度可达 −40℃，其专用料各项性能指标达到国际先进水平。大口径厚壁管在青海盐湖钾肥工程水采浮管系统中得到了成功的应用，替代了美国进口的系统矿用管，敷设长度达数十公里，在高原恶劣的气候条件下，管道使用情况良好，耐腐蚀性能优异。该管材还代替高价的合金管，首次应用于一段 1400m 长的具有较强腐蚀性的含硫污水管线，使用情况也很好。HDPE 燃气管专用料也开发成功，得到了可用于输油、输气管道防腐及保温层的高密度聚乙烯专用料，已在国家重点工程"陕-京"输气管线上大规模应用，铺设管线长达 960km，取得了良好的社会和经济效益。

由于我国幅员辽阔，人口众多及工农业发展迅速，虽然 PE 产量、品种年年增加，但仍不能满足国内各领域对 PE 管材专用料的需求。到 2005 年，国产 PE 管材专用料产量只占总消费量的 1/4～1/3，每年需要进口大量的管材专用料，主要品种是燃气管和输水管专用料，进口管材专用料主要品种、牌号见表 5-8 所列。

■表 5-8　近年来国内市场上进口的 PE 管材专用料

进口国及牌号	MFR/(g/10min)	密度/(g/cm³)	用途
韩国：PH150	0.15	0.942	输水管
PH143	0.20	0.938	煤气管
美国：TR418	0.20	0.946	输水、输气管
TR400	0.25	0.939	内衬管
HHM5502	0.35	0.955	输水管
比利时：TUB131	0.10	0.951	燃气管
比利时：FINA3802	0.20	0.944	燃气管
瑞典：NCPE2421	0.16	0.941	燃气管

目前由于国内对塑料管材推广的力度加大，各种管材的加工技术逐渐成熟完善，带动了管材专用料的开发和使用，使得国内石化企业的生产品种、质量和产量不断提高。

5.2.3 聚乙烯管材挤出成型工艺控制

若要获得外观和内在质量均优良的管材制品，与原材料、挤出成型设备水平、机头模具设计与加工精度及挤出成型工艺条件等是分不开的。挤出成型工艺的控制参数包括成型温度、挤出机工作压力、螺杆转速、挤出速度和牵引速度、加料速度、冷却定型等。挤出工艺参数又随挤出机的结构（特别是螺杆结构、机头结构）、塑料的品种、产品的质量要求等的不同而改变。所以挤出成型工艺控制是很复杂的，没有任何公式可遵循，必须在生产实践中去摸索和总结。下面对挤出聚乙烯管材时有关原材料的预处理、温度、压力、定型冷却、挤出速度和牵引速度等有关工艺参数的控制进行说明。

（1）原材料的预处理　聚乙烯是非吸水性材料，通常水分含量相当低，可以满足挤出的需要。但当聚乙烯含湿性颜料，如炭黑时，对湿度敏感，含水量增大。水分含量高不仅会导致管材内外表面粗糙，而且可能导致熔体中出现气泡。通常，对含炭黑的聚乙烯管材料应干燥处理。干燥可采用热风干燥或除湿干燥。对于不含炭黑的聚乙烯材料，可根据材料吸湿情况，决定是否进行干燥处理。

冬天，当原料储存温度比较低时，建议对原料进行干燥，以防止水汽凝结。对于常规挤出机，采用直接安装在挤出机料斗上方的热风干燥机，在对物料干燥的同时，还起到了预热的作用。预热有助于提高产量，但应注意保持进入挤出机物料温度的一致性。

（2）温度控制　挤出成型温度是促使成型物料塑化和塑料熔体流动的必

要条件，它对挤出成型过程中物料和制品的质量及产量均有十分重要的影响。在挤出成型过程中，物料从粒状固态进入挤出机后，要完成输送、压实、熔融、均化，直到高温熔融型坯从机头中挤出，其温度变化非常复杂，而且也不容易测定。因此，能否很好地解决挤出成型温度控制问题，将直接影响到挤出成型过程能否顺利进行以及管材质量的好坏和产量的高低。

挤出温度包括加热器的设定温度（主要有机筒温度、机头温度和口模温度）和熔体温度。

要正确控制挤出成型温度，首先必须了解被加工物料的承温限度与物理性能及相互关系，从而找出其特点和规律。即了解高分子的运动规律，才能选择一个较佳的温度范围进行挤出成型。通常挤出机的温度控制由机身的加料段到挤出段逐渐升高，物料从固态逐渐熔融由玻璃态转变为黏流态。物料从机身到机头的温度一般都控制在流动温度和分解温度之间，口模温度比机头温度略高。温度过低，塑化不好；温度过高，聚合物降解。各段温度的设定通常要考虑以下几个方面：首先是聚合物本身的性能，如熔点、分子量大小和分布、熔体指数等；其次是考虑设备的性能；再次是通过观察从模头挤出的管坯表面是否光滑，有无气泡等现象，来判断温度的设定是否合理。

(3) 压力控制　塑料在挤出成型过程中需要的挤出压力，主要是用来克服其在机筒、螺槽、多孔板、机头和口模等零部件中的流动阻力及其自身内部的黏性摩擦。挤出压力的建立是物料得以经历 3 种物理状态变化，保证塑化质量，得到均匀密实的熔体，最后获得成型产品的重要条件之一。

挤出机机筒和机头中压力的分布，会随挤出机的结构及操作条件等的变化而发生变化。一般来说，最重要的压力参数是熔体压力，即机头压力，增加机头压力，将降低挤出机的出料量，使产品密实，有利于提高管材制品的质量。但压力过大，会带来安全问题。现代挤出机一般会带有压力传感器、压力过载保护等功能。挤出机工作压力由其螺杆特性线和口模特性线决定，在这两项不变的情况下，会因螺杆转速的变化而变化。此外，挤出机工作压力也与温度有关。

实际上，熔体压力大小与原料性能、螺杆结构、螺杆转速、工艺温度、过滤网的目数、过滤板的孔数等多种因素有关，因此熔体压力报警点的设置要合理，否则易报警甚至造成停车。在聚乙烯管材挤出过程中，熔体压力通常运行在 $10\sim30MPa$ 之间。

(4) 真空定型　塑料管材在挤出过程中，在高温下被挤出口模的型坯完全处于熔融的塑性状态，并直接受牵引进入真空定径套，借助真空负压的作用，使处于软化态、但有一定形状的型坯，被紧紧吸附在真空定径套内壁上，并经真空定径槽内循环冷却水冷却为固体。当管材被牵引出真空定径套后，就成型为一定尺寸和形状的管材，并且也具有一定的硬度。冷却定型操作，主要是控制真空度和冷却速度两个参数。

真空定径系统的压力由管材内压与真空槽抽真空所产生的负压两者之间

的差值决定。实际生产中真空度大小的控制尚无理论值可依据，调整的基本原则见表 5-9 所列。

■表 5-9 真空度调整趋势

管材特性	真空度变化趋势
管材直径↑	↑
管材壁厚↑	↑
熔体黏度↑	↑
管材内应力↓	↓
管材表面光滑度↑	↑

实际操作中，当原料、管材直径及壁厚确定后，真空度应确定在一个最佳值。通常在满足管材外观质量的前提下，真空度应尽可能的低，这样管材的内应力小，产品在存放过程中变形小。

真空度控制的恰当与否，将直接影响产品质量。真空度的控制也与真空槽的密封程度和真空泵的性能有关。真空度太高，阻力加大会增加牵引机负荷，甚至阻碍型坯顺利地进入真空定径套，导致熔体滞留在定径套入口，甚至造成停车。还会使管子表面粗糙。此外还会降低产量，缩短真空泵的使用寿命。真空度太低，对管材的吸附力不足，管坯易变形，无法保证产品的外观质量及尺寸精度。

此外，在实际生产中，真空度在一定范围内也可以起到调节管材平均外径偏差的作用。当定径套较短，管壁较薄时，真空度的变化对平均外径变化的影响也比较大。

(5) 冷却　管材在挤出过程中，在高温下被挤出挤出机口模的管坯，需使用及时、合适的冷却方式和恰当的冷却水温进行冷却定型，方能得到理想的产品。冷却不及时，制品就会在自身重力的作用下或牵引机夹紧压力作用下发生变形。通常定型和冷却往往是同时进行的。冷却时，冷却速度对制品的性能有一定影响，冷却过快易在管材内部产生内应力，并降低外观质量。

聚乙烯管材挤出成型中冷却水温度一般较低，通常在 20℃ 以下。挤出无规共聚聚丙烯管材时，为避免管材中产生内应力，冷却槽第一区的温度可以稍高些，在 40~60℃ 之间，由此可以达到梯度冷却。

调节冷却水流量也是很重要的。流量计是用来控制定径套端部四周冷却水的流量和分布的。熔融的塑料管坯首先接触的就是定径套端部。如冷却水流量过大，管子表面就会粗糙，产生斑点凹坑；如果过小，管子表面就会产生亮斑；如果分布不均，管子就会产生椭圆度。

(6) 螺杆转速与挤出速度

① **螺杆转速**　螺杆转速是控制挤出速率、产量和制品质量的重要工艺参数。单螺杆挤出机的转速增加，产量提高。螺杆转速升高，必然会使塑料在螺杆中受到更强的剪切作用，这对混合及塑化是有利的。因此，随着螺杆转速的提高，剪切速率提高，熔体表观黏度下降，有利于物料的均化。同时

由于塑化良好，使分子间作用力增大，机械强度提高。但螺杆转速的提高是受到主机负荷限制的。转速提高，熔体压力增大，但最大熔体压力也不应超过限定值。转速过高，剪切速率增加，离模膨胀加大，管表面会变坏。此外挤出机螺杆转速必须稳定，才能得到挤出速度均匀的稳定管材制品。螺杆转速提高后，牵引速度也要相应提高，同时冷却定型模及冷却水槽也要相应放长。因此，一般根据管材形状和大小，冷却定型装置的能力等来综合考虑各种因素的影响，经过多次试车后确定螺杆转速。通常，开车时螺杆转速很低，待生产稳定后，逐渐提高转速，同时要密切注意观察主机电流和熔体压力的变化。对于不同材料，螺杆转速一样时，其产量会有差异。

② 挤出速度　挤出速度是指单位时间内由挤出机从机头和口模中挤出的塑料量或制品长度，其单位可用 kg/h 或 m/min 表示，它代表挤出成型实际的生产效率。这一生产效率虽然和挤出机生产效率的意义相似，但在挤出机、螺杆结构和机筒条件一定的情况下，使用不同的塑料会有很大差异。所以设计机头和口模时，一定要注意机头和口模需要的生产效率必须与挤出机允许使用的生产效率相适应。当塑料品种和挤出制品一定的情况下，挤出速度仅与螺杆转速成比例。调整螺杆转速是控制挤出速度的主要措施之一。挤出速度是决定制品性能和生产效率的关键因素。挤出速度过快，在机筒内会产生较高的摩擦热，使物料温度升高而影响产品的物理性能，甚至分解。为保证挤出速度均匀，需要从以下几个方面考虑问题：设计或选择与塑料制品相适应的螺杆结构和尺寸；严格控制螺杆转速；严格控制挤出温度，防止因温度改变而引起挤出压力和熔体黏度的变化，从而导致挤出速度波动；保证料斗的加料情况，不要使加料速度出现忽快忽慢的不正常的变化。

(7) **牵引速度**　牵引速度直接影响产品壁厚、尺寸公差、性能及外观，牵引速度必须稳定，且牵引速度应与管材挤出速度相匹配。牵引速度与挤出线速度的比值反映出制品可能发生的取向程度，该比值称为拉伸比，其数值必须大于或等于1。牵引速度增加而冷却定型的温度条件不变时，牵引速度快，则制品在定径套、冷却水槽中停留的时间也就比较短，经过冷却定型以后的制品内部还会残余较多热量，这些热量会使制品在牵引过程中已经形成的取向结构发生解取向，从而引起制品取向程度降低。牵引速度越快，管材壁厚越薄，冷却后的制品其长度方向的收缩率越大。牵引速度越慢，管材壁越厚，越容易导致口模与定径套之间积料，破坏正常挤出生产。所以在管材挤出成型过程中挤出速度与牵引速度必须很好的得到控制。

(8) **管材的在线质量控制与后处理**　聚乙烯属于结晶聚合物，刚下线管材的性能与管材制品交付使用（或出厂）时的尺寸和性能是有差距的。主要原因有：①聚乙烯熔体冷却过程中要发生结晶作用，结晶度及晶型与温度、热历史及放置的时间有关；②刚下线管材的温度通常高于常温；③刚下线管材的内应力比较大。通常，晶型越多、越复杂，管材制品下线后，管材性质趋于稳定的时间越长。放置时间对聚乙烯管材性质的影响较小，一般下线后

24h 即可依据产品标准进行有关性能测试。

5.2.4 聚乙烯板材制品及其对原料树脂的要求

塑料板材、片材之间没有十分明确的界限，人们习惯称 1mm 以上厚度的片为板材，0.25~1mm 的为片材，0.25mm 以下的为薄膜，又把 0.25~0.5mm 的软质片材称为"厚膜"。

聚乙烯板材、片材具有无毒、耐腐蚀、电绝缘性能优异、低温性能好、表面光滑平整等特点，广泛应用于包装、电力、化工等领域。

聚乙烯板材的原材料最好选用挤板级或挤出片材级的 PE 专用树脂，如有特殊要求可加入助剂。低密度聚乙烯的熔体流动速率为 0.3~2.0g/10min，高密度聚乙烯的熔体流动速率为 0.1~1.0g/10min。

5.2.5 聚乙烯电线/电缆及其对原料树脂的要求

作为电线电缆用 PE 占聚乙烯总消耗量的份额并不大[4]，在美国长期以来仅占 2%~3%。但对电线电缆工业而言，无论是通信用还是动力用，电线电缆用 PE 都是十分重要的原材料，是附加值高的 PE 树脂品种。本章主要介绍目前在我国用量较大的高速挤出通信电缆绝缘料、优质 LLDPE 通信电缆护套料和可交联动力电缆料。

5.2.5.1 PE 通信电缆绝缘料

通信电缆的品种很多，以应用领域分，有市话电缆、海底电缆及电视公用天线（CATV），其中以市话电缆用量最大。绝缘料的技术含量高，要求严，是 PE 树脂的一种高档混配料。欧美从 20 世纪 40 年代起就开始将通信电缆料从纸绝缘铅护套改为合成材料。最先使用的是全塑实心无填充电缆。绝缘介质为 LDPE。与纸质材料相比，LDPE 不会浸水磨损，力学强度和抗磨耗性较好，并有很高的绝缘电阻和电介质强度，串扰小，传输质量大为提高。加之其能方便地均匀挤出成型，易于着色成全色标电缆，尽管当时 LDPE 价格很贵，仍受到用户的欢迎。

通信电缆绝缘料是高档聚烯烃材料，各国对其理化性能均制定了标准，提出了严格的要求。国内电缆行业长期推崇的是美国农业部农村电气管理局（REA）制定的标准规范。对 HDPE 通信电缆绝缘料的规范是 REA PE200 的附录 C，相当于 ASTM D1248—84 中Ⅲ型 A-4 类 E9 级绝缘料。其中对密度、熔体流动速率、低温脆性、拉伸强度、断裂伸长率、耐热应力开裂、耐环境应力开裂、介电常数、介电损耗、体积电阻率、浸水和混炼稳定性等都有较高指标，兼有优良综合性能。表 5-10 中给出了 REA PE200 规范对 HDPE 通信电缆绝缘料的性能指标要求和 ASTM D1248—84 中Ⅲ型 A-4 类 E9 级绝缘料的性能指标。

■表 5-10　REA PE 200 规范对 HDPE 通信电缆绝缘料的性能指标要求和 ASTM D1248—84 中 Ⅲ 型 A-4 类 E9 级绝缘料的性能要求

项　目	测试方法	指　标	
		REA-PE 200 附录 C	**ASTM D1248**
密度/（g/cm³）	ASTM D1605	0.941～0.959	0.941～0.959
熔体指数/（g/10min）	ASTM D1238	≤1.0	0.4～1.0
低温脆性	ASTM D 746	−76℃失效数≤2/10	脆点≤75℃
拉伸强度/MPa	ASTM D638	≥19.3	≥19.0
断裂伸长率/%	ASTM D638	≥400	≥400
耐热应力开裂/%	ASTM D2951	96h 为 0	96h 为 0
耐环境应力开裂/%	ASTM D1693	≤20	≤20
介电常数	ASTM D257	2.300～2.400	2.35～2.40
介质损耗角正切	ASTM D1531	≤0.0005	≤0.0005
体积电阻率	ASTM D257	≥1×10¹⁵	≥1×10¹⁵
浸水稳定性		符合 ASTM D1248 11.1.110 节要求	符合 ASTM D1248 11.1.110 节要求

由于每根通信电缆常由成百上千对绝缘线组成，绝缘线总长相应为电缆长度的成千上百倍，所以绝缘线的高速加工行为具有十分重要的意义。PE 绝缘料除了要有优良的综合理化性能外，还应该具有良好的加工性能。这就要求 PE 具有合适的分子量大小和分子量分布，以确保聚合物具有较高的熔体强度和临界拉伸比以及较低的剪切黏度。

聚乙烯通信电缆的安装技术和成本均很高，因此要求它可以长期工作，至少为 40 年。这就要求 PE 绝缘料具有恒定的力学和电学性能，以保证可以长期稳定的进行通信传输。但在 20 世纪 70 年代初期美国贝尔公司就发现通信网络中地上接线盒的实心绝缘线经 5～6 年后有发脆现象。经分析表明其原因在于绝缘料原先没有加足抗氧剂，导致所加入的抗氧剂被提前消耗所致。其后生产的绝缘线得到改进，并采用抗氧剂/抗铜剂两元稳定体系。

5.2.5.2　通信电缆护套料

第二次世界大战期间，美国贝尔公司与联碳公司合作，首先采用高压聚乙烯替代铅制成通信电缆护套。因其质轻、耐腐蚀性比铅好，为市话电缆的更新换代迈出了重要的一步。但作为护套，高压聚乙烯也有两个缺点：既耐候性和耐环境应力开裂性均差。在日光或表面活性剂作用下会开裂，丧失强度和韧性。为此，贝尔实验室和西屋公司提出了添加炭黑的措施。试验表明：只有加入 2.5% 的炭黑并均匀分散后，才能充分滤去紫外线，延长护套在户外的寿命。1960 年开发出的乙烯-醋酸乙烯酯共聚物护套料，韧性好，耐低温性好，尤其是 ESCR 得到提高。20 世纪 70 年代，美国联碳公司采用 Unipol 低压气相聚合工艺生产出 LLDPE 护套料，生产成本低、力学性能优良，且耐温性也得到了改善。典型的 EVA 护套料 DFDA-0588 与 LLDPE 护套料 DFDB-6059 的性能列于表 5-11。

■表 5-11 LLDPE 护套料和 EVA 护套料的典型性能

性能	EVA 护套料 DFDA- 0588	LLDPE 护套料 DFDB-6059
熔体指数/（g/10min）	0.25	0.55
-70℃低温催化失效率/%	0	0
拉伸强度/MPa	15.2	16.2
断裂伸长率/%	750	750
ESCR 失效率（96h 后）/%	0	0
介电常数	2.60	2.50
炭黑含量/%	2.50	2.60

从表 5-11 可见，LLDPE 护套料 DFDA-6059 与 EVA 共聚物护套料 DF-DA-0588 的性能相近。目前，美国 90％以上的市话电缆已采用 LLDPE 作为护套料。在市场上大多数 LLDPE 树脂具有窄分子量分布，主要用于薄膜制品，这些 LLDPE 是基于 Mg/Ti 催化体系，采用乙烯与 α-烯烃共聚合成的，而采用铬-钛-氟催化体系和钒系催化剂制备的 LLDPE 具有宽分子量分布特征，常用做线缆用基础树脂。DFDB-6059、DFDA-7540、DXND-1495 就是具有宽分子量分布、有较好挤出加工性能的 LLDPE 护套料。为了得到更好的 ESCR 性能，共聚单体也用 1-己烯取代了 1-丁烯。

5.2.5.3 交联聚乙烯动力电缆料

聚乙烯，尤其是采用自由基引发的高压低密度聚乙烯具有良好的介电性能，即低的介电常数、高的耐电场击穿强度，是优秀的动力电缆用绝缘料。同时，PE 还易于加工，有足够好的物理力学性能，价格便宜，易为用户所接受。早在 20 世纪 40 年代开始用于试制动力电缆用绝缘料，并于 50 年代末成功开发出符合动力电缆要求的 PE 树脂。虽然 PE 料的性能优良，但是其使用温度仅为 75℃，无法在高温环境下使用，这就大大限制了它的应用范围。如果将其进行交联改性，把线性 PE 分子通过共价键连接在一起形成三相网络结构，限制其流动性，就可以把使用温度提高到 90℃以上，同时仍保持其优良的电气性能。从 20 世纪 60 年代开始，交联聚乙烯（XLPE）开始大量推广，且其耐压等级也一再被提高。在 70 年代，用于输配电网的电压最高达 275kV。一些重要的 XLPE 绝缘料，如超净 XLPE 绝缘料、抗水树 XLPE 超净绝缘料也相继被开发出来。

超净 XLPE 绝缘料不但对外来杂质的含量有严苛的要求，而且也尽量消除材料本身因变化而产生的杂质。由于 XLPE 绝缘料是由聚乙烯、过氧化物交联剂和抗氧剂所组成。超净 XLPE 就必须用特定的技术和设备进行细致地掺混，达到极为均匀的分散，用以避免在储存及加工过程中发生局部吸水和焦料现象，引起性能变差。

抗水树超净 XLPE 绝缘料是指在 XLPE 中加入长效抗水树组分，这种组分不会在储存或使用过程中因挥发或渗析而损失。这种组分是一种带有半导体性、能与极性物质，如水进行络合，从而阻止水的凝结核聚集，缓解杂质或界面隆凸部分生成局部高电场强度。一般来说，在相同使用条件下，抗水树超纯 XLPE 绝缘料的寿命要比普通的长数倍，或者可以在更高的电压或电场强度下进行使用。

5.3 聚乙烯纤维

虽然高压聚乙烯是第一个获得商业性应用的聚烯烃[5]，但是由于这种 PE 的支化度高，密度低且结晶性差，不太适合用做纤维生产。直到 1954 年，齐格勒等发明了低压聚合方法之后，才开辟了线型高分子的、结晶度高的、可以成功加工成丝条的 HDPE 的生产途径。聚乙烯纤维或扁丝一方面可用熔融纺丝法生产，另一方面也可采用膜裂法或薄膜原纤化法来生产。采用这些方法制备的聚乙烯纤维又称为乙纶，纺丝、拉伸而得到单丝，它的模量、强度分别在 10GPa 和 1GPa 以下。乙纶主要用于生产渔网和绳索，或纺成短纤维后用做絮片，也可用于工业耐酸碱织物，是一种普通的 PE 纤维。另外，从 20 世纪 80 年代以来，采用凝胶纺丝技术制备出的超高分子量聚乙烯纤维具有高结晶度、高取向度的特点，可用做防弹背心、汽车和海上作业用的复合材料。

5.3.1 熔纺法聚乙烯纤维

原则上不论是高密度聚乙烯还是低密度聚乙烯都可纺制成长丝、短纤维与单纤丝。从聚合物的熔点、结晶性方面来说，HDPE 非常适合纤维的制备，而且纤维的性能优良，因此在工业和渔业方面得到了广泛应用。不过 HDPE 制的纤维也有受热负荷能力低与冷蠕变的缺点，个别情况下也需采用 HDPE 与 PP 或其他聚烯烃的共混物。

HDPE 长丝与短纤维都用挤出纺丝设备生产，采用中等分子量的聚乙烯树脂，其熔体指数（2.16kg/190℃）在 6～15g/10min 之间。PE 的加工性能会随着熔体指数的提高，亦即分子量的降低而有改善。分子量很高（熔体指数在 0.2g/10min 左右）的 HDPE 也可用于单纤丝。

聚乙烯纤维的挤出纺丝过程中，其丝条的引出速度和冷却方式对纤维的拉伸形状及最终性能影响很大。拉伸在热水浴（95～100℃）中进行，最大拉伸比对 HDPE 为 1:11，对 LDPE 约为 1:5。为了结晶取向，HDPE 的最佳拉伸比约为 1:8。拉伸以后，接着按通常的方法切断成短纤维。

聚乙烯长丝、短纤维与单纤丝的化学稳定性高，电介质性能极佳，密度低，强度较高，常用于各种工业用织物，特别是过滤织物、绳索、遮阳布蓬、有芯细圆编带、防雹网、髯丝以及用于电线与通信电缆的电绝缘层等，但是 PE 纤维也有热承载能力低且易于冷蠕变的缺点，限制了其应用领域。

5.3.2 聚乙烯膜裂纤维与薄膜丝带

膜裂纤维与薄膜扁丝的生产是避免纺丝过程而采用薄膜生产纤维的一种方法，是将薄膜挤压成型、切割、拉伸后再进行机械撕裂或原纤化。该种方法的基本原理在第二次世界大战之前就已经明确并取得专利。但是这种方法直到 1960 年后才在工业上广泛采用，特别是用于生产膜裂纤维，最初只能生产制造用扁丝，然后应用范围逐渐扩大，现在已能生产矩形纤维。

对于 HDPE 原材料的选择一般是根据成品的要求和加工性能而定，采用薄膜法时，可选用比熔纺法分子量高得多的 HDPE。用吹塑薄膜制造膜裂纤维时，常采用分子量较高（低熔体指数）的原材料；而用流延薄膜制造时，则选用分子量较低（高熔体指数）的 HDPE 原材料，但此处所说的具有较低分子量的 HDPE 原材料的分子量仍大大超过熔融纺丝时通常所用的 PE。

在采用膜裂法制备 HDPE 纤维时，由于 HDPE 分子会在拉伸方向上取向，从而降低了垂直于拉伸方向的强度和伸长。扁丝随着拉伸比的提高，其分裂为单根原纤的倾向增大，亦即膜裂，这在用于织造包装织物的扁丝时并不受欢迎。为了克服这一缺点，可以采取改进加工工艺及添加一些改性助剂的方法。

5.3.3 超高分子量聚乙烯纤维

凝胶纺丝所用 UHMWPE 原材料必须是线性的[6]，且其重均相对分子质量一般要大于 100 万，以使纤维具有优异的可拉伸性和较低的大分子端基密度。

5.3.3.1 结构与性能

UHMWPE 纤维能够在很低的温度下保持柔软和出色的力学性能，同时该纤维也有相当明显的缺陷，主要包括耐高温性差、表面黏结性能差和应力蠕变大。有关 UHMWPE 的结构与性能特点及其改进提高方法见表 5-12 所列。无论纤维的何种性能，其背后的原因都是分子结构上的特征造成的，因此将 UHMWPE 纤维的结构和性能进行对比、联系后，就可以比较直观地了解影响 UHMWPE 纤维诸多性能的内部原因。

■表 5-12　UHMWPE 纤维的结构与性能

性　能	结　构	改进提高方法
高强度、高模量	超高分子量，高结晶度，高取向度，有伸直链结晶	进一步提高分子量，使纤维中伸直链成分进一步提高
耐高温性及抗蠕变性	PE 分子缺少极性基团，分子间键合力小，分子容易内旋转，造成玻璃化温度很低	使分子间发生交联或混入极性分子
表面极性差	分子缺少极性基团	采用部分共聚的方法，引入极性基团

287

UHMWPE 纤维具有非常优异的性能：①耐疲劳，在绳索的应用中，耐疲劳性是十分重要的质量指标。UHMWPE 纤维在具有高强度的同时，还有耐高张力和弯曲疲劳性能，其耐疲劳性能与纤维的柔韧性及低压缩屈服应力有关；②耐化学性，PE 纤维并不含任何芳香环以及一切酰胺、羟基或其他可能会被侵蚀剂损伤的化学基团，因此，聚乙烯纤维，特别是高结晶度、高分子量的聚乙烯是非常耐化学制剂的，与芳族聚酰胺纤维相比，其耐酸和耐碱性也很好；③耐日照和其他辐射，UHMWPE 的耐紫外线的性能很好，在其加工和储存期间无需特别防护。但在高能辐射下，如电子射线或 γ 辐射时，也会造成断裂和强度降低。然而，即使辐射剂量高达 3MGy，纤维还可保持可用的强度。

5.3.3.2 超高分子量聚乙烯纤维应用

UHMWPE 纤维自 20 世纪 80 年代后期实现工业化以来，因其出色的力学性能受到市场关注，其生产技术也在不断的生产和改进中得到了长足的发展，产量稳步攀升，目前已有约万吨的生产能力。其主要用途如下所述。

(1) **安全防护用品**　UHMWPE 纤维在安全防护用品领域的应用集中体现了 UHMWPE 纤维的优异性能，由于其抗冲击韧性很好，因此适合于制造防弹衣、头盔和防弹装甲等。此外，此种复合材料还被用于矿工、赛车手和登山运动员等的头盔以及多种防冲击板材。可以说，UHMWPE 纤维在安全防护领域具有很大的潜力。另外，该纤维还可以制成各类防刺、防割织物。

(2) **绳类产品**　绳类产品包括船用缆绳、海洋工程及陆地用绳和其他特殊用绳。由于 UHMWPE 纤维的高强、高模、耐磨、耐腐蚀、和耐光特性，应用该纤维制成各类绳索和缆绳是极为适宜的。UHMWPE 纤维所制绳索与芳纶制成的绳索相比，直径减少了 12%，重量减轻 52%，而强度提高 10%，尤其是其密度小于 1，可漂浮于水面，因此尤其适用于海洋工程用绳，如超级油轮、近海采油平台、灯塔的固定锚绳等。此外，在航空航天领域，还可用于航天飞机着陆的减速降落伞、飞机上悬吊重物的绳索、高空气球的基材和吊索等。

(3) **渔网**　目前合成纤维已成为制作渔网最普遍的材料。国内用于织网的原料以锦纶和普通聚乙烯纤维为主，锦纶渔网丝年用量 6000t，聚乙烯用量在 2 万～3 万吨之间。在网线强度相同的条件下，用 UHMWPE 纤维加工成的渔网重量比普通聚乙烯纤维渔网轻 50% 以上，或者说同样重量的纤维可制造更大尺寸的渔具，进行捕捞作业时，可减轻网重并减少拖网的水阻，增加捕捞量。在远洋捕捞业成为发展趋势的今天，用于织网的 UHMWPE 纤维的用量将会有较大的增长。

(4) **休闲体育用品**　由于 UHMWPE 纤维复合材料比强度、比刚度高，韧性和损伤容限好，故广泛用于各类球拍、滑雪板、冲浪板和自行车骨架材料的增强材料，并可直接用于制作钓鱼线和球拍弦，所制成的运动器械既轻又耐。

(5) **布、带类** 国内用于棚盖布的纤维年用量约 5000t，UHMWPE 纤维经阻燃处理后，其性能可满足覆盖布原料的要求。同时，与其他纤维制品相比，具有质轻、防水、耐老化、抗撕裂等特点。

(6) **其他复合材料的应用** 高级复合材料发展至今已有约 50 年的历史，在很多领域已取代传统的金属材料而成为主流材料。UHMWPE 纤维及其复合材料在此方面具有巨大的潜力，其主要应用有高性能的薄壁高压容器、雷达的透射和吸收材料、水上结构材料、航空航天结构材料、建筑材料和生物材料等。

5.3.3.3 超高分子量聚乙烯纤维的发展趋势

UHMWPE 纤维的理论强度约为 300cN/dtex，而现有的纤维产品的强度只达到理论强度的大约 10%。相对于 PBO 纤维强度已达到理论强度的 70%，UHMWPE 纤维的强度提升空间较大。

近些年，DSM 和东洋纺公司都有报道：在纤维中含有一定量的溶剂可以增加纤维的强度，以及增强防弹效果等特性。一般情况下，纤维产品的溶剂含量在 0.05%～5%。

另外，随着环保要求的提高，生产过程中产生的废液、废气回收利用的重要性也不断提高。针对 UHMWPE 纤维生产过程中的废气、废液的处理，也不断有新工艺被开发出来。

UHMWPE 纤维虽然有强度高、模量高等优点，但是也有不耐高温、蠕变和复合性能较差等缺点。对此世界各地的研究者不断进行生产工艺的改进和纤维改性的研究工作。由于 UHMWPE 纤维高度结晶和高度取向，并且无极性基团，与基体树脂浸润和黏结较难。为增加纤维和基体树脂之间的黏结强度，需要对纤维表面进行处理。UHMWPE 纤维的表面处理技术有：等离子体处理、采用重铬酸钾、铬酸、双氧水、高锰酸钾等强氧化剂的表面氧化和刻蚀、紫外线等光氧化表面处理、辐射接枝处理、涂层、电晕等方法。例如：三井申请的专利（昭 61-57604）中提到的 UHMWPE 改性物和它的拉伸物及其制造方法，其目的是为了获得增强性、黏着性和耐磨性优越的 UHMWPE 纤维，方法是在其溶液中加入不饱和羧酸或者其衍生物。日本三井石化公司申请的增强纤维材料专利（US 5001008）中提出了制造经表面处理，分子定向和硅烷交联的 UHMWPE 纤维的方法。

5.4 薄膜制品

5.4.1 聚乙烯薄膜对原材料的要求

在聚乙烯产量中，LDPE 占 24%，LLDPE 占 33%，HDPE 占 43%。

在 LDPE 中，包装膜占 47%，农膜占 17%。在 LLDPE 中，包装膜占 65%，农膜占 20%。在 HDPE 中，薄膜占 15%。这三种树脂根据其结构和性能，作为薄膜的原料各有利弊。

5.4.1.1 高密度聚乙烯（HDPE）

HDPE 分子链呈线型，支链短，分支少，分子链紧密堆集。分子链间距小，产生的分子链范德瓦耳斯力较明显。在熔融状态下黏度高，熔融拉伸过程无显著的应变硬化现象。主要用来生产土工膜和超薄地膜。

5.4.1.2 低密度聚乙烯（LDPE）

LDPE 为主链上带有长短不同支链的支链型分子，在主链上每 1000 个碳原子约带有 15~30 个乙基、丁基或更长的支链。在工业化条件下制得的 HP-LDPE 密度范围为 $0.916~0.930g/cm^3$，结晶度为 45%~50%，熔点 105~115℃。如果使 LDPE 主链上每 1000 个碳原子中含有 15~25 个短支链，也可以生产密度 $0.935g/cm^3$ 以下，$0.912g/cm^3$ 以上的聚乙烯，但生产效率不高，产品质量下降。LDPE 聚合为自由基反应机理，因固有的分子间链转移反应生成了长支链，其长度可与主链相当。长支链对聚合物的流变行为起着重要的作用。因此，LDPE 具有良好的加工性能，用这种聚乙烯制备的薄膜制品具有柔软、耐冲击、耐低温、吸水性低、透明性好的优点。

LDPE 薄膜可制备厚度不同的薄膜，为了保证膜的质量，不同厚度的 LDPE 膜应选择不同 MFR 范围的 LDPE 原料（表 5-13）。根据使用场合的差异，对不同厚度的 LDPE 膜力学性能的要求也有不同。参考值见表 5-14 所列。

■表 5-13　膜厚对 LDPE 树脂 MFR 的参考选用值[7]

膜厚/mm	0.02~0.03	0.03~0.08	0.08~0.15
MFR/(g/10min)	1~4	1~2	0.5~1.5

■表 5-14　LDPE 薄膜的力学性能 （GB/T 4456—1996）

项　目	指　标	
	厚度<0.05mm	厚度≥0.05mm
拉伸强度（纵，横）/MPa	10	10
断裂伸长率（纵，横）/%	140	250
直角撕裂强度/(N/mm)	40	40

5.4.1.3 LLDPE 和茂金属 PE

LLDPE 是乙烯与 α-烯烃（如 1-丁烯、1-己烯、1-辛烯、4-甲基 1-戊烯）共聚而成的低密度聚乙烯，其密度范围为 $0.915~0.930g/cm^3$。LLDPE 分子中侧链为短支链，分子结构介于 LDPE 与 HDPE 之间。LLDPE 短支链的链长取决于共聚单体的类型，支链数取决于所结合的共聚单体量。只有与碳原子数 4 以上的烯烃共聚才能有效地扰乱链状分子紧密堆砌，从而降低密度成为低密度聚乙烯，同时产生连接不同晶区的系带分子，改进聚合物的韧性和强度。传统的膜用 LLDPE 为窄分子量分布的聚合物。

LLDPE 结晶状态不仅取决于共聚单体的类型，还取决于共聚单体在聚合物中的分布和在分子链中分布的频率。相同密度的 LLDPE 的 DSC 熔点比 LDPE 高 $10\sim15℃$。用高倍偏光显微镜观察，LLDPE 球晶直径可达 $10\sim20\mu m$，而 LDPE 球晶直径仅 $2\sim3\mu m$。总之，与相同密度的 LDPE 相比，LLDPE 的拉伸强度、撕裂性、穿刺性显著提高，并具有较好的耐热和耐寒性能。

而在加工性能上，LLDPE 对应力的敏感性差，即在挤出加工的高剪切应力下，熔体黏度仍较高，需较大扭矩，较高熔体温度和模头压力，且易发生熔体破裂。LLDPE 的优点是在膜泡牵伸时不发生硬化，有良好的可牵伸性，牵伸比达 $25\sim150$。在大拉伸形变下不会高度取向，不产生高度双向不平衡性。但 LLDPE 熔体强度差，膜泡冷却时不耐高速冷风冲击，稳定性差，在生产大棚膜时容易堆膜，因此需加强冷却风环设计，或与部分 LDPE 共混使用，以增加熔体强度。

LLDPE 的透明性能与 LDPE 也存在一定的差距。随着近年来 LLDPE 应用范围的逐渐扩大，对其透明性要求越来越高，对透明性能好的地膜需求量也越来越大。成核剂的加入使薄膜的晶核数量增加，结晶速度提高，晶粒尺寸减小，但晶体的完善程度降低，结晶度有所下降，结晶结构没有显著变化。成核剂的种类和用量，对晶面衍射强度和垂直于晶面的微晶尺寸有较大的影响。成核剂的加入，基本上都能在不降低力学性能的前提下，使薄膜的雾度降低，透明性得到显著改善[8]。

mLLDPE 是以茂金属作为催化剂单点催化合成的聚乙烯。分子量分布和分子组成分布较窄，具有优良的冲击强度、撕裂强度和抗环境应力开裂性，优良的光学性能，优异的热封强度，其雾度和光泽度也非常好[9]。

李海东[10]利用红外光谱（IR）及热重法（TG）分析了 mLLDPE/LLDPE 的组成及结构之间的差异，并利用旋转型流变仪测试在不同温度下两者的流变性能。结果表明 mLLDPE 与 LLDPE 具有不同的几何构型；mLLDPE 的热稳定性要好于 LLDPE；且所残留的灰分极少，纯度极高；mLLDPE 的表观黏度受剪切速率的影响较小。

茂金属聚烯烃结构的主要特点是分子质量分布（MWD）窄，缺少低分子量的"润滑剂"，也缺少高分子量的"增韧剂"，导致挤出扭矩升高，模头压力波动，从而使挤出物粗细不匀，同时由于其支链少，链的缠结少，以致熔体强度降低，加工困难。因而加工问题成为影响 mPE 大规模应用的主要障碍之一。需要通过材料改性（或共混），甚至需通过改造加工设备的方法来解决。

5.4.1.4　几种聚乙烯的结构与性能

（1）**流动性**　LLDPE 有窄分子量分布和短支链的结构特性，因此具有较小的剪切敏感性，在剪切过程中会保持较大的黏度，切力变稀现象很不明显，在高剪切下仍有很高的熔体黏度。因此当加工温度相同时，LLDPE需要较大的扭矩、较高的电流、较高的熔体温度和机头压力，能耗相对高，且易发生熔体破裂。因此在LLDPE加工过程中，应适当提高加工温度，对于降低黏度，提高产品质量更有效。

LDPE具有长支链结构，因此较LLDPE有更好的熔体流动性。在相同条件下，LDPE剪切速率对表观黏度的曲线斜率较大，LDPE随剪切速率提高，分子取向增加，缠结减少，有利于分子流动，表观黏度下降，因此在实际加工中，通过提高挤出机的螺杆转速，可以降低熔体黏度。

HDPE在不同剪切速率下都出现一定程度的不稳定流动，在曲线上出现"拐点"。这是由于其分子中没有长支链，熔体黏度高，在高剪切速率下分子链储能来不及释放，出现不稳定流动，从而在流变曲线上表现为拐点。

在这三种树脂中，HDPE的M_w最大，但黏流活化能最小，LLDPE和LDPE的M_w接近，而黏流活化能相差很大，说明黏流活化能与分子量大小无关，而是取决于分子链的结构。支链的存在增加了分子链间的缠结点，使链段能够跃迁的空穴减少，因此增大了黏流活化能。3种聚乙烯树脂的黏流活化能都随剪切速率的增大而减小，这是由于剪切速率增大，分子链间的缠结作用减少，因此较小的能量就可以使链段发生跃迁。

LDPE和HDPE的幂律指数n接近，大于LLDPE的n值，也说明两者的剪切敏感性接近，都大于LLDPE的剪切敏感性，LDPE的对剪切的敏感性源自较多的支链，而HDPE对剪切的敏感性源自宽的分子量分布[11]。

(2) 拉伸性能　LLDPE、LDPE的拉伸应力同样随温度的升高而降低，可拉伸性随温度升高而增强。在190℃时出现明显的拉伸应力随拉伸速率的增加而波动，即出现拉伸谐振。这是因为随着拉伸速率的增大，熔体中聚乙烯分子链取向增强，熔体丝直径减小，熔体缺陷减少，能承受的力增大。直至熔体分子链之间出现滑脱，导致熔体张力减小，分子链解取向，熔体丝直径增大。这又导致牵引力增大，分子链重新开始取向，解取向，周而复始。在拉伸曲线上表现为拉伸应力随拉伸速率比或者随拉伸速率增加而波动。这个原理也可以解释升高温度，不同类型聚乙烯的可拉伸性都有所增强，原因在于温度升高，聚乙烯分子的链段运动加快，取向、解取向的速率都增大，因此容易出现拉伸谐振。

5.4.1.5　其他 PE 薄膜材料

(1) PE 共混物　不同PE之间的共混，可以使其性能取长补短达到协同效果，国内外许多研究人员在这方面做了大量工作。吴涛[12]用一种双峰分布茂金属聚乙烯（mPE）与LLDPE或LDPE共混料吹塑薄膜，测定mPE对薄膜力学性能的影响。结果表明，在LLDPE或LDPE中加入20%mPE制成共混料，其吹塑薄膜的拉伸强度和撕裂强度均提高20%，穿刺强度提高60%。

占国荣[13]进行了mLLDPE与LDPE共混，以改善mLLDPE的加工性能的研究。验证了 mLLDPE 与 LDPE 共混可以降低 mLLDPE 的表观黏度，提高剪切敏感性；提高临界剪切速率，防止熔体破裂；增大熔体流动速率，改善流动性能；增大熔体强度，促进膜泡的稳定性，降低膜泡破裂的可能性。还验证了通过迅速冷却膜泡可以提高熔体强度，从而提出了采用膜泡的内部冷却方式更适合 mLLDPE 的加工。

彭立群[14]发现 mPE 薄膜具有纵横向拉伸强度均衡、抗冲击、防渗漏、抗污染性能好、透明度高的性能。该膜易于与其他材料薄膜复合，极易热封制袋，热封强度高。食品包装膜的生产配比一般 mPE 为 60%，LLDPE 或 LDPE 为 40%，其成本、生产工艺和性能可达到较理想的状态。总之，mPE 薄膜是一种综合性能优良的包装材料，广泛应用于食品（尤其是液体食品）及其他行业的包装，能取代传统的塑料包装材料。

（2）超高分子量 PE 超高分子量聚乙烯薄膜是以超高分子量聚乙烯板材为基础，经切削加工而成厚度在 1mm 以下的薄膜。超高分子量聚乙烯以其优异的耐磨性能成为用途广泛的工业原材料，在煤矿开采、造船、脚垫等多个领域及产品中得以应用，其市场需求日益增长。目前超高分子量聚乙烯薄膜 90% 的客户都来自脚垫工厂，而其中高达 95% 的产品用于鼠标脚垫 。相比较传统鼠标脚垫所用的材料聚四氟乙烯，超高分子量聚乙烯更加耐磨，其自润滑性仅次于聚四氟乙烯。同时，从成本方面考虑，超高分子量聚乙烯比聚四氟乙烯低 50%。因此，超高分子量聚乙烯已经逐渐代替聚四氟乙烯成为首选脚垫原材料[15]。

5.4.2 聚乙烯薄膜各种应用对原料的要求

5.4.2.1 包装领域

聚乙烯包装膜种类繁多，其性能也各有差异。单层膜性能单一，复合薄膜性能互补，成为食品包装的主要材料。一般复合薄膜在热封时往往需要的温度高、时间长、压力大、而且热封牢度不够，或者防潮、防渗漏性能差。采用 mPE 薄膜用于食品包装可排除上述材料存在的缺陷。包装膜除了要求机械强度及纵横均衡性、热封强度、气密性外，还要求具有优良的透明度、易于印刷复合、耐冲击性、耐穿刺性好等性能。

（1）液体包装膜 液态包装膜一般均使用自动灌装机进行灌装，因此对聚乙烯薄膜提出了一系列的要求，包括阻隔性能、耐温性能、摩擦系数、热封性能（热封强度、低温热封性、热黏强度、抗污染热封等）、抗张强度、卫生性等。

市场上用于液体包装的 PE 膜主要有三大类，软质乳白 PE 膜、黑白共挤 PE 膜以及硬质高温蒸煮 PE 膜。软质乳白 PE 膜主要用于低档液体包装，一般是由 LDPE、LLDPE、mLLDPE 等树脂和乳白母料等共混后吹制而成。阻隔性较差，一般在杀菌温度不超过 90℃ 的条件下使用。黑白共挤 PE 膜是利用三层或多层共挤方式，采用 LDPE、LLDPE、EVOH、mLLDPE 等树脂，配合黑、白母料共挤吹制而成的高性能复合膜，其结构可根据包装物及其保质期的不同进行选择和调整，具有优异的热封性和避光阻氧性。为了保证黑白膜在高速自动灌装机上走机顺畅，在成膜时会添加一定量的爽滑剂和光亮剂，降低黑白膜的摩擦系数，但这些物质对印刷工序有不利影响，会直接影响墨层的附着牢度。硬质高温蒸煮 PE 膜有良好的耐高温性能，可以满足超高温杀菌的要求，主要用于酸奶、豆奶等饮料，内容物在灌装时采用超高温杀菌工艺。由于杀菌时存在压力差，容易产生胀袋现象，所以要求硬质高温蒸煮 PE 膜要有良好的热封强度，而且还要有良好的抗张强度。

薄膜的热封性能包括热封强度、低温热封性、热黏强度、抗污染热封性等。自动包装方式最担心的就是漏封、虚封而导致的破袋问题，所以，奶制品包装膜必须有较宽的热封范围，以便在包装条件发生变化时，热封效果不会受到较大影响。

根据热封理论，加热到热封温度以上，塑料薄膜封口受热成为黏流态，并借助一定的热封压力，使处于黏流态的塑料薄膜界面分子相互渗透、扩散，使两层膜界面融合为一个整体，具有一定强度和密封性。薄膜原材料是决定热封性能的关键，LLDPE 分子量分布宽，共聚单体分布不均匀，即具有宽广的晶层尺寸分布，存在着基本上无支链的分子，形成很厚的晶层，故熔融温度高，薄膜起封温度相对高，而且 LDPE 系带分子少，每个分子只能参与局部晶区，所以热封强度很低。mLLDPE 分子量分布窄，共聚单体均匀，故晶层薄而且均匀，熔融快，起封温度低，因此一般选用 mLLDPE 做热封层。

影响奶制品包装膜热封性的另一个重要因素是吹胀比和牵引比，一般两者均不要超过 2，尤其是牵引比。吹胀比和牵引比太大，产品性能趋向于双向拉伸膜，致使热封性下降。另外，在生产吹塑薄膜时霜线应控制得高一些，使吹胀和牵引尽可能在塑料的熔点之下进行，减少因吹胀和牵引引起的分子拉伸取向对热封性能的影响。

油墨在印刷薄膜上的充分润湿和铺展是保证油墨附着牢度的先决条件，为了使油墨能够在聚乙烯薄膜表面顺利铺展，润湿和附着，要求薄膜的表面润湿张力应达到一定的标准。对于奶制品包装膜来说，一般要求聚乙烯薄膜的表面润湿张力最好达到 4.0×10^{-2} N/m 以上。由于聚乙烯属于典型的非极性高分子材料，表面能低，需采用电晕处理的方法来提高其表面润湿张力。

薄膜的内外表面应当具有良好的爽滑性，以确保薄膜在自动灌装机上能够顺利地进行灌装，一般要求薄膜表面的摩擦系数在 0.2～0.4 之间。薄膜的爽滑性主要是通过添加爽滑剂来实现。但如果只为了提高薄膜表面的爽滑性，在吹膜原料中加入超量的油酸酰胺类爽滑剂，会造成薄膜表面润湿张力下降，并会产生隔离层，油墨的附着牢度下降。因此，在吹膜时应严格控制爽滑剂的加入量，以免对印刷工艺产生不利影响。

（2）**热收缩膜** 热收缩膜是利用膜遇热收缩的原理来包装物品的一种专

用薄膜。它包装工艺简单、包装效率高、尺寸紧凑、对商品保护性能好，特别适合于各种松散物品及多个物品的堆积包装，并能防止同一包装内的商品在运输过程中相互碰撞而擦伤。LDPE热收缩膜具有较高的冲击强度和撕裂强度且热稳定性好，还有易于热封、使用方便等优点。

原料的性质直接影响产品性能，聚乙烯密度越低，收缩性能越均匀。MFR越小，相对分子量越高，分子链之间的缠结点越多，薄膜的拉伸强度和收缩应力也就越大。MFR在$0.3\sim3.0g/10min$，密度在$0.915\sim0.980g/cm^3$的聚乙烯都可以用来制取热收缩膜。MFR小于$0.3g/min$，挤出负荷大，不利于产品成型。MFR大于$3.0g/min$，膜泡拉伸定向"牵引"易变形，稳定性差，影响收缩性能，表现为收缩应力小，包装时易引起褶皱。

聚乙烯热收缩膜的加工中，为保证聚乙烯的均匀加热和充分混合，螺杆的长径比应大于24：1，压缩比为$3\sim4$，如压缩比小，则熔融混炼不充分，影响薄膜的质量。挤出温度高不利于分子链的取向，所以在聚乙烯正常的挤出温度范围内，应尽量低温挤出，可减轻薄膜的冷却负荷，降低冷却线的高度，使生产稳定，产量高，并且使薄膜的拉伸取向效果好，收缩性能提高。

热收缩膜的收缩性能与其在加工过程中的分子拉伸取向有关。拉伸包括横向拉伸和纵向拉伸。在热收缩膜成型过程中，分子的拉伸取向分两个阶段进行，一是熔体在口模平直部分发生几何形变和因剪切流动引起的形变，二是从口模挤出取向的管膜，通过纵横双向拉伸达到预定要求。

拉伸倍数决定热收缩膜的取向度，调整和控制拉伸倍数的大小可提高收缩率。在一定的范围内，热收缩膜的收缩率与拉伸倍数成正比，如果拉伸倍率超过这个范围，薄膜的收缩率不再增大，反而降低。

热收缩膜的另一个生产工艺关键是采用急冷措施，"冻结"取向的分子链。良好的冷却使薄膜在过冷状态下拉伸，能得到优良的收缩性能；冷却速率越快，膜泡定型越好，取向度高，收缩率大[16]。

5.4.2.2 聚乙烯膜在土木工程领域的应用

土工膜是用在土木工程领域起防水作用具有极低渗透性的膜材料。聚乙烯土工膜具有优异的性能：高防渗系数（$1\times10^{-17}cm/s$）；良好的耐热性和耐寒性，其使用环境温度为高温110℃、低温-70℃；很好的化学稳定性能，能抗强酸、碱、油的腐蚀；高抗张强度；强耐候性，有很强的抗老化性能，能长时间裸露使用而保持原来的性能；很强的抗拉强度与断裂伸长率，能够在各种不同的恶劣地质与气候条件下使用，适应地质不均匀沉降应变力强。

聚乙烯土工膜产品的开发也在不断进行中，从最初只能生产1.1 m幅宽发展到可生产$3.0\sim10.0m$宽。聚乙烯土工膜厚度有$0.2\sim2.5mm$的各种规格，材质有HDPE、LDPE和LLDPE，用户可根据要求选用。产品规格成系列，可满足不同工程的需要。膜的生产工艺主要采用吹塑法工艺。聚乙烯土工膜常用的性能指标见表 5-15 所列。

■表 5-15　聚乙烯土工膜常用的性能指标[17]

项目	密度/(g/cm³)	厚度/mm	拉伸强度/MPa	断裂伸长率/%	撕裂强度/(N/mm)	渗透系数/(cm/s)
HDPE	0.95	1.5～2.5	＞24	＞600	≥150	4.0×10^{-14}
LDPE	0.91	0.2～1.5	＞17	＞500	≥80	$<10^{-12}$

在自然条件下，影响聚乙烯老化的因素主要为紫外线和氧，复合聚乙烯土工膜会随时间延长发生老化，使土工膜的使用性能受到影响。土工膜的老化视覆盖情况而定，阳光下的复合土工膜的强度降低较快，断裂伸长率也有较大幅度的减小。埋在土中和水中的土工膜避免了紫外线的直接照射，其老化速度大大减慢。为了防止土工膜加速老化，应在土工膜上加土或刚性料覆盖物。国内有些厂家在制薄膜时加入适量的抗氧剂及光稳定剂，使其可直接暴露十大气中 10 年仍能维持一定的力学性能。在生产聚乙烯薄膜时可以加入炭黑屏蔽紫外线，起到抑制紫外线直接辐射的作用，从而延长其使用年限。同一种土工膜，越厚越耐老化，越薄越不耐老化。

目前使用最广泛的是 PE 材质的土工膜。聚乙烯土工膜可分为 LDPE 土工膜、HDPE 土工膜、氯磺化聚乙烯（CSPE）土工膜、极柔聚乙烯（VF-PE）土工膜等。由 HDPE 材质所制成的土工膜具有良好的抗拉强度，耐冲击、抗撕裂性、抗刺穿性优越，但其缺点是质地较硬、施工较为困难、焊接困难。因此只建议使用在大面积的垃圾掩埋场、化学工厂的里衬、加油站等需优异的抗化学性的场合。

LDPE/LLDPE 材质的土工膜（图 5-1）具有很好的机械强度，比 HDPE 更具有弹性、柔软性和焊接性，施工较容易。但此配方的缺点是抗化学性较 HDPE 差。EVA 是所有 PE 系列中弹性最佳的一种，常被用来取代 PVC 土工膜，其缺点是软化温度较低，因此，不适合用于高温地区及直

■ 图 5-1　聚乙烯土工膜

接暴露在阳光下的用途[18]。

5.4.2.3 聚乙烯膜在农业上的应用

农膜按用途可分为：棚膜、地膜、苫盖膜、青储膜等。其中棚膜、地膜是目前国内使用量最大的两个品种[19]。

(1) 棚膜　棚膜按其使用可分为大棚膜和小拱棚膜，按其功能可分为功能性棚膜和普通棚膜。大棚膜一般指幅宽在 5m 以上，用于冬季暖棚和春季大棚的薄膜，棚高一般在 1.5m 以上，膜厚一般在 0.05～0.12mm。小拱棚膜一般用于农作物育苗及蔬菜生产，一般幅宽不超过 4m，棚高一般在 1.5m 以下，膜厚一般在 0.03～0.06mm。

按其功能可分为功能性棚膜和普通膜。功能棚膜又分为耐候、防雾滴、保温等品种。功能膜是近年来发展最快的品种，主要包括长寿膜、流滴膜、保温膜、转光膜及各种功能复合的薄膜。农业生产对普通棚膜的要求是：具有较好的透明性，连续扣棚 180 天以上不发生自然破损。功能棚膜则要求棚膜具有保温、防雾滴、耐老化等功能，连续扣棚 300 天以上不发生自然破损。就目前状况，我国防雾滴、耐老化多功能棚膜的使用寿命在 1 年以上，防雾滴期在 4 个月左右。

棚膜对聚乙烯原材料的要求是分子量高、分子量分布宽。除此之外，还对抗老化性、加工性、透明性、流滴性有一定的要求。

① 抗老化性　耐氧化性和光稳定性在很大程度上依赖于分子中的短支链数。除分子结构外，LLDPE 中过渡金属离子含量（催化剂残留量）对薄膜耐老化性能也有明显影响。例如，某牌号 LLDPE 的 MFR 较小，相对分子质量较高，支链数较少，但催化剂残留量（如 Ti 等）较多。用其吹塑的薄膜在自然气候暴露试验中，随着催化剂水平的不断提高，其力学性能保留率明显降低。目前线型聚乙烯的 Ti 残留量一般小于 6×10^{-6}，较好的产品可达 $(3～4) \times 10^{-6}$。另外材料的热老化性能也是衡量树脂的最基本性能，如果热老化性能差，树脂在加工过程中会不稳定，过多地消耗光稳定剂，影响棚膜的使用寿命。

② 加工性能　线型聚乙烯对应力的敏感性差，即在挤出加工的高剪切应力下，熔体黏度高，需较大扭矩，较高熔体温度和模头压力，熔体强度差，且易发生熔体破裂。如果选用熔体指数太低的树脂会造成加工困难，加工温度过高，还易发生熔体破裂，造成薄膜表面条纹；如果选用熔体指数太高的 LLDPE，则会造成膜泡冷却时不耐高速冷风冲击，稳定性差，在生产大棚膜时容易堆膜，同时使大棚膜的力学性能下降。实践证明，选用 MFR 为 0.8～1.0g/10min 的线型薄膜级聚乙烯，在大棚膜的加工中力学性能和加工性能的平衡性最好。

③ 光学性能　树脂本身的结构和结晶过程对薄膜的雾度有着很大的影响，结晶度的高低，球晶的大小直接影响薄膜的雾度。结晶度高、球晶大，薄膜的雾度高，透明性差；反之，结晶度低、球晶小，薄膜的雾度低，透明

性好。LDPE 与 LLDPE 共混树脂熔体在冷却过程中的结晶过程非常复杂，通常也可通过适当提高挤出机温度并强化吹塑膜泡冷却，以提高薄膜的透光率，降低雾度。

④ 流滴性　内添加型流滴剂作用机理与基础树脂的密度、结晶度密切相关。流滴剂一般分布在树脂的非结晶区，并由此向薄膜表面迁移。若流滴剂在结晶体内，被结晶体包围，不能形成有效通道使流滴剂迁移至薄膜表面就会失效。所以农膜的结晶状态对流滴剂的分布、迁移速度、流滴效果都会产生较大影响。因此，结晶度高除影响农膜透明度外，还易对流滴性产生负面效应。如果密度过高，也会影响流滴剂的迁移。根据以上原则，综合考虑加工性能，实践证明选用 MFR 为 0.8~1.0/10min 的线型薄膜级树脂最好，如果熔体指数太低则加工性差，熔体指数太高，力学性能又会降低。选用树脂时还应该注意选用催化剂残留少，氧化诱导期长的稳定产品，同时，密度也是一个不容忽视的指标，选用的树脂密度不应超过 0.925g/cm^3，密度太高将影响棚膜的雾度，同时对流滴剂的析出会有负面的影响[8]。棚膜常用的 LDPE 和 LLDPE 树脂的基本性能参见表 5-16 所列。

■表 5-16　棚膜常用 LDPE 和 LLDPE 树脂基本性能[20]

项　目		MFR/(g/10min)	拉伸强度/MPa	断裂伸长率/%	屈服强度/MPa
LDPE	EX165	0.32	18.4	664	9.3
	LD165	0.36	18.8	688	9.5
	QL2100	0.31	18.7	696	9.2
	LD163	0.30	19.1	745	10.1
	ML2100	0.28	18.6	664	9.6
	KTR3003	0.29	18.5	708	9.6
LLDPE	EXXON1001	1.03	31.2	1042	9.9
	DOW2045	0.99	33.9	791	10.4
	天联 9085	0.87	29.5	892	10.6
	中原 9088	0.81	28.7	960	9.15

(2) 地膜　地膜是一种覆盖农作物生长地面用薄膜，所起的作用是保温、保水和防止肥料流失。为了适应不同农作物生长的需要，地膜可制成黑、红、白、蓝等颜色。如土豆用黑色膜覆盖，既可增产，又能抑制杂草生长；蓝色膜覆盖农作物生长的地面，既能增产又能增温；红色膜适合棉花生长的地面覆盖；苹果园地面用银灰反光膜覆盖，果实的颜色好、早熟，还能有除蚜虫的效果。

地膜要求聚乙烯原料加工性好，产品清洁度高，不能有大的鱼眼或凝胶，对原料力学性能、爽滑性、开口性要求高，但对透明性要求不高。国内企业生产地膜通常选用 MFR 为 0.8~2.0g/10min 的 LLDPE，其中主要应用的是熔体指数为 2.0g/10min，带有爽滑剂、开口剂的 LLDPE。只有少量的对吹膜的速度要求不高，产量较低的客户选用不含开口剂、爽滑剂的产品。也有客户采用添加无机填料的方法来降低成本，提高开口性，但地膜的强度、透明性、伸长率都会降低。也有部分设备生产功率大，对地膜的强度要求高的生产企业，选用熔体指数 1.0g/10min 左右的线型聚乙烯生产地膜。

地膜使用的线型聚乙烯中开口剂、爽滑剂的含量非常重要，实践证明最好选用中等爽滑、开口性好的产品，爽滑剂添加过量会造成收卷打滑，膜卷收卷不齐；如果爽滑剂添加量不足则会"发涩"，影响收卷速度；如果开口性不好，则容易"掉刀"，影响生产效率，还会影响农民生产时的放卷，容易粘连。有的地膜要加入 3％～5％ 的色母料。光降解地膜要加入一定比例的光降解剂和其他助剂[8]。

5.5 中空成型制品[16]

在工业生产中，中空成型制品用途多种多样，制品样式五花八门，制品大小范围宽广，制品要求也不尽相同。实际生产中，考虑到多种因素，如原材料价格、材料成本、制品要求等，本着性能最大化和成本最低化，不同的制品应采用不同性能的聚乙烯树脂。

5.5.1 挤出吹塑制品

在吹塑中原料的选择很重要，应根据不同的吹塑中空制品的性能要求，采用不同的聚乙烯树脂。首先要求原料的性能满足制品的使用要求，其次是原料的加工性能必须符合吹塑工艺的要求。对挤出吹塑用树脂熔体指数范围的选用，大中型吹塑制品以防止型坯下垂为主，熔体指数宜偏低一些；小型吹塑制品应选偏高一些。一般说来，小型制品、要求较软的制品、盛放化学药品、洗涤剂之类的容器，可以用低密度聚乙烯，或者采用分子量较低、熔体指数相对较大的高密度聚乙烯。并不是所有的低、高密度聚乙烯都能用于吹塑中空制品，用于挤出吹塑的聚乙烯树脂有专用的牌号，用户也可以采用共混改性的方法，通过改进配方设计，使制品的性能价格比达到最优。挤出吹塑中空制品体积大都在 20L 以上，一般都采用低熔指的高密度聚乙烯，一般为中宽到宽的分子量分布范围。挤出吹塑用的 HDPE 的熔体流动速率在 1g/10min 以下，较低的熔体流动速率使型坯具有较好的熔体强度，可改变型坯自重下垂。

挤出吹塑生产大型中空制品，如生产超过 200L 的包装桶以及超过 1000L 的 IBC 包装桶等，需要使用分子量大、熔体指数低的高密度聚乙烯，甚至超高分子量聚乙烯。但分子量越高，加工越困难。为了能够改善加工性能，采用的聚乙烯要有相对较宽的分子量分布，其中高分子量的部分主要贡献于材料的物理机械强度，低分子量部分贡献于良好的加工性能。对于一些高分子量聚乙烯，为改善其加工性能，可采用共混的方法，将不同密度和分子量的聚乙烯按比例复合，从而达到某种需要的性能。聚乙烯分子中增加长支链的数量，也是一种提高加工性能的方法，长支链不仅能改善材料的加工性能，同时也提高了材料的熔体强度，因为分子的长支链之间相互缠绕，在受到外力拉伸等作用时不容易滑脱。

5.5.2　注射吹塑制品

注射吹塑生产的制品一般都为薄壁制品，而且制品的体积较小，因此可以采用熔体指数稍高的聚乙烯，包括一些低密度聚乙烯、中密度聚乙烯和高密度聚乙烯。注射吹塑用的聚乙烯应具有中宽到宽的分子量分布范围，熔体流动速率在 1g/10min 以上，但不能太大。若以注射吹塑方法生产化妆品瓶、洗发液瓶时，可使用窄分子量分布范围的高密度聚乙烯或加入少量润滑剂，可改善瓶表面的粗糙度。

有时候在生产某些制品时，单一的聚乙烯达不到要求，就需要对该聚乙烯树脂进行改性，通常是将几种不同密度、不同分子量和熔体指数的聚乙烯进行复合，根据不同吹塑制品的性能，通过试验调整低密度、高密度聚乙烯在配方中的不同比例达到生产的要求。

5.5.3　拉伸吹塑制品

拉伸吹塑包括挤出拉伸吹塑、注射拉伸吹塑等，这两种工艺生产的大都是体积较小的中空制品。对于稍大的制品，可以采用熔体指数较低的聚乙烯；生产较小的制品可以采用熔体指数稍大的聚乙烯。

5.5.4　滚塑制品

滚塑工艺成型，不需要压缩空气的吹胀，只是将定量的树脂装入冷态的模具中，合模后，在加热的同时，由滚塑机带动模具绕两个互相垂直的转轴进行缓慢的公转和自转，从而使型腔内树脂熔融并借助重力和离心力均匀地涂布于整个模具内腔表面，最后经冷却脱模后得到中空制品。滚塑成型使用的聚乙烯材料一般要粉碎成粉末，以便容易在热循环中熔融并流动。滚塑使用两类聚乙烯：通用类和可交联类。可使用通用级 MDPE/HDPE，其相对密度范围为 $0.935 \sim 0.945g/cm^3$，具有窄分子量分布，以保证产品具有高冲击性能和最小的翘曲变形，材料熔体指数范围一般为 3～8g/10min。更高熔体指数的聚乙烯不适用，因为其冲击性和抗环境应力开裂性相对较差。高性能滚塑制品一般采用可化学交联品级聚乙烯。这种聚乙烯在模塑周期的第一段流动性好，然后通过交联获得良好的抗环境应力开裂性、韧性、耐磨性和耐气候性。可交联 PE 适用于大型容器,容积最大可达到 7000L。

5.6 发泡制品

5.6.1 发泡制品对原料树脂的要求

在三种聚乙烯中,LDPE 加工性能好,熔体流动速率(MFR)范围宽(0.2~ 30g/10min),具有良好的柔软性、延伸性和较高的透明度,是制造泡沫塑料选用较多的主体材料。其物理性能主要由树脂的相对分子质量、密度等基本物性以及调节剂的种类和加入量而决定。LDPE 产品的结构特性和基本物性的关系见表 5-17 所列。

■表 5-17　LDPE 产品结构和性能的关系[21]

项　目	可发性	回弹性	硬度	拉伸性能	断裂伸长率
分子量增加	降低	降低	提高	提高	提高
密度增加	降低	降低	提高	提高	降低
1-丁烯含量增加	提高	提高	降低	降低	提高

由表 5-17 可知,可以通过降低相对分子质量、增大支化度、降低密度、使相对分子质量分布变宽等途径增加熔体强度,减小结晶度,从而提高发泡性能,减小破孔率。同时也要注意维持各性能之间的平衡关系。

通常情况下,随着聚乙烯 MFR 的下降,制得的泡沫塑料变软,挠曲模量、压缩负荷值下降,但对拉伸强度影响不大 。通常选用 MFR 为 0.5～6g/10min 的 LDPE 作为制造聚乙烯泡沫塑料的主体材料。

化学品透过聚乙烯膜的速率差别很大。聚乙烯为非极性聚合物,与其他聚合物相比,水和有机极性化合物的透过性较差。因其为结晶聚合物,仅能允许透过少量液相及气相有机化合物。PE 密度与结晶度成正比,所以密度可以充当 PE 结晶度的标志。

因此,生产中很少单独使用 HDPE 制取泡沫塑料。因为其柔软性较差,结晶较快,熔融温度低。常用 HDPE 和 MDPE 或 LDPE 混合的办法来延缓结晶,改变物料的流动性,从而达到既保持一定柔软性又提高泡沫塑料强度的目的。

聚乙烯泡沫塑料几乎全部是闭孔的,助剂的添加量一般很小,不会对材料的性能有明显的影响。阻燃剂的用量添加到 20%(质量)会对材料的性能有一定的影响。聚乙烯的性能通常取决于原材料聚乙烯类型、泡沫塑料的密度和泡孔结构。一般而言,泡沫塑料的所有性能随密度的增加而提高。泡沫塑料密度相近时,不同聚乙烯对泡沫塑料性能的影响见表 5-18 所列。

■表5-18 聚乙烯类型对泡沫塑料性能的影响[22]

性　能	聚乙烯类型		
	EVA	LDPE	HDPE
泡沫塑料密度/（kg/m³）	35	33	30
最高使用温度/℃	80	105	115
压缩强度（25%）/kPa	35	40	60
压缩形变/%	33	27	22
撕裂强度/（N/m）	730	690	1320
拉伸强度/kPa	620	455	825
伸长率/%	200	135	55

注：数据来源于 Zotefoam plc，数据单表。

从表5-18可以看出，乙烯共聚物到均聚物，使用温度提高，软化点提高。也可看出共聚物的伸长率和柔韧性更大，HDPE泡沫塑料的强度最高。这些材料韧性均很好，适合应用于需要高抗冲击应力的领域。

用茂金属聚乙烯制备的泡沫塑料与相同密度、相似弯曲强度的LDPE泡沫塑料相比，拉伸强度高60%，伸长率高55%，撕裂强度高100%以上，这类材料尤其适合应用于劳动穿戴方面。

用化学发泡的泡沫塑料，其泡孔结构不均匀，会对材料的力学性能造成损害。同等条件下，相对于物理发泡，化学发泡制得的泡沫塑料拉伸强度低45%，伸长率低30%，压缩形变大3倍多[22]。

5.6.2 聚乙烯泡沫塑料的改性

5.6.2.1 聚乙烯与树脂共混改性

(1) 与PP共混改性　结晶高聚物由晶区和非晶区（无定型区）组成。气体小分子可以自由扩散进入聚合物的非结晶区，但却很难进入晶区，这样气体在结晶区的溶解度减小。同时晶粒的存在使得气体的扩散速率下降，因此降低结晶度可提高气体在聚合物基体中的溶解度与扩散速率。

Doroudiani等[23]通过光学显微镜和差示扫描量热仪（DSC）对注塑级HDPE和注塑级PP共混物形态进行观察，结果表明：采用PP和HDPE共混的方法可降低HDPE的结晶度，从而改善泡孔结构。

(2) 与乙烯-醋酸乙烯共聚物（EVA）共混改性　EVA树脂因其大分子链上存在醋酸乙烯基团，具有很好的柔韧性，同聚乙烯有较好的互混效果。以EVA为改性组分来改性PE可以提高其发泡均匀性能。

EVA中的醋酸乙烯（VA）的含量和MFR对发泡体的性能有很大的影响，若MFR上升，则发泡体膨胀率增大，硫化交联性能、混炼操作性能变差。聚乙烯泡沫塑料改性一般选用VA含量在10%～20%、MFR为1～6g/10min的EVA树脂。

在聚乙烯中加入EVA会阻滞交联反应，生产同样结构的泡沫塑料时，需要使用较多的交联剂，以弥补共混物高温黏弹性较差的不足。聚乙烯泡沫塑料中使用的 EVA 树脂以 LDPE：EVA＝（70～80）：（30～20）较好[24]。

EVA 的加入使树脂拉伸强度和断裂伸长率都得到提高，但随着 EVA 用量的增加，泡孔结构趋于不均，表面变得粗糙。每 100 份 HDPE 中 EVA 用量为 5 份时，制品表观及泡孔结构最好。

螺杆转速较小时，物料在机筒内停留时间长，发泡剂分解程度大，易出现并泡现象，导致泡孔数目少而尺寸较大，泡孔结构差。另外，熔体物料内的气体向外部表面扩散逸出的几率也较大，导致制品的密度增大。螺杆转速较大时，物料在机筒内停留时间较短，发泡剂分解历时短，产生气体不足，往往使泡孔数目多尺寸小。过程进行太快，挤出口模后再分解的残余发泡剂也得不到完全分解，导致制品密度较大。另外转速太快也会导致物料塑化不均，造成部分气体逸出[25]。

(3) 与聚异丁烯共混改性 用聚异丁烯改性聚乙烯的目的是提高加工时泡孔的稳定性和控制泡沫塑料的压缩性能，制造不同用途的缓冲材料和包装材料。聚异丁烯用量一般在 30％以下，超过这个用量很难加工。

(4) 与非极性橡胶共混改性 LDPE 属非极性聚合物，与非极性橡胶如天然橡胶（NR）、丁苯橡胶（SBR）、顺丁橡胶（BR）、三元乙丙橡胶（EPDM）的极性、溶解度参数、内聚能密度均相近，因而能进行很好的掺和。从并用材料的物理力学性能来看，掺用天然橡胶较好，但色泽较差。人们更乐于选用价格低廉、色泽鲜艳的顺丁橡胶和非污染性的丁苯橡胶，但这种非自补强型橡胶的掺用量不宜超过 30 份（聚乙烯 100 份）。尤其是顺丁橡胶的用量过大时，不仅性能变差，而且交联-发泡工艺会失去控制。用 NR 改性 LDPE，当采用 AC 为发泡剂、DCP 为交联剂时，可制得泡孔细密均匀的微孔材料，且泡沫塑料的综合性能良好。用 10％～30％EPDM 改性的 LDPE 微孔泡沫是制造轻便鞋和防寒棉鞋的理想材料，并可通过提高 EPDM 用量来改善其强度。

(5) 与热塑性弹性体共混改性 这类弹性体中主要以氯化聚乙烯弹性体（CPE）和丁苯热塑性体弹性（SBS）为主。目前用于聚乙烯泡沫塑料改性较多的还是 CPE 弹性体。CPE 与 LDPE 有很好的混容性，一般 CPE 弹性体的含氯量为 30％～45％。用含氯量为 35％的国产 CPE 弹性体代替 EPDM 改性 LDPE 制作轻便微孔鞋底，可获得满意效果，并且该微孔鞋底易于使用氯丁胶浆粘接。值得指出的是 CPE 在加工过程中由于热降解会放出氯化氢气体，氯化氢气体能促进 CPE 的进一步降解，因此在配方设计中应考虑加入氯化氢的接受体如金属氧化物、金属皂类等助剂。

(6) 多元共混改性 为了获得更优异的性能，满足使用需要，可采用多元组分与聚乙烯共混来制取特殊性能的聚乙烯泡沫塑料。共混体系如 LDPE/EVA/NR、LDPE/EVA/BR、LDPE/EVA、NR/EPDM，用它们制成的泡沫塑料耐磨性、弹性优越，适于制作运动鞋中底、皮鞋及凉鞋大底、自行车座垫片、缓冲隔热材料等。LDPE/EVA/CPE 共混体系具有耐磨耗、耐挠曲的优点，而且由于加入 CPE 后，引入了极性基团，制品更易用氯丁胶浆粘接，是制作冷粘鞋底、装饰天花板的理想材料。

5.6.2.2 木粉/聚乙烯复合发泡

从表 5-19 中可以看出[26]，随着木粉含量的增加，体系的拉伸强度和密度略有增加，冲击强度随之下降。产生这种现象是因为当木粉含量增加后，木纤维对基体的补强约束作用将超过界面应力引起的副作用。而弯曲强度增加的幅度较大，说明木粉的加入对改善材料的刚性效果明显。这是由于木纤维在高压下，沿模具流道方向有一定的取向，平行于弯曲弧方向的纤维会约束材料的弯曲形变，从而材料的弯曲强度得到提高。

■表 5-19　木粉用量对材料性能的影响[26]

木粉用量/%（质量）	0	10	20	30	40	50
拉伸强度/MPa	19.7	19.9	20.9	21.3	21.9	22.0
弯曲强度/MPa	23.1	30.2	36.2	40.2	42.3	43.3
缺口冲击强度/（kJ/m²）	4.1	3.9	3.4	3.0	2.8	2.8
密度/（g/cm³）	0.859	0.862	0.864	0.865	0.867	0.867

由于发泡后的木塑材料在抗弯、抗压和耐热方面存在不足，邱桂学[27]等采用聚酰胺 6 短纤维作为第二增强材料，以弥补发泡后的性能损失，从而得到了性能优良的混杂木塑复合材料。加入聚酰胺 6 短纤维后，木塑复合材料的密度变化不大，而力学强度明显提高。

也可以通过加入纳米蒙脱土的方法，提高聚乙烯发泡材料的力学性能、可发泡性能和阻燃性能[28]。

5.6.2.3 无机粉体/聚乙烯复合发泡

无机填料与聚乙烯共混改性，可以提高 PE 泡沫材料的刚性和硬度并且可以起到发泡成核剂的作用，有助于提高泡沫塑料的质量。表 5-20 是 7 种无机填料添加量为 60 份（HDPE100 份）时的填充实验结果。

■表 5-20　填料种类对泡沫性能的影响[29]

填料种类	无填充	赤泥	滑石粉	陶土	钛白粉	云母	碳酸钙
拉伸强度/MPa	19.7	14.8	14.5	10.7	11.0	15.2	19.3
弯曲强度/MPa	23.1	35.9	35.8	35.0	38.8	36.9	33.7
冲击强度/（kJ/m²）	4.2	3.0	3.9	3.5	5.2	4.7	5.9
布氏硬度/MPa	0.41	0.77	0.52	0.75	0.57	0.91	0.65
密度/（g/cm³）	0.86	1.10	1.10	1.07	1.18	1.08	1.07
泡孔结构	均匀	细且匀	发泡不良	发泡不良	细且匀	泡孔少	细且匀

从表 5-20 可以看出，不同填料对改善泡沫材料的效果不尽相同，但弯曲强度普遍较无填充泡沫体系提高很多。这是由于结构泡沫材料的弯曲强度是与其边缘层和芯部的弹性模量相关的。致密表层越厚，泡沫的刚性就越好。填料的加入，使体系的熔体黏度增大，发泡阻力增加，导致边缘致密层加厚。同时还因受到刚性粒子本身质地的影响，故刚性提高明显。

就冲击强度而言，大多数填料的加入，使泡沫材料的抗冲击性能变差，然而钛白粉、云母和轻质碳酸钙体系的冲击强度却有提高。这可能归结于所用钛白粉和碳酸钙的粒径较小，分散均匀，与泡沫基体的界面黏合较好，这些微颗粒能有效地阻止裂纹的扩展。云母体系的性能变化可能与其独特的片状结构有关。

碳酸钙用量对泡沫材料力学性能的影响见表 5-21 所列。

■表 5-21　轻质碳酸钙对泡沫材料力学性能的影响[29]

项目 ＼ 碳酸钙用量/份	0	10	20	40	60	80
拉伸强度/MPa	19.7	22.2	22.6	22.9	19.4	19.2
弯曲强度/MPa	23.1	38.2	35.9	33.8	33.7	32.5
缺口冲击强度/(kJ/m²)	4.2	2.3	2.2	5.8	5.9	5.0
布氏硬度/MPa	0.44	0.46	0.54	0.58	0.65	0.78
密度/(g/cm³)	0.86	0.91	0.94	0.99	1.07	1.13

从表 5-21 中可以看出，随着 $CaCO_3$ 用量的增加，体系的拉伸强度开始有明显的提高，在 20 份时最大，随后逐渐降低。这是由于低填充量时，少量的 $CaCO_3$ 颗粒可以分散到泡孔间的孔隙中，起到增强作用。填充量过高时，由于大量的 $HDPE/CaCO_3$ 以及 $CaCO_3/CaCO_3$ 弱界面的生成，反而导致拉伸强度的下降。但和未填充体系相比，$CaCO_3$ 使泡沫材料的拉伸强度得到了不同程度的保持和提高，弯曲强度也有类似的变化趋势。

显然，泡沫材料的硬度和密度是随着 $CaCO_3$ 用量的增加而增大的，而冲击强度的变化却相对复杂。在低于 30 份时，缺口冲击强度随着 $CaCO_3$ 添加量的增大而下降，这是由于 $CaCO_3$ 颗粒数目较少，不能有效地阻止裂纹的扩展，甚至起到应力集中的作用（图 5-2）。随着填充量的加大，一方面 $CaCO_3$ 大大提高了体系的黏度，阻力的增加阻碍了泡孔的长大，并使泡孔壁加厚，体系抗冲击的能力提高；另一方面，大量的针状结构的 $CaCO_3$ 粒子紊乱分布，

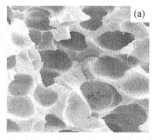

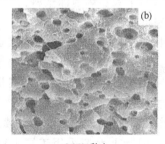

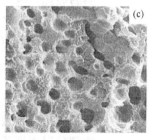

LDPE　　　　　　　　0.05%黏土　　　　　　　　0.5%黏土

■ 图 5-2　黏土对聚乙烯发泡性能的影响[30]

可以有效地阻止裂纹的进一步发展，使冲击强度提高。但当添加量过高时，泡沫材料的冲击强度又开始呈现下降的趋势。另外，$CaCO_3$ 的添加量过大，会造成体系的熔体流动性下降，给加工带来困难，对注塑来说，就需要较高的注射压力，否则会导致充模不满，制品产生缺陷。因此，在实际生产中，应该就泡沫材料的性能、成本和工艺性能三者之间进行综合平衡。

在聚乙烯中加入 0.1%（质量）以下的纳米蒙脱土，以马来酸酐接枝聚乙烯做相容剂，达到纳米级分散，可以减少泡孔尺寸，增大泡孔密度。

5.6.2.4 苯乙烯单体改性聚乙烯发泡塑料[31]

将苯乙烯单体填充到聚乙烯中进行聚合而得到苯乙烯改性聚乙烯基树脂发泡粒子的方法，可以提高聚乙烯泡沫材料的硬度和耐压强度。

一般的工艺是将 100 质量份非交联的 LLDPE 树脂粒子、5～300 质量份乙烯基芳族单体，以及相对于 100 质量份乙烯基芳族单体来说为 1～3 质量份的聚合引发剂分散到水性介质中，然后，将所得到的悬浮物加热至该单体基本不发生聚合反应的温度，以使单体填充到聚乙烯基树脂粒子的内部和表面。随后升高悬浮物的温度使单体聚合，结果通过乙烯基芳族聚合物在聚乙烯中的微分散而得到改性聚乙烯基树脂发泡成型制品。

这类工艺会导致苯乙烯单体在聚乙烯链上的接枝聚合。虽然得到的树脂没有交联，但却发生了聚苯乙烯在聚乙烯链上的接枝聚合。由此可以获得具有聚苯乙烯的硬度和优异的受热尺寸稳定性，同时还具备聚乙烯优异的抗冲击性的发泡成型制品。通过控制聚合引发剂的类型和用量，以及苯乙烯基单体填充到树脂进行聚合反应时的温度，可得到苯乙烯改性线型低密度聚乙烯基树脂发泡粒子。这样得到的发泡粒子可以控制由苯乙烯在聚乙烯链上的接枝聚合反应所得到的凝胶成分的量，而且可提供具有令人满意的物理性能如抗冲击性、硬度和抗热性的发泡成型制品。

5.6.2.5 阻燃聚乙烯发泡塑料[32]

泡沫塑料的燃烧性能是指泡沫塑料的易燃性、发火温度、发热量、发烟性、热分解与燃烧后生成气体的种类等，这些均与泡沫塑料的组成、发泡倍率及气泡结构有关。聚乙烯发泡塑料分子链中只有碳、氢两种元素，所以极容易燃烧，因而限制了聚乙烯泡沫塑料在制冷、空调风管、采暖保温等领域作为建筑内饰材料的使用。

PE 泡沫塑料燃烧时滴落严重，火焰上端呈黄色，下端呈蓝色，有石蜡燃烧气味，其氧指数为 17 左右。燃烧速度的快慢与燃烧过程中产生的自由基的多少有关。阻燃剂必须能把·OH"捕捉"以达到阻燃目的。此外，阻燃剂还能和高聚物进行化学反应形成不易燃产物，或者热分解放出某种物质起屏蔽作用，减缓和阻止了连锁反应的继续进行，从而达到阻燃的目的。目前评估阻燃性能，国际上普遍采用美国 UL94 标准。国内通常采用氧指数法。氧指数法是试样在规定条件下的 O_2、N_2 混合气流中维持平衡燃烧所需的最低的氧气浓度（O_2 占的体积百分数）。另外，塑料燃烧过程中会产生大量烟雾和有毒气，这是火灾中最危险的因素，因此尚需测定泡沫体中的烟密度，即衡量其燃烧时放出烟雾和毒气的能力。

聚乙烯的燃烧机理，主要分以下几个步骤。

(1) 降解 最弱键断裂。

(2) 分解 由氧及含氧杂质开始引发，产生自由基链式反应：

$$RH \longrightarrow R \cdot + H \cdot$$
$$\cdot R + O_2 \longrightarrow ROO \cdot$$
$$ROO \cdot + RH \longrightarrow ROOH + \cdot R$$
$$ROOH \longrightarrow RO \cdot + \cdot OH$$

式中 R 为烃基

(3) 点燃 分解产物为可燃气体，遇氧自燃：

$$CH_4 + \cdot OH \longrightarrow \cdot CH_3 + H_2O$$
$$CH_2O + \cdot OH \longrightarrow CHO + H_2O$$
$$CH_4 + \cdot H \longrightarrow CH_3 + H_2$$
$$CH_2O + \cdot O \longrightarrow \cdot CHO + OH$$
$$\cdot CH_3 + \cdot O \longrightarrow CH_2O + \cdot H$$
$$\cdot CHO \longrightarrow CO + \cdot H$$
$$CHO + \cdot CH_3 \longrightarrow CHO + H_2$$
$$CO + \cdot OH \longrightarrow CO_2 + \cdot H$$

(4) 燃烧 放出大量热量，加剧聚合物分解，促使燃烧剧烈，迅速扩散。燃烧热越大，反馈热量也越多，火焰传播也越快。

一般采用添加阻燃剂的方法制备阻燃聚乙烯发泡材料。阻燃剂一般为锑氧化物和卤素的协效体系，常用的有二元体系和三元体系。二元体系一般是 Sb_2O_3/氯化石蜡、Sb_2O_3/十溴联苯醚（DBDPO），三元体系一般是 Sb_2O_3/氯化石蜡/DBDPO。其阻燃机理是两者反应生成沸点较高的挥发性物质卤化锑，它能较长时间地停留在燃烧区域中，不仅在液、固相能促进聚合物-阻燃剂体系脱卤化氢和聚合物表面炭化，而且在气相又能捕获·OH 自由基，从而抑制聚合物进一步分解产生可燃性气体。卤化锑在燃烧温度下能变成气体，有吸热降温的结果，可以抑制燃烧的蔓延，同时起到绝热、隔氧、促进炭化的作用。

常用的还有卤-磷协效体系，其阻燃机理是当两种元素并存时能形成卤化磷和卤氧化磷，它们一方面是强火焰和链增长自由基的抑制剂，另一方面由于其密度高，在燃烧区滞留时间长，能起到更好的阻燃作用。除此之外，$Al(OH)_3$/卤化物体系、膨胀型阻燃剂（IFR）、$Mg(OH)_2$/有机硅体系都可以用于聚乙烯发泡体系。除了添加阻燃剂，CPE 和 EVA 共混、外涂防火涂料都可以提高聚乙烯塑料的阻燃性。

5.6.3 发泡制品的应用

5.6.3.1 包装材料

聚乙烯泡沫塑料作为包装材料，一般采用 LDPE 树脂作为主要原料，经加热塑化，加入丁烷发泡剂，挤出发泡成型而获得制品。其发泡过程为物理发泡，生产过程中不产生有毒有害气体，也无废品、废水产生，因而是一种环保产品。其制品包括管、片、棒、网等，单片的 PE 发泡材料可通过压花覆膜、热贴合增厚而使其用途扩大。由于 PE 片材、管料、棒料具有质轻、质软、抗冲击、隔热、无毒等优良性能，可保护产品，有抗冲击作用，因而成为发展很快的一种新型发泡包装材料。

聚乙烯包装材料在 MONTREAL-AGREEMENT（1996）上被指定为环保产品后，市场对于 PE 包装材料的需求量更是大幅度上升，到 2004 年国内已有 PE 发泡包装材料生产线约 160 条。一般厚度在 0.5~10mm 之间的产品大多应用在电子产品、仪表、仪器、家具、地板、玻璃、陶瓷等产品的包装上。屋顶彩钢夹层内衬、水电工程、高速公司建设所需要的包装材料，一般厚度在 30~80mm。

PE 包装材料厚度在 10mm 左右的产品，主要用于高新尖端技术产品的内包装材料，如通信机器、机器人、数字式仪器仪表、电脑打印机、电脑主机、液晶显示器等产品。

这些包装材料要具有抗静电性，以防止静电对电敏元件的损坏。泡沫塑料基体可以是 LDPE 或 EVA，添加高结构（导电）炭黑可制成静电损耗或导电泡沫塑料。由于泡沫塑料的密度低，需要加入相对较多的炭黑（每 100 份需加入 10~20 份）才能达到所要求的导电水平，导电泡沫材料的体积电阻率一般为 $5 \times 10^3 \Omega \cdot cm$，而静电损耗泡沫塑料的表面电阻率一般为 $1 \times 10^7 \Omega/m^2$。也可制备"抗静电"泡沫塑料，其典型的表面电阻率为 $1 \times 10^{11} \Omega/m^2$，这些泡沫塑料常染成粉红色，以便识别。制备抗静电泡沫塑料时，向其中混入部分可溶的抗静电剂，这些抗静电剂会扩散到塑料表面并吸湿形成耗散的表面层。这些产品使用更广泛，缺点是在干燥环境下导电性能差。

聚乙烯泡沫塑料网套主要用于在金属轴类、螺栓、精密仪器、玻璃瓶等外表面，保护其表层及边缘部分在运输、搬运以及储存时不会受到损伤，防止损伤外表面。近年来，随着人们生活水平的提高，水果网套使用量逐年增加，使用塑料网套的水果有苹果、橙子、橘子、柿子、西瓜等。聚乙烯发泡材料因为无毒性，可与食物接触，因此可作为水果网套的原材料。聚乙烯发泡（珍珠棉）水果网套，一般是以 LDPE 为主要原料挤压生成的高泡沫聚乙烯制品。采用丁烷发泡成型，并加入工业或医用级 800~1250 目的超细滑石粉和食品级的抗缩剂。

5.6.3.2 绝缘材料

HDPE 做成的电缆绝缘层机械强度高，但 HDPE 的熔体强度低，发泡困难。LDPE 机械强度低，熔体强度高、有利于发泡，因此一般采用 HDPE 为主要基料加入 LDPE 共混以改善发泡性能。

绝缘层表面质量的好坏是绝缘制品重要的指标，不仅影响美观，而且会直接影响电缆的绞制过程，对电容的稳定性也有很大的影响。一般认为，影响绝缘表面质量的因素大致有：一定流变特性的材料；模具设计；挤出工艺条件。

聚乙烯发泡绝缘料作为一种挤出成型材料，具有较好的流动性能是保证有较好的绝缘表面质量的重要前提。但由于经过交联和发泡，其非牛顿性增大，因此要求发泡绝缘料有较好的流动性能就显得更为重要，所以其 MFR 愈高，表面质量就愈好。

电缆的挤出包覆过程不仅是一个剪切流动过程，还是一个熔融拉伸的过程，特别是在高速牵引和高温挤出下，熔体强度的大小对表面质量有着更为明显的作用，这时要求相对分子质量高一些。高熔体强度和高流动性是两个相互矛盾的要求，协调它们之间的平衡是设计配方时应该考虑的一个重要方面。

通信电缆的发泡 PE 绝缘层要求孔细，数量多，分布均匀一致，彼此间不贯通，并且表面要光滑平整。由于各种电缆的用途要求不同，发泡度也就不同，如同轴电缆发泡绝缘层发泡度一般要求为 50%～60%，而市话电缆中发泡绝缘层的发泡度只要求为 20%～30%。

近年来 PE 在同轴电视（CATV）电缆系统中的应用得到突飞猛进的发展。CATV 电缆也从实心 PE 绝缘、化学发泡绝缘、藕孔绝缘发展到第四代产品——聚乙烯物理发泡绝缘。它具有性能稳定、衰减低、接收频道宽、使用寿命长、防潮性能好、弯曲半径小、便于安装、节省原材料等特点。

聚乙烯的抗氧化性能往往满足不了电视电缆的要求。而且在制成电缆产品后，树脂与铜铝等金属长期接触，铜对 PE 有催化氧化作用，铜离子的迁移作用还会降低材料的绝缘性能，因此在共混物中必须添加抗氧剂和金属钝化剂。

聚乙烯泡沫绝缘体的热稳定性一般不如实芯体。为改善电缆的防水性能，常添加矿物油脂对聚乙烯进行处理，但结果会降低填充聚乙烯的稳定性。这种影响可通过增加抗氧剂和金属钝化剂的用量来消除。

有关数据列于表 5-22。

■表 5-22　实体和发泡聚乙烯电线绝缘体的老化寿命 [33]

添加剂用量	未经矿物油处理		经矿物油处理	
	实体	发泡	实体	发泡
AO(0.1%)＋MD-Ⅰ(0.1%)	137	79	116	61
AO(0.1%)＋MD-Ⅱ(0.1%)	133	85	77	40
AO(0.2%)＋MD-Ⅰ(0.1%)	—	105	—	79
MD-Ⅰ 0.1%	—	58	—	—
MD-Ⅰ 0.2%	158	121	142	71
MD-Ⅰ 0.3%	—	150	—	103

注：AO 为四 ［3-(3′,5′-二叔丁基-4′-羟基苯基) 丙酸］ 季戊四醇酯； MD-Ⅰ 为 N,N′-双 ［3-(3′,5′-二叔丁基-4′-羟基苯基) 丙酰基］ 肼； MD-Ⅱ 为 N,N′-二苯次甲基乙二酰基二肼。

由表 5-22 可看出无论是否经矿物油处理，无论实体还是发泡物，添加金属钝化剂后，老化时间都得到明显提高。

5.6.3.3 保温材料

保温材料是指对热流具有显著阻抗性的材料或材料复合体。泡沫聚合物的热传递作用主要是传导传递，不发生对流作用，辐射传递很小。它的热导率主要取决于气泡内部气体的热导率，在低温条件下，其热导率进一步降低，因此，它具有很好的保温隔热功能。其中硬质泡沫塑料以其强度高、质量轻和闭孔率高的特点，特别适合作为冰箱、冷柜、冷库和冷藏车辆等低温设施的保温材料。各种泡沫塑料通过双面加贴沥青纸、铝箔、彩钢板可制成复合夹心板材，以及加入纤维、填料和空心微球等可制成增强泡沫塑料。泡沫聚合物与其他材质所构成的复合材料除具有很好的保温隔热功能以外，还表现出多种优异的性质，它们已经被广泛用于化工生产、房屋建筑、食品工业、能源输送等众多领域[34]。

聚乙烯泡沫塑料具有闭孔结构特点，具有热导率低、吸湿和透湿性小、抗腐蚀、不吸湿、吸收冲击性好和优良的电绝缘性能等，可用于建筑物、冷藏汽车、冷藏火车的保温隔热材料以及电子产品等方面。又由于其毒性极低，可直接与食品接触，应用范围越来越广。聚乙烯泡沫塑料的最高使用温度为 80℃，经交联的聚乙烯泡沫塑料最高使用温度可达到 100℃左右。它可用于空调系统通风管道、工业管道、容器、房屋建筑等的常温或低温下的保温隔热。

目前，聚乙烯泡沫保温材料是以轻质复合材料的开发为主，采用聚乙烯为轻骨料，结合硅酸盐水泥等材料，可以制备出质轻、热导率小、吸水率低、抗冻融性好和膨胀系数较大的轻型建筑保温材料，可以满足冷库和一般建筑的保温隔热需要。另外，由于聚乙烯具有优良的加工性能，以聚乙烯为主料添加其他高分子弹性体制成橡塑复合泡沫材料，可改善聚乙烯泡沫塑料的柔韧性，可以很轻易地在表面复合布料、铝箔等柔性面料等。可二次加工使其制品更具个性化和更广阔的使用领域。

高发泡聚乙烯管套是采用国际先进的生产设备和工艺，经几十道工序模压而成。具有弹性好、柔软度高、表面光滑、收缩小、易施工等特点，直接套在管道上后再经胶粘即可。在中央空调的冷热介质管道工程中被广泛使用。是传统保温材料的新替代品。

聚乙烯泡沫管具有极佳的性能特点：隔热性、耐低温性、耐老化性、优良的化学稳定性、缓冲性和环保性（图 5-3）。电子辐照后的聚乙烯泡沫耐环境老化性能和耐温等级显著提高。聚乙烯泡沫管因其性能特点，可以广泛应用于汽车、制冷、建筑、石油等领域。如空调机制冷剂的输送管保温、分户改造供暖上下水管的保温、石油输送管的保温以及潮湿环境下对金属的保护等。

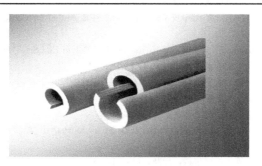

■ 图 5-3　发泡聚乙烯保温材料

5.6.3.4 发泡制品在其他领域的应用[35]

　　发泡制品应用在汽车领域：如衬垫和密封垫、防水挡板、地毯衬垫物、隔音材料、防震垫、冲击保护等。一般使用的 LDPE 泡沫塑料的密度为 $15\sim45kg/m^3$。HDPE 泡沫塑料用于对高冲击具有防护性能的领域。低密度茂金属泡沫塑料也正在发展中，因为它们具有良好的性能，质量轻。

　　发泡制品也可用于建筑和结构：密封衬套靠板、玻璃窗密封、屋檐填充物、冲击吸声材料、导管绝缘等。LDPE 和 EVA 泡沫塑料的密度为 $15\sim50kg/m^3$。对于承载件尤其需要高密度泡沫塑料，例如地砖下衬垫物，应使用可吸收冲击和声音的高密度泡沫材料。是否使用阻燃级泡沫塑料主要依照建房规则而定。

参 考 文 献

[1]　张知先. 合成树脂与塑料牌号手册. 第 3 版. 北京：化学工业出版社，2006.

[2]　傅旭. 化工产品手册-树脂与塑料. 第 4 版. 北京：化学工业出版社，2005.

[3]　孙逊. 聚烯烃管道. 北京：化学工业出版社，2002.

[4]　桂祖桐. 聚乙烯树脂及其应用. 北京：化学工业出版社，2002.

[5]　沈新元. 先进高分子材料. 北京：中国纺织出版社，2006.

[6]　J. W. S. Hearle 主编. 高性能纤维. 马渝荘译. 北京：中国纺织出版社，2004.

[7]　周殿明等. 聚乙烯成型技术问答. 北京：化学工业出版社，2007.

[8]　闫冰等. 塑料，2008，37（1）：1-6.

[9]　杨伟等. 高分子材料科学与工程，2006，22（4）：114-117.

[10]　李海东等，弹性体，2007，17（2）：63-65.

[11]　李朋朋等. 塑料科技，2009. 37（8）：56-61.

[12]　吴涛等. 工程塑料应用，2003，31（7）：15-17.

[13]　占国荣等. 工程塑料应用，2004，32（1）：28-30.

[14]　彭立群等. 塑料，2003，32（3）：74-77.

[15]　超高分子量聚乙烯薄膜需求将日益增长. 中国石油和化工，2008，6：77.

[16]　张玉龙等. 塑料吹塑制品配方设计与加工实例. 北京：国防工业出版社，2006.

[17]　刘家伟. 土工膜工业与新疆经济发展. 国外塑料，2005，23（5）：35-38.

[18]　裴自学. 天津大学硕士论文，2007.

[19]　秦立洁等. 农用塑料制品生产与应用. 北京：化学工业出版社，2002.

[20]　王艳芳等. 塑料，2008，37（1）：33-38.

［21］ 王奎元．合成树脂及塑料，2005，22（2）：46-48．

［22］ Eaves D E，Witten N．Proceeding of SPE Antec'98 Conference，Atlanta，GA，1998，2，1842-1951．

［23］ Doroudiani S，Park C B，Kortscho M T．Polym Eng Sci，1998，38：1205-1215．

［24］ 马三荣．中国塑料，1995，9（7）：28-32．

［25］ 杨慧丽等．中国塑料，1996，10（5）：34．

［26］ 蔡剑平．中国塑料，2004，18（6）：54-57．

［27］ 邱桂学等．高分子材料，1997，3：1-3．

［28］ G. Guo，K. H. Wang，C. B. Park，et al．Journal of Applied Polymer Science，2007，104：1058-1063．

［29］ 邱桂学等．中国塑料，1998，(1)：42-46．

［30］ Lee Y H．J Appl Polym Sci，2007，103：2129-2134．

［31］ CN1745129A．

［32］ 何继敏．新型聚合物发泡材料及技术．北京：化学工业出版社，2007．

［33］ 宁培森等．塑料助剂，2010，(2)：9-15．

［34］ 钱志屏．泡沫塑料，北京：中国石化出版社，1998．

［35］ David Eaves 主编．泡沫塑料手册．周南桥等译．北京：化学工业出版社，2006．

第6章 聚乙烯树脂生产和使用的安全与环保

现代化工生产具有规模超大、能量密集、产物多样的特点，历来都是安全生产的重中之重。随着我国经济的蓬勃发展，对各类聚乙烯树脂的需求日益增长，装置规模不断扩大。其中相当一部分生产过程是在高温高压的条件下处理大流量的易燃、易爆物料。由于近些年发生的一系列化工事故及其引发的后续灾害，人们逐渐意识到提高聚乙烯化工生产过程安全的重要性和紧迫性。

聚乙烯树脂作为最重要的高分子材料之一，其制品在包装材料、食品容器、电子产品、医疗器械、食品工业用器具及设备等领域得到广泛应用。近年来国家对食品包装材料专用树脂、电子电器专用树脂和其他与人体密切接触的产品的安全、卫生与环保的要求逐步提高，并且标准快速更新，加工应用水平提高。因此对聚乙烯及其制品的毒性、使用安全、卫生和环保更加重视。

6.1 聚乙烯树脂的毒性及使用安全[1,2]

聚乙烯树脂是乙烯聚合的产物，为白色固体。分子量、结构和性能取决于生产方法。根据聚合压力的不同，可分为高压聚乙烯（即低密度聚乙烯）、低压聚乙烯和中压聚乙烯。其中低压聚乙烯和中压聚乙烯也称为高密度聚乙烯。聚乙烯密度越高其化学稳定性越强。聚乙烯广泛用来生产食品用包装材料、医疗和日常生活用品。聚乙烯管可作农业用水管、室内饮水管等。

6.1.1 高压（低密度）聚乙烯

相对分子质量为 18000～35000，为白色半透明弹性体，手摸有油腻感，无味、无臭，或有特殊气味。熔点 100～103℃，相对密度 0.918～0.930（20℃）。不溶于水和醇。

卫生理化性能：在与液体接触时，高压聚乙烯向液体中析出少量低分子化合物。一般来说，这些低分子化合物对健康无害，但会带来其他的杂味道和气味。低分子化合物在水浸出物搅动时，也能形成迅速消失的泡沫。在添加 TiO_2 的高压聚乙烯浸出物中，臭和味的感官鉴别的性质未发生大的变化，未发现可氧化物上升或可溴化物大量析出。水中未发现有甲醛、Pb 和 Cu 迁移出来，甲醛仅在酸性介质中析出（低于 0.5mg/L）。9 个月内未发现苯并［α］嵌二萘和 1，12-苯并二萘嵌苯析出。在一些高压聚乙烯样品中发现有苯并［α］嵌二萘，但并没有向水中迁移。

性能稳定的高压聚乙烯使用的是含苯并［a］嵌二萘 0.5mg/kg 以内的各种炭黑。聚合物中炭黑的含量不应高于 2.5%。

高压聚乙烯制品不能应用于食品工业中油脂和含油脂食品的包装材料。高压聚乙烯制品只可用于室温条件。在 90℃ 下试验介质借感官鉴别出的性质不会有区别。

急性毒性：以 1.156g/kg 剂量的未含稳定剂的高压聚乙烯乳化粉末（乳化剂为 OⅡ-7）对大白鼠进行毒性试验，吸食白鼠未死亡。给白鼠注入 2.5g/kg 磨细的高压聚乙烯粉（在向日葵油的悬液状态下），在 14 天观察期内没有导致动物全身状态和行为的任何变化。不存在内部机体病态变化。

亚急性中毒：对以赛璐珞和薄片基材为二次包装的高压聚乙烯的薄膜袋内定量分装的苹果汁的毒性曾经做了研究，在分装之前材料经过加热处理。给动物饮用的果汁在薄膜袋内储存 3 和 6 个月。喂食持续 3 个月。动物总的状况和体重与对照的动物相比毫无区别。肝脏的解毒功能没有被破坏，没有内脏的病态变化。

慢性中毒：当聚乙烯薄膜的水浸出液在分离掉微量有氧化和溴化作用的物质后注入白鼠体内。在整个试验期间白鼠总的状态和体重没有变化，表皮血液成分、肝脏功能、非条件反射活动和内脏质量系数均没有发生变化，在 15 个月时间内同时给白鼠注入改性高压聚乙烯的水浸出液和油浸液（100℃，2h，20℃，1 昼夜/水和 6～7 昼夜/油）。作为聚乙烯材料的一种成分而添加在内的脲叉脲和硬脂酸镉并不迁移到水中。未发现毒害作用。在一年过程中以气相"工业槽碳"作稳定剂的高压聚乙烯的水浸出液（20℃，15 天）代替水喂养雄性大白鼠。在整个试验过程中未发现全身状态，包括体重、表皮血液成分、白血球吞噬活性、电子诊断指数、肝脏综合功能与抗毒功能和其他方面的变化。内脏器官质量系数和组织结构与对照的相比没有实质性的差别。从酞菁蓝染色的未加稳定剂的高压聚乙烯中的浸取液（蒸馏水，0.6～20cm^{-1}；20 和 60℃；10 天；在浸出液内颜料的最高浓度 20℃ 下为 0.57mg/L，而在 60℃ 下为 1.18mg/L）在 12 个月的毒理试验中，在白鼠和家鼠身上所观察的内脏组织学结构和各项研究指标均未引起变化。

长期后果：高压聚乙烯粒子和薄膜在水中、0.9%NaCl 溶液、15% 和 50% 乙醇、3% 乙酸和花生油中，在 50℃（72h）和 120℃（30min）下萃取。采用 Salmonela 法未发现萃取物有诱变活性。

6.1.2 低压（高密度）聚乙烯

相对分子质量在 70000 以上，在水洗的情况下，颜色由白到奶油色。熔点为 132～134℃，相对密度 0.954～0.960。低压聚乙烯和高压聚乙烯在使用方面的差别是由于前者的硬度和耐热性能较高所决定的。低压聚乙烯外观上与高压聚乙烯相类似，但机械强度和弹性都较高，化学稳定性高于高压聚乙烯。

卫生理化性能：低压聚乙烯向水中迁移的物质与高压聚乙烯迁移的相同。此外，它还迁移出痕量的多元金属催化剂和溶剂。生产食品工业用的低压聚乙烯一般只使用异丙醇作为洗涤剂。其制品中向异丙醇的迁移量可达 5.5mg/L。洗涤 16～19 次后，未发现化学物质迁移出来。使用 2～8 年后的低压聚乙烯水管，化学物质的迁移量并未增加。用亚磷酸酯、2-羟基-4-辛基羟基二苯甲酮和硬脂酸钙做稳定剂的低压聚乙烯，其水浸出物的可氧化性比加入 N,N-二 β-萘基对苯二胺、槽法炭黑和硬脂酸钙等添加剂的高压聚乙烯要高。在加过氨基化合物、槽法炭黑、硬脂酸钙、酚类和苯酮的衍生物的低压聚乙烯过饱和浸出物中，发现有少量的还原性物质和痕量氨基化合物。在长期试验中（220 天），每隔 4 天换一次水，只发现催化剂的痕迹。在未经稳定的低压聚乙烯过饱和水浸出物（20℃和 60℃）中，测出少量的 Al 以及痕量的 Ti 和氯化物（0.3～0.7mg/L）。低压聚乙烯薄膜在室温条件下储存 8 个月，对浸出物中稳定剂和氯化物的浓度、可氧化性几乎没有影响。气相低压聚乙烯的薄膜、管材、注塑件能使水和试验介质具有微弱的气味和杂味道，可氧化性达 1.3mg O_2/L，未发现 1010 和 1076、甲醛以及铬迁移出。

急性毒性：给白鼠输入 2.5g/kg 无稳定剂的和以工业气相碳、胺化合物和硬脂酸钙或以苯二甲酮衍生物和硬脂酸钙作稳定剂的粉末状低压聚乙烯，对白鼠全身状况和体重方面没有影响。内脏的组织学结构与对照动物相比较无实质性的差异。

亚急性毒性：在大白鼠的食物中添加 1.25%～100% 的低压聚乙烯。其行为、体重、器官和组织结构上没有异常。

慢性毒性：研究了某些低压聚乙烯样品的浸出液（10cm^{-1}；20℃和 60℃，10 天）的毒性。卫生化学检验发现在浸出物中有少量的 Cl^-、Al^{3+}、Ti^{4+}。在 16～19 个月内以这些浸出液喂养白鼠和家鼠引起体重、工作能力、条件反射活动、内脏器官的重量系数不明显。一般地讲，是暂时性的变化。病理形态学的研究未发现可能与喂食有关的异常现象。

6.1.3 中压聚乙烯

相对分子质量在 50000～70000。熔点 135～128℃，相对密度 0.960～

0.968。气味与其他种聚乙烯不同。可用于供水设施和食品工业。与低压聚乙烯相比，中压聚乙烯除有相同的指标外，在一些特性方面具有更好的指标且具有较高的技术经济指标。

卫生理化性能：经过气体体积色层分析法发现：只有在 60℃ 下和浸泡时间大于 72h 时，中压聚乙烯中的汽油（溶剂）才会析入水中；同时如果中压聚乙烯不析出可测出的残留汽油，便没有气味。未加稳定剂的水浸出物的可氧化性达 3.2mg O_2/L，而加稳定剂的水浸出物的可氧化性达 2.5mg O_2/L。在未加稳定剂的中压聚乙烯（灰分 0.6%～0.9%）过饱和浸出物中（5cm^{-1}；20℃ 和 60℃；10 天）发现：在 60℃ 下 Cr 为 0.005～0.007mg/L，在 20℃ 和 60℃ 下 Al 为 0.002～0.008mg/L。浸出物的气味、味道、pH 实际上并无变化。含灰分 0.3% 的聚合体中，Cr 在试验介质中不析出，但在 0.1% 标准 HCl 溶液中析出。在庚烷中有氧化的中压聚乙烯低分子馏分析出。随着 Cr 含量的增加，中压聚乙烯的颜色变为灰色至棕色（特别是用酚类抗氧剂进行稳定处理时）。此时，酚类抗氧剂的效率会下降。在 50℃ 下中压聚乙烯中有多环芳烃的脂肪浸出物迁移出。但中压聚乙烯中的苯并 [a] 芘比高压聚乙烯低 50%。

中压聚乙烯硬质品可用于食品工业，使用温度低于 60℃；而薄膜的使用温度则低于 80℃。

急性中毒：给白鼠输入剂量 2.5g/kg 的中压聚乙烯粉末（灰度为 0.03% 和 0.7%，在葵花油中呈悬浮体），没有引起中毒现象和内脏机体组织结构上的变化。

慢性中毒：对小白鼠和大白鼠进行了未加稳定剂的中压聚乙烯的水浸出液（5cm^{-1}；60℃；10 天）的毒性试验。浸出液的卫生化学研究表明可氧化性增加不大，有微量 Cr 和 Al 痕迹。在大白鼠身上使用一年半左右与对照组相比较没有发现任何的变化。在小鼠体重和条件反射活动上存在不明显的滞后现象。在内脏机体上未发现因浸出液作用而引起的组织上的变化。在 14 个月的毒理学的试验中，中压聚乙烯（灰度为 0.04%）的水浸出液和油脂浸出液无毒性。

6.1.4 其他类型聚乙烯

6.1.4.1 泡沫聚乙烯

系在高压聚乙烯中加入发泡剂、活化剂等（偶氮二甲酰胺、氧化锌、硬脂酸锌）制成。泡沫聚乙烯制品呈半透明、无光泽、有弹性。在 −15～100℃ 温度条件下对浸出物的借感官鉴别的性质无影响。未发现低分子化合物迁移出。可用做饮料容器封口用衬垫和包装材料。

慢性中毒：大白鼠服用泡沫聚乙烯薄膜的水浸出物和油浸出物 15 个月，未发现有害影响。

6.1.4.2 低分子聚乙烯

相对分子质量小于 100000，低分子聚乙烯是蜡状树脂，为乳白色的无臭黏性物。在相对分子质量等于 2000～4000 时熔点为 60～70℃，不溶于水，难溶于醇。易与植物油混合。可用于食物用的橡胶配方。

急性中毒：给大白鼠输入剂量为 5g/kg 和 10g/kg 浸于葵花油中的低分子聚乙烯，未发现对机体有影响。经解剖未发现在内脏机体上有病理的变化。

慢性中毒：在 6 个半月的过程中给白鼠输入 0.2g/kg 和 0.5g/kg。机体的功能状态的所有指标和内脏器官的重量系数与对照组相比没有差别。但是，通常认为剂量 0.2g/kg 是慢性毒性试验中的临界值。

6.1.4.3 辐射交联聚乙烯

高压聚乙烯辐射的产品，即高压聚乙烯经过 γ 射线照射处理的产品。这样可以增加高压聚乙烯的平均分子量，提高其耐热性能。

卫生理化性能：在 −15～125℃ 范围内对照射过的聚乙烯浸出物进行卫生化学检验表明，此浸出物通过感官鉴别的性质未发生变化，可氧化性以及甲醛和可溴化物含量未见上升。

毒性：用 24h 水浸出物对大白鼠进行 15 个月的毒性试验表明内脏的结构和全身状态未发生变化。

6.2 聚乙烯树脂安全数据信息[3,4]

(1) 英文名称：Polyethylene。

(2) 标识

CAS：9002-88-4。

ERG（化学毒物应急处理）ID：UN3314，塑料成型化合物。

ERG 指南：171。

ERG 指南分类：物质（低至中等危害的）。

分子式：$(C_2H_4)_n$。

RTECS（化学物质毒性数据库）号：TQ3325000。

(3) 化学品特性 可燃，有韧性的树脂颗粒或粉末，白色，有蜡味，不溶于水。

(4) 安全卫生信息 高压聚乙烯和中压聚乙烯基本无毒。高压聚乙烯在加热至 150℃ 时可分解出酸、酯、不饱和烃、一氧化碳、甲醛等物质。低压聚乙烯在热切削和封闭聚乙烯时，其热解产物有甲醛和丙烯酸等。大量吸入能引起中毒，主要为对呼吸道的刺激作用，可对症治疗。有热解产物产生的场所，应加强通风或戴防护面罩。

IARC（国际肿瘤研究机构）评价：因目前资料不够，无法将它们对人类的致癌性进行分类。

(5) 化学活性 与强氧化剂接触能引起燃烧和爆炸。与氟、四氟化氙接触剧烈反应。与硝酸、氯化钠、二硝基甲烷不能配伍。

闪点：231℃。

(6) 急救 将患者移至空气新鲜处就医。如果呼吸困难，给予吸氧。如果患者停止呼吸，给予人工呼吸。脱去并隔离被污染的衣服和鞋。如果皮肤或眼睛接触该物质，应立即用清水冲洗至少 20min，用肥皂和清水清洗皮肤。注意患者保暖并且保持安静。确保医护人员了解相关的个体防护知识，并注意自身防护。

6.3 聚乙烯树脂生产和加工中的安全与防护[5~8]

6.3.1 聚乙烯反应物料的安全特性及防护措施

① 乙烯在常温常压下是一种有毒的、易燃易爆气体，对神经有麻醉作用。临界温度为 9.9℃，临界压力为 5.04MPa，在空气中的爆炸范围 2.75%~28.6%。个人防护用具：含量小于 2%时，用过滤式防毒面具；含量大于 2%，用隔离式防毒面具。

② 聚乙烯粉尘在空气中亦可爆炸，其爆炸范围为 85~370g/m³，燃烧温度范围为 625~650℃。聚乙烯粉尘被人体大量吸入肺部是有害的。个人防护用具：普通纱布口罩；设备需要采取必要的吸尘装置。

③ 引发剂是可燃性过氧化物，受热能猛烈分解，燃烧。与人体皮肤接触能引起皮炎。个人防护面具：橡皮手套、眼镜。

④ 丙烯、丙烷因其比空气重，能在低空聚集不易扩散。个人防护用具与乙烯同。

6.3.2 低压聚乙烯的安全生产与防护

6.3.2.1 低压聚乙烯安全隐患分析

目前世界上有二十多种工艺路线生产低压高密度聚乙烯（HDPE），生产中所用物料丙烯、乙烯、氢气、己烷和三乙基铝催化剂等，均为易燃易爆有毒危险品。

低压聚乙烯生产用三乙基铝（或镁）和四氯化钛的络合物作催化剂，该催化剂遇空气会燃烧、遇水会爆炸。因此在其制备、络合、使用、复活、残渣处理等过程中，严禁与空气和水接触，应用氮封或浸在纯汽油中。要经常检查容器密封情况，发现损坏应立即修理或更新。另外，该催化剂经摩擦会产生静电火花而引起燃烧。所以必须严防含催化剂的液体从阀孔、缝隙等处高速喷出。当带压的聚合釜等设备上的阀门、法兰有泄漏时，要停车检修。

在活化塔、吸收塔和脱水塔中除去乙烯中一氧化碳、二氧化碳、微量的氧、水和乙炔。投料前必须先用高纯氮（常温的或经加热的）将塔洗净，否则乙烯与氧会形成爆炸性混合物。投料前，聚合釜中的气体需用高纯氮转换，使釜内含氧量降低至 0.02％以下。投料量要低于釜容积的 75％～80％。聚合过程中，要严格控制温度、压力和时间，保证冷却和连续搅拌，防止局部暴聚。出料后，釜内要充氮，以保持正压，防止空气倒吸进釜。洗釜时，汽油用量不能过多，否则将会增加汽油与釜壁摩擦的机会，相应地增加了产生静电的可能性。汽油的流速应当控制在 3.5m/s 以下，不得将汽油从釜顶喷射入釜（宜沿壁流下），以防静电积聚引起燃烧；空气不得进入聚合系统；乙烯与氢不得泄出。

该工序使用沉降式离心机，应控制出料速度，防止静电积聚，引起燃烧。另外，要防止汽油落在传动皮带上，以免高速摩擦发热，引起汽油燃烧。离心机应经常检修，严防滴漏。

管道一般用铝制作，目的是为了防止铁质工具与干燥管道摩擦、撞击而产生火花。管道内壁常有聚乙烯黏结，长期受烘会分解和放出可燃、易燃物质；高速流动的聚乙烯会产生静电。因此，管内要经常清理；进干燥管的聚乙烯不得含汽油（由前一工序实现），聚乙烯粉料流速要严加控制，管内温度最好保持在 120℃以下，管的各部位应设蒸汽喷嘴，一旦起火可立即喷汽予以扑灭。

呈粉状或粒状的低压聚乙烯成品，一般由干燥出口经管道灌入包装袋。降低粉料降落高度可以防止粉料高速流动产生静电。磅秤接地要良好。在不影响制品质量的前提下，可以适当提高包装车间的相对湿度。

挤出机或造粒机用电热丝加热，房间应密闭并安装排风设备和监测乙烯和汽油蒸气浓度过高的报警装置。

6.3.2.2 低压聚乙烯安全生产重点环节

（1）**聚合釜** 聚合釜是聚乙烯生产的关键设备，每条生产线通常有两台聚合釜。工艺物料如乙烯、丙烯与空气混合爆炸极限较宽，溶剂己烷又是低燃点物料，因此一旦泄漏极易发生事故。

注意聚合釜不得超温、超压运行，当聚合温度超过 85℃、压力超过 0.6MPa 时，就可能发生聚合物熔融粘壁的"熔炉"和"爆聚"事故。

清理聚合釜时，塑料粉末下泄撞击，会造成静电荷积累自燃，为防止静电危害，应对清理物料作喷水处理。

若发生沉积物堵塞现象时，必须使用铜质工具或涂有黄油的工具。不得使用铁棒锤击堵料。不得带压处理物料。

（2）**溶剂回收** 该过程是除去母液中的水分和少量的共聚单体，进行溶剂回收的单元。回收的溶剂己烷是一种低燃点的可燃的有毒液体，操作中必须认真对待。由于生产工序涉及的设备容器较多，操作一旦出现失误，容易造成跑料而发生事故。

经常注意检查己烷回收塔，不能超温、超压。当塔内压力超过 0.4MPa、温度超过 105℃时，就有可能发生燃烧、爆炸或中毒事故。

(3) 催化剂配制 催化剂配制对聚合釜反应至关重要，必须严格按规定要求在稀释槽用己烷稀释到规定浓度（钛基催化剂浓度为 5mg 分子钛/1PZ 浆液，三乙基铝催化剂浓度为 100mg 分子铝/1AT 溶液），然后由催化剂加料泵计量打入聚合釜。钛基催化剂遇水则分解，易灼伤皮肤；三乙基铝遇到空气即燃烧，遇水激烈燃烧而发生爆炸；溶剂己烷是低燃点的可燃性物质。因此，稍有泄漏或控制失当，就会发生燃烧、爆炸。

三乙基铝催化剂配料槽，关键是密闭防泄漏。要经常检查法兰、管线有无泄漏。系统必须有氮气置换、保护，氧含量不得超过 0.2%，系统露点小于或等于 -50℃，系统压力要维持在 0.02MPa，严防泄压或负压。向接受槽装钛基催化剂时，严防不纯物质如氧、硫化物等进入系统。

(4) 其他环节

① 一定要把低聚物切片中的己烷蒸干，低聚物己烷含量不得超过 0.2%，否则己烷带到包装工序会引起着火。生产时必须保证抽风机不能停转，以防可燃气体浓度超标而引起着火。

② 己烷高压转换器的关键是检查有无泄露，蒸汽压力不得超过 4.0MPa，内部压力不得超过 3.0MPa，否则容易引起火灾。

③ 己烷储罐区，要检查有否超储或负压，液位不应超过储罐容积的 80%。

④ 在处理钛基催化剂时，必须穿戴橡胶手套和面罩，以防灼伤。

⑤ 聚乙烯粉末系爆炸性粉尘，易产生静电，要注意输送系统必须在氮气保护下进行。

⑥ 为防止静电危害，在生产过程中的压料、泄料或取样时，必须注意流速不能太快。

⑦ 在操作挤压机时，要使用专用的安全工具。

⑧ 对专用消防设施如聚合釜、稀释罐上的水幕，要定期检查，保证可靠好用。装置中的事故越限报警信号和安全联锁系统等报警、联锁装置一定要做到定期调试和维护保养。

6.3.3 高压聚乙烯的安全生产与防护

6.3.3.1 高压聚乙烯安全隐患分析

高压聚乙烯生产过程是在 150~285℃温度和（1.08~2.45）×10⁸Pa 压力条件下进行的气相游离基连锁放热反应。反应速度快，操作技术要求高，生产过程难于控制，对安全稳定生产带来不利因素。

乙烯是易燃、易爆的气体。生产过程中乙烯气体容易泄漏，漏出的乙烯与空气形成爆炸性的混合气体，当乙烯含量在 $2.75\%\sim28.6\%$ 爆炸范围内，就产生爆炸和燃烧。乙烯在 $1.08\times10^8\,Pa$ 以上压力时，如果压缩机出口温度过高，就会发生乙烯"自聚"，导致压缩机管道堵塞，严重时会发生压缩机爆裂等恶性事故。

乙烯在聚合反应中，除放出大量热量外，还可能由于下列因素，在反应器内生成"热点"，导致乙烯在聚合过程中发生分解反应，引起设备爆破，爆破后排出的乙烯温度很高，在空气中会发生二次爆炸。主要因素有以下几点。

(1) 聚合反应中由于引发剂过量，或注射泵失调或误操作造成聚合反应过分激烈。

(2) 聚合反应中，由于反应器搅拌轴引起的机械摩擦产生的局部过热。

(3) 乙烯气中杂质（如 O_2 那样能参与反应的杂质）含量偏高。

压缩机对工质的绝压压缩、膨胀反复多次会引起乙烯分解，导致压缩机高温高压，可能发生压缩机及其管道的破裂。另外，聚乙烯用管道输送时，可能产生静电，当聚乙烯粉尘达到爆炸浓度 $85\sim370\,mg/L$ 空气时，容易发生粉尘爆炸。

6.3.3.2 高压聚乙烯安全生产重点环节

(1) 乙烯压缩机 压缩机是该装置的关键设备，压缩机加压的乙烯系易燃、易爆气体，加压至高压和超高压时乙烯物料的温度也较高。压缩机出现故障将造成全生产线停车，并有可能造成乙烯泄漏，威胁安全生产。

① 系统开车前要检查含氧量小于 0.5%。不合格时必须用精制氮气置换，防止氧气进入系统造成危险。

② 经常检查、监视压缩机入口的温度和压力是否正常，系统联锁装置须正常投用，当联锁系统出现故障暂时需要检修时，必须采取加强监视和紧急处理措施的管理。

③ 高压乙烯的泄漏会带来严重的后果，设置在各监视部位的可燃气体报警器必须定期进行校验，保持其始终处于正常工作状态，其他计量、指示、调节等仪表也要定期校验。

④ 高压、超高压系统的管道附件，必须定期进行检查、检测鉴定，包括管道、弯头腐蚀、螺栓伸长、螺纹变形。

⑤ 超高压设备的要定期进行探伤鉴定，发现超标缺陷，经妥善处理方能再投入生产。

⑥ 经常对超高压设备和管线进行重点部位测震，发现问题及时采取加固底座管卡等措施。

(2) 聚合反应器 聚合反应器是装置的核心部位。由于反应器内聚合反应在超高压和高温下进行，如果反应器中的搅拌器因操作不当或者搅拌轴出现故障，将造成反应器内局部热点，温度、压力升高热分解，造成紧急停车。若排空不及时会造成爆破板爆破。物料排不净时，反应器内的物料很难清理。其次，如果乙烯外泄也将直接威胁装置的安全。

(1) 检查开车前系统含氧量应小于 0.5%，不合格时必须用精制氮气置换。装置的联锁系统正常投入使用，定期校验。

(2) 严格控制监视反应器压力和调节催化剂的注入量，使反应温度控制在 230～270℃，密切注意搅拌的运行状态，定期检查和检修，以防搅拌出现故障而引起过热分解爆破。

(3) 聚合岗位的设备和管理，安全阀、爆破片、可燃气体检测报警仪、计量等仪器的定期检查、校验鉴定等，同压缩系统的内容。

(4) **挤压机** 挤压机是高压聚乙烯造粒的关键设备。如果挤压机维护不好，齿轮箱、填料等处出故障，会使整条生产线受到威胁。

注意检查挤压机的负荷不能超标，观察粒型调整切刀与挤压机转速的比例应处于平衡状态；造粒水温控制在 40℃以下；要经常检查齿轮箱的声音、温度、震动；并且要加强检查各种填料部位，防止热物料喷出。

(5) **二次压缩机一、二段中间冷却器** 它在二次压缩机一、二段中间，对物料起冷却作用，压力 107.91MPa，温度 90℃。若使用的白油不纯，含有活性基团，乙烯会自聚产生堵塞，使二次压缩机不能正常运行。

控制进出料温度，把好白油进厂质量关，严禁使用不合格的白油。

(6) **其他部位**

① 经常注意监视高压分离器和低压分离器中聚乙烯料面，防止乙烯夹带聚乙烯堵塞管线、阀门和仪表。严格控制聚乙烯物料中乙烯含量，一般不得超过 0.5%。

② 注意对催化剂叔丁基过氧化苯甲酸和 3,3,5-三甲基过氧化己酰的储存、保管的监督检查，保管温度不得超过规定，致使其发生分解事故。使用时，应注意佩戴防护用具。

③ 乙烯在高压状态绝热膨胀温度下降，要防止冻伤。超高压状态绝热膨胀温度上升，要防止烫伤。

6.3.3.3 高压聚乙烯避免事故的措施

① 严防高压压缩机及超高压压缩机超温运行，是防止管道"自聚"的最好方法。

返回气冷却器热交换面积不够会导致二次压缩机入口温度偏高。又因压缩机超负荷运行，导致压缩机出口温度较高，因此超高压压缩机二段出口容易发生"自聚"而被堵塞。采取改变冷却水水质的方法。使用低温水作为热交换器冷剂。另外，加大超高压压缩机入口前返回气冷却器的热交换面积。严格控制一段、二段出口温度，通常不高于 80℃。同时可以利用大检修期间清除压缩机管道内的高聚物，确保了压缩机的安全运行。

② 减少压缩机管线振动。

经常检查管线加固情况并及时更新陈旧管线。

③ 及时消除容器及管道漏气，严防乙烯在空气中发生爆炸。

由于装置运行时间长，不可避免出现设备老化。因此要加强对有关装置的巡回检查制度，做到定期更换设备或及时修理。避免了因漏气而导致火灾、爆炸等事故。

④ 提高反应器搅拌轴的装配质量，减少因机械摩擦产生的"热点"。

有时由于搅拌轴电动机功率较高，导致聚合反应因底轴承损坏出现"热点"而分解或搅拌轴寿命很短的现象。

⑤ 强化工艺管理和提高操作工人的技术素质，是安全生产的根本保证。

高压聚乙烯装置聚合反应激烈，操作条件苛刻。工人必须操作熟练、工作责任心强、处理事故快而准确，才能有效地保证安全、稳定、长周期的生产。因此，要加强员工的技术培训，做到考核不合格不上岗。同时加强对工艺指标的控制，加强领导、技术人员、工人三级管理制度。这样可以使因人为因素造成的事故率大大下降。

6.4 聚乙烯树脂生产产生的污染及其处理[9]

聚乙烯生产工艺中的气体排放可以分成 3 种类型：直接排大气；通过捕集系统排大气；排至火炬系统。液体排放物可分为 4 种类型：重组分和低聚物；含油污水；含粉末污水；催化剂残余物。固体排放物可分为 4 种类型：废预聚物；废聚合物；其他废聚合物；废苛性碱。

气体排放物、液体排放物、固体排放物及其处理方法见表 6-1～表 6-3 所列。

■表 6-1　气体排放物及处理方法

排 放 源	排放形式	排放物主要成分	建议处理方法
聚合反应循环回路	事故排放	乙烯、乙烷、丁烯、氢气、氮气	火炬系统
催化剂制备和溶剂回收，预聚合生产，化学品的接受和储存	集中排放，溶剂管网排放	烃类（共聚单体和溶剂）、氢气、氮气	放空
聚合、预聚物生产	集中排放、PV 管网排放	烃类化合物、氮气	放空
聚合（脱气）	排放物来自反应器后面的聚合物脱气	乙烯、氢气、氮气	火炬系统
聚合物调整	以空气稀释烃化物	烃类、氮气、聚合物粉末、空气	放空
原料处理单元	净化氢气时排放	甲烷、乙烯、清漆	火炬系统
催化剂制备工段和化学品储存	氯丁烷排放系统	烃类、氮气	以石蜡油净化后放空
其他	如三乙基铝储罐	—	砂坑
	泄压元件及其他排放源	大体是烃类，很少或无粉末	火炬系统

■表 6-2　液体排放物及处理方法

排　放　源	排放形式	排放物主要成分	建议处理方法
溶剂回收	溶剂净化	$C_6 \sim C_{12}$	焚烧或作为燃料回收
催化剂制备	催化剂残余物	残留催化剂	到界区外生化处理
含油水排放	来自取样点的各项损失及设备维修等	烃类和水	界区内 CPI 分离器
雨水排放	来自装置各工段，可能含有聚合物粉末或颗粒	雨水和聚合物	界区内
石蜡烃溶剂	安全捕集罐更换	吸收氯丁烷的溶剂	作为燃料回收
预聚合反应器	清釜	微量的有机物	去 CPI 分离器

■表 6-3　固体排放物及处理方法

排　放　源	排放形式	排放物主要成分	建议处理方法
粉末颗粒筛分	聚合物粉末和颗粒弃料	聚乙烯	收集起来填埋或作为等外品出售
输送系统、包装线等	非正常损失	聚乙烯	收集起来填埋作为等外品出售
乙烯净化	用于催化剂、二氧化碳处理器	固体苛性碱	作为废碱回收
预聚合反应	废预聚物	预聚物	脱活后作为等外品出售

6.5 聚乙烯树脂及其复合材料的回收利用[10~16]

　　近年来，由于人口的不断增长，城市化的急速进展，生活节奏的加快以及人们的生活消费方式的改变，塑料制品的消费大量增加。塑料在合成、加工、使用等环节中，会有部分失去制品的原有使用性能或价值，由此被人们排除在生产领域和消费领域以外，通常被当作"废弃物"。从高分子学科的基本原理上看，废弃物中的高分子链结构受光、氧等作用会发生一定程度的老化（降解或交联），然而，大分子要分解到不影响土壤中植物生长的程度则需要十分漫长的岁月，如果埋藏在土层之中，简直会"顽固不化"。日积月累，塑料制品的废弃物不仅对土壤表层绿色植物是致命的危害，同时也间接、灾难性地威胁人们的生活。

　　塑料垃圾因为处理困难，填埋时体积大，焚烧时热值高并排出二氧化碳造成温室效应，并且难于生物降解，从而成为全球环境保护问题中的一大难题。世界各国都很关注和支持废塑料的回收再生利用方法，并且予以高度评价。废塑料的回收再生利用将工业垃圾变成极有价值的工业生产原料，实现了资源再生循环利用，具有极其重要的潜在意义。

　　在工业发达国家的固体废弃物中，废塑料约占 4%～10%（质量）或10%～20%（体积），其主要来源于加工废料、汽车垃圾和包装废弃物。废塑料中各品种所占的质量分数分别为：低密度聚乙烯（LDPE）27%；高密度聚乙烯（HDPE）21％；聚丙烯（PP）18％；聚苯乙烯（PS）16％；聚氯乙烯（PVC）7％。可见，废塑料中聚乙烯占有相当大的比重，并且废塑料中的聚乙烯回收利用价值高，耐老化性较好等特点，因此近年来聚乙烯的循环回收利用受到特别的重视。

聚乙烯是四大热塑性通用材料之一，其用量占 65％。随着聚乙烯消费市场的不断扩大，消费品种的不断多样化，聚乙烯的废弃物量也在不断增加。目前，我国每年社会上可回收利用的废弃物约有 1Mt，实际利用的约有0.2Mt，实际利用率仅为 20％，大部分废弃物以填埋方式进行处置，这样不但造成了二次污染，也造成了资源的重大浪费。因此，对塑料制品的回收利用是治理塑料污染问题的重要途径。

6.5.1 聚烯烃材料的环境适应性

聚烯烃（聚乙烯约占 65％）作为一种优异的合成材料，大量应用于塑料包装薄膜、餐具、容器等一次性包装领域。在这些应用中，与金属、纸、玻璃等其他传统材料相比聚烯烃材料具有较好的环境保护方面的优势，具体见表 6-4 和表 6-5 所列。根据表中的数据可知，聚烯烃材料具有质量轻、低能耗、污染小等优点，因此生产聚烯烃过程表明其具有良好的环境适应性。

■表 6-4　用不同材料生产 1L 的容器所消耗的资源和排放的废弃物比较

测试项目	聚烯烃	铝	纸	玻　璃
质量	1	1.71	1.00	17.14
耗水	1	0.63	13.00	15.63
耗能	1	6.00	1.14	2.86
临界量水	1	3.4	37.20	4.53
临界量气	1	4.07	2.15	6.30
固体废弃物	1	11.82	1.09	32.64
材料方便性	1	5.54	2.10	18.26

注：表中的各项数据是以聚烯烃材料为 1 的相对值。

■表 6-5　聚烯烃和牛皮纸生产 1000 个包装袋的项目比较

测试项目	聚烯烃	牛皮纸
材料	1	4.00
质量	1	2.31
废弃排放	1	1.68
化学 O. D.	1	32.80
生物 O. D.	1	460.00

注：O. D. = Oxygen Deficiency，欠氧。

6.5.2 聚乙烯回收料的主要来源

目前聚乙烯制品主要由低密度聚乙烯、高密度聚乙烯（HDPE）、线型低密度聚乙烯（LLDPE）等制成。其中，低密度聚乙烯和线型低密度聚乙烯中的约76.7％用于薄膜类产品，其中的48.7％为农用薄膜；注塑制品占9.6％；单丝编织类占4.7％；电缆电线占2.4％；管板材占3.3％；其他占3.2％。高密度聚乙烯中，薄膜类占18.3％；单丝编织类占17.9％；吹塑制品占19.8％；注塑制品占17.0％；管板材占13.3％；其他占12.7％。聚乙烯树脂制品的种类繁多、用途广泛，其主要流通使用渠道为农业领域、商业领域、家庭日用3个方面。

6.5.2.1 农业领域中的废旧聚乙烯制品

在农业领域中聚乙烯制品的应用主要在4个方面。

(1) 农用地膜和棚膜 从20世纪50年代起，塑料在农业上的应用日趋广泛，农用塑料薄膜是塑料在农业中的最主要应用之一。我国使用塑料农膜的特点是起步较晚，发展极快。我国是一个农业大国，农用塑料占塑料制品的比重较大。据不完全统计，现阶段年均塑料制品的537万吨中，仅农用膜即占15％左右，这个应用比例还在逐年上升。目前，我国已是世界上生产和使用塑料农膜数量最多的国家，塑料农膜在我国的推广应用对农产品的产量起到了极大的作用。塑料农膜与种子、化肥并列为我国农业技术的三大法宝。然而，随着塑料农膜使用量的不断增加和使用范围不断扩大，土壤中日积月累的农膜残留越来越多，破坏了农作物的生长的土壤环境，负面影响已经凸显。消除"白色污染"已成为我国农业发展亟待解决的重大问题之一。农用膜的回收，应注意以下两个方面的问题。

首先，对于农用地膜，由于其质量较差，超薄薄膜用后难回收，埋在地下又难以分解，对土壤环境及农作物产量影响很大，因此，应在可控光微生物降解膜推广应用前尽量限制超薄膜的生产。

其次，提高薄膜的回收价格，在经济方面积极、有效地鼓励个人回收废薄膜。对于回收后的薄膜制品，处理方法主要有直接利用和改性利用两种。

直接利用是当前最主要的利用途径，对于在加工成型过程中产生的边角料、下脚料等的处理更是简便，它的处理工艺有以下几种。

① 废薄膜→洗净→干燥→计量→塑炼→热熔坯→模压→整理→制品

② 废薄膜→洗净→干燥→破碎→挤出塑化→料坯→计量→模压→整理→制品

③ 废薄膜→破碎→洗涤→脱水→（加入新树脂、添加剂）干燥混合→挤出→塑化→造粒→树脂

改性利用主要有：填充改性（包括通过添加活化无机粒子进行填充改性；增加弹性体进行增韧改性；添加纤维进行增强改性）、交联改性以及塑料合金化等。填充改性主要适用于对外观和力学性能要求不高的聚乙烯粗大制品。

(2) 编织袋 如化肥、种子、粮食的包装编织袋等。

编织类制品可直接清洗，然后粉碎（或先粉碎后清洗），再进入造粒工

艺；也可将其进行改性制成其他的制品。其工艺过程可与薄膜类再利用工艺相类似。

(3) 农田水利管件 包括硬质和软质排水、输水管道。

(4) 塑料绳索和网具

6.5.2.2 商业领域的废旧聚乙烯制品

聚乙烯是塑料工业中产量和用量最大的品种，由于其具有价廉、质轻、易加工等优良特点，已广泛应用于工商业中。工商业领域的塑料制品废弃物至少表现在两个方面。一个是经销部门，这类部门可回收的聚乙烯制品大都为一次性包装材料，如包装袋、包装箱、隔层板、打捆绳、防震泡沫塑料等。此类塑料制品种类较多，污染性小，回收后通过分类即可再生处理。另一个是消费部门，回收废弃的聚乙烯制品，如食品盒、饮料瓶、包装袋、盘、碟、容器等塑料杂品。这类制品通常是已使用过的，有污染物。它们除分类回收外，还需要进行下一步处理。

周转箱是 HDPE 制品在物流领域的主要应用物品，约占聚乙烯制品的6%。由于周转箱在使用和运输过程中往往长期受到紫外线照射，其力学性能等下降严重而成为废品。因此必须对回收的废周转箱进行改性，例如加入抗氧剂、抗紫外线等稳定剂，其再生制品的力学性能等才能有所改善，这样废品才能重新得到有效地再利用。

6.5.2.3 家庭日用中的废旧聚乙烯制品

日常生活中所用塑料制品占整个塑料制品的比重较大，而且日用塑料的比率越来越大。这些日用塑料制品可分成 3 种：一种是包装材料，如包装袋、包装盒、家用电器的减震材料、包装绳等；另一种是一次性塑料制品，如饮料瓶、牛奶袋、罐、杯、盆、容器等；第三种为非一次用品，如各类器皿、塑料鞋、灯具、文具、炊具、厕具、化妆用具等杂品。包装用塑料中，瓶、杯、桶、盒等容器约占 47%，家庭日用品中及消费场所中的盒、瓶、杯等容器的比例较大。这些废弃物如不回收利用，只能随生活垃圾一起被填埋或焚烧，造成原料的浪费。对于瓶、杯、桶、盒等包装及日用废品，其基本的回收利用过程是将塑料容器收集后，发往材料回收厂分选，使回收的塑料在性能上具有一致性；然后将容器压实，除去原料中的尘土等杂物；捆扎；送入磁铁分选机除去金属铁；再送往造粒车间或其他生产工艺流程中再利用。

6.5.3 回收利用前的准备工作

在采用各种塑料再生方法对废旧塑料进行再利用前，通常的准备工作是将塑料分拣。由于塑料消费渠道多而复杂，有些消费后的塑料又难于通过外观简单将其区分，因此，最好能在塑料制品上表明材料品种。中国参照美国塑料协会（SPE）提出并实施的材料品种标记制定了 GB/T 16288—1996

"塑料包装制品回收标志"，见表 6-6 所列。

■表 6-6　塑料名称、代码与对应的缩写代号

塑料名称	塑料代码	塑料缩写代号
聚酯	01	PET
高密度聚乙烯	02	HDPE
聚氯乙烯	03	PVC
低密度聚乙烯	04	LDPE
聚丙烯	05	PP
聚苯乙烯	06	PS
其他	07	Others

6.5.3.1 塑料简易鉴别法

虽然可以利用塑料包装制品标记的方法来方便分拣，但由于中国尚有许多无标记的塑料制品，给分拣带来困难。为将不同品种的塑料区分开，以便分类回收，首先要掌握鉴别不同塑料的知识。对于塑料农用薄膜，从厚度上可以简单的区分塑料地膜和塑料棚膜，通常塑料地膜较薄，而塑料棚膜较厚。塑料地膜基本上可以归为聚乙烯；塑料棚膜有聚乙烯和聚氯乙烯两类，其中聚乙烯柔软性好一些而带乳白色，聚氯乙烯透明性好一些而且重量更重一些。表 6-7 是一些常用塑料的直接鉴别法。

■表 6-7　常见塑料的直接鉴别法

塑料名称	眼　看	鼻闻	手　感	摔后耳听
聚乙烯（PE）	LDPE 的原材料为白色蜡状物，透明；HDPE 为白色粉末状或白色半透明颗粒状树脂。在水中漂浮	无臭无味	具有蜡样光滑感，划后有痕迹，膜软可拉伸。LDPE 柔软，有延伸性，可弯曲，但容易折断；MDPE、HDPE 较坚硬，刚性及韧性较好	音低沉
聚丙烯（PP）	原材料白色蜡状、半透明，在水中漂浮	无臭无味	光滑，划后无痕迹，可弯曲，不易折断，拉伸强度与刚性较好	响亮
聚苯乙烯（PS）	标准型玻璃般透明；耐冲击无光泽，在水中下沉	无臭无味	光滑，性脆，易折断	用指甲弹打有金属声，俗称"响胶"
ABS	乳白色或米黄色，非晶态，不透明，无光泽，在水中下沉	无臭无味	分硬质材或软质材。硬质材坚韧、质硬，刚性好。不易折断	清脆
聚氯乙烯（PVC）	原材料透明，制品视增塑与填料情况而异，有的不透明。在水中下沉	随品种而异	硬制品加热到 50℃ 时就软，且可弯曲；软制品会下垂，有的还有弹性	硬制品
聚酰胺 6 聚酰胺 66	原材料乳白色，如胶质。加热到 250℃ 以上时成水饴状，在水中下沉	无臭无味	表面硬有热感，轻轻锤打时不会折断	低沉
PMMA	玻璃般透明，外观美。在水中下沉	无臭无味	加热到 120℃ 时可自由弯曲，可手工加工，坚硬，不易碎	用手指弹打有钝重声
纤维素塑料	水白色，胶质状。在水中下沉	无臭无味	无味有热感，不易伸长，弯曲后立即复原，表面硬而韧。浸水会稍软化	低沉

塑料名称	眼　　看	鼻闻	手　　感	摔后耳听
PTEE	白色蜡状，透明度较低，光滑，不燃，不吸水，耐候性极佳。在水中下沉	无臭无味	有润滑感	低沉
PU	有泡沫、弹性体、涂料、合成革及胶黏剂等五种形态，形态各异，在水中有的下沉，有的漂浮	无臭无味	随形态不同而异	低沉
聚碳酸酯（PC）	原材料为白色结晶粉末，浅黄色至琥珀色，透明固体，制品接近无色。为高级绝缘材料	无臭无味	有金属感，较硬，弯曲时的抵抗力大，耐冲击，韧性强	较响

6.5.3.2 聚烯烃制品的分拣

因为不同种类的塑料混杂在一起会给以后的再生加工造成困难，且影响再生制品的质量，另外，混杂在废旧塑料制品中的金属、泥沙或其他杂质也应除去，才能制备质量较高的再生塑料制品。所以，废旧塑料制品应先进行分拣，分成不同种类再进行利用。

塑料制品的分拣方法有手工分拣和机械分拣两类。也有的将手工分拣和机械分拣相结合的方法。机械分拣可通过磁选、密度分选、静电分选、浮选分选、温差分选、风筛分选等方法分选。

塑料的回收再利用常常受到再造粒的塑料质量的影响。一种塑料造出来的粒料质量常常受到夹杂的其他种类塑料的影响，因此，再使用的塑料不可能用于高价值产品。这也是具有高价值材料在回收再利用时，一般只能用于低价值的大件制品的原因。所以，要生产高质量的再生聚烯烃，分拣工作十分重要，主要有下述两种方法。

(1) 红外线分拣　红外线也被应用于塑料的分拣，红外线扫描仪，可区分6种不同的塑料，包括PET、LDPE、HDPE、PVC、PS、PP，精确率可达100%。当塑料沿着传送带通过时，波长为600~2500nm的红外扫描仪能在0.1s的时间内扫描区分不同的塑料，达到分拣的目的。

(2) 离心分离机　利用废塑料不同的相对密度，通过特殊的机械进行分离是较为先进的方法。Foma Engineering 公司花费两年时间开发了专用于消费后塑料分离的离心分离机 CENTREC。通过 CENTREC 离心分离机为中心的一套分离装置，可以获得良好分离的塑料，为生产高附加值的制品创造了条件。

CENTREC 离心分离机可以将塑料混合物分离成两部分，其中被分离的塑料的纯度至少可以达到99.5%，所以能用于生产高附加值的再生塑料制品。

实际应用于分离的例子有：①PET 瓶和 PP 盖子的分离；②PS 杯和铝箔盖的分离；③PP 管材和 PVC 管道密封的橡胶垫圈的分离；④PMMA 和

ABS汽车后灯部件的分离；⑤家庭日常用品废弃聚烯烃制品的分离。

CENTREC离心分离机装置的经济优势在于：防止成本消耗在掺杂进的多余的其他种类的材料，使回收的材料能作为与新原材料一样的制品应用，从而可以替代使用的新材料，而分拣的塑料价格更低，具有广泛的应用前景。

6.5.4 聚乙烯回收料的分选净化技术

聚乙烯废塑料一般已不再填埋和焚烧，浪费大量资源，基本上可按如下途径进行回收利用。世界各国主要集中在其再生利用上，实现资源的化学再循环、材料再循环和能量再循环。聚乙烯废塑料回收再生利用技术流程如图6-1所示。

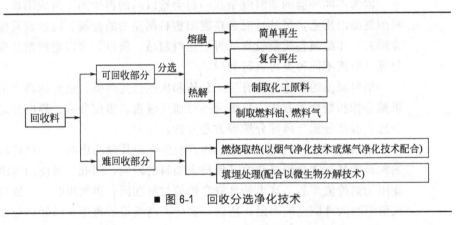

■ 图 6-1　回收分选净化技术

塑料的品种较多，各种制品的生产原料不同，塑料废弃物降解后的产物也不同，不同杂质的混入对回收再生后的性能也有着不一样的影响，各种塑料的物化特性差异及不相容性，使回收后的混合物的加工性能受到较大影响。为了提高回收产品的利用价值，最好先将收集的废旧塑料分类筛选，然后根据不同的材料和不同的要求，采用不同的回收利用技术加以处理。在过去的20年中，废塑料的分类分离主要集中在PE、PVC和PS以及聚对苯二甲酸乙二醇酯（PET）等几种主要塑料。国外已开发出计算机自动分选系统，实现分选过程的连续自动化。

6.5.5 聚乙烯回收料物理法循环利用技术

物理方法主要是指熔融再生方法。该法将废塑料加热熔融后重新塑化。根据原料性质，可分为简单再生和复合再生两种。将聚乙烯废塑料经过分离筛选（或混合使用）后，粉碎、造粒并直接使用或与其他聚合物混制成聚合物合金。这些产品可用于制造再生塑料制品、塑料填充剂、阻隔材料、过滤材料、涂料、建筑材料和胶黏剂等。目前，我国大连、成都、重庆、郑州、沈阳、青岛、株洲、邯郸、保定、张家口、桂林、北京、上海等地分别由日本、德国引进 20 多套（台）熔融法再生加工利用废塑料的装置，这些设备的进口，促进了我国废塑料回收利用技术的研究。

6.5.5.1 简单再生循环

简单再生已被广泛采用，主要回收那些易于清洗、挑选的一次性使用废弃品树脂以及生产厂和塑料制品厂生产过程中产生的聚乙烯边角废料。这部分废旧料的优点是比较干净、成分比较单一，因此采用比较简单的工艺和装备即可回收到性质良好的再生塑料，其性能与新料相差不多，加上聚乙烯的耐老化性等性能较好，废料与新树脂比较，性能下降较少，在很大程度上可以作为新料使用。现在塑料废弃物件约有 20％采用这种回收利用方法。

(1) 生产共混新料　用改性加工方法生产共混新料主要是与相对分子质量较高或键结构规整度较好的同类新树脂共混。

(2) 制取泡沫聚乙烯　制取泡沫聚乙烯是废旧塑料降格使用的回收方法之一。在废聚乙烯中加入发泡剂即可制得泡沫聚乙烯，这种以再生薄膜为基础的泡沫聚乙烯，除断裂伸长率较低外，其他各项性能指标都可与新树脂发泡聚乙烯相媲美。可用做地板材料，其主要特点是富于弹性、摩擦系数大、步行感觉良好、耐磨损和耐寒。

(3) 制土工材料　土工制品的应用一般都是埋、铺或插入地下，不再取出，对材质的美观不作要求。通常只要求某些物理性能和化学性能的技术指标达到标准，因此用废旧塑料生产土工制品可以获得较好的经济效益和社会效益。例如利用废旧聚乙烯可制造护坡植草的绿网；用废旧聚乙烯制土筋（加强土的拉力）；利用废旧聚乙烯加工成降低地表水位的盲沟或防止滑坡塌方的土工格栅。

(4) 聚烯烃填充母料　以工业回收聚乙烯扁丝为载体树脂，加入适量助剂与无机填料制成了聚烯烃用填充母料。它与聚乙烯树脂相容性好，并且降低了扁丝的成本。对以工业回收聚乙烯扁丝为载体，硅灰石为填料制成的聚烯烃填充母料和母料按 10％填充聚乙烯成型扁丝，根据 QB 1126—91 和 GB 8964—88 国家标准进行各项性能测试，均符合行业标准和国家标准，且实现了高填充、低成本，具有较好的加工性能、力学性能和物理性能，经济效益显著。

(5) 生产纺织织物　微晶化的成纤聚乙烯是制造超强纤维（织物）的原料，成纤聚乙烯是生产乙纶纤维的原料。由于聚乙烯原料应用广，所以一直供应紧张，因此，回收废聚乙烯是降低原料成本以及缓解供应紧张的好方法。废聚乙烯可以使用螺杆挤压机进行造粒，然后再纺丝。回收聚乙烯再造粒时要经过反复加热和熔融，因此聚乙烯的化学和物理性质都会发生变化，再造粒的添加剂、挤压条件以及废料中的灰分也会影响成品丝的性质，若性能太差甚至可能导致无法纺丝。在回收聚乙烯时，首先应考虑材料的纯度、均匀性、相对分子质量分布以及熔融体的性质。实验表明，微量添加剂也是保证回收成功的重要因素。将再生聚乙烯用于纺丝生产织物时，对于原料有很高的要求，否则纺丝困难。由于地毯用量的增加，以及其他复合材料的使用，使得回收聚乙烯成纤聚合物的工作越来越困难。

(6) 生产建筑防水材料 利用废旧聚乙烯生产的多功能防水建筑胶、快速防渗补漏剂，可广泛用于屋顶、库房、各种粮仓、地下室、工程管道的防水、防腐，特别是用于屋顶防水寿命可达 10 年之久，与油毡相比成本低于油毡 1/2。废塑料制毡机以废膜、编织袋、旧聚乙烯等为原料，原料不经过回收机，可一次投入废塑料制毡机内进行挤出生产，生产出来的塑料毡，防水性及强度均高于纸油毡的十倍，是目前建筑行业的最佳防雨材料。

(7) 生产涂料 涂料的基础原料是废旧 PS 与废旧聚乙烯以质量比为 (50～90)／(10～50) 混配的塑料。用废旧塑料生产涂料的生产方法由废旧塑料混配造粒、溶解制浆、浆料改性和配料加工 4 个工艺过程组成；产品质量全面达到 ZBG 51028—87 质量标准，生产成本低于同类产品成本的 70%。

(8) 聚乙烯回收生产"木材" 此方法已在欧美十几家公司得以应用，具体操作是：通过将废聚乙烯塑料碾碎，再熔化成糊状且保持均匀一致，然后快速通过机器挤压成所要求的制品。该技术的难点在于对熔化温度控制要求较高。这种方法生产出的"再生木材"可像普通木材一样用锯子锯，用钉子钉，用钻头钻，从而可取代经过化学处理的木材，广泛应用于制作公园座椅、船坞组件等防水、耐蚀产品，且其成品使用寿命可达 50 年以上。

(9) 废聚乙烯用做涂覆保护套 聚乙烯由亚甲基构成，成长链对称排列，分子对称无极性、吸湿性小、电绝缘性良好，并且有良好的力学性能、物理性能，因此广泛地用做电线电缆的绝缘材料和护套材料。自 20 世纪 60 年代以来，国内已开始用聚乙烯粉末涂覆管道内壁、化工池槽、叶轮、泵、化学桶盖、仪表表面、铁板等产品。不过，在涂覆过程中，我们要充分考虑涂层的熔融、流平、成膜等因素。成功的聚乙烯涂膜有以下几种性能：①电绝缘性能，涂膜在高湿度或浸水的条件下介电性能和物理性能均不变，且有良好的电绝缘性；②耐化学性能，它能耐 60℃ 以下的大多数溶剂，耐浓 H_2SO_4 及浓 HNO_3 以外的其他酸、碱、盐；③渗透性能，它的透水率低而有机蒸气透过率大；④应力开裂，在较宽的温度范围内能保持它的力学性能。

6.5.5.2 复合再生循环

因为复合再生所用的聚乙烯回收料是从不同渠道收集到的，杂质较多，具有种类多、混杂性、污脏等特点。因此回收再生工艺比较繁杂，首先是分离和筛选工作，国际上已采用的先进的分离设备可以系统地分选出不同的材料，但设备一次性投资较高。一般来说，复合再生塑料的性质不稳定，易变脆，故常被用来制备较低档次的产品，如垃圾袋、建筑填料、微孔凉鞋、雨衣及器械的包装材料等。

6.5.6 聚乙烯回收料化学法循环利用技术

化学方法是通过热裂解或催化热裂解，使废旧塑料转化成低分子化合物或低聚物。化学回收无需对废塑料进行严格分选，前处理过程有所简化，特别适合混合废塑料的处理，既能净化环境，又能开发新能源，使废塑料成为有价值的工业原料，实现了材料再循环，提高了经济效益，是大有前景的开发项目。

从技术角度来说，化学方法主要有热裂解、催化裂解、加氢裂解、超临界水法。热裂解法通常生成沸点范围宽的烃类，回收利用价值低。催化裂解由于有催化剂存在，反应温度可降低几十度，产物分布相对易于控制，能得到质量高的汽油。为了降低催化剂的成本，找到更经济有效的催化体系，促进废旧聚烯烃热裂解技术的发展，建议进一步加强对催化剂体系的研究。当前主要是西方工业发达国家在组织人员从事废旧塑料的裂解技术的开发工作，国外废塑料裂解技术已进入实用化阶段，美国、日本、西欧这方面的研究工作起步较早，竞相准备建立商业化废塑料处理装置。但由于存在废塑料收集成本过高的问题，致使废塑料回收率远未达到要求的指标。为此美国、日本、西欧仍在寻求新的办法，以使废塑料的回收率提高到较高水平。目前，我国废塑料裂解技术开发与国外相比有较大差距，已有的工艺多以单一品种的加工废料或聚烯烃废塑料为原料，采用的流程与设备大多是套用石油裂化过程的工艺及设备，对废塑料裂解反应特点缺乏全面考虑，技术相对落后。

从用途来讲，热裂解技术根据最终产品的不同又可分为两种：制取燃料（汽油、煤油、柴油等）的油化技术；制取基本化学原料、单体回收的技术。虽然都是将塑料转化为低分子物质，但两者的工艺路线不同。由于制取化工原料技术要求高，成本亦较高，通常仅在特殊需要时使用，但随着技术的发展，必将有着更广泛的应用，目前我国该项技术只处于实验开发过程阶段。

6.5.6.1 制取燃料的油化技术

早在 20 世纪 70 年代石油危机时期国外就已开始开发油化技术，目前已取得了相当的进展，特别是日本和美国在这方面做了大量的研究工作。通常有高温裂解和催化裂解两种方式。高温裂解工艺流程中使用了两台加热炉，在提高了轻质油的收率的同时也降低了能耗，增加了经济效益。催化裂解工艺用废塑料催化裂解生成的汽油、柴油与用原油生产的汽油、柴油相比，其产品质量、物理性质、化学性质基本相同，并且具有不含铅、氨等有害物质的特点。产油技术是废聚乙烯综合利用的重要技术之一，其工艺操作主要可分为热解法、催化热解法以及热解催化改质法，具体如下。

(1) 热解法　废聚乙烯的热解反应一般发生在 377℃左右，且裂解产物随热解温度的上升有所不同。400℃时裂解的产物类似于原油生产的汽油，即碳氢化合物（碳原子数为 5～11），但出油量较少。450℃时，液体成分的80％以上是碳原子数为 7～12 的重油，液体成分中碳氢原子数之比为 1：2。在 497℃ 附近裂解就结束。聚乙烯热分解产物回收率大致为：油回收率93.2％；气体回收率 6.3％；炭回收率 0.5％。裂解结果几乎无残渣生成。但是，由于热裂解聚乙烯时的重油成分含量较高，在常温时其黏度较大，一般不宜用做燃料油使用。

(2) 催化热解法 催化热解法又称一步法，该工艺将废聚乙烯或废聚乙烯和其他废塑料的混合物及催化剂加入反应釜，热解与催化热解同时进行。该工艺的主要优点是：设备投资少，裂解温度低，全部裂解所用时间短，液体收率高。其主要缺点是：催化剂用量大，且催化剂与废塑料裂解产生的炭黑及塑料中含的杂质混杂在一起，分离困难造成难以回收，使这一工艺的推广受到一定的限制。另据报道，日本富士资源再生公司采用 ZSM-5 催化剂，通过粉碎、加热、分解等工序，使废聚乙烯等聚烯烃塑料转化为燃料油。每千克废聚乙烯等聚烯烃塑料可生成 0.5L 汽油、0.5L 柴油或煤油，且每吨废塑料的处理成本仅为 235 美元。此外，该公司已成功开发采用高能粒子流化床作为反应器催化降解高密度聚乙烯，从而得到液体燃料的技术。这种技术采用的催化剂是 SiO_2/Al_2O_3（SA），这种催化剂能在反应温度为 400～550℃的条件下催化得到高品位气体产品和产量较高的液体燃料。其中 86％ 的液体燃料是含碳原子数为 5～11 的产品，在合适的操作工艺条件下，气体产品中 59％ 的是乙烯和丙烯。试验表明在最佳的工艺条件下，转化率可达 85％，煤焦油加入量为 15％，产品中柴油的十六烷值可达 48％，汽油的辛烷值可达 93。

(3) 热解——催化改质法（二步法） 该工艺流程主要是将废聚乙烯与其他废塑料混合，先热解，后对热解产物进行催化改质，最后得到油品。该工艺已在日本富士公司、德国 BASF 公司、中国的金河宏基等得到广泛应用。我国的南京大学研制的 NB.MTYF 催化剂，可应用于废聚乙烯地膜单独热解——催化裂解，液体回收率达到 74.3％。中国专利 CN1075328A 报道了在第一段采用催化剂 SSHZ-1，第二段采用 SSHZ-2 或 ZSM-5，反应时间为 10～20min，液体回收率 75％～78％。

从我国实际国情出发，废聚乙烯类塑料的油化工艺路线可采用两段熔化两段催化工艺，即先将废塑料粉碎、清洗除尘，由挤出机挤出的熔融塑料（230～270℃）与来自热分解器返回的热分解产物混合，然后将混合物料升温至 280～300℃，进入热分解器并加热至 350～400℃ 发生热分解。在热分解器至熔融釜的循环管线上，设有分离器，用以除去物料中的炭和杂质，消除体系中的结焦现象。气态烃在两段催化分解器中催化分解，经分馏可获得汽油、柴油及液化气。据统计，若全国每年有 1/10 的废旧塑料转化为汽油、柴油，我国的汽油、柴油产量就会增加 50 多万吨，从而极大地缓解部分地区燃油问题。此法常用的催化剂主要如下所述。金属类：Cu 粉、Fe 粉等单一金属或多种金属的混合物；金属盐类：$FeSO_4 \cdot 7H_2O$ 等；非金属类：褐煤（Veba 公司采用）；金属氧化物：硅铝微球、Al_2O_3、CuO、ZnO、Fe_2O_3 等；分子筛或改性分子筛：如 Y 型分子筛与 Al_2O_3 形成的多层固定床，REY 型分子筛。据文献报道，1kg 废聚乙烯油化可产生汽油（43％～49％）、柴油（31％～37％）、渣油（17％～19％）及石油气（1％～3％），可净得 49000kJ 热量，相当于 1.67kg 标准煤的发热量。由此可见，废聚乙烯通过催化改质法产油工艺可以得到有效地综合利用，从能量角度考虑，效益可观。

6.5.6.2 制取基本化学原料、单体回收的技术

混合废塑料热分解制得液体烃类化合物，超高温气化制得水煤气，都可用做化学原料。日本关西电力、三菱重工、德国 Hoechst 公司、Rule 公司、BASF 公司近几年都研究开发了利用废塑料超高温气化制合成气，再将合成气制成甲醇等化学原料的技术，目前该技术已经工业化生产。

近年来废塑料单体回收技术日益受到重视，并逐将成为主流方向，其工业应用亦在研究中。1998 年在德国慕尼黑举行的第 14 届国际分析和应用裂解学术会议上提出了有关高分子废弃物再生利用发展的新趋向，对于高分子材料"白色污染"问题，国际上在基本解决了高分子废弃物经裂解制备燃料的研究和工业化之后，已趋向高分子废弃物通过有效的催化裂解方法转化成合成高分子原料的新阶段。

废塑料回收利用工艺路线的选择是根据各国的具体情况而决定的。总的来说，日本比较侧重废塑料作为汽油、煤油等燃料油的油化还原技术和废塑料回收再利用技术的开发。而欧美以石化工厂为中心，着重废塑料还原为石化原料、化学原料的技术开发。

6.5.7 能量再生技术

塑料燃烧可释放大量的热量，燃烧实验表明，废塑料完全具备作为燃料的基本性质，首先废塑料发热量可与煤和石油相媲美，而且不含硫化物。此外由于含灰分少，燃烧速率快。因此国外将废塑料用于高炉喷吹代替煤、油和焦，用于水泥回转窑代替煤以及制成垃圾固形燃料（RDF）等，收到了很好的效果，其应用前景十分广阔。高炉喷吹废塑料技术实质上是利用废塑料的高热值，以废塑料为原料制成适宜粒度喷入高炉，来取代焦炭或煤粉的一项处理废塑料的新方法。国外高炉喷吹废塑料应用表明，废塑料的利用率达 80％，排放量仅为焚烧的 0.1％～1.0％，仅产生较少的有害气体，因此处理污染废气等费用较低。高炉喷吹废塑料技术为治理"白色污染"和废塑料的综合利用开辟了一条新途径，也为冶金企业节能增效提供了一种新的方法。塑料垃圾的能量回收主要有四种模式。

(1) 分选后直接燃烧供热发电 目前日本、德国等大多数国家采用这种

方法。废旧塑料制品焚烧进行能量回收的关键问题一是焚烧技术，二是燃烧废气的处理。前者因废旧塑料制品种类不同并且塑料的热值较高，因此对焚烧炉的设计有一定要求；后者由于近年来各国对环境保护的要求越来越严格，对排出的废气要求无公害，所以必须进行燃烧废气处理。焚烧 1t 可燃垃圾（干品，RDF）可回收产生 $5000 \sim 8000kJ/kg$ 热值，也就是说燃烧 1t 上述可燃垃圾可生成 525kW 电能，相当于 0.5t 煤的热量。值得一提的是燃烧后的垃圾的灰渣呈中性，无气味，不产生二次污染，并且体积只是垃圾的10%，具有极强的吸潮性和黏结性，可用做铺路材料、制砖材料等。

(2) 制成沼气（CH_4） 美国、意大利等国家采用此种方法。美国建有目前世界上规模最大的垃圾沼气发电站，日产沼气 $280000m^3$。

(3) 将生活垃圾转化为石油燃料 例如英国。

(4) 制备成颗粒状固体燃料 这种固体燃料的密度为 $0.5g/cm^3$，不产生烟尘，具有很好的燃烧性和燃烧热值，每公斤可释放热量 4000kcal（16736kJ），仅比同样数量的煤少 $300 \sim 500kcal$（$1255 \sim 2092kJ$），使用价值高。法国和印度等国采用此种方法。

6.5.8 可环境降解的聚烯烃

可降解塑料是指一类其制品的各项性能可满足使用要求，在保存期内性能不变，而使用后在自然环境条件下能降解成对环境无害的物质的塑料。因此，它也被称为可环境降解塑料。

聚烯烃与乙烯聚合物是一类主链为 C-C 键的聚合物，分子量较大，所以难于被自然环境中普遍存在的微生物降解。聚乙烯只有在特定的菌种存在的条件下，且相对分子质量低于 5000 时，才能发生生物降解。目前，这类聚合物被用来与淀粉、纤维素等天然聚合物共混以制造不完全生物降解的塑料。与此同时，人们正在研究各种生物降解诱发剂来提高它们的生物降解性。

另外，在聚合物中添加光敏性添加剂、自氧化剂等加速聚合物降解的添加剂而制得的聚烯烃材料，作为光降解聚烯烃也得到了发展。这类光降解塑料在中国研究得更为普遍，并在一些一次性塑料制品，如塑料农用地膜、餐盒和包装袋中获得了实际应用。

可环境降解聚烯烃的降解在短时间内通常是不彻底的，其降解类别有生物降解、光降解、化学降解。

6.5.8.1 生物降解聚烯烃

所谓生物降解聚烯烃是指在聚烯烃中添加各种可生物降解的成分制得的一类聚烯烃塑料，使聚烯烃能够天然生物降解。这些生物降解成分可以是天然的，也可以是合成的。天然的有淀粉、纤维素、甲壳素以及它们的衍生物，另外，由糖蜜发酵获得的聚酯也是天然来源的可生物降解的成分。合成的有聚二元酸二元醇酯类、聚酯类（ε-己内酯）和非聚酯类的聚乙烯醇等。目前，发展较快的一种可生物降解材料聚乳酸类可以通过两种途径获得，一种是以生物发酵获得聚乳酸为原料再进行合成制得的，另一种是全合成的方法。

（1）**淀粉**　天然淀粉是由 $15\sim100\mu m$ 的小颗粒组成，颗粒内部存在结晶结构。通常淀粉是由直链淀粉和支链淀粉组成，两类淀粉的比例随植物的种类而异。直链淀粉是葡萄糖以 α-D-1,4 糖苷键结合的链状化合物，相对分子质量为 $(20\sim200)\times10^4$，支链淀粉中，各葡萄糖单元的连接方式除 α-D-1,4 糖苷键外，还存在 α-D-1,6 糖苷键，相对分子质量为 $(20\sim200)\times10^6$。一般直链含量高的淀粉较易塑化。

天然淀粉中存在氢键，溶解性差，亲水而不溶于水。加热无熔融过程，300℃以上分解。天然淀粉可以在一定条件下，通过物理过程破坏氢键，使其变为凝胶化淀粉。淀粉结晶破坏的方法如下：①含水量大于90%的条件下加热，$60\sim70$℃时，淀粉颗粒首先溶胀，达到901℃以上时，淀粉颗粒消失，发生凝胶化；②含水量小于28%的条件下，在密闭状态下加热、塑炼、挤出，淀粉受到真正的熔融。这时的淀粉成为凝胶化淀粉。这种淀粉和天然淀粉不同，加热可以塑化，因此称为热塑性淀粉。表6-8是不同处理方法得到的淀粉的差异比较。

■表6-8　不同处理方法得到的淀粉的差异比较

制　备	凝 胶 化 淀 粉	热 塑 性
水含量/%	$5\sim50$	小于5，熔体相中无水
增塑剂	水、乙二醇、山梨醇	乙二醇、山梨醇、乙二醇乙酸酯（无水）
结晶部分	远大于5%，处理后结晶度很小，储存过程中会重新结晶，结晶度增加，从而导致解体淀粉基共混物在储存过程中会变脆，且有温度和时间依赖性，聚合物内的应变导致蠕变和材料扭曲	加工过程去结晶化，远小于5%，或无结晶，储存过程不会重新结晶
制备过程	吸热	放热
玻璃化温度/℃	大于0	小于－40
储存性能	变脆	保持可伸缩性
X衍射	有结晶谱	无结晶谱

用于制造淀粉添加型生物降解塑料的天然淀粉主要来源是玉米淀粉，直链淀粉的含量约26%，固有含水量9%～15%。未处理淀粉的下述缺点：①与聚乙烯等聚合物的相容性差；②分散性差；③因有亲水性而影响成品的尺寸稳定性；④热稳定性差，加工温度不能高于230℃，甚至更低，因此在制造淀粉基塑料时，常须对淀粉进行处理以克服上述缺点。

淀粉的处理方法很多，有简单的表面处理、糊化处理、各种变性处理，以及淀粉的接枝改性等。

制备力学性能优良的生物降解淀粉基聚烯烃的淀粉的条件：①淀粉中直

链淀粉含量高，一般直链含量高的淀粉较易塑化；②淀粉与聚合物的相容性好，理想状态的生物降解淀粉基塑料应该具有在接近分子水平上淀粉与聚合物相容的形态；③最好有连续的淀粉相的存在，以保证微生物的酶的降解。

1973 年英国 Coloroll 公司的 G. J. L. Griffin 为改善聚乙烯的手感，将淀粉添加到聚乙烯中制得具有纸质感的材料，并在英国和美国申请了专利。1985 年加拿大的大型淀粉企业 St. Lawrence Starch 公司购买了该专利，开始生产用于生物降解为目的的母料 Ecostar。1988 年美国的玉米商 ADM 公司也利用该专利技术开发了类似的淀粉填充母料 Poly-clean。1989 年纽约的 Ampacet 公司从 ADM 公司以许可证方式引进技术也开始生产这类母料。1990 年美国 Ecostar International 公司开始生产 Ecostar plus 母料。这类淀粉添加型生物降解塑料因其中的聚烯烃的耐生物降解性而在使用后的较长时间才能获得完全降解。但是，在材料水平上，它是材料破坏，在一些用途中，不再对环境造成破坏。淀粉添加型生物降解塑料如在用于地膜时，在较短时间内可降解变成不危害土壤耕作和植物生长的小块物质。

(2) 纤维素　纤维素可以被自然界中的微生物分泌的酶降解而成为植物或微生物的营养源被摄取。纤维素常与木质素、半纤维素、树脂伴生在一起。纤维素可用于制造人造纤维、纸张、纤维素塑料、生物降解塑料、无烟火药和葡萄糖等。用于制备生物降解聚烯烃的有纤维素及其衍生物。

① 纤维素　纤维素是植物在生命活动中产生的天然高分子物质之一，是构成包裹植物细胞外层的细胞壁的主要成分，是地球上产量最大的天然高分子。棉纤维是较纯的纤维素，一般其纤维素含量超过 90%；此外木、竹、麦秆、稻草等也含有较多的纤维素，精制后可得到较纯的纤维素原料。纤维素不溶于水、乙醇、乙醚、苯等溶剂，能溶于氧化铜的氨溶液、氧化锌的浓溶液、硫氰酸钙和某些盐类的饱和溶液。纤维素加热到 150℃ 之前不发生显著变化，超过这一温度会由于脱水而逐渐焦化，与冷水或沸水不起作用，但会膨胀，压力下与水共热，会逐渐起降解作用，强度显著降低，对稀酸、稀碱和弱氧化剂作用生成氧化纤维素。纤维素按照与碱或酸作用的不同，可分为甲种（α-）纤维素、乙种（β-）纤维素和丙种（γ-）纤维素。纤维素从分子结构上看是由葡萄糖分子多个相连而构成的物质。作为纤维素的结构单元的葡萄糖也是人类及动物的营养物质，等同于淀粉或储存物质的糖原（动物淀粉）。但是，两者其葡萄糖的连接方式，即相邻的葡萄糖的键的组合方式不同，因此得到的聚合物的性质也极为不同。

② 纤维素衍生物　纤维素经化学处理可获得纤维素衍生物。纤维素衍生物早期应用的实例主要有人造棉、纤维、赛璐玢、醋酸纤维素制得的薄膜、照相底片等。纤维素衍生物现代的高附加值高科技产品的应用主要分离膜、载体材料、固定酶的敏感材料等。

(3) 甲壳素

① 甲壳素也称甲壳质　是一类碱性多糖类物质，大量存在于蟹、虾、

贝等海产品和甲壳类昆虫的皮壳中，也存在于菌类等的细胞膜中。甲壳素在地球上的产量仅次于纤维素，年产量可达 1000 亿吨。甲壳素为白色半透明固体，不熔化，加热至 200℃ 以上开始分解，不溶于水、乙醚和乙醇，溶于盐酸、浓硫酸、三氯乙酸/二氯乙烷和甲磺酸等，水解生成的葡萄糖，与烧碱溶液作用生成可溶性甲壳素。甲壳素可被微生物分泌的壳质酶、溶菌酶分解。

② 脱乙酰甲壳素　甲壳素在浓碱溶液中水解脱乙酰化获得脱乙酰甲壳素。脱乙酰甲壳素是甲壳素结构单位中的葡萄糖分子第二个碳原子上的乙酰氨基被置换成氨基形式的物质，也称脱乙酰壳多糖、脱乙酰几丁质、聚氨基葡萄糖或者可溶性甲壳素，是自然界存在的唯一的碱性高分子。脱乙酰甲壳素的溶解性较甲壳素大大改善，虽不溶于水或有机溶剂，但可溶于 1％醋酸溶液，如加入醋酸盐等，则可溶于水，显示阳离子性而悬浮于水中的脱乙酰甲壳素由于带有羟基和羧基而呈阴离子性。

③ 甲壳素与脱乙酰甲壳素的制备　工业生产一般均以蟹、虾、贝食品的下脚料为原料，经稀酸除去灰分，制得甲壳素。随后用浓碱对甲壳素进行脱乙酰化处理，制得脱乙酰甲壳素。影响制品纯度、分子量和脱乙酰化度主要有酸、碱的浓度，处理时间和温度这几个因素。

(4) 生物聚酯　生物聚酯是微生物体内蓄积的一种物质，是一类脂肪族聚酯，同时也是微生物的营养物质，当无碳源存在时，这些聚酯可分解成乙酰辅酶 A 作为生命活动的能源。生物聚酯是能完全为自然界中存在的微生物降解的物质，即能被自然界存在的微生物分解成二氧化碳和水。

(5) 合成聚酯　许多合成高分子材料不具备像天然高分子或生物聚酯那样的易生物降解性，而是含有酯键、肽键、醚键的合成高分子，如聚（ε-己内酯）、聚二元酸二元醇酯类等脂肪族聚酯、PVA 等具有易生物降解性。可考虑将这些材料与聚烯烃混合并赋予该聚烯烃混合物一定的生物降解性。其中，最合适的是各种脂肪族聚酯。

(6) 其他合成聚合物　许多带有含氧基团的合成聚合物具有生物降解性，其中较为典型的是聚乙烯醇（PVA），另外聚醚、聚氨酯和聚酰胺等也有一定的生物降解性。

聚乙烯醇为白色粉末，具有高结晶性，无毒、可燃、吸水性强、能溶于水。为了提高其耐水性，往往经 160～200℃ 热处理、醛处理或用邻苯二甲酸二乙酯等有机物交联；聚乙烯醇能透过水蒸气而不透过有机溶剂蒸气、惰性气体和氢气，表面不带静电；可被从土壤中分离的细菌——假单细胞菌属的菌株分解。由于聚乙烯醇的熔点与其分解温度相近，造成其加工成型较为困难。日本合成化学工业公司开发的一种商品名 "Ecomate Ax" 的 PVA 树脂，是一种共聚物，熔点 199℃，分解温度 240℃，较好地解决了聚乙烯醇成型困难的问题，可在 214～230℃ 下进行挤塑、注塑和吹塑，可用于涂布复合。

6.5.8.2 光降解聚烯烃

光降解聚烯烃是指一类暴露于自然阳光或其他光源下会引起降解的塑料。光降解聚烯烃在光的作用下会变成粉末状,有些还可进一步被微生物分解,进入自然生态循环。使高分子发生光降解的主要因素波长小于400nm的紫外线,特别是波长 290～320nm 的紫外线。氧、热、水(如雨、雪)、力(如风、沙)等自然环境因素的参与会加速光降解的过程。光降解产物可继续生物降解,最终进入大自然的生态循环,主要有以下两种情况:合成聚合物光降解产物的相对分子质量小于某一特定值,如聚乙烯为 5000;光降解产物的分子结构中含有易为微生物分泌的酶作用的基团,如酯基等含氧基团。含有羰基或过氧化氢基的高分子链暴露于紫外线辐射时,会吸收 290nm 区域波长的紫外线,并发生光化学反应而断裂。聚合物在加工过程或在大气中会氧化使其高分子链产生羰基和过氧化氢基。添加氧化催化剂和助氧化剂可以加速生成羰基和过氧化基而使链发生光氧或自动氧化降解反应。引入酮基等到高分子链中也可以增加聚烯烃的光降解性。

常用的光敏剂有 N,N-二丁基二硫代氨基甲酸铁、乙酰水杨酸铁、乙酰水杨酸钴、乙酰水杨酸锰、乙酰苯酚、二硫代氨基甲酸镍、二苯甲酮、蒽醌等,用量约 1%～3%(质量)。

6.5.8.3 化学降解聚烯烃

(1) 化学降解 聚烯烃可通过添加有自氧化剂、热氧化促进剂等添加剂制得可化学降解聚烯烃。通常是与光敏剂或光敏剂、可生物降解物质同时添加制造可降解聚烯烃,并不单独使用化学降解剂制造可降解聚烯烃。

化学降解聚烯烃从 20 世纪 90 年代中后期开始在国内外引起较大注意,并有较快的发展。产品重点用于可堆肥垃圾袋的制造。

(2) 复合降解聚烯烃 同时具有生物、光和化学降解性能的聚烯烃称复合降解聚烯烃,它是同时添加可生物降解成分、光敏剂和热氧化促进剂的可降解塑料,降解的彻底性较之单一的可降解聚烯烃大大提高。

(3) 可环境降解聚烯烃的制造 可环境降解聚烯烃通常先制成母料,然后再以一定比例与聚烯烃混合制得,一般采用排气式同向旋转双螺杆挤出成型机进行掺混和造粒。通常生物降解母料中可降解成分的含量在 40%～80%,最终的可生物降解聚烯烃中所含比例在 10%～40%。可环境降解聚烯烃可以在常见的塑料成型设备上用各种成型工艺加工成各种制品,如薄膜、杯子、餐具、高尔夫球场用钉等。不同种类的聚烯烃有不同的加工温度,一般聚乙烯为 160～260℃,当加有淀粉等天然可生物降解成分时,成型温度相应要低一些,一般低 20℃左右。

(4) 可环境降解聚烯烃的用途 聚烯烃的难于生物降解性决定了聚烯烃作为可环境降解塑料的局限性,但是,通过掺混入完全可生物降解天然和合成材料,以及加上各种降解添加剂,可以制得在材料水平上具有降解性能的材料，并应用于一定的场合，如农用制品，包括可降解聚乙烯地膜、堆肥袋、肥料袋、育秧钵、苗床；日用制品，包括垃圾袋、包装袋、缓冲包装材料、发泡片材、一次性餐具和桌布；文具用品如文件夹、各种卡片、一次性圆珠笔等；卫生医用制品，如妇女卫生用品、婴儿尿布、一次性医用手套、牙刷等；体育用品，如高尔夫球场球钉和球座等。

塑料工业的发展对其他各行业的发展以及人民生活水平的提高，发挥着巨大的作用。如今社会倡导"低碳环保生活"（low-carbon life），就是指生活作息时所耗用的能量要尽力减少，从而减低碳，特别是二氧化碳的排放量，从而减少对大气的污染，减缓生态恶化，主要是从节电、节气和回收三个环节来改变生活细节。今后对塑料产品的要求已经不是单纯的经久耐用，而必须同时考虑善后的回收、利用、再生、降解等各方面问题。废旧聚乙烯材料的回收再利用是既能回收资源和能源，又有利于环境保护，并能产生经济效益的一项极有意义的工作，同时它又是一项社会性和技术性很强的工作。聚乙烯材料的品种繁多，而且许多材料难以回收（如一些食品包装袋、农用地膜等），所以它不仅要靠政府的政策如"限塑令"等，还要靠专门的回收部门和组织来完成，以及全社会自觉自愿地参与。这就要求我们不断努力、不断创新，把这项有意义的工作做好，为我们以及我们的子孙后代创造一个清洁的环境。

6.6 聚乙烯树脂的卫生环保检测认证及方法[17~27]

随着现代科学技术的发展，塑料在国民经济和现代科学技术中的作用日益增强，广泛地应用在生产生活众多领域中。相关资料显示，塑料用于食品包装、医疗器械等方面的销量占塑料总产量的 25% 左右。相对于玻璃与金属材料等传统材料，塑料的优点有材质轻、运输销售方便、化学稳定性好、易加工、装饰效果好以及良好的食品保护作用，因此广泛应用于食品包装工业。塑料包装材料主要用来阻止光的照射以及氧气、水蒸气、二氧化碳的渗透，防止微生物和其他化学物质的腐蚀，保护食品质量和卫生，不损失原始成分和营养，方便储运，促进销售，提高货架期和商品价值。

长期以来人们普遍以为，食品质量安全问题主要在于食品本身，而往往忽略了食品包装的安全性，实际上食品质量事件的罪魁祸首有时恰恰是与食品直接接触的各类不合格的包装材料。劣质的食品包装材料虽然不像感染病毒、细菌那样对消费者的身体造成立竿见影的危害，但这些产品在长期反复使用的情况下，有毒有害物质会逐渐迁移到食物中，通过食用积累导致身体慢性中毒，对尚在成长发育期的儿童和青少年尤为不利。

自 20 世纪 60 年代开始，为了防止由于塑料包装材料化学物迁移引发的危害消费者健康，欧美国家的研究人员做了一系列相关研究工作。由于食品成分的复杂性和化学物的迁移量甚微，较难利用真实的食品研究迁移试验，通常借助食品模拟物来开展迁移试验的研究。所谓食品模拟物是指能够模拟在真实条件下真实食品与包装接触过程中所表现的迁移特性的物质，可以是一种溶剂或几种溶剂的混合物。合理准确地选用食品模拟物对迁移试验的结果准确性和可靠性有着直接的影响。蒸馏水、乙酸、乙醇溶液常可以很好地模拟水性、酸性、酒精类食品的迁移特性。

6.6.1 食品包装用聚乙烯材料

我国对食品及其包装材料早已有法律法规和相应的卫生标准，其中的法律法规有《中华人民共和国食品卫生法》和《食品用塑料制品及原材料管理办法》。食品卫生法是国务院颁布的，而管理办法是卫生部颁布的。这两个都是强制性的法律。食品卫生法管的内容比管理办法要宽广得多，是综合性的法律，而管理办法是专业性的，仅指塑料制品及原材料，管理范围限在接触食品的各种塑料食具、容器、生产管道、输送带和塑料做成的包装材料及其所使用的合成树脂和助剂。

包装材料的溶出物，有些是在原材料树脂合成过程产生的，有些是后期成型加工时为了增加材料的某些功能特性而添加的一些助剂。国内外对包装材料的溶出物都有很深入的研究，并制订了相应的规定。国内有卫生部颁布的原材料标准 GB 9691—88《食品用聚乙烯树脂的卫生标准》、成型品卫生标准 GB 9687—88《食品包装用聚乙烯成型品卫生标准》和 GB 9683《复合食品包装袋卫生标准》。这些标准中均有蒸发残渣（乙酸、乙醇、正己烷）、高锰酸钾消耗量、重金属含量、脱色试验。其中蒸发残渣是反映食品包装袋在使用过程中遇食醋、酒、油等液体时析出残渣、重金属的可能性。高锰酸钾消耗量就是残渍中，能被氧化变质的量。此外，GB 9683《复合食品包装袋卫生标准》中还增加了二氨基甲苯的含量指标，二氨基甲苯是一种主要是由复合加工时采用的胶黏剂产生的致癌物质。此外，影响食品的安全卫生的包装材料的溶出物还包括包装材料生产过程中残留在内的过量溶剂如甲苯类、乙酸乙酯、酒精等。它们产生的异味既破坏食品原有的风味，又会不同程度地对人体造成一定的损害，尤其是苯类有毒溶剂的残留析出，对人体的影响会更大。

除了上述的卫生标准项目和指标外，我国的复合包装材料标准中，还有一项残留溶剂不得大于 $10mg/m^2$ 和甲苯的残留量不得大于 $3mg/m^2$ 的规定，例如 GB 10004 和 GB 10005。这和近年来大家对包装材料的异味和潜在毒性要求越来越严格有关，所以随之而来的就发展了水性油墨和胶黏剂、醇溶性的油墨和胶黏剂以及无溶剂胶粘剂等新产品，目的是保障复合材料具有更高的纯净、安全和卫生性能。在助剂的卫生标准中，我国有 GB 9685《食品容器、包装材料用助剂使用卫生标准》，它规定了 953 种添加剂的具体名称和最大使用量、最大残留量和特定迁移量，类似于 FDA 21CFR§175.105 和日本接着剂"自主规定"，列出可以用在食品包装领域中的辅助材料名称清单及其最高用量。

《食品安全法》第二十九条规定：国家对食品生产经营实行许可制度。从事食品生产、食品流通、餐饮服务，应当依法取得食品生产许可、食品流通许可、餐饮服务许可。其中涉及食品用聚乙烯的包装容器、工具等制品生产许可适用，表 6-9 范围如下：包装类、容器类、工具类。

■表 6-9　食品用聚乙烯生产许可产品

产品分类	产品单元	产品品种
包装类	非复合膜	1. 商品零售包装袋（仅对食品用塑料包装袋）
		2. 双向拉伸聚丙烯珠光薄膜
		3. 聚丙烯吹塑薄膜
		4. 热封型双向拉伸聚丙烯薄膜
		5. 未拉伸聚乙烯、聚丙烯薄膜
		6. 夹链自封袋
		7. 包装用镀铝膜
		8. 耐蒸煮复合膜、袋
	复合膜袋	9. 双向拉伸聚丙烯（BOPP）/低密度聚乙烯（LDPE）复合膜、袋
		10. 榨菜包装用复合膜、袋
		11. 液体食品包装用塑料复合膜、袋
		12. 液体食品无菌包装用复合袋
		13. 多层复合食品包装膜、袋
	片材	14. 聚丙烯（PP）挤出片材
	编织袋	15. 塑料编织袋
		16. 复合塑料编织袋
容器类	容器	17. 软塑折叠包装容器
		18. 包装容器 塑料防盗瓶盖
		19. 塑料奶瓶、塑料饮水杯（壶）、塑料瓶坯
工具类	食品用工具	20. 塑料菜板
		21. 一次性塑料餐饮具

6.6.1.1 聚乙烯食品包装材料用树脂

按 GB 9691—88 技术要求，内容如下。

(1) 感官指标　白色颗粒，不得有异味、异臭、异物。

(2) 理化指标　本标准规定了聚乙烯树脂的卫生要求（表 6-10）。

■表 6-10　聚乙烯食品包装材料用树脂的理化指标　　　　　　　　　　　　　单位：%

项　目	指　标
干燥失重	≤0.15
灼烧残渣	≤0.20
正己烷提取物	≤2.00

本标准适用于制作食品容器、食品的包装材料及食品工业用的聚乙烯树脂。

6.6.1.2 食品包装用聚乙烯成型品

按 GB 9687—88 技术要求，内容如下。

(1) 感官指标　色泽正常，无异味、无异臭、无异物。

(2) 理化指标（表 6-11）

■表 6-11　食品包装用聚乙烯成型品理化指标　　　　　　　　　　　　　　单位：mg/L

项　目	指　标
蒸发残渣	
4%乙酸，60℃，2h	≤30
65%乙醇，20℃，2h	≤30
正己烷，20℃，2h	≤60
高锰酸钾消耗量	
水，60℃，2h	≤10
重金属（以 Pb 计）	
4%乙酸，60℃，2h	≤1
脱色试验	
冷餐油或用无色油脂	阴性
乙醇	阴性
浸泡液	阴性

6.6.1.3 食品容器、包装材料用聚乙烯添加剂

为了改善塑料食品包装材料的性能，人们在制作包装材料中通常会采用大量的添加剂，诸如增塑剂、稳定剂、润滑剂、抗氧剂、开口剂和着色剂等。这些添加剂也存在不同程度的向食品迁移溶出的问题，其中某些添加剂或者添加剂的降解物具有一定毒性，对人体造成损害。

按 GB 9685—2008《食品容器、包装材料用助剂使用卫生标准》，修订后的新标准参考了美国联邦法规（Code of Federal Regulations）第 21 章第170～189 部分、美国食品药品管理局食品接触物通报（Food Contact Notification）列表，以及欧盟 2002/72/EC "关于与食品接触的塑料材料和制品的指令"（Commission directive relating to plastic materials and articles intended to come into contact with food-stuffs）等相关法规，并增加了术语、定义及添加剂的使用原则，批准使用添加剂的品种由原标准中的几十种扩充到 959 种。其中涉及聚乙烯专用料的常用添加剂的最大使用量、最大残留量及特定迁移量规定见表 6-12 所列。

■表 6-12 聚乙烯专用料的常用添加剂的最大使用量、最大残留量及特定迁移量

序号	样品名称	在聚乙烯中的最大使用量/%	特定迁移量/最大残留量/(mg/kg)
1	硬脂酸钙	5	—
2	抗氧剂 1010	0.50；与脂肪、醇类接触的制品，最大使用量为 0.1%	—
3	抗氧剂 168	0.20	—
4	抗氧剂 1330	0.50	—
5	硬脂酸锌	3.0	—
6	抗氧剂 BHT	0.50	3（SML）
7	抗氧剂 1076	0.50	6（SML）
8	亚磷酸盐抗氧剂（ULTRANOX 627A）	0.10	0.6（SML）

除此之外，新修订的 GB 9685 标准对食品容器、包装材料允许使用及使用要求明确强调，未在列表中规定的物质不得用于加工食品用容器、包装材料。但是，市场上用于食品容器、包装材料的添加剂种类繁多，即使新修订的《食品容器、包装材料用添加剂使用卫生标准》的从以前的 58 种添加剂增至 959 种，但与实际生产应用相比，仍显不足。因此，针对没有列入国家标准中的添加剂及用于食品容器、包装材料的相关物质，卫生部组织起草了《食品相关产品新品种行政许可管理规定》，该规定明确了食品相关产品新品种的许可范围、申报与受理程序、需要提交的资料及审批与公布等内容。

6.6.2 管材用聚乙烯材料

近年来，随着国民经济的快速发展和生活水平不断提高，人们的卫生保健及健康意识逐渐增强。尤其是 20 世纪 90 年代以来，人们对饮用水不仅仅停留在维持生命及解渴等需求上，而是对饮用水的健康越来越关注。因此，各种旨在保护、改善水质的产品如：各类水质处理剂、水质处理器、新型输配水管材（件）、水箱和涂料等大量涌入市场。为确保水质、防止水质污染，建设部、卫生部联合颁布了《生活饮用水卫生监督管理办法》，国家技术监督局和卫生部联合发布了 GB/T 17219—1998《生活饮用水输配水设备及防护材料的安全性评价标准》及《生活饮用水输配水设备及防护材料卫生安全评价规范》（2001），两者规范了生活饮用水输配水设备及防护材料的卫生安全性评价及检测。

GB/T 17219—1998《生活饮用水输配水设备及防护材料的安全性评价标准》管材专用料卫生性能技术要求见表 6-13 所列。

除此之外，聚乙烯管材的浸泡水尚需按该标准附录 C 的方法进行下列毒理学实验。

急性经口毒性实验：LD_{50} 不得小于 10mg/kg 体重；两项致突变实验：基因突变实验和哺乳动物细胞染色体畸变实验。两项实验结果均需为阴性。

■表 6-13 管材专用料卫生性能技术要求

序 号	项 目	技术要求
1	色, 度	不增加色度
2	浑浊度, 度	增加量≤0.5
3	臭和味	无异臭、异味
4	肉眼可见物	不产生任何肉眼可见的碎片杂物等
5	pH	不改变 pH
6	铁/ (mg/L)	≤0.03
7	锰/ (mg/L)	≤0.01
8	铜/ (mg/L)	≤0.1
9	锌/ (mg/L)	≤0.1
10	挥发酚类(以苯酚计)/ (mg/L)	≤0.002
11	砷/ (mg/L)	≤0.005
12	汞/ (mg/L)	≤0.001
13	铬(六价)/ (mg/L)	≤0.005
14	镉/ (mg/L)	≤0.001
15	铅/ (mg/L)	≤0.005
16	银/ (mg/L)	≤0.005
17	氟化物/ (mg/L)	≤0.1
18	硝酸盐(以氮计)/ (mg/L)	≤2
19	蒸发残渣/ (mg/L)	增加量≤10
20	高锰酸钾消耗量(以 O_2 计)/ (mg/L)	增加量≤2
21	氯仿/ (μg/L)	≤6
22	四氯化碳/ (μg/L)	≤0.3

饮用水输配水设备和防护材料使用聚乙烯原料应使用食品级。

按照 2001 年 6 月卫生部颁布的《生活饮用水输配水设备及防护材料卫生安全评价规范》(2001) 进行检测, 见表 6-14 所列。

■表 6-14 浸泡试验基本项目的卫生要求 (15 项)

项 目	卫生要求
色	增加量≤5 度
浑浊度	增加量≤0.2 度 (NTU)
臭和味	浸泡后水无异臭、异味
肉眼可见物	浸泡后水不产生任何肉眼可见的碎片杂物等
pH	改变量≤0.5
溶解性总固体	增加量≤10mg/L
耗氧量	增加量≤1 (以 O_2 计, mg/L)
砷	增加量≤0.005 mg/L
镉	增加量≤0.0005 mg/L
铬	增加量≤0.005 mg/L
铝	增加量≤0.02 mg/L
铅	增加量≤0.001 mg/L
汞	增加量≤0.0002 mg/L
三氯甲烷	增加量≤0.006 mg/L
挥发酚类	增加量≤0.002 mg/L

《安全评价规范》规定, 对于聚乙烯、聚丙烯、聚苯乙烯、聚碳酸酯、聚酰胺、聚氯乙烯等塑料类管材还需要加测下列检测项目 (表 6-15)。

■表6-15　浸泡试验增测项目的卫生要求　（6项）　　　　　　　单位：mg/L

项　　目	卫生要求
钡	增加量≤0.05
锑	增加量≤0.0005
四氯化碳	增加量≤0.0002
锡	增加量≤0.002
总有机碳（TOC）	增加量≤1
聚合物单体和添加剂	—

上述卫生要求如果超标会对人体造成各类不同程度的危害。有机物、挥发性酚类、苯并［a］芘等超标，对人体有致癌、致畸、致突变的作用；金属、重金属铁、锰、铜、砷、汞、镉、铅、银等超标，溶入水中，人摄入体内富集，将造成人体慢性中毒。在这些指标当中，聚乙烯管材有4项有机物指标（耗氧量、总有机碳、三氯甲烷、挥发酚类）比较容易超标。管材在生产过程中采用硅烷接枝交联二步法，因此容易造成耗氧量、总有机碳、三氯甲烷三项指标的超标。二步法是先分别制得接枝共聚型聚乙烯硅烷共聚物和催化母料（由交联催化剂等辅助剂与聚乙烯混合而成），再将两者按一定比例混合并在普通挤出成型机上挤塑可交联聚乙烯管坯后将其水解、交联而制得硅烷交联聚乙烯管材。由于二步法的加工次数较多，增加了物料被污染的机会，且树脂原料中含有机物很多，聚合不充分时可造成有机物的溶出，容易造成有机物指标超标。交联过程中接枝反应加入的接枝引发剂过氧化二异丙苯是导致挥发酚类超标的主要原因。另外酚是一种促癌剂，达到一定剂量后可显示出弱的致癌作用。因此，生产过程中需严格控制引发剂的量。

6.6.3　医用聚乙烯材料

塑料作为一种十分重要的材料，在医学领域得到了广泛的应用。从药品、药剂的包装，到一次性医疗器械（如点滴瓶、注射器等）、非一次性医疗设备（如计量器、外科仪器等）的应用，都有塑料的踪影。据预测，今后的十几年中，医用塑料领域将成为塑料工业最具发展潜力的市场之一。

不同种类的塑料在医用塑料市场上的消费比例是不同的。其中聚氯乙烯和聚乙烯用量最大，各占28％和24％。随着科技的发展，医疗器材和医学装备对医用塑料的性能和安全健康要求越来越高，特别是其理化性能指标和生物相容性则要求达到国际标准（如FDA等）。国内目前医用聚乙烯卫生性能方面的评价主要是按照YY/T 0114—2008《医用输液、输血、注射器具用聚乙烯专用料》进行检测。该标准除了规定了医用聚乙烯的物料力学性能，还规定了其化学性能的技术指标，见表6-16所列。

■表 6-16　医用聚乙烯化学性能

序　号	项　　　　目	单　位	指　标
1	酸碱度（与空白对照液之差）	—	≤1.0
2	重金属含量	μg/mL	≤1.0
3	镉含量	μg/mL	≤0.1
4	紫外吸光度	—	≤0.10

该标准还要求聚乙烯专用料的耐辐射性，要求经过 25kGy 的辐射后外观应无变化，其悬臂梁缺口冲击强度应符合力学性能的要求。

针对生物学性能，则应按 GB/T 16886.1《医疗器械生物学评价第 1 部分：评价与试验》进行生物学评价，评价结果应表明无毒性。

此外，国家药监局还颁布了一系列医用聚乙烯相关的标准。包括 YBB 0001—2002《低密度聚乙烯输液瓶》、YBB 0006—2002《低密度聚乙烯药用滴眼剂瓶》、YBB 0007—2005《药用低密度聚乙烯膜、袋》、YBB 0012—2002《口服固体药用高密度聚聚乙烯瓶》、YBB 0015—2005《药用聚酯/铝/聚乙烯封口垫片》、YBB 0017—2002《聚酯/铝/聚乙烯药品包装用复合膜、袋》、YBB 0018—2002《聚酯/低密度聚乙烯药品包装用复合膜、袋》、YBB 0019—2002《双向拉伸聚丙烯/低密度聚乙烯药品包装用复合膜、袋》、YBB 0025—2005《药用聚丙烯/铝/聚乙烯复合软膏管》等国家标准。这些标准对医用聚乙烯的密封性、阻隔性能、氧气透过量、乙醇透过量、透油性、溶出物、重金属、紫外吸光度、离子含量、不挥发物、易氧化量等项目进行检测。

6.6.4 聚乙烯的 FDA 检测与认证

美国食品和药物管理局（Food and Drug Administration）简称 FDA，是美国政府在健康与人类服务部（DHHS）和公共卫生部（PHS）中设立的执行机构之一。

作为一家科学管理机构，FDA 的职责是确保美国本国生产或进口的食品、化妆品、药物、生物制剂、医疗设备和放射产品的安全。它是最早以保护消费者为主要职能的联邦机构之一。FDA 与每一位美国公民的日常生活都息息相关。在国际上，FDA 更是被公认为是世界上最大的食品与药物管理机构之一。其他许多国家都通过寻求和接收 FDA 的帮助来促进并监控其本国产品的安全。

美国之所以成为世界上最安全的食物和包装食品的供应国，是由于各地、各州及国家拥有涵盖了食品生产包装和配送领域的严密管理和监测体系的结果。按照国家和各地、各州法律规定的职责，经过食品包装检验人员、包装专家、微生物学家和食品科学家的共同努力，由公众健康机构、各联邦部门和机构对食品安全进行了连续的管理和监控，确保了包装食品的安全卫生。其中美国食品及药品管理局（FDA）在这一过程中扮演了重要角色。该机构成功的记录里包含了很多里程碑式的案例，例如消除罐装食品中的肉毒杆菌、改善婴儿用品配方成分以及在产品上贴标注明可能的食品过敏原等等。

美国食品及药品管理局的食品接触安全法规的规定是十分具体和复杂的。例如针对复合软包装的胶黏剂，FDA 中第 21 章（CFR）中有详细的描述，这往往会让国内的企业乃至国外的许多食品公司望而却步。在这种情况下，选择一家具有丰富的规章知识及专长的供应商，将有助于和最终用户在选择和处理食品接触材料时做出最理想的决定。

依据美国《联邦规章典集》（Code of Federal Regulations，CFR）第 21 条 "食品与药品"（Title 21—Food and Drugs）中 CFR 177—"间接食品添加剂：聚合物" 条例的规定，以下与食品接触或直接入口的塑料类材料，主要包括：聚酰胺、ABS、ACRY、PU、PP、PC、PVC、PE、PR、PET、PO、PS、PSU、POM、PES、EVA、SAN、SMM、BS、MEL、COPE、KRAT、ACRY 等树脂需要做相应的检测，并符合条款的技术指标。

聚乙烯材料最基本的一些测试项目见表 6-17，如果该类材料有更多领域的应用，如较长时间的耐油性，耐 120℃ 以上高温等，需要加测有针对性的特殊项目。

■表 6-17　聚烯烃材料 FDA 基础测试项目

材　料	联邦测试条款	测试项目	技术指标
烯烃聚合物（PE/PE/OP）	21 CFR 177.1520	密度	产品按配方及用途细分，具体指标详见 21 CFR 177.1520
		熔点	
		正己烷提取物	
		二甲苯提取物	

举例来说，对于需要高温加工的油性食品来说，是很难做出一种完全符合 FDA 要求的包装制品的。如果所使用的材料和加工方法已经在 CFR 第 21 章 177.1390 节中列明，那么包装厂商必须严格按照标准执行。根据热动力学理论，温度的升高会促进包装成分的迁移。所以，这些高性能的多层复合包装必须经过严格的迁移测试，在加热时也要异常小心。在进行这样的测试和获取可靠数据方面，不同的供应商的能力和手段是大相径庭的。

迁移测试要耗费 10 天的时间，应采用食品模拟的方法表现出含有不同结构的食品类型。脂肪类的食品模拟物是 95% 的乙醇和 5% 的水，而液体状的食品模拟物则可以 10% 的乙醇和 90% 的水混合配制而成。食品组织构造和模拟物都加热到特定的温度，并持续不同的时间段。举例来说，孔隙相对较多的线型低密度聚乙烯要加热到 100℃ 并持续 1h，然后一直在 40℃ 温度下放置到测试结束。10 天的测试过程完成后，再检测食品模拟物中化合物有多少是从胶黏剂迁移来的。整个迁移测试工作花费相当昂贵，使用了很多最先进的精密测试仪器，比如 ^{13}C 核磁共振、液相色谱-质谱联合检测等。这些高性能高精尖的设备是绝对必备的，因为需要将食品模拟物中检测到的化学成分的计量与 FDA 颁布的安全计量标准进行比较，而且 FDA 颁布的安全计量标准是微乎其微的。例如，甲苯二胺的安全计量几乎是极其微量的，大约是正常人食量的数十亿分之一。

6.6.5 RoHS 检测与认证

电子电气行业在给人们带来方便的同时也给我们生活的环境带来了大量的电子垃圾，仅在 1998 年欧盟境内回收处理的电子电气废料就达 600 多万吨。而且这些电子产品往往包含有各种危险的金属元素，例如水银和铅，也包含有毒的化学品。直接抛进垃圾填埋场之后，这些物质会泄漏出来，最终造成土壤、水源和大气等的污染，严重威胁人类的生命安全以及我们赖以生存的环境。

欧盟国家（包括荷兰、丹麦、瑞典、澳大利亚、比利时、意大利、芬兰及德国）于 2002 年 11 月 8 日完成电气及电子设备废弃物处理法，并于 2003 年 1 月 27 日正式公布了《报废电子电气设备指令》(WEEE—2002/96/EC) 和《关于在电子电气设备中禁止使用某些有害物质指令》(RoHS-2002/95/EC)，其主要目的是减少电气及电子设备的废弃物并建立回收再利用系统，从而降低这些物质在废弃、掩埋及焚烧时对人体和环境所可能造成的危害及冲击。自 2006 年 7 月 1 日起，所有 WEEE 指令中所规定的电子电气产品在进入欧洲市场时，均不能够含有 RoHS 指令中所提到的六种有害物质（铅、汞、镉、六价铬、多溴联苯及多溴联苯醚）。这两条指令对电子通信产品提出更高的环保要求，对多国的产品出口产生巨大影响。

RoHS 针对所有生产过程中以及原材料中可能含有上述 6 种有害物质的电气电子产品，主要包括："白家电"，如电冰箱、洗衣机、微波炉、空调、吸尘器、热水器等；"黑家电"，如音频、视频产品、DVD、CD、电视接收机、IT 产品、数码产品、通信产品等；电动工具，电动电子玩具医疗电气设备。它确立了产品中所含受管制的 6 种有毒有害物质种类以及上限标准，旨在减少产品的废弃物内有毒有害物质的危害，已达到环境保护的要求。

为了规避风险，绝大多数电子电气产品生产企业都会将风险分摊到供应商处，要求供应商签订一个保证书，然后让他们逐级去做 RoHS 检测，从生产源头控制上述 6 种有害物质。这就要求树脂原材料及零部件的生产企业提供 RoHS 检测报告，并签署一个产品符合 RoHS 要求的申明，如果不符合限值要求，则需承担相应的责任。RoHS 检测技术要求见表 6-18 所列。

■表 6-18　RoHS 指令 6 种有害物质的限值

限制物质	铅	镉	汞	六价铬	多溴联苯类	多溴联苯醚类
化学符号	Pb	Cd	Hg	Cr^{6+}	PBB	PBDE
依据法令	2002/95/EC	2002/95/EC	2002/95/EC	2002/95/EC	2002/95/EC	2002/95/EC
允许最高含量 /(mg/kg)	1000	100	1000	1000	1000	1000

可能含有受限制有害物质的制件及材料见表 6-19 所列，其毒性叙述如下。

■表 6-19　可能含有受限制有害物质的制件及材料

受限制物质	可能含有 RoHS 管制的组件或用料
铅	铅管、油料添加剂、包装件、橡胶件、安定剂、染料、颜料、涂料、墨水、CRT 或电视之阴极射线管、电子组件、焊料、玻璃件、电池、灯管、表面处理等
汞	电池、包装件、温度计、电子组件等
镉	包装件、塑料件、橡胶件、安定剂、染料、颜料、涂料、墨水、焊料、电子组件、保险丝、玻璃件、表面处理等
六价铬	包装件、染料、颜料、涂料、墨水、电镀处理、电子组件等
多溴联苯(PBB) 多溴联苯醚(PBDE)	主要用在印刷电路板、组件(如连接器)、塑料件与电线的耐燃剂等

（1）**铅**　铅在国际毒性化学物质中排名第 2，对人体危害极大，世界卫生组织 1999 年呼吁发展中国家采取紧急措施来处理日益严重的铅污染。欧盟 2002 年在有关进口电子电气设备中不得含有六种有毒有害元素的禁令中，铅位居首位。

（2）**汞**　长期吸入汞蒸气和汞化合物粉尘会导致神经异常、震颤、齿龈炎等症状，以及头晕、乏力、失眠、多梦、健忘、心烦、容易激动、两腿酸沉、食欲减退、体重下降等症状。大剂量汞蒸气吸入或汞化合物摄入即发生急性汞中毒。

（3）**镉**　IARC 国际癌症研究机构已确认镉及其化合物为人类致肺癌物质。金属镉毒性很低。但其化合物毒性很大。人体的镉中毒主要是通过消化道与呼吸道摄取被镉污染的水、食物、空气而引起的。镉在人体积蓄作用，潜伏朗可长达 10～30 年。据报道，当水中镉超过 0.2mg/L 时，居民长期饮水和从食物中摄取含镉物质，可引起"骨痛病"。

（4）**六价铬**　六价铬的强氧化性可使蛋白质变性、核酸及核蛋白沉淀，并可干扰酶活性，六价铬具有遗传毒性，可引起染色体突变、胎儿畸形，并有明显致癌性，主要引起肺癌。

（5）**多溴联苯和多溴二苯醚**　主要包括六溴联苯、八溴联苯、九溴联苯、十溴联苯、十溴二苯醚、八溴醚、四溴双酚 A、五溴二苯醚六溴环十二烷等。它们对人体的甲状腺功能、生殖功能、神经功能及免疫功能有明显的损害，并会导致发育畸形、突变和癌症。溴系阻燃剂在燃烧时不仅不能抑制合成材料剂在燃烧时放出的烟气，自身还会释放大量有毒有害气体，威胁人的生命安全并严重腐蚀设备和仪器等财产。欧盟明确限制了多溴联苯和多溴二苯醚的使用。

6.6.6 PAHs 检测与认证

PAHs，学名多环芳烃，是石油、煤等燃料及木材、可燃气体在不完全燃烧或在高温处理条件下所产生的一类有害物质。PAHs 通常存在于石化产品、橡胶、塑胶、润滑油、防锈油、不完全燃烧的有机化合物等物质中，是环境中重要致癌物质之一。PAHs 物质除了存在于电动工具，在很多电器产品中都存在。通常塑料粒子在挤塑的时候，和模具之间存在黏着，此时往往要加入脱模剂，而脱模剂中可能含有 PAHs。

在环境中，多环芳香化合物（PAHs）作为有机污染物大宗充斥于各处，且部分已被证实对人体具有致癌与致突变性。PAHs 种类较多，其中有16 种化合物于 1979 年被美国环境保护署（US EPA）所列管，见表 6-20所列。

■表 6-20 16 种管制多环芳香化合物

检测项目 Testing Items	
	萘	Naphthalene（NAP）
	苊烯	Acenaphthylene（ANY）
	苊	Acenaphthene（ANA）
	芴	Fluorene（FLU）
	菲	Phenanthrene（PHE）
	蒽	Anthracene（ANT）
	荧蒽	Fluoranthene（FLT）
多环芳烃（PAHs）	芘	Pyrene（PYR）
	苯并[a]蒽	Benzo(a)anthracene（BaA）
	䓛	Chrysene（CHR）
	苯并[b]荧蒽	Benzo(b)fluoranthene（BbF）
	苯并[k]荧蒽	Benzo(k)fluoranthene（BkF）
	苯并[a]芘	Benzo(a)pyrene（BaP）
	茚并[1,2,3-cd]芘	Indeno(1,2,3-cd)pyrene（IPY）
	二苯并[a,h]蒽	Dibenzo(a,h)anthracene（DBA）
	苯并[g,h,i]苝	Benzo(g,h,i)perylene（BPE）
16 种多环芳烃的总含量		Content sum of the 16PAH
苯并[a]芘的含量		Content of Benzo(a)pyrene

德国安全技术认证中心（ZLS）经验交流办公室 AtAV 委员会 2007 年 11 月 20 日通过决议（ZEK 01-08 号文件），要求在 GS 安全标志认证中强制加入 PAHs 测试。2008 年 4 月 1 生效，届时所有 GS 安全标志认证机构将开始加测 PAHs 项目。

根据新规定的要求，消费产品的材料中，PAHs 的限值必须符合表 6-21 所列。

■表 6-21　PAHs 限值及分类

参　数	一　类	二　类	三　类
分类标准	与食物接触的材料或三岁以下孩童会放入口中的物品和玩具	塑料，经常性和皮肤接触的部件，接触时间会超过 30s 的部件，以及一类中未规范的玩具	塑料，偶尔性接触的部件，即与皮肤接触时间少于 30s 的部件，或与皮肤没有接触的部件
Benzo(a)pyrene(BaP)	不得检测到(<0.2mg/kg)	1mg/kg	20mg/kg
16 项 PAHs 总和	不得检测到(<0.2mg/kg)	10mg/kg	200mg/kg

随着世界经济全球一体化，以及政府对食品安全性监管的不断深入，对聚乙烯材料的卫生环保要求也将不断地趋于规范。但是目前我国聚乙烯行业面临的形势却不容乐观，市场上各种聚乙烯食品包装材料、医疗器械、电子产品等都存在着或多或少的问题，难以符合国内外对安全、卫生和环保等方面的要求，欧盟对包装的贸易壁垒已从几项增加到几十项，因此聚乙烯材料的卫生、安全、环保状况能否符合不同进口国的要求显得至关重要。不符合标准的聚乙烯材料不但危害消费者身体健康，同时也影响到我国的聚乙烯整个产业的健康发展。目前这就需要广大的企业和研究人员积极采取应对措施，为社会提供安全、卫生、性能可靠的产品。

首先，在食品卫生方面要加强原辅材料的控制，使用符合国家卫生标准、或经安全性检测合格的食品级原辅材料，杜绝使用回收料。

其次，借鉴 HACCP 体系，控制产品的安全隐患，通过分析产品生产的整个工艺流程，找出对产品安全有影响的环节，确定关键性的控制点，并为每个关键点确定衡量限制和监控程序。在生产中对关键点严密监控，一旦出现问题，马上采取纠正和控制措施消除隐患。

最后，我国聚乙烯生产企业要加快新技术、新工艺的研究步伐，以适应国家即将推出的强制性法律法规的要求。企业应当加强各种聚乙烯食品用包装材料、管材料、医用料、电子电器产品专用料等的结构科学的研究和合理选择，开发更多的功能性材料。

参　考　文　献

[1]　B. O. 舍夫特尔著. 聚合物材料毒性手册. 徐维正等译. 化学工业出版社，1991：11-34.
[2]　中国石油化工总公司安全监察部. 石油化工毒物手册. 北京：中国劳动出版社，1992：142.

［3］ Rechard P. Pohanish, Stanley A Greene. 有害化学品安全手册. 中国石化集团安全工程研究院译. 北京：中国石化出版社，2003：672-673.

［4］ 宗德福. 合成树脂与塑料生产. 高维民主编. 石油化工安全卫生监督指南. 北京：中国劳动出版社，1991：183-185.

［5］ 冯肇瑞，杨有启主编. 化工安全技术手册. 北京：化学工业出版社，1993：15-18.

［6］ 郝晓华，刘剑. 聚乙烯车间生产系统危险性评价. 辽宁工程技术大学学报，2005，4：299-301.

［7］ 郑欣，许开立，于雁武. 某聚乙烯车间生产的危险性评价. 安全与环境工程，2008，3：103-107.

［8］ 殷喜丰等. 全密度聚乙烯生产工艺现状. 化工生产与技术，2009，16（2）：35-39.

［9］ 李树国主编. 低密度聚乙烯、线性低密度聚乙烯、高密度聚乙烯. 石油化工编辑部，1995.

［10］ 桂祖桐主编. 聚乙烯树脂及其应用. 北京：化学工业出版社，2002：610-646.

［11］ Carroll W F, Goodman D. Plastics Recycling: Products and Processes. Munich: Hanser Publisher, 1992: 136.

［12］ 王永耀. 聚乙烯、聚丙烯废塑料回收利用进展. 石油化工，2003，32（8）：718-723.

［13］ 王世宏，周青叶. 废旧塑料回收技术. 云南科学环境，2000，8：210-214.

［14］ 张燕春. 我国废旧聚乙烯的回收及其利用. 中国资源综合利用，2003，9：8-10.

［15］ 吴自强，曹红军. 废聚乙烯的综合利用. 再生资源研究，2003，6：14-19.

［16］ Briston J H. Plastics Films. 286-297.

［17］ GB 9691—88.

［18］ GB 9687—88.

［19］ GB 9683—88.

［20］ GB 9685—2008.

［21］ GB/T 17219—1998.

［22］ 生活饮用水输配水设备及防护材料卫生安全评价规范（2001）. 中华人民共和国卫生部卫生法制与监督司.

［23］ YY/T 0114—2008.

［24］ Title 21-Food and Drugs. Code of Federal Regulations, CFR. Food and Drug Administration.

［25］ Waste Electronics and Electrical Equipment. WEEE-2002/96/EC.

［26］ Restrict of Hazardous Substance. RoHS-2002/95/EC.

［27］ Testing and Validation of Polycyclic Aromatic Hydrocarbons (PAH) in the course of GS-Mark Certification. ZEK 01-08.

第7章 聚乙烯树脂的最新技术发展及展望

7.1 概况

聚乙烯树脂自从 20 世纪 30 年代工业化以来，已经成为世界上产量最大、品种繁多的合成树脂。据 SRI 咨询公司统计，2007 年，全球聚乙烯的产量达到 6800 万吨，生产能力为 7800 万吨，平均利用率是 85％。

各类聚乙烯中，除 LDPE 使用自由基引发剂外，其他种类的聚乙烯的生产都需要借助各类催化剂来实现。催化剂在决定树脂性质方面起重要作用，可以说聚乙烯树脂新牌号的开发与催化剂的研发密不可分。各大聚乙烯树脂生产商和催化剂生产商除了不断在较成熟的齐格勒-纳塔催化剂、铬系催化剂领域继续改进之外，都在对聚乙烯树脂结构可以进行精确控制的单活性中心催化剂领域加强了研发力度。从 20 世纪 90 年代以来，茂金属催化剂的开发应用步伐加快，曾经困扰茂金属催化剂应用的知识产权问题，由于公司技术进步和并购，法律上的争议已获解决。针对茂金属产品分子量分布窄、加工性能较差的问题，随着生产商学会了在一个反应器中运转双茂金属催化剂，或在双区反应器中适当地改变反应条件，宽分子量分布树脂已可以生产，同时保持所需要的短支链分布。此外，随着新一类较便宜的甲基铝氧烷或硼类等助催化剂的开发，茂金属催化剂的高成本问题也逐步得到改善，从而使近年来基于茂金属催化剂的聚乙烯产品以较高的速度在增长。据 Maack 咨询公司的统计，目前欧洲和北美的新建 LLDPE 装置以生产基于茂金属催化剂的高性能 LLDPE 产品为主[1]。

相对于已经有几十年研发历史的茂金属催化剂而言，单中心催化剂中的最新的进展当属还没有大规模工业化的非茂金属单中心催化剂，尤其是 Dow 化学公司开发的基于非茂金属催化剂得到的新型聚烯烃嵌段共聚物，具有非常优异的力学性能和透明性，成为非茂单中心催化剂体系商业应用的成功典范。

除催化剂的改进和研发外，各聚乙烯工艺许可持有者也不断地对现有工艺进行革新和完善，不断推出各种聚乙烯新树脂牌号，以适应愈加激烈的市场竞争。就传统的基于齐格勒-纳塔催化剂的气相聚乙烯工艺而言，美国华美（Westlake）公司的 Engerx 技术（来源于 Eastman 公司）即通过对现有工艺添加少量加工助剂使得 LLDPE 产品的质量有了大幅度的提高。

聚乙烯树脂的各种性能的改进中，有关加工性能的改善始终占有重要的位置，例如目前广为流行的双峰聚乙烯树脂就是加工性能与力学性能兼顾的性能优异的树脂，此外，一些最新的塑料加工技术，也会对聚乙烯树脂的最终应用产生重要影响。本章最后一节关于加工技术的新进展部分，将介绍加工技术的最新发明"基于拉伸流变的塑化加工设备"，该技术将有可能为超高分子量聚乙烯树脂的加工应用以及其他各类热塑性树脂的加工应用带来革命性的影响。

7.2 基于单中心催化剂的聚乙烯树脂技术进展

7.2.1 茂金属聚乙烯产品

（1）ExxonMobil 公司　ExxonMobil 公司目前工业化生产的 mPE 产品主要包括 Exceed 系列及 Enable 系列产品，均为茂金属乙烯-己烯共聚物。

Exceed 系列产品是 ExxonMobil 公司采用其 Exxpol 专有茂金属催化剂技术和 Unipol 气相流化床工艺而生产的 mPE 产品，具有优异的薄膜韧性和强度、杰出的薄膜抗冲击力、更优异的光学特性、优异的薄膜热封性能、薄膜减薄潜力和更好的包装完整性等特点。ExxonMobil 公司在其位于德克萨斯 Mont Belvieu 的装置、位于法国 Notre Dame de Gravenchon 的 CIPEN 公司聚乙烯装置及 2000 年建设的位于新加坡 Jurong 的聚乙烯装置中生产 Exceed 产品。

2008 年 3 月，ExxonMobil 公司宣布推出一种新的 mPE 产品——Enable mPE，它能帮助生产商在保持薄膜优异性能的同时，强化薄膜的挤出加工性能。Enable mPE 将薄膜加工性能与高级 α-烯烃的优良物理性能结合在一起，性能优越，包括具有薄膜减薄机会、操作稳定性、更高的产量、更强的韧性、简化树脂原料、更好的光学性能和节省挤出能耗等。这些特点可使生产操作更稳定、薄膜生产线产量更高，简化了薄膜原材料配方，实现了薄膜厚度的减薄。据介绍，这种新产品具有优异的薄膜性能，可对复杂的 LLDPE 共混配方进行替代，并使以 LDPE 为主的共混配方薄膜减薄成为可能。Enable mPE 在 LLDPE 和 LDPE 设备上拥有较宽而且稳定的操作窗口，能在更低熔体温度下挤出，既降低了挤出能耗，又获得更好的膜泡稳定性；加快了薄膜加工速度，从而提高了薄膜生产线产能；能显著提高以 LDPE 为主配方薄膜的韧性,使薄膜减薄20%。该产品可广泛用于软包装薄膜,包括:瓶装水、饮料、罐装商品、洗手液、清洁剂、保健品以及护肤品所用的收缩包装膜,大宗货物的托盘包装,多层手工流延缠绕包装膜,农用温室大棚膜,中型及重型包装袋以及各种用于食品、非食品的复合软包装膜。这一产品是对该公司Exceed mPE品牌产品的补充[8,9]。

ExxonMobil公司采用茂金属催化剂生产的另一种聚乙烯产品为Exact塑性体,该公司将此产品列入特种弹性体。Exact塑性体为ExxonMobil公司早在1991年采用Exxpol催化剂技术和高压釜式法工艺而生产的乙烯-α-烯烃共聚物,将类似橡胶的性能和塑料的可加工性集于一身,填补了弹性体和塑料之间的空白。α-烯烃包括丁烯、己烯和辛烯。Exact塑性体既可以用单独使用也可作为聚合物改性剂,可以提高软包装材料的韧性、透明性和密封性能,还可以改进成型或挤出产品(如汽车部件和日用品)的抗冲击强度和耐曲挠性。生产装置位于路易斯安那州Baton Rouge。

(2) Dow化学公司 Dow化学公司典型的茂金属催化剂为"限制几何构型(CGC)"催化剂体系,用于其Insite工艺,可生产乙烯和α-烯烃的共聚产品。用该催化剂生产的树脂产品具有窄的分子量分布和长链支化结构,产品具有很好的流变性能,因此解决了窄分子量分布和产品加工性能之间的矛盾,可生产密度为$0.855 \sim 0.970 g/cm^3$的聚乙烯。采用Dow化学公司上述催化剂和旭化成公司的淤浆工艺结合开发成功的HDPE树脂具有更好的机械强度和耐环境应力开裂性能。

Dow化学公司采用CGC催化剂和Insite技术,1993年在57kt/a溶液法聚合生产装置上生产mLLDPE。2000年建成可用于生产1.2Mt/a mPE的催化剂生产装置,2004年增产至可生产2.5Mt/a mPE的催化剂生产能力。其生产的POP(聚烯烃塑性体)商品名为Affinity,有9个牌号,1-辛烯单体支链含量为10%~20%,产品密度为$0.865 \sim 0.915 g/cm^3$;POE(聚烯烃弹性体)商品名为Engage,有7个牌号,1-辛烯单体支链含量为20%~30%,产品密度为$0.864 \sim 0.880 g/cm^3$。CGC催化剂可用于催化$C_2 \sim C_8$烯烃,甚至C_{18}等高级烯烃的聚合。

目前Dow化学公司采用茂金属催化剂技术工业化生产的mPE产品主要有Elite系列产品和Affinity系列产品。

Elite增强聚乙烯树脂采用Dow化学公司的Insite技术和溶液聚合工艺制备而得。该产品同时具有密封性和韧性、高延伸性和高抗穿刺性、抗冲击强度和加工性、硬度和抗冲击强度及其他许多独特的组合,可广泛用于薄膜、复合膜、滚塑和涂覆产品等。

Dow化学公司的另一种mPE产品为Affinity塑性体。Affinity塑性体是Dow化学公司采用Insite技术最先生产的产品之一,辛烯含量为10%~20%,产品密度为$0.865 \sim 0.915 g/cm^3$,具有高强度、高韧性、高透明性、气味小、低热封启始温度、高热封强度、加工性好等优点,其应用非常广泛,包括：食品包装，取代了传统的热封层，而且其低成本的结构提高了光学性能、热封性能和热黏性能，并降低了起始密封温度；卫生和医疗用品，作为诸如尿布和个人护理用品等需要用到的弹性薄膜材料的热封层；热熔胶，在很宽的温度范围内为纸箱密封和卫生用品提供优异的黏合强度；耐用品，作为地板材料、容器或挤塑、注塑和滚塑物品的基本聚合物原料或混合组分。

(3) 三井化学公司　三井化学公司的 mPE 产品由三井化学公司出资 65%、出光兴产（Idemitsu Kosan）公司出资 35% 的合资公司——Prime Polymer 公司生产。目前 Prime 聚合物公司生产的 mPE 产品主要有 Evolue 和 Evolue-H 两个系列。

Evolue 系列为 mLLDPE 产品，由 Prime Polymer 公司采用茂金属催化剂和气相法工艺生产，己烯为共聚单体，部分产品采用双峰聚合技术，因此产品具有良好的力学性能和加工性能，广泛应用于各类包装材料。

Prime 聚合物公司还开发出一种可明显改善淤浆法工艺 HDPE 质量的茂金属催化剂，2005 年在一套大型工业装置上试生产。2008 年，采用茂金属催化剂和淤浆法多段聚合工艺开发出 mMDPE 和 mHDPE 产品，商品名为 Evolue-H，采用辛烯为共聚单体，为双峰分子量分布，产品具有高刚性和高冲击强度，耐化学品，在分子量降低的同时强度不变，低分子量聚合物含量低，可用于中空吹塑、PE100 管材、薄膜等多种应用领域，可使制品轻量化、薄膜减薄，可节省能源，提高成型速度，减少成型时粉末、边角废料的产生，溶出物低，可保持内容物的纯度。

(4) Borealis 公司　Borealis 公司主要的 mPE 产品商品名为 Borecene，包括 LLDPE 和 MDPE。Borecene 产品具有窄的分子量分布、共单体分布均匀和优化的性能。

Borealis 公司推出的另一种 mPE 产品牌号为 BorPlus。BorPlus 产品为采用 Borstar 工艺生产的双峰 mPE 产品，具有低翘曲、低蠕变和高刚性，为滚塑产品，主要用于地下和基础应用。

(5) Chevron Phillips 公司　Chevron Phillips 公司在 20 世纪 90 年代后期将一个新的树脂系列投放市场，商品名为 mPact。这些产品基于 Chevron Phillips 公司的茂金属催化剂技术，采用该公司的环管淤浆法工艺，提供给客户优秀的性能选择，如高强度、好的光学性能和一贯的易加工性能。

目前在 Chevron Phillips 公司 mPE 产品系列中，吹塑牌号产品有 Marlex C300、Marlex C100、Marlex C101；吹塑薄膜牌号产品有 MarFlex D139、MarFlex D143、MarFlex D350。同时该公司还提供茂金属聚乙烯防黏着剂母料，牌号有 MarFlex ER3341、MarFlex ER3343、MarFlex ER3344。

(6) Total 石化公司　2009 年 11 月，Total 石化公司宣布将其单活性中心茂金属聚烯烃家族成立一个新家族，商品名为 Lumicene，包括茂金属聚乙烯和聚丙烯产品。由于采用单一中心茂金属催化剂，该系列聚烯烃产品具有优异的洁净度、高的光泽度和透明度、良好的气体阻隔性能和抗化学品性能、改进的加工性能和力学性能，可使其客户能开发性能大大改进的产品，大大改进产品外观、力学性能和环境效益，使整个产业链在高价值解决方案中更具竞争性。Lumicene 产品家族包括用于薄膜、滚塑、吹塑、人造草坪和盖子及密封件的 mPE 产品，同时也包括用于纤维、注塑和医疗应用的mPP 产品[10,11]。

(7) Univation 公司 Exxon 公司和 Dow 公司的合资公司 Univation 公司在茂金属催化剂的开发和商业化方面处于行业领先地位。

Univation 公司的茂金属催化剂主要用于 Unipol 聚乙烯工艺，生产高质量的聚乙烯产品，并获得优于传统齐格勒-纳塔催化剂催化的聚乙烯产品。Univation 公司生产的茂金属催化剂商品牌号为 XCAT 催化剂，主要有 XCAT-HP 和 XCAT-EZ 两个系列。

XCAT-HP 催化剂适于生产膜类 mLLDPE 树脂，可以生产目前已应用的高负载包装膜、抗粘连膜及流延膜等。膜产品具有良好的抗冲击性、透明性和阻隔性等，可以替代原来的 LDPE/LLDPE 共混产品，提高膜性能。

XCAT-EZ 催化剂主要用于生产易加工的 mLLDPE 树脂。采用此催化剂生产的 mLLDPE 产品可直接用在原来加工 LDPE 产品的挤出加工设备上，无需对设备进行改造，即无需进行再投入即可实现产品更新换代，并且加工效率提高，使树脂生产商与终端加工用户均受益。在多层共挤复合膜加工中适宜作热封层，且添加量少，热封温度可降低 5～10℃，从而降低加工能耗，提高加工速度。

(8) Albemarle 公司 2008 年 10 月，Albemarle 公司宣布开发出具有革命性的新型茂金属催化剂/单活性中心催化剂的活化剂（activator）体系，可使聚乙烯、聚丙烯等常规产品的单产能力大幅度提高。这一拥有知识产权的新体系名为 ActivCat，特别适用于茂金属聚乙烯和聚丙烯树脂生产中。该催化体系以 MAO 助催化剂为基础，采用 Albemarle 公司 ActivCat 技术生产并进行优化。经测试，与使用标准 MAO/二氧化硅类型的催化剂相比，ActivCat 催化剂不仅能保证树脂性能，还能将单产能力提高一倍。Albemarle 公司称，ActivCat 活化技术能够提升客户的催化剂系统水平，提高商用催化剂价值并优化使用费用，代表了活化技术的未来。Albemarle 公司还表示，近年来茂金属催化剂研究在中国也取得了一定的进展，受专利保护和成本制约，其产业化进程相对全球来说还比较慢。使用 ActivCat 工艺生产可以成倍提高催化剂活性，将极大降低茂金属催化剂使用成本。现在，Albemarle 公司已为将此项技术引入中国市场做好了准备[12,13]。

(9) Ineos 公司 Innovene 公司开发了专有茂金属催化剂，可用于吹塑膜和流延膜树脂的生产，并许可 NOVA 化学公司使用其茂金属催化剂。

2007 年，Ineos 公司宣布商业化其 Eltex PF 茂金属聚乙烯产品，主要用于薄膜应用。Eltex PF 茂金属聚乙烯在 Innovene 公司位于德国 Koln 的 3

号装置上生产，采用 Inoes 公司的 Innovene G 专有气相工艺及其新开发的茂金属催化剂技术。该公司称将增加投资以扩大该装置的 mLLDPE 生产能力，同时保持其 C4-LLDPE 的生产能力。产品范围包括用于吹塑膜和流延膜的 Eltex PF6212、6130 和 6220，其中 PF 表示功能薄膜[14,15]。

此外，LyondellBasell 公司采用茂金属催化剂在气相流化床工艺中生产商品名为 Luflexen 的 mLLDPE 产品，所生产的产品为结构均一的乙烯/己烯共聚物。由于具有窄分子量分布和共聚单体的均匀分布，该产品具有独特的综合性能。共聚单体 1-己烯的加入使产品具有优异的力学韧性。Luflexen牌号产品最广泛的应用是吹胀和流延膜，主要应用于消费品和工业产品包装。

日本旭化成化学公司购买 Dow 化学公司的茂金属催化剂专利 Insite 技术，采用其淤浆法聚合工艺生产出 mHDPE 产品，商品名为 Creolex，其中含有少量 1-丁烯共聚单体。基于茂金属催化剂的 Creolex 注塑级 HDPE 树脂不仅流动性高，同时具有较高的冲击强度和耐环境应力开裂性能及刚性，产品可用于挤出成型、薄膜、注塑和中空成型等。目前主要产品牌号有 K4125 和 K4750，MFR 分别为 2.5g/10min 和 5.0g/10min，密度分别为 0.941g/cm³ 和 0.947g/cm³。

7.2.2 非茂金属聚乙烯产品

由于大部分茂金属催化剂技术一直集中在几家厂商手中，企业间的兼并与收购行动使这一技术更为集中，对那些没有茂金属技术也不愿意花钱购买已有品牌许可证的公司，采取的方式是开发非茂金属催化剂。非茂金属催化剂合成成本低廉，而且催化烯烃聚合过程为活性聚合，能调控聚合物的相对分子质量，得到窄分布、端基功能化及具有限定结构的嵌段共聚物。近年来，非茂金属单中心催化剂的开发相当活跃。目前采用非茂金属催化剂生产的聚烯烃产品已经实现了工业化生产。

(1) Dow 化学的嵌段弹性体新技术 infuse 烯烃嵌段共聚物　Dow 化学公司的后过渡金属催化剂在工业应用方面取得快速进展，正在着手后过渡金属催化剂的工业化。该公司与三井化学公司就联合开发用于烯烃嵌段共聚物生产的催化剂体系达成协议，并于 2007 年使该催化剂体系工业化。该公司采用这种新型催化体系生产新型 Infuse 烯烃嵌段共聚物，可用于汽车内件，相比传统的催化剂，生产费用显著降低。催化剂技术是 Infuse 产品突出特性（如其高弹性与高熔点结合）的关键，这两种性能以前是不可兼得的。传统高弹性聚合物的化学结构导致熔点低，用茂金属催化剂产生的弹性体熔点范围在 40～90℃之间，但用 Dow 化学公司的新催化剂体系制得的产品达到了 120℃的高熔点，等同于 HDPE 的熔点，同时保持良好的弹性。Infuse 产品采用 Dow 化学公司的催化嵌段技术生产，在一台单一反应器中，采用具有不同单体选择性的两种催化剂。初期，该装置采用锆基和铪基催化剂生产乙烯-辛烯共聚物，前一种催化剂很易聚合乙烯，但不易聚合辛烯，而后一种催化剂很容易将两种单体组合在一起。这些催化剂采用串联操作方式，这种排布方式可使每一种催化剂产生很多的聚合物链，并允许精确控制平均的嵌段长度、各个嵌段的组成和嵌段分布。通过调节链上的平均嵌段数和聚合物主干上嵌段大小的分布，就可明显地改变产品的力学性能和热性能。Infuse产品已经由开发转向大规模生产阶段，Dow 化学公司已经在美国德克萨斯州 Freeport 其主要工厂成功地完成了 3 百万～5 百万磅规模的试制，并于 2007 年四季度开始大规模工业化生产[21～23]。Infuse 产品具有嵌段的硬段（高刚度）和软段（高弹性）部分，这种嵌段结构使得其具有弹性和耐热性的综合平衡。

2007 年，Dow 化学公司将商品名为 Infuse 的烯烃嵌段共聚物（OBC）推向商业规模生产。Infuse OBC 构成了烯烃弹性体的新家族，它与常规的烯烃弹性体相比，具有改进的性能，包括出色的高温性能、加工过程中更快的固化速度（周期缩短）、更高的耐磨性，以及在室温和高温下均具有卓越的弹性和压缩变形性能等。产品应用包括弹性薄膜、软质模制品、软质垫圈、胶黏剂、泡沫等[24,25]。

Dow 化学公司的 Infuse 产品的生产是基于一种新的聚合方法——链穿梭聚合法。2006 年，Dow 化学公司的几位科学家提出了"链穿梭（chain shuttling）聚合"的概念，将链穿梭聚合定义为增长聚合物链在多个催化剂活性中心穿梭，每一个聚合物链至少在两个催化活性中心上增长。链穿梭聚合的基本原理是：采用至少两种均相烯烃聚合催化剂和至少一种链穿梭剂，在溶液聚合体系中，增长聚合物链从一种催化剂活性中心转移到链转移剂上，再从链转移剂上转移到另一种催化剂活性中心继续增长，以链转移剂为媒介，聚烯烃增长链在多种均相活性中心上不断穿梭，以完成一个聚合物链的增长。链穿梭聚合中不可缺少链穿梭剂。链穿梭剂一般是烯烃配位聚合的链转移剂，如二烷基锌、烷基铝等金属有机化合物。因此，链穿梭反应也可看做是多种催化剂和链转移剂组成的一个可实现交叉链转移的聚合体系。当催化剂的立体选择性或单体选择性不同时，在有效的链穿梭聚合中，就可制备出多嵌段聚烯烃共聚物[26,27]。

链穿梭聚合机理示意如图 7-1 所示。先自催化剂 1 开始，催化剂 1 只能使乙烯均聚，联结上一硬段，然后此链段与穿梭剂进行交换，转到了穿梭剂上，在此上可保存一段时间不进行链的增长。此后此链段有两种发展的可能，一种是重新回到催化剂 1 上，继续进行硬段的链的增长；另一种是转移到催化剂 2 上，如在其上继续反应的话，就生成既含硬段又含软段的大分子链了。对于催化剂 2 也是同一原理。此过程可反复进行，直到被链终止剂（如氢）终止链的增长。这样生成的产物是多嵌段共聚物。聚合物中硬段和软段的比例可用两种催化剂用量的相对比例来调节，每一链段中共聚单体含

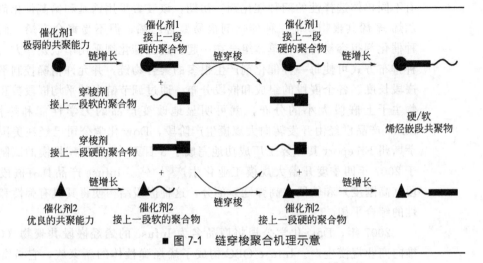

■ 图 7-1　链穿梭聚合机理示意

量可通过其加入量和催化剂的种类来控制，嵌段的长度是链增长速率与链穿梭速率之比的函数，可方便地以穿梭剂与乙烯单体加入量的相对比例来变化。

　　从链穿梭聚合的基本原理看，要成功实现链穿梭聚合，应满足以下要求。①主催化剂和链穿梭剂良好匹配，链穿梭剂上的聚合物链能够和任意一个主催化剂上的聚合物链快速交换，链交换反应速率要大于链终止速率，即在一个聚合物链的生长周期内至少完成一次链穿梭。更形象地说，一个聚合物链在终止前能够和链穿梭剂至少交换一次。②主催化剂之间具有不同的选择性（如立体选择性、单体插入能力的选择性等），才能制备出具有不同性能嵌段的共聚物。③聚合需要在均相条件下进行。很显然，在非均相条件下，链穿梭剂和主催化剂的链交换反应很难进行，这就要求采用非负载的单活性中心催化剂和溶液聚合工艺。均相溶液聚合一般要在高于 120℃ 的条件下进行，因此，还要求催化剂有很好的耐温性。④催化剂的活性最好能达到可大规模工业应用的要求。

　　链穿梭聚合可看作是在配位链转移聚合的基础上发展起来的。配位链转移聚合是一类特殊的烯烃配位聚合方式。有些烯烃配位聚合催化剂在烷基铝、烷基镁和烷基锌存在下催化烯烃聚合时，在催化剂上生长的聚合物链和烷基金属化合物上的烷基能发生快速的可逆交换，生长的聚合物链转移到烷基金属化合物上，形成休眠的聚合物链，然后再转移回催化剂活性中心上继续增长。该聚合方式制备的聚烯烃相对分子质量分布非常窄，具有活性聚合的特征。

　　主催化剂和链穿梭剂之间的匹配性到目前还没有一个明确的规律和原则可遵循。烯烃配位聚合催化剂有成百上千种，要寻找符合以上几个要求的催化体系，需要大量的实验探索。Dow 化学公司的科学家使用高通量筛选技术对该设想进行了实践探索。最初的想法是制备具有"硬"段和"软"段的聚乙烯嵌段共聚物。所谓"硬"段表示聚乙烯嵌段中不含或只含少量的共聚合单体，链段具有刚性，如乙烯均聚链段；所谓"软"段表示聚乙烯嵌段中含有大量的共聚单体，链段具有弹性，如乙烯和1-辛烯的嵌段共聚物，因此，在选择催化剂时，一种催化剂应具有极好的共聚合性能，而另一种催化剂的共聚合性能应很差。

首先挑选那些具有高活性的均相催化剂和潜在的链穿梭剂，采用高通量筛选技术进行聚合实验。有些潜在的链穿梭剂会阻碍聚合，使催化活性下降，根据这一点就可排除一些潜在的链穿梭剂。若加入链穿梭剂后，催化剂的活性变化不大，聚合物的相对分子质量下降，相对分子质量分布变窄，则这一潜在的链穿梭剂有可能成为有用的链穿梭剂。经1600个聚合试验后筛选出1个双酚氧胺Zr催化剂（图7-2，Cat 1a），1个吡啶胺Hf催化剂（Cat 2）和链穿梭剂二乙基锌（ZnEt$_2$）。Zr催化剂的共聚合能力较差，而Hf催化剂具有极好的共聚合性能。ZnEt$_2$对这两种催化剂都有极好的链转移作用。

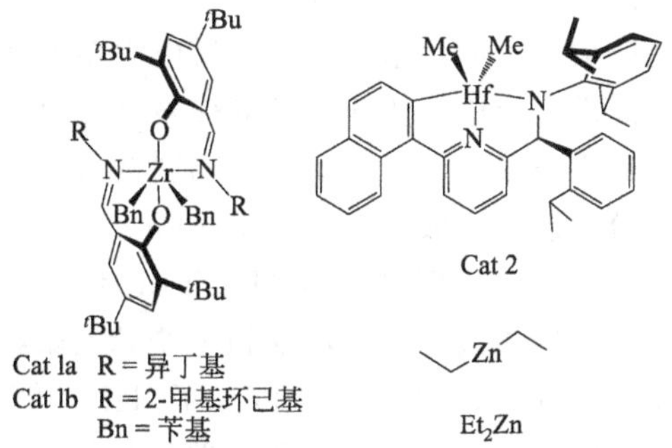

■ 图7-2 催化剂 Cat 1a、Cat 1b 和 Cat 2 的结构
（Cat 1a 中的 R 为异丁烯，Cat 1b 中 R 为 2-甲基环己基，Bn 为苄基）

将 Cat 1a 和 Hf 催化剂混合后，制备的乙烯/1-辛烯共聚物的相对分子质量呈双峰分布且很宽。加入 ZnEt$_2$ 后，共聚物的相对分子质量分布变成单峰，多分散性稍大于1，这说明 ZnEt$_2$ 起到了链穿梭剂的作用。然而，Cat 1a 的共聚合能力还太强，不够理想。在 Cat 1a 的基础上进一步筛选发现，Cat 1b 对乙烯具有理想的选择性，即共聚合能力较差，ZnEt$_2$ 对它的链转移效率也很高。使用图 7-2 所示的双催化剂和 ZnEt$_2$ 组成的催化体系制备"软"、"硬"嵌段共聚物的机理如图 7-3 所示。

在链穿梭聚合中，聚合方式（即连续聚合还是间歇式聚合）也对聚合结果产生很大影响。在间歇聚合中，当两种催化剂的失活速率不同时，共聚物的组成就会变宽，变得不均一。在连续聚合中，催化剂不断加入，聚合物不断移出，催化剂的浓度可保持恒定，制备的嵌段共聚物的组成更加均一。另一个有关聚合方式的问题是烷基锌，在链穿梭聚合初期，聚合物链和 ZnEt$_2$ 进行烷基交换，产生带有长链的烷基锌，这时并未进行真正的链穿梭，只有到聚合进行一段时间后，长链烷基锌的浓度较高时，链穿梭聚合才有效进

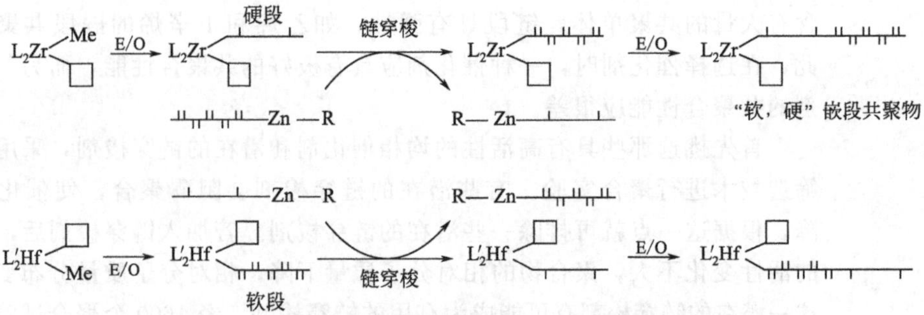

■ 图 7-3　链穿梭聚合制备"软"、"硬"嵌段共聚物的机理

行。在连续聚合中，长链烷基锌的浓度可以保持在一个高水平的恒定值，而新加入的烷基锌的浓度相比于长链烷基锌的浓度较低，因此，可维持有效的链穿梭反应。烷基锌的热稳定性比大多数催化剂的热稳定性好，催化剂在排出反应器时已失效，而烷基锌在整个反应周期中都不会失活，持续参与链穿梭反应。在间歇聚合中，快速的链穿梭聚合导致聚合物具有很窄的相对分子质量分布，而在连续床反应中，由于物料的停留时间具有一定分布，因此，聚合物相对分子质量一般符合 Schulz-Flory 分布。

　　基于以上考虑，采用 Cat 1b/Hf/ZnEt$_2$ 组成的体系在连续聚合方式下研究了该体系的链穿梭效率。在乙烯和 1-辛烯共聚物中，Cat 1b 制备的共聚物的密度为 $0.938g/cm^3$，熔点为 124℃；而 Hf 催化剂制备的共聚物的密度为 $0.862g/cm^3$，熔点为 37℃。说明两种催化剂的共聚合性能差别很大，Cat 1b 会产生 1-辛烯含量较低的"硬"段，而 Hf 催化剂易于产生"软"段。调节两种催化剂的比例，可控制"软、硬"段的比例。将两种催化剂混合，如果不加入 ZnEt$_2$，形成"软"聚合物和"硬"聚合物的混合物；加入 ZnEt$_2$ 后，形成了"软、硬"嵌段共聚物，共聚物的熔点和"硬"段的接近，在 120℃以上；随着 ZnEt$_2$ 加入量的增加，熔点和相对分子质量略有下降，而相对分子质量分布下降较大。比较"硬"段（质量分数约为 30%）和"软"段（质量分数约为 70%）的嵌段共聚物和共混物，发现嵌段共聚物的相对分子质量呈单峰分布，而共混物为双峰分布，两者结晶温度相近，但共混物的结晶温度高于嵌段共聚物。嵌段共聚物的透明性也高于共混物，这是因为嵌段共聚物中"硬"段的链长较短，晶体尺寸会更小。随着 ZnEt$_2$ 加入量的增加，链交换反应更加频繁，"软、硬"嵌段的链长更短，透明性也更高。这种"软、硬"嵌段共聚物和一般的乙烯/1-辛烯共聚物相比，有极好的弹性，而且熔点更高，可满足高温下的使用需求。

　　对该"软、硬"嵌段共聚物的物理性能进一步分析，并且和乙烯/1-辛烯无规共聚物相比，发现嵌段共聚物具有更高的结晶温度和熔点、更有序的结晶形态和更低的玻璃化转变温度。当共聚单体含量增加时，嵌段共聚物和无规共聚物的性能差异更大。在结晶方面，嵌段共聚物具有更快的结晶速率，差示扫描量热法测试表明，嵌段共聚物的"硬"段含量很低时，也能快速结晶，球晶生长速率和本体结晶均依赖于"软"段的含量。

Dow 化学公司的科学家在上述连续聚合制备多嵌段聚烯烃的基础上又提出了制备两嵌段聚烯烃的方法。采用两段聚合方法，在第一段聚合中，加入链穿梭剂，生成大量端基带有链穿梭剂的乙烯均聚物，将这些聚合物转入第二反应釜，再加入催化剂，进行乙烯和高级 α-烯烃的共聚合。带有链穿梭剂的乙烯均聚物重新转移到催化剂上，在聚合物链上再生产乙烯/高级 α-烯烃共聚物，得到两嵌段共聚物。该方法只需要一种催化剂就可以，选用的催化剂仍是如图 7-2 所示的 Hf 催化剂，链穿梭剂为 $ZnEt_2$。由于除了对链穿梭剂的链转移反应外，其他的链终止方式也存在，该法得到的聚合物中不全是两嵌段共聚物，也有少部分的均聚物。这种制备两嵌段共聚物的方法与上述制备多嵌段共聚物的方法相比，在催化剂筛选方面要简单得多，只需要筛选出能高效向链穿梭剂进行链转移反应的体系即可。

链穿梭聚合在制备聚烯烃嵌段共聚物方面有很强的优势：工艺控制简单，可制备多种结构的嵌段共聚物，嵌段共聚物的结构也更容易控制，也容易实现大规模应用，其他聚合方式难以与其媲美，是一种新型的有应用前景的聚合方法。实现链穿梭聚合也有很多困难，首先是催化剂和链穿梭剂的筛选。其次，链穿梭聚合还有很多科学和技术上的问题尚待解决。如链穿梭聚合的反应机理还不是很清楚，一般认为催化剂和链穿梭剂经过四元环过渡态进行可逆的烷基转移反应；另外，链穿梭聚合催化剂的筛选，除了高通量筛选技术外，是否还有更好的不依赖于昂贵设备的方法？链穿梭聚合催化剂筛选中是否有一定的规律可遵循？链穿梭聚合还能制备出哪些其他结构的共聚物？这些共聚物具有什么特定性能和用途？这些问题都有待于不断地进行科学探索。

(2) Du Pont 公司 Du Pont 公司采用镍和钯二亚胺络合物为催化剂成功制备烯烃（包括乙烯、α-烯烃、环烯烃）聚合物。此外，该公司还获得了铁和钴二亚胺络合物催化剂的专利。Du Pont 公司典型的非茂金属催化剂可以分为两类。一类为含有 2,6-二亚胺配体的铁和钴化合物，典型的化合物为 2,6-二乙酰基吡啶-二（2,6-二异丙基苯基亚胺）$FeCl_2$ [2,6－diacetylpyridine-bis（2,6-diisopropylphenylimine）$FeCl_2$，DPDPID]，适用于 HDPE 的生产。Du Pont 公司另一类非茂金属催化剂为镍系二亚胺络合物，更利于 LLDPE 的生产，可采用单一乙烯原料制备 LLDPE。

(3) LyondellBasell 公司 Equistar（目前属 LyondellBasell）公司开发了能生产窄分子量分布和组成范围的聚乙烯的 STAR 非茂金属催化剂。这种新型催化剂是一类含有羟基吡啶和羟基喹啉类配位基的钛络合物。配位基起着与茂金属催化剂上的环戊二烯基相同的作用，聚合活性中心单一。与茂金属催化剂相比，该非茂金属催化剂在生产极高分子量乙烯均聚物及共聚物时显示了极高的活性，生产的 HDPE 有长的支链、窄的分子量分布以及良好的抗冲击性和改进的透明度，且易于加工[16]。Equistar 公司的非茂金属催化剂体系可分为 4 类不同结构的体系：硼苯基系列、含氮硼基系列、吡啶基和喹啉基系列、吡咯基系列。2009 年，LyondellBasell 公司宣布在其位于美国伊利诺伊州 Morris 的生产装置上生产一种新型的 mLLDPE 树脂。新 mLLDPE 树脂商品名为 Starflex，兼具优异的性能和经济性，并扩大吹塑膜和流延膜的应用领域。新树脂具有出色的落锤冲击强度和抗穿刺性能、超级感官性能、高透明性及出色的热融合和热密封性能，使得其非常适用于高性能薄膜应用，如食品和医药包装、热缩包装、重装袋、其他非食品包装、零售袋、农膜和其他非包装应用。由于其出色的物理性能，Starflex 树脂可使包装减薄，从而节约成本，提高稳定性。该系列树脂为粒料产品[17]。

(4) NOVA 化学公司 NOVA 化学公司于 1998 年开发了 6 个系列用于烯烃聚合的非茂金属催化剂，使用这种新型催化剂，再辅以高强力搅拌的反应器，开发出了一系列高透明、高光泽、高强度、加工性能优良的聚乙烯树脂；该系列催化剂的开发费用不足茂金属催化剂的十分之一。同时还在 Unipol 和 Innovene 气相工艺中进行了试验，据报道，采用此技术可生产低至中密度牌号聚乙烯，其物理性质和加工性能均得到改善。NOVA 公司采用其独特中压溶液法工艺和双反应器双峰工艺技术，并结合先进的新型单中心催化剂技术，开发并生产了一系列高性能的乙烯-辛烯共聚物产品，产品商品名为 Surpass。Surpass 系列产品具有以下特征：较低起始热封温度和优良的热封合强度；优异的抗污染热封性；低凝胶，萃取物少，满足诸如复合薄膜的苛刻热封用途的要求；优良的抗冲击强度、抗撕裂强度、耐穿刺性能的平衡；优异的光学性能；优异的加工性能。Surpass mLLDPE 产品与欧洲、美国、日本等国家气相法、淤浆法或液相法工艺生产的 mLLDPE 相比，挤出压力和能耗更低，产量更高，韧性和透明性也明显改善，加工性能更优，加工厂不必再担心会因要求某一性能而降低其他性能，也不必在要求的性能（如韧性、撕裂强度、透明度和加工性能）间做取舍选择而感到为难，具有一般 mLLDPE 所没有的独特综合性能。其生产装置位于加拿大 Joffre，年生产能力为 850 百万英磅（386kt），可扩能至 1000 百万英磅（454kt）。典型应用包括食品包装、专用包装、重袋包装、工业包装等。

(5) Total 石化公司 Atofina（现 Total 石化）公司开发的新型 SCC 催化剂包括后过渡金属催化剂（LT-MC）和带新配位基的 SCC 催化剂，该公司已在美国和欧洲申请了关于丙烯和乙烯均聚和共聚（包括使用极性共聚单体）的数项专利。该催化剂可将极性单体与丙烯或乙烯共聚生产丙烯和乙烯共聚产品，而且短链和长链分支可控，从而可以改变产品密度并改进加工性能。此外，该公司正与 Rennes、Lyon 和 Nuremburg 等大学合作研究带配位基的 SCC 催化剂，采用前、后过渡金属（包括镧系元素）制备，可望在 3～5 年内实现商业化生产。

(6) **三井化学公司** 三井化学公司开发出非茂金属 FI 催化剂，其催化活性为茂金属催化剂的 10 倍以上，而价格仅为茂金属催化剂的 1/10。FI 催化剂由第Ⅳ族金属（如 Zr、Ti 及 Hf）与两个苯氧基亚胺螯合配体络合而成，以铝氧烷为助催化剂。该公司使用该新型催化剂在中试装置上生产了 HDPE，并于 2007 年前建成一套商业化生产装置[18~20]。

7.3 聚乙烯生产工艺的新进展

7.3.1 气相工艺

气相法工艺的专利持有者主要有 Univation、Ineos/Innovene/BP、LyondellBasell 和三井化学等公司。目前我国采用气相法生产的 LLDPE 和 HDPE 装置中，采用 Unipol 工艺生产的产品产量约占 75% 以上，采用 BP 法生产的产品产量不到 25%。

7.3.1.1 Univation 公司的 Unipol 聚乙烯工艺

Univation 公司在装置改进方面的技术主要有冷凝与超冷凝技术、茂金属催化剂技术、双峰技术和先进的工艺控制技术。

(1) **冷凝与超冷凝技术** 气相法 PE 流化床反应器冷凝技术指在一般的气相法 PE 流化床反应工艺的基础上，使反应的聚合热量由循环气体的温升（显热）和冷凝液体的蒸发（潜热）共同带出反应器，从而提高反应器的时空产率和循环气热熔的技术。冷凝液体来自于循环气体的部分组分冷凝或外来的易汽化的液体，冷凝介质一般为用于共聚的高级 α-烯烃和/或惰性饱和烃类物质。当采用惰性饱和烃类物质为冷凝剂时，可称为诱导冷凝工艺。采用冷凝操作模式后，循环气冷却器从无相变换热转化为有相变对流换热，增强了冷却器的换热能力。冷凝液随循环气进入反应器，气化时的相变潜热可吸收大量的反应热，从而提高了反应器的生产能力。这是目前 Univation 公司气相法工艺实现扩能所采用的方法之一。

冷凝技术的优点如下。①无需增加新的反应器即可提高生产能力，这比新建一条生产线取得的成效要快得多。②投资与操作费用显著降低。目前，成功的扩能经验是改造投资不足新建装置投资的 50%。③固定费用降低。无需增加员工，无需增加额外的设备维修费用或备件储备，生产能力的提高使折旧费用降低。

超冷凝技术是在冷凝技术基础上的再发展，是 Univation 公司开发的新技术。冷凝技术的冷凝效率为 17%～18%，而在此基础上的超冷凝技术的冷凝效率可达到 30% 以上，最终的扩能系数可从 50% 提高至 200%。国内吉林石化公司聚乙烯厂气相法装置采用超冷凝技术成功地实现了生产能力的大幅度增长，由原设计 100kt/a 扩能至 274kt/a，扩能系数达到 170%，在国内同类装置中改造扩能系数最大，是可借鉴的范例。目前，冷凝扩能技术在中国石化所有 Unipol 气相法 LLDPE 装置中均已成功应用。

(2) 茂金属催化剂技术 对 mPE 技术的开发，一方面使茂金属催化剂适应 Unipol 聚乙烯工艺；另一方面集中在改进 mLLDPE 树脂挤出加工性能差的弱点，并保持其固有的优点。茂金属催化剂技术应用使产品升级换代带来的优势有两方面：一是生产高级 α-烯烃的 LLDPE 产品的产量提高；二是对现有装置改动极少，使产品更新换代成为最佳途径。

茂金属催化剂技术的核心是使用 XCAT HP 和 XCAT EZ 两种催化剂。此时，原催化剂加料系统不变，聚合操作性能类似于齐格勒-纳塔催化剂，并且可提高共聚单体的利用率；换热器冷凝效率提高，从而使反应器负荷得以提高；使用茂金属催化剂聚合得到的粉料流动性明显改善；由于 mPE 树脂的可加工性能得到改善，造粒系统的能耗不增加且能提高下游终端用户的加工设备效率。因此，Univation 公司茂金属催化剂技术的突出贡献是现有装置的改动最少，装置生产能力提高，产品性能得到改善，这将是工艺发展的重要趋势之一。

2007 年 5 月，Univations 公司称巴西 Riopol 公司在 Univation 公司许可的 Unipol 聚乙烯工艺装置上，采用 XCAT EZ 茂金属催化剂生产了一种新型的牌号为 METAPOL 的 EZP mLLDPE 树脂。该树脂可在 LLDPE 和 LDPE 挤出装置上加工，但综合性能优于 LDPE。在自动包装中，该树脂具有良好的外观。该 EZP mLLDPE 树脂在透明性和光滑度方面具有优势，同时容易密封，因此在自动包装中可以提高生产能力。同时，该 EZP mLLDPE 树脂还具有 LDPE 所不具有的横向收缩能力[28]。

(3) 双峰技术 Unipol 聚乙烯工艺双峰聚乙烯技术的一个进展是在 Unipol 聚乙烯工艺的基础上开发了用于生产双峰聚乙烯产品的 Unipol Ⅱ 工艺。Unipol Ⅱ 工艺采用两台串联的气相流化床反应器生产双峰 LLDPE/HDPE，并建成了 300kt/a 的两台反应器串联的气相法生产装置。第一台反应器中生产出高分子量共聚物，第二台反应器中生产出低分子量共聚物，调节 α-烯烃和氢的量来获得所需要的产品，可特制具有两个不同分子段（即具有不同的分子量分布、共聚单体分布和分子量等）的树脂结构。催化剂为通用的和超高活性的齐格勒-纳塔催化剂以及单活性中心催化体系。Unipol Ⅱ 工艺在生产不同产品时所采用的催化剂不尽相同，由于各种催化剂互为毒物，在产品切换时会生产出不太好的过渡料，因此 Univation 公司在不同催化剂之间切换工艺方面进行了大量开发，同时申请了大量专利，以提高操控性能，减少过渡料的量[29~33]。

2007 年，Dow 化学公司称采用 Unipol Ⅱ 工艺技术开发了双峰 MDPE DGDA-2420NT 树脂，可用于需要长期流体静力强度和抗龟裂性的气体分布管，其性能优于目前在北美使用的单峰 MDPE 树脂。据报道，该材料满足并超过了 ASTM PE2708 和 ISO PE80 的要求，以极好的抗慢速裂纹增长而著称，这对于长使用寿命来说是一个决定性的性能，在 Pennsylvania 缺口测试（PENT）中，破损时间超过了 15000h。Dow 化学公司称，它还显示出极好的抗快速裂纹增长性能，如在 ISO 13477 小型稳定状态（S-4）测试中，在 0.5MPa 的测试压力下，临界温度（T_c）低于 0℃。该树脂在高速率下也可以很好地加工，生产出具有突出光滑度和光泽的管材。采用 PPI TR-33 普通熔接规程下的工业熔接设备，很容易与其本身以及其他 MDPE 和 HDPE 管进行熔接[34]。

Unipol 聚乙烯工艺双峰聚乙烯技术的另一个进展是单反应器双峰 HDPE 技术的开发。该技术采用单一气相反应器和双峰 Prodigy 催化剂生产双峰聚乙烯，由于该技术生产双峰树脂主要依靠催化剂技术，很容易在现有的气相反应器中实施，因此有可能占据双峰树脂更大的市场份额。单反应器双峰技术的优点：①投资节省，投资和生产成本与惯用的串联反应器相比，可节省 35%～40%；②反应器的操作易控制；③工艺简单，无溶剂回收；④催化剂的双活性中心使分子量分布均匀，提高了产品的可加工性；⑤无需设置第二台反应器即可获得双峰产品，使得装置的开停工更容易[35,36]。

7.3.1.2 Ineos/Innovene/BP 公司的 Innovene G 工艺

Innovene G 工艺的改进主要集中于催化剂的开发上。该工艺所采用的催化剂包括齐格勒-纳塔催化剂、茂金属催化剂和铬催化剂。Innovene G 工艺能采用单一的齐格勒-纳塔催化剂生产窄分子量分布的产品。BP 公司也开发了适于生产宽分子量分布吹塑牌号树脂的铬催化剂，还开发了一种改进的直接注入型铬催化剂，产品可用于全部 HDPE 应用领域（尤其是薄膜料）。Ineos 公司称其催化剂比其他气相催化剂具有更好的操控性能，因此很少发生流化床的过热问题及由此而引起的连锁问题。

2001 年，BP 公司与 Eastman 公司就 Eastman 公司的 ENERGX 技术达成协议，允许 BP 公司使用该技术和市场，并且可以许可给其他气相聚乙烯生产商。该技术通过对催化剂体系进行化学和机械改性，可以低的投资成本改进树脂的性能。该技术最初为预聚合催化剂体系开发，随后被扩展至直接注入催化剂体系（ENERGX DCX）。

继 Dow/UCC 公司合并之后，BP 公司被独家授权使用所有 Dow/BP 合资公司开发的用于气相聚合的茂金属催化剂专利，并被非独家许可使用 Dow 化学公司的 Insite 单中心催化剂专利。BP 公司凭此开发了具有良好的透明性、出色的力学强度和良好的加工性能的高性能 1-己烯 LLDPE 牌号，该牌号产品的性能超过溶液辛烯树脂和其他传统茂金属树脂。

Innovene G 工艺的其他改进包括采用 EHP 技术对 HTP 技术进行改进而优化工艺和催化剂，从而降低投资和操作成本；此外还对工艺进行简化，如采用单一热交换器/冷凝器，在压缩前将液体冷凝物从气相物流中分离从而采用更小的压缩机，取消粉体柜，减少结构构件，采用更好的脱气和尾气回收系统等其他工程改进。

7.3.1.3 LyondellBasell 公司的 Spherilene 工艺

Spherilene 工艺的主要进展：推出了一种改性 Spherilene 工艺，将其与 Lupotech G 技术的设计方式相结合，以产生一种统一的气相技术。重新设计的工艺包括来自 Lupotech G 工艺的更简单的催化剂加入系统、来自 Spherilene 工艺的丙烷为惰性溶剂和选自两种工艺特色结合而优化的尾气脱除系统。

Spherilene 工艺的核心是其催化剂的开发。其催化剂方面的进展主要是开发了一系列新型直接加入型 Avant Z 催化剂，而不需要预聚合步骤。新型 Avant Z 催化剂保持了以前 Spherilene 催化体系的主要优点，包括颗粒形态控制、高活性和在一台空反应器中开始生产的能力。Avant Z 催化剂还可以简化工艺，减少一定的催化剂制备设备和相关的体系，因此可以降低投资成本。该公司推出的 Avant Z230 催化剂以氯化镁为载体，性能更为稳定，可生产窄分子量 LLDPE、MDPE 和 HDPE，其稳定性和互补性可与其他 Ziegler 催化剂相比拟，使用丁烯和己烯为共聚单体，使其性能得以改进。该公司推出的 Avant Z218 催化剂，也以氯化镁为载体，可生产宽分子量 HDPE。上述两类催化剂可配合使用，可在相同的生产流程中切换生产 LLDPE 和高分子量 HDPE，而通常情况下，需改变铬催化剂和 Ziegler 催化剂才能达到。

2007 年 3 月，LyondellBasell 公司采用 Spherilene 工艺和 Avant C 铬催化剂推出了一种新型高分子量 HDPE 产品——Lupolen 4261A，用于注塑汽车燃油箱部件。该树脂产品的密度为 $0.94g/cm^3$，MFR 为 15g/10min，冲击强度为 $140kJ/m^2$，拉伸强度为 21MPa，拉伸模量为 800MPa，耐环境应力开裂时间为 35h。该产品具有更好的力学性能和突出的耐环境应力开裂性能，与用于油箱外壳的 HDPE 产品相容性好，而且不牺牲产能和可焊接能力[37,38]。

7.3.1.4 三井化学公司的 Evolue 工艺

相对于单反应器工艺，采用茂金属催化剂的 Evolue 工艺生产双峰聚乙烯的主要优点：产品具有更高的冲击强度和纵向撕裂强度；热封初始温度比普通薄膜树脂低 10℃，双峰树脂薄膜的雾度比普通薄膜低 4%；熔体强度更高，加工性能优于用茂金属催化剂制得的长链支化的 LLDPE。目前该技术尚未许可，其产品开发集中在该公司内部的聚乙烯装置中。三井化学公司计划在 2008～2010 年间在亚洲或中东建设一套世界级 Evolue 工艺装置。

7.3.1.5 Westlake（前 Eastman）公司的 ENERGX 技术

Eastman 化学公司开发的 Energx 技术，是依托气相流化床工艺和齐格勒-纳塔催化剂体系的一种技术。从该公司申请的一系列专利分析[2～4]，Energx 技术是通过在聚合过程中加入外给电子体例如四氢呋喃，以控制聚乙烯的分子量分布宽度，使得聚合物的低分子量部分可溶物显著降低，从而减少树脂发粘现象，使树脂制备的薄膜的冲击性能得到大幅度的提高。专利中还提到要加入饱和非芳香族卤代烃，例如氯仿等来提高催化剂的活性。另外，围绕该技术的专利[5~7]还揭示了，通过将齐格勒-纳塔催化剂与更为广泛的一系列化合物接触，从而使制备的聚乙烯的分子量分布变窄。因此，该技术相当于是以多活性中心的齐格勒-纳塔催化剂为依托，通过在聚合过程中加入各种不同的化合物来达到类似单中心催化剂的效果，使得制备的聚乙烯具有较窄的分子量分布和优异的力学性能。Energx 技术实际是催化剂、工艺和机械设计改进的组合。

基于 Energx 技术已经商业化的树脂体系有两大类：① 密度大于 $0.915g/cm^3$ 的产品，包括 Hifor 系列（己烯超强产品）、Hifor 透明系列（己烯超强加 LDPE 级光学性能产品）、Hifor Xtreme 系列（接近 mLLDPE 的落锤冲击强度，具有出色和平衡的撕裂强度）、Mxsite 系列（吹塑和流延附着表层树脂，具有强黏着力、低展开力和低噪声）等产品；② 密度小于 $0.915g/cm^3$ 的产品，包括 Mxsten CM 系列（超低密度聚乙烯，XLDPE）和 Mxsten CV 系列（塑性体，允许用于食品加工）产品。

Eastman 公司的 Hifor 树脂可与 ExxonMobil 公司的超级己烯级产品和 Univation 公司的超级 Tuflin 产品竞争。这些树脂将只能在价格上展开竞争，除非光学性能得到改善，这导致了 Hifor 透明树脂系列产品的开发。光学性能虽然不如最好的 LDPE 产品，但非常接近；最好的 LDPE 产品的雾度为 4，而 Hifor 透明级产品的雾度低于 5。

在开发了 Hifor 系列和 Hifor 透明系列产品后，Eastman 公司下一步的开发方向为更低密度（小于 $0.915g/cm^3$）的树脂，结果先后开发了 Mxsten CM 系列和 Mxsten CV 系列树脂。CV 牌号产品的密度可低至 $0.905g/cm^3$。CM 系列产品被划分为超低密度产品（XLDPE），而 CV 系列产品被划分为塑性体。Eastman 公司称，其 Mxsten 系列树脂获得的性能与普通的密度低于 $0.915g/cm^3$ 的聚合物不同。Mxsten 系列树脂据称可提供极好的可靠性和减少成袋失败，因为其具有超级密封特性和良好的刚性，这导致更快的包装速度和减少渗漏。据 Eastman 公司称，Mxsten 系列树脂具有更低的渗漏率是通过出色的低温强度性能和室温强度性能及良好的刚性的组合而实现的。

Mxsten 技术被用于生产密度高于 $0.915g/cm^3$ 的产品，导致 Hifor Xtreme 系列树脂的生产。该产品具有改进的冲击强度、更好的 MD/TD 撕裂性能的平衡和更好的热密封性，同时还具有独特的韧性和刚性的平衡。

Eastman 公司提供用于共挤出拉伸薄膜的吹塑和流延 Mxsite 树脂。这些 Mxsite 树脂可与领先的核心层树脂竞争，但 Eastman 公司觉得其树脂对垫衬具有更好的黏着性能（150%），而用于黏着层时具有更低的噪声和更低的脱离滚轮的展开力。

采用 Energx 技术生产的树脂的加工性能良好。Mxsten CV 和 Hifor

Xtreme 产品比 Dow 化学公司和 ExxonMobil 公司具有相同力学性能的茂金属树脂更易加工，其加工性能与传统 LLDPE 相同，但不如 LDPE。Eastman 公司的树脂具有非常好的膜泡稳定性和良好的熔融稳定性，优于 mPE 产品，与 LLDPE 相当。MFR 为 0.5g/10min 的树脂需要加工助剂，而 MFR 为 0.9～1.0g/10min 的树脂在传统 LLDPE 设备上加工则不需要加工助剂。

尽管起初为传统己烯基 LLDPE 产品而开发，Eastman 公司采用该技术商业化生产了从密度为 0.905g/cm^3 的塑性体到密度为 0.960g/cm^3 的 HDPE 产品。在中试装置中，在密度低于 0.890g/cm^3 下也取得满意结果。Energx 技术也可用于生产丁烯基 LLDPE，但与己烯基 LLDPE 产品相比，产品性能改善有限。Energx 技术用于丁烯基 LLDPE 和 HDPE 产品的主要价值是通过改进在线操作参数和最好的性能来实现的。

Energx 技术在其位于德克萨斯 longview 的气相流化床 Innovene 反应器中开发。Eastman 公司称该技术可用于任何气相法工艺中，也应该可用于淤浆法工艺中。但是，由于该公司没有淤浆法中试装置，因此淤浆法工艺应用的开发进展不如气相法工艺。Eastman 公司以售后技术的方式许可 Energx 技术，而不是对基础装置的完全许可。

Energx 技术的第一家被许可者为 Chevron Phillps 公司，该公司于 2000 年开始工业化生产。因此该技术已经过改进和验证。Chevron Phillips 公司宣布引入两种高性能 LLDPE 树脂系列（Vytek 和 Dynex），他们称已经改进了物理性能，具有传统 LLDPE 的加工性。

2001 年，Eastman 公司与 BP 公司达成协议，就 Energx 工艺的市场化和许可达成协议。根据该协议，BP 公司有权使用该技术和市场，同时可向其他气相聚乙烯生产商（尤其是采用 Innovene 技术的生产商）许可该技术。该协议覆盖第一代 Energx（预聚合催化剂体系）和第二代 ENERGX DCX（直接加入催化剂体系）技术。

2002 年 9 月，韩国 Hanwha 化学公司开始采用 ENERGX DCX 技术进行商业化生产。Hanwha 公司将 Eastman 公司技术与其气相装置结合，生产一类新型己烯基聚合物。随后，Eastman 公司与 Hanwha 公司签订联合开发和许可协议，允许 Hanwha 公司在亚洲许可该技术。协议包括在 Unipol 和 Spherilene 反应器系统中联合开发该技术。

2006 年 12 月，Westlake 公司收购 Eastman 公司聚乙烯业务。该收购包括采用 Energx 工艺生产的 Hifor、Mxsite 和 Mxsten 牌号产品。

7.3.2 淤浆工艺进展

7.3.2.1 环管淤浆法工艺

环管淤浆法工艺主要用于生产 HDPE 和 LLDPE/HDPE，其典型代表有 Chevron Phillips 公司的环管淤浆法工艺、Borealis 公司的 Borstar 工艺和 Ineos 公司的 Innovene S 工艺。

(1) Chevron Phillips 公司的环管淤浆法工艺 Chevron Phillips 公司致力于进一步改进和简化其环管工艺，以节约投资和操作费用。最新设计的装置比 1990 年设计的装置投资成本降低 50％以上。主要工艺改进包括：大型化，实现规模效益；减少设备数量；提高设备效率，提高处理量；简化安装，如采用钢结构较少的自支撑型反应器；改进催化剂进料系统；改进工艺控制能力。

Chevron Phillips 公司还继续改进其铬催化剂，十几种铬催化剂正在开发之中，有些已实现工业化，生产用于吹塑、管材和薄膜的树脂。

该工艺的进一步改进还包括开发了采用单一乙烯原料制备密度为 $0.920\sim$ $0.955\mathrm{g/cm^3}$ 的乙烯-己烯共聚物的原位技术。该原位技术采用一种双功能催化剂，生产可用于挤出牌号的产品。

Chevron Phillips 工艺采用两步聚合工艺可以得到双峰聚乙烯产品。首先得到低结晶度高分子量的共聚物，第二步得到高结晶度低分子量的均聚物。反应器由连续环状排列的管组成，带有夹套闭路冷却水系统。反应器内流体速度快，传热系数高且设有冷却系统，因此整个反应器内温度控制得非常精确，最终产品质量稳定均衡。

Chevron Phillips 公司还在开发在单一反应器中采用复合催化剂生产双峰聚乙烯产品的方法。这些产品已经在工业反应器中生产并正处于试用阶段。2007 年，Chevron Phillips 公司称采用铬催化剂和双茂金属催化剂在单一淤浆环管反应器中开发出一种用于特种材料的双峰 PE 产品，并称采用这种方法生产的 PE 可以更好地定制用于 PE100 压力管材的性能。该技术还可生产一种 PE100＋材料，与传统的 PE100 牌号相比，这种材料能提供更好的性能。除了在挤出大尺寸直径 PE 管时变形较小以外，该材料还可以为像采矿作业等应用场合提供非常高的耐磨损性能[43]。

(2) Borealis 公司的 Borstar 聚乙烯工艺 Borstar 聚乙烯工艺的主要进展集中于工艺改进上，主要包括：重新设计催化剂进料系统；在环管反应器中导入连续出口；在环管反应体系和气相反应体系之间采用更高的压力闪蒸过程以降低能耗；重新设计回收面积，提高稀释剂的回收率，降低能耗和投资成本；随着 2003 年关键专利技术到期，可以在冷凝模式下操作气相反应器，这导致更高的反应器产率，并且能采用更高级 α-烯烃作为共聚单体。

Borealis 公司还开发了一种专有的先进工艺控制系统（BorAPC），为普通的控制系统和使用非线性预知模型的控制变量提供界面。其优点是：可改进反应器的稳定性，确保产品的一致性；改进反应器控制使操作更接近装置的极限，提高产量约 3％；缩短牌号切换时间，减少过渡料的量[50]。

2005 年 10 月，Borealis 公司对外推出了其新一代 Borstar PE 2G 技术，采用这种新技术可生产全系列的 LLDPE、MDPE 和 HDPE。Borstar PE 2G

技术以双峰工艺为基础，通过多模过程实现对聚乙烯分子的裁剪，以精确满足消费者的要求。Borstar PE 2G 技术使聚合物分子设计技术向前迈进了一大步，采用新型催化体系，将新催化体系与工艺改进相结合，简化了生产工艺，使每吨产品的能耗降低 7%，并且可以提高装置的生产能力。Borstar PE 2G 技术已在该公司位于芬兰 Porvoo、瑞典 Stenungsund 的 PE 生产装置上进行了试验和应用，取得了很好的效益[44]。

Borstar PE 2G 技术用于生产全密度聚乙烯包装膜料，已应用于 Borealis 工厂及奥地利 350 kt/a LLDPE 装置，并获得了相应牌号聚乙烯产品，典型牌号为 Borstar FB4370 及 Borstar FB4250。Borstar FB4370 产品的硬度和韧性非常优异，加工性能优异，适合大规模生产，可用于高级包装膜。Borstar FB4250 产品为增强型 LLDPE 膜料，适用于高要求载重膜，硬度和机械韧性很高，能满足任何运输要求。这两个牌号均可使制品尺寸减少 20%～25%，流动性良好，加工过程稳定，膜的质量均匀[45]。

2007 年，Borealis 公司采用 Borstar PE 2G 技术推出新的薄膜级聚乙烯牌号 Borstar FB4320。据称，该树脂具有良好的综合性能，如高刚性和韧性，薄膜容易开启且能使厚度减薄（在保持要求性能的前提下），挤出产量较高，包装加工速度快[46,47]。

另外，采用 Borstar PE 2G 技术还可提高管材质量。Borealis 公司采用 Borstar PE 2G 技术开发出牌号为 Borstar HE3490-IM 的新型己烯基注塑级 HDPE，可以替代专门用于水、汽安装的 PE100 压力管。该树脂结合了 PE100 管材料的耐高压性能和 PE80 管材料的易加工性。同传统的挤出级 PE100 树脂比较，新树脂具有低温注塑的特点，且成型周期短；改善了临界力学性能；由于具有易流动的特性而使表面光泽得到改善；翘曲性低和边角料少[48,49]。

(3) Ineos 公司的 Innovene S 工艺　Ineos 公司的 Innovene S 环管淤浆法聚乙烯工艺最初由 Solvay 公司开发。2002 年，该技术由 BP/Solvay 合资公司应用并于 2005 年在 BP 公司买断 Solvay 公司股份时归 BP 公司。2005 年底，Ineos 公司收购了 BP 公司的聚烯烃业务公司 Innovene 公司，该技术也归 Ineos 公司所有。

Solvay 公司对工艺进行了改进，装置在 1969 年、1980 年和 1985 年进行了升级。此后，Solvay 公司开发了主要用于高压管材树脂的双峰技术和切换齐格勒-纳塔/铬催化剂/单峰/双峰技术。这些工艺改进已在该公司新建的装置中进行了验证，产品受到高度认可，使得 Ineos 公司再入许可阶段。Ineos 公司的第一项新许可协议即为中国石油独山子石化的 300kt/a HDPE 装置，第二项新许可协议为天津石化 300kt/a HDPE 装置，第三项新许可协议为辽宁华锦化工公司在盘锦建设的 300kt/a HDPE 装置，其中独山子石化和天津石化 HDPE 装置于 2009 年开车投产[51]。2009 年，Inoes 公司宣布中国石化武汉石化分公司新建 HDPE 装置将选用 Innovene S 工艺，装置生产能力为 300kt/a，生产 HDPE 和 MDPE，预计 2011 年末投产。随后，该公司又宣布已经与延长石油集团签署协议，向延长石油集团旗下榆林能源和化工公司提供 Innovene S HDPE 和 Innovene PP 专利技术，两套装置生产能力均为 300kt/a，预计 2013 年开车[52,53]。

7.3.2.2 釜式淤浆法工艺

釜式淤浆法工艺只适合于生产 HDPE 树脂，其典型代表有 Lyondell-Basell 公司的 Hostalen 工艺、三井化学/Prime 聚合物公司的 CX 工艺和 Equistar-Maruzen 工艺等。对于小规模装置，这种技术仍具有竞争力。

(1) LyondellBasell 公司的 Hostalen 工艺　Hostalen 工艺采用并联或串联的两台搅拌釜式反应器进行淤浆聚合，用于生产具有双峰或宽峰分子量分布、高分子量部分具有特定共单体含量的 HDPE。在此基础上，Lyondell-Basell 公司又开发了新一代 Hostalen 工艺——高级串联工艺（ACP），该工艺拓宽了 HDPE 产品的范围，包括三峰或多峰 HDPE 产品。Hostalen ACP 工艺的创新特点则是多级反应器串联，采用 Ziegler 催化剂（Avant Z501 和 Avant Z509 催化剂），可以为客户提供标准双峰 HDPE 范围以外的产品，生产具有高级刚性/韧性平衡、优良的抗冲性能、高耐应力裂纹和显著改进的加工性能等优异性能的树脂产品，可以为每种 HDPE 牌号产品定制多峰分子量分布，同时还保留了 Hostalen 双峰工艺的优点，如高装置稳定性、产品牌号转换快、高单体转化率等。

LyondellBasell 公司采用其专有 Hostalen ACP 工艺，推出了 HDPE 牌号 Hostalen GX4027，该产品不仅具有饮料瓶盖和小型卷管所要求的良好的耐环境应力开裂性能，而且成型速度快。饮料瓶盖要求树脂能承受极苛刻的气候条件和使用寿命长，二氧化碳漏损量小，而小型卷管要求使用时树脂耐受非常大的应力，加工厂则要求成型速度快及加工不会降低材料的耐环境应力开裂性能。Hostale GX4027 产品的工业扩大应用试验结果表明，由于其熔融温度比一般 HDPE 牌号低 40℃，因而能大大缩短成型时间，对充模过程无不良影响，另外该牌号具有饮料包装要求的良好的疏水性，不会影响饮料的口感。

2007 年 1 月，LyondellBasell 公司宣称采用其专有 Hostalen ACP 工艺，在其以前开发的 Hostalen CRP100 黑色 HDPE 树脂料的基础上，开发了一种具有改进的耐慢速裂纹增长性能的新型管材用黑色 HDPE 树脂，其商品名为 Hostalen CRP100 RESIST CR，新型树脂可用于非传统管道安装方法，具有超强的抗应力裂变性能[54]。2007 年 5 月，LyondellBasell 公司宣布采用其专有 Hostalen ACP 工艺，开发了一种用于家用、化学品和日用品的新型 HDPE 树脂 Hostalen ACP6031D，该新型树脂具有出色的刚性和耐环境应力开裂性能（比典型的具有相同密度的 HDPE 高 10% 以上），可以使壁厚变薄，同时具有良好的阻隔性能[55]。

2009 年 3 月，LyondellBasell 公司宣布对其 Hostalen ACP 技术开始进

行第三方许可。目前，LyondellBasell 公司在德国 Wesseling 和波兰 Plock 建设了两套采用 Hostalen ACP 技术的 HDPE 装置，两套装置的生产能力各为 320kt/a。另外，LyondellBasell 公司还计划采用 Hostalen ACP 工艺在德国 Münchsmünster 新建一套 250kt/a 的 HDPE 装置，2009 年末建成。此外，LyondellBasell 公司（25%）与 Tasnee&Sahara 石化公司（75%）在沙特阿拉伯的合资公司沙特乙烯和聚乙烯公司也已建成一套 400kt/a 装置，已于 2009 年开车[56]。

除 Hostalen ACP 工艺外，LyondellBasell 公司也对第一代 Hostalen 双峰工艺进行了简化和改进，主要集中于反应器的冷却系统、气体排放部分和聚合物中蜡的分离。其目标是开发能生产全系列聚乙烯的技术，包括高终端双峰和多峰 HDPE 产品，具有平衡的操作成本和产品性能。

(2) 三井化学/Prime 聚合物公司的 CX 工艺 CX 工艺的进展：开发了一种改进的齐格勒-纳塔催化剂——RZ 催化剂，该催化剂比原有的 PZ 催化剂具有更高的活性和更窄的聚合物粒径分布，采用单一的催化剂可生产多种产品；正在研究已在其 LLDPE 双峰 Evolue 工艺中商业化的茂金属催化剂在 CX 双峰工艺中的应用，同样也包括后过渡金属催化剂；进一步许可其工艺，主要集中于对高附加值聚合产品（如高强度管材料，超过 PE100；高耐环境应力开裂性能注塑料）的工艺开发。其管材牌号 HIZEX7700 MBK 已于 2004 年在 PE100＋协会的名单中注册。

三井化学公司的 CX 工艺在齐格勒-纳塔基双峰 HDPE 淤浆法技术中占有领先地位。2004 年，采用 CX 工艺的泰国 National 石化公司的 250kt/a HDPE 装置和位于匈牙利的 TVK 公司的 200kt/a HDPE 装置投产。2004 年，三井化学公司与印度 Gas Authority 公司签订 100kt/a HDPE 许可协议。2004 年和 2005 年，三井化学公司又分别与伊朗 Ilam 石化公司和 Mehr 石化公司各签订一套 300kt/a HDPE 装置许可协议，其中 Mehr 石化公司的装置已于 2009 年 5 月试生产，Ilam 石化公司的装置预计 2011 年建成投产[57]。

7.3.3 溶液工艺进展

7.3.3.1 Dow 化学公司的 Dowlex 工艺

本章前面提到的 Dow 化学基于非茂金属单中心催化剂生产的 Infuse 烯烃嵌段共聚物就是以 Dowlex 溶液法工艺生产的。

Dowlex 工艺通常仅生产 1-辛烯基共聚物。Dow 化学公司采用该工艺已经开发了密度低于 0.915g/cm³ 的 VLDPE，这些更低密度的树脂具有与 EVA 树脂相同的强度、热黏着性和光学性能。Dow 化学公司还可生产密度高达 0.965g/cm³ 的均聚物树脂，并开发高熔融 1-辛烯树脂（MFR 可达 200g/10min）。Dow 化学公司还推出了具有改进强度和加工性能的 NG 双峰 Dowlex 树脂。此外，该公司还采用其 Insite 技术商业化生产茂金属基树脂，

并能生产密度为 $0.895 \sim 0.910 g/cm^3$ 的塑性体（商品名为 Affinity）和密度为 $0.865 \sim 0.895 g/cm^3$ 的弹性体（商品名为 Engage）。Dow 化学公司于 2004 年 2 月推出一系列新型塑性体和弹性体，商品名为 Versify，为特种乙烯丙烯共聚物，首次于 2004 年 9 月在 Dow 化学公司位于西班牙的 Tarragona 装置上实现工业化生产，标称生产能力为 57kt/a。共聚物采用一系列新型催化剂和 Dow 化学公司的 Insite 技术及 Dowlex 溶液法工艺制备。所采用的催化剂由 Dow 化学公司与 Symyx 技术公司合作开发。所得聚合物可用于薄膜、纤维和模塑制品等多种用途。较窄的摩尔质量分布和较宽的结晶度分布使其耐热性能得到改善。对于薄膜产品，聚合物的低模量、较好的耐热性和优异的光学性使薄膜具有非常高的透明性和发泡性，从而使薄膜具有柔软的手感且干燥无橡胶状，与乙烯和丙烯聚合物的黏合性良好。共单体质量分数为 5% ~ 15%，聚合物密度为 $0.858 \sim 0.888 g/cm^3$，MFR 为 $2 \sim 25g/10min$。

Dow 化学公司还采用 Dowlex 工艺推出了一系列商品名为 Aspun 的纤维级树脂，用于人造短纤维和不织布，树脂密度为 $0.930 \sim 0.955 g/cm^3$，MFR 为 $17 \sim 30g/10min$。

Dow 化学公司目前尚未许可其 Dowlex 工艺，但称在北美、拉丁美洲、亚洲和西欧有许可计划。目前该公司采用 Dowlex 工艺的装置最大的单线生产能力为 300kt/a。

7.3.3.2 NOVA 化学公司的 Sclairtech 工艺

20 世纪 90 年代末，NOVA 化学公司进一步开发了 Advanced Sclairtech（AST）工艺。AST 工艺使用 NOVA 化学公司专有的高活性齐格勒-纳塔催化剂，采用强力搅拌、短停留时间（因为催化剂活性高）和双反应器，生产具有不同性能的乙烯均聚物和共聚物，并能按用户的要求定制产品。

NOVA 化学公司也开发了自己的非茂金属单中心催化剂，可用于 AST 工艺。NOVA 化学公司采用其 AST 工艺和非茂金属催化剂开发了一系列单中心聚乙烯产品，产品商品名为 Surpass。该非茂金属单中心催化剂生产的树脂相对于齐格勒-纳塔 AST 树脂具有更优越的性质，即有更好的透明性、更高的纵向撕裂强度和抗慢穿刺性。2006 年，NOVA 化学公司采用其先进的 Sclairtech 双反应器、非茂金属单中心催化剂技术生产了一种具有极佳韧性的牌号为 FPs016-C 的吹塑级 LLDPE 新型树脂。该树脂主要用于对韧性有特殊要求的吹塑膜（如产品和冷冻食品的包装），或机动车、船运输时的防护膜等。该树脂密度为 $0.916 g/cm^3$，MFR 为 $0.65g/10min$，具有极好的加工性。在高速生产线上合适温度密封时，该树脂在撕裂强度和热黏强度上优于同类材料[39]。

另外，2006 年，NOVA 化学公司还采用非茂金属单中心催化剂和双反应器的 AST 工艺生产了两种注塑 Surpass 辛烯 MDPE 树脂，产品牌号分别为 IFs542-R 和 IFs730-R，可分别用于要求较高的冷冻食品包装和刚性薄壁注塑容器盖，它们能提供更好的密封性能，能使诸如冰激凌和咖啡这类食品保存时间更长，具有优异的加工性能以及刚性和韧性的平衡，抗开裂性能和减厚能力提高，还具有低收缩、高透明性及出众的感官性能[40,41]。2008年，NOVA 化学公司推出一种新型薄膜级 HDPE 产品，产品牌号为 Surpass HPs167-AB。据称该产品具有出色的阻隔性能，比现有产品提高 50%，可用于水分阻隔薄膜、共挤出和干燥食品包装等，具有薄膜减薄能力[42]。

7.3.4 高压法低密度聚乙烯工艺的新进展

对于高压乙烯均聚物的生产，目前的研究重点是开发新的自由基引发剂，以改进生产的经济性以及控制聚合物的分子结构。而对于共聚物生产来说，则主要是发现能改进物理和化学性能的新产品，供已有和新的应用采用。近年来新建的 LDPE 装置大都选用管式法工艺。与早先管式反应器的转化率 20%～30% 相比，目前管式法工艺的平均单程转化率已可提高到 40%。此外，据报道，目前正在开发一种采用串联高压釜的新 LDPE 工艺，它可使反应器的转化率至少达 35%，产量提高 50%，可变成本降低 25%，此工艺可有效地用于改造已有工厂[58]。

7.3.4.1 高压管式法工艺

与高压釜式法工艺相比，高压管式法工艺反应器结构简单，维修方便，温度易于控制，乙烯单程转化率高，投资低，故新建装置大多采用高压管式法。

LyondellBasell 公司的 Lupotech T 工艺包括 Lupotech TM 和 Lupotech TS 两种。茂名石化公司 2007 年建成投产的 250kt/a LDPE 装置即采用 Lupotech T 技术。Lupotech T 技术总生产能力已达 8Mt/a。

DSM 公司的清洁管式反应器（CTR）工艺技术发展主要集中在改进产品质量、提高生产能力和降低成本等三个方面。近期工艺技术发展主要包括：单线生产能力从 50kt/a 提高到 400kt/a（处于设计阶段）；提高乙烯转化率，某些牌号产品从 20% 提高到目前的 40%；鱼眼性能指数在所有管式法高压聚乙烯产品中领先，而管式法高压聚乙烯产品的鱼眼性能指数优于气相法 LLDPE 产品；相比于 C4-LLDPE 产品，CTR LDPE 产品由于其优异的加工性能而具有非常好的延伸性能，甚至好于其他高压聚乙烯产品。

Equistar 公司高压管式法工艺的改进主要集中在降低能耗、不结焦的管式反应器设计、先进的工艺控制、模拟搅拌器设计和引发剂进料装置的改进。利用 Equistar 公司管式法工艺可以生产 VA 含量高达 28% 的 EVA 共聚物，如果 VA 含量为 9% 以下，生产 EVA 共聚物时不需要增加设备。LDPE产品的密度为 $0.917～0.932g/cm^3$，MFR 为 $0.18～35g/10min$。反应用有机过氧化物作引发剂，可以用空气，也可以不用空气。乙烯转化率高达 30%。利用其不结焦技术，装置的能耗可减至最小。与其他工艺不同，反应器不要求溶剂洗涤。由于采用先进的控制仪表，最终产品的均匀性很好。

7.3.4.2 高压釜式法工艺

高压釜式法工艺的反应是绝热过程，工艺中没有明显的热量从反应器中移出。乙烯聚合是高度放热的过程，如果温度超过350℃，就会发生爆炸性的分解，因而要通过仔细地在反应器几个点注入新鲜的冷乙烯来控制反应。高压釜式反应器几乎全部采用有机过氧化物作聚合反应的引发剂。现代釜式反应器的乙烯单程转化率为19.5%～21%，不同牌号有所不同。

ICI/SimonCarves公司的高压釜式法工艺是高压法聚乙烯工艺的先驱，其独特之处是能较好地控制决定聚合物链的主要参数，即分子量、分子量分布和长链及短链支化度。该工艺采用一系列维持不同温度的反应分区，使得对于最终产品的分子量分布和熔体流动指数的控制成为可能，适宜生产高度差别化的牌号，例如，电线涂层和薄膜牌号要求较低的熔体弹性，要求长支链数较少；反之挤出涂覆牌号要求较高的熔体弹性，需要有更多长支链的产品。高压管式法LDPE工艺和LLDPE工艺不易生产这些产品。高压釜式法工艺的操作压力和产品转化率均低于高压管式法工艺，但投资成本和能耗很接近。用ICI工艺更容易生产LLDPE构成较少竞争威胁的产品。

Enichem公司通过20世纪80年代末收购法国阿托化学（原CdF化学）公司，成为当时欧洲最大的LDPE和LLDPE生产公司。Enichem公司的高压釜式法工艺采用齐格勒-纳塔催化剂可以转换生产LLDPE/VLDPE。Enichem公司对高压釜式法技术的改进主要体现为装置的大型化（理论上最大反应器可达3m³）和将产品范围扩大到LLDPE/VLDPE和EVA共聚物。Enichem公司认为用该工艺生产LLDPE时反应器可放大到5m³。与ICI/SimonCarves公司工艺的不同之处在于，Enichem工艺的单线生产能力达200kt/a，可明显降低投资费用，但操作灵活性略低。继续开发高压釜式法工艺的目的在于降低能耗、提高单线产量、提高安全性和减少环境问题。

7.4 聚乙烯树脂加工应用技术新进展及其展望

7.4.1 微层共挤出加工技术

聚乙烯树脂的各种应用中，薄膜制品是其最重要的应用。在实际应用中，聚乙烯树脂通常与EVOH等阻隔树脂或具有更高强度的聚酰胺树脂等通过多层共挤出技术形成复合薄膜，以满足阻隔和强度等方面的需求。目前的多层共挤出技术一般可以制备3～9层的复合薄膜。而微层共挤成型技术可以将两种或多种聚合物共挤形成几十甚至上千交替层的复合材料，挤出层的厚度可以达到微米级或纳米级[59~62]。与传统共混复合材料相比，微层共挤出复合材料具有沿挤出方向连续的交替层状结构。

微层共挤成型技术最早是 W. J. Schrenk 和 T. J. R. Alfrey 等[63,64] 提出来。微层共挤出系统主要由挤出机、连接器、分层单元、水冷却装置和牵引装置等部分组成。如图 7-4 所示，以两种高分子熔体共混为例，两种不同的高分子熔体分别从两台挤出机挤出，经过不同的流道在连接器出口处合并成一股两层的熔体，然后进入分层单元，由分层单元成倍地增加熔体的层数，最后在牵引装置的作用下，多层复合材料经过冷却装置被牵引出分层单元。在微层共挤出过程中，材料不断受到变薄变宽的类似双向拉伸作用。可以通过控制分层单元数来控制层的数量和厚度，通过控制喂料比来改变不同组分层的厚度比。

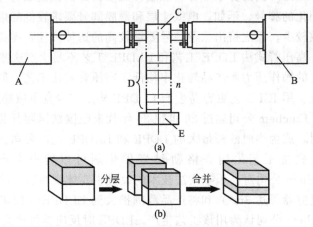

■ 图 7-4　微层共挤出系统结构示意

A,B—挤出机；C—连接器；D—分层单元组；E—口模

其中分层单元的工作原理如图 7-5 所示[65]：高分子熔体进入分层单元时首先在垂直于流动方向上被分成两部分，然后一部分熔体向上流动并向水平扩张（此时流体的厚度不断变小而宽度不断扩大），另一部分熔体向下流动并向水平扩张，最后两股熔体在分层单元出口处重新合并。通过这个过程，在总厚度保持不变的情况下，层数得到了成倍增加。n 个分层单元可以得到 $2(n+1)$ 层的多层复合材料。

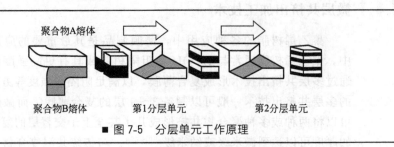

■ 图 7-5　分层单元工作原理

交替多层复合材料的优势在于能充分地把两种高分子材料的性能体现出来，并产生协同效应，得到性能更加优越的材料。该技术不仅可以获得普通多层挤出无法比拟的优良的阻透性、光学透明性、尺寸稳定性和耐环境应力开裂性等，而且因其复合材料具有很大的比表面积及良好的均匀性，特别是微米层的二维结构，这为研究聚合物两相间的黏结和结晶等基础理论提供了新的模型体系[66]。T. E. Bernal-Lara[67]研究了 HDPE/PS 多层共挤共混物的结晶行为，随着层数的增加和每一层厚度的变薄，HDPE 的晶片厚度也变薄。

通过增加气体或液体扩散路径可以提高聚合物基复合材料的阻隔性[68]，采用微层共挤出技术可以把阻隔性好的组分以连续片层或高长径比的不连续片层形式分布于另一种组分中，以提高另一种组分的阻隔性。有研究表明[69]，对于高密度聚乙烯和（乙烯/乙烯醇）共聚物的共混物［HDPE/(E/VAL)］，仅用 8% 的 E/VAL 时就可使氧气渗透能力降低 300 倍。

S. Nazarenko[70]等采用微层共挤出技术将 LLDPE 与填料共混发现微层共挤出获得优良电性能的材料。杜芹等采用微层共挤方法制备了具有层状交替结构的 HDPE/PA6 共混物，研究结果表明：在共混物中引入少量马来酸酐接枝高密度聚乙烯时，化学反应在界面进行，与海岛结构的共混物界面面积相比，层状共混物的界面接触面积小，界面化学反应相对较弱，但层状共混物的屈服强度和断裂伸长率有大幅度提高。

7.4.2 微孔发泡加工技术

微孔发泡塑料通常是指泡孔尺寸为 $0.1 \sim 10 \mu m$、泡孔密度为 $10^9 \sim 10^{15}$ 个/cm^3 的发泡塑料，其设计思路是制造一种泡孔直径比聚合物中所有已存在的微隙都要小的泡沫材料。微孔发泡塑料的某些力学性能要优于普通发泡材料和不发泡材料。与普通发泡塑料相比，微孔发泡塑料还具有更高的热稳定性、更低的介电常数和热传导性[71]。因此，微孔发泡塑料被认为是 21 世纪的新型材料。

目前制备微孔发泡塑料的方法主要有 4 种[72]：（热引导）相分离法、单体聚合法、超临界流体沉析法和超饱和气体法。其中超饱和气体法是目前最常用的方法，其基本原理是：使聚合物在高压（$6 \sim 30 MPa$）下被惰性气体（CO_2 或 N_2）所饱和，形成聚合物/气体均相体系，再通过控制压力或温度，降低气体在聚合物中的溶解度，产生超饱和状态，使聚合物发泡。

采用超临界流体（SCF）通过挤出方法连续制备微孔发泡材料，是当今国内外研究的一大热点。这种挤出方法的基本过程为：聚合物首先在挤出机内熔融塑化，然后通过机筒把 SCF 精确计量并注入聚合物熔体中，通过螺杆的剪切混合作用，使 SCF 溶解在熔体中形成均匀的聚合物/SCF 单相溶液。然后，利用 SCF 在聚合物中的溶解度对压力和温度的依赖关系，通过改变压力或温度使 SCF 从聚合物熔体中析出，从而形成足够数量的气核并控制其长大，最后流经机头成型流道成型为制品。

微孔发泡塑料注塑的原理和步骤与微孔发泡塑料挤出的相似。与不发泡的注塑相比，微孔塑料注塑的注射压力可降低 48%，锁模力降低高达 80%，一般为 30%[73]，并可以省去保压阶段，这可明显延长模具的使用寿命；由于在模具内气泡的生成和长大是一个吸热过程，所以成型周期要短，可提高生产率。与不发泡注塑制品相比，微孔注塑制品具有高的尺寸精度和低的翘曲，可以有效地避免由于充模不足引起的凹陷。因此，微孔发泡注塑可大大拓宽微孔塑料的应用领域，可用于汽车、航空、包装以及其他表观性能要求高的领域。

Trexel 公司与日本 Ono Sangyo 公司共同合作开发的"微孔发泡高光泽注塑"Mucell Goss 技术，最终解决了制件表面质量不高的难题。这项技术性突破主要是结合了 Trexel 公司的 Mucell 微孔发泡注塑工艺技术与 Ono Sangyo 公司研制的快速循环加热（RHCM）加工技术，在注塑加工的循环周期当中，周期性控制模具的表面温度，可制得具有高表面质量的制件。快速循环加热加工技术专为模具设置 2 个完全独立的温控回路，以使在充模过程中模具的表面温度保持高于聚合物热变形温度，然后快速冷却，如此完成一次充模过程。使用这种热闭环装置只会给成型周期增加 2～3s 的时间，但重要的是塑件表面修饰性能得到了提高。在大多数情况下消除了熔接痕，即使是圆形孔洞也获得同样的效果，这得益于整个加工过程模具表面温度较高，由此获得最高表面光泽度的制件。该技术也特别适合加工用玻璃纤维或矿物填料填充的物料，它能防止增强材料出现在制件的表面，进而影响制件的表面质量。

快速循环加热加工技术应用在结晶型树脂加工方面还有一个额外的优点，模具表面冷却速度较慢，制件会形成高结晶度层，从而明显改善制件的硬度及弯曲模量。

7.4.3 基于拉伸流变的塑料加工装置

目前的聚合物加工机械，如螺杆挤出机、注塑机等都需要将塑料原料经过输送、熔融塑化这一共同的基本过程，该过程是加工过程中耗能最大的过程。在螺杆挤出机中物料的塑化输送主要是靠螺杆旋转时对物料的拖曳作用，固体输送为摩擦拖曳、熔体输送为黏性拖曳，物料的速度梯度与其流动和变形方向垂直，这种流动与变形主要受剪切应力支配，因此目前普遍采用的螺杆类机械是基于剪切流变的塑料加工机械，其塑化输运能力强烈依赖于物料与金属料筒表面之间的摩擦力和物料内摩擦力。在螺杆机械中通常采取对料筒的固体输送段开槽以增加与物料的摩擦力，增大螺杆长径比、优化螺杆结构等措施可以在一定程度上解决上述问题。但这些措施又会造成物料塑化输运所经历的热机械历史加长、能耗增加、设备结构体积大等缺陷。

而高分子材料动态成型加工设备可以在一定程度上缩短成型加工过程中物料所经历的热机械历史，降低了成型加工过程中物料的流动阻力，从而使得塑化输运能耗降低、塑化能力提高。但高分子材料动态成型加工机械本质上还是基于剪切流变的螺杆塑化输运设备，无法从根本上解决塑化输运能力依赖于物料与金属料筒表面之间的摩擦力和物料内摩擦力的问题，因此其降低塑化输运能耗与提高塑化输运能力的空间也很有限。

2008 年华南理工大学瞿金平教授发明了基于拉伸流变的塑料加工装置[74]，可以解决高分子成型加工过程中物料经历的热机械历程长，能耗高的问题。该发明所采用的创新的熔融塑化输送方法可以用来加工和成型超高分子量聚乙烯这类的传统螺杆挤出机难以加工的塑料，在塑料加工技术领域具有突破性的意义。

其具体输送方法是利用一组具有确定几何形状的空间、它们的容积可以依次由小到大再由大到小周期性变化，容积变大时纳入物料，容积变小时压实、塑化并排出物料，实现正应力起主要作用的物料塑化输运。设备的具体结构如图 7-6 所示为：采用具有圆柱内腔的空心定子 1、置于定子空腔中并与定子偏心的圆柱形转子 2、布置在转子的径向矩形截面通孔中若干沿转子圆周方向均匀分布的叶片 3 以及在定子两侧布置并与定子同心安装的挡料盘 4 和 5 等组成一个叶片塑化输送单元。转子 2 偏心安装在空心定子 1 中，叶片 3 成对安装在转子的径向矩形截面通孔中。转子 2 逆时针旋转时，在转子直径上的一对叶片 3 由于外侧顶面受定子 1 内表面约束在转子径向矩形截面通孔内往复移动，致使上述的空间容积由小到大再由大到小周期性变化；在叶片 3 逐渐移出转子 2 的区域 C 内，该空间容积由小变大时物料通过挡料盘 4 上的进料缺口 A 被逐渐纳入，当叶片 3 逐渐移入转子 2 的区域 D 内，容积由大变小，此时物料在正应力的主要作用下被研磨、压实、排气，同时在来自定子的外加热辅助作用下熔融塑化并通过挡料盘上的缺口 B 被排出，实现物料在很短的热机械历程内完成塑化输运过程。在该空间容积由小到大再由大到小周期性变化时，物料在流动和变形过程中通过的截面积也由小到大再由大到小周期性变化，因此物料的速度梯度与其流动和变形方向一致，这种流动与变形主要受正应力支配，可以认为这是基于拉伸流变的叶片塑化输运过程。多个叶片输送塑化单元串联叠加可以组合成全叶片塑化输运挤出机，叶片塑化输运单元与各种螺杆挤压单元或各种柱塞注射单元可以组合成各种挤出机或注射机的叶片塑化注射装置，图 7-7 所示为叶片挤出机的示意。

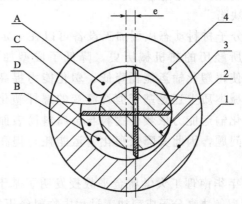

■ 图 7-6 基于拉伸流变的塑料加工装置示意
1—空心定子；2—圆柱形转子；3—叶片；4—挡料盘；
A—进料缺口；B—出料缺口；C—叶片逐渐移出转子的区域；
D—叶片逐渐移入转子的区域

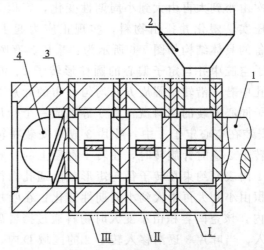

■ 图 7-7 叶片挤出机的示意
Ⅰ，Ⅱ，Ⅲ—叶片塑化输运单元；1—驱动轴；
2—料斗；3—过渡套；4—分流器

　　这种基于拉伸流变的高分子材料塑化输运方法及设备解决了螺杆塑化输运过程中塑化能力主要依赖物料与金属料筒表面之间的摩擦力和物料内摩擦力的问题，与传统的螺杆挤出机相比优点在于：完成塑化输运过程所经历的热机械历程大大缩短，塑化输运能耗降低；塑化输运靠特定形状的空间容积变化完成，具有完全正位移特性，效率提高；塑化输运过程在很短的热机械历程内完成，相应的塑化输运设备体积缩小；塑化输运能力不依赖于物料的物理特性，塑化输运稳定性提高，对物料适应性提高。

参 考 文 献

[1] 世界塑料年会 DUBAI PLAST PRO 2008.2008 年 4 月 7～9 日，迪拜，阿联酋.

[2] USP 6191239B1. 申请日 1999.2.17，授权日 2001.2.20.

[3] USP 6228957B1. 申请日 1999.2.17，授权日 2001.5.8.

[4] USP 6271321B1. 申请日 1999.2.17，授权日 2001.8.7.

[5] USP 6291613B1. 申请日 1999.8.31，授权日 2001.9.18.

[6] USP 6417299B1. 申请日 1999.8.31，授权日 2002.7.9.

[7] USP 6417301B1. 申请日 1999.8.31，授权日 2002.7.9.

[8] Exxon Mobil 推出茂金属聚乙烯薄膜树脂. 中国化工在线，2008-8-14.

[9] ExxonMobil Chemical Company's New Enable™ Metallocene Polyethylene Combines Enhanced Extrusion with Excellent Film Performance. http：///www. exxonmobil. com. 2008-3-24.

[10] 道达尔推出茂金属催化剂新家族. 中国化工在线，2009-11-12.

[11] Total Petrochemicals Lumicene®- A New Horizon for Metallocene Polyolefins. http：//www. totaopetrochemicals. com. 2009-11-9.

[12] 雅保推出高效茂金属聚烯烃催化体系. 中国化工在线，2008-11-13.

[13] Albemarle Launches New ActivCat（TM）Technology. http：//www. albemarle. com. 2008-10-27.

[14] Ineos Backs Metallocene Advance. htttp：//www. prw. com. 2007-09-21.

[15] INEOS Polyolefins Launch ELTEX® PF Metallocene Product Range. http：//www. ineos. com. 2007-09-21.

[16] HDPE 新型催化剂. 合成橡胶工业，2000，23（4）：215.

[17] Starflex Metallocene Polyethylene Resins Expand Portfolio for Blown and Cast Film Applications. http：//www. lyondellbasell. com. 2009-9-18.

[18] 金鹰泰，李刚，曹丽辉等. 烯烃聚合高性能 FI 催化剂的进展. 高分子通报，2006，（9）：37-50.

[19] 吴殿义，程显彪，吕建平. FI 催化剂的合成与性能. 油气田地面工程，2002，21（4）：26-27.

[20] 具有超高活性的 FI 催化剂. 现代塑料加工应用，2002，14（5）：44.

[21] Dow 公司的后茂金属催化剂获得工业应用. Japan Chem Week，2007，48（2 409）：1.

[22] 用于烯烃嵌段共聚物生产的催化剂. 化工在线，2007-3-8.

[23] 陶氏化学计划工业化烯烃嵌段共聚物技术. 化工在线，2007-9-5.

[24] Dow Announces Commercial Availability of Nine Developmental Olefin Block Copolymers. http：//www. dow. com. 2008-4-17.

[25] 陶氏化学推出九款开发型烯烃嵌段共聚物. 中国化工在线，2008-8-26.

[26] 吕立新. 反应器聚合方法制备聚烯烃类热塑性弹性体技术进展. 中国塑料，2006，20（12）：1-9.

[27] 李化毅，胡友良. 链穿梭聚合制备聚烯烃嵌段共聚物的研究进展. 合成树脂及塑料，2008，25（6）：55-60.

[28] Riopol Produces LLDPE Metallocene Resins Licensed by Univation Technologies. http：//www. univation. com. 2007-5-15.

[29] 尤尼威蒂恩技术有限责任公司. 用于在铬型和混合聚合催化剂之间转变的方法. 中国，CN 1729205. 2006.

[30] 尤尼威蒂恩技术有限责任公司. 用于在齐格勒-纳塔和铝氧烷型单中心聚合催化剂之间转变的方法. 中国，CN 1729207. 2006.

[31] 尤尼威蒂恩技术有限责任公司. 用于在金属茂和齐格勒-纳塔聚合催化剂之间转变的方法. 中国，CN1729206. 2006.

[32] 尤尼威蒂恩技术有限责任公司. 用于在不同聚合催化剂之间转变的方法. 中国，CN 1732188. 2006.

[33] Univation Technologies, LLC. Process for Transitioning Between Ziegler-Natta-Based and

Chromium-Based Catalysts. US Appl Pat，US 20060160965 A1. 2006.

[34]　Keeping-Up with Materials Bimodal MDPE for Pipe. Plast Technol，2007-6.

[35]　王熔，李建忠. 世界聚乙烯生产技术进展. 石化技术，2005，12（1）：40-44.

[36]　金栋，燕丰. 聚乙烯生产工艺及催化剂研究新进展（上）. 上海化工，2005，30（10）：28-31.

[37]　Basell 开发出用于燃油箱的 HMW-HDPE. 中国化工在线，2007-8-9.

[38]　Basell's New Lupolen 4261A IM Resin Used for Injection Moulded Fuel Tank Components. http：//www. basell. com. 2007-3-22.

[39]　LLDPE Makes Tougher Blown Film. Plast Technol，2006，52（2）：25.

[40]　刘共华. NOVA 推出用于冷冻食品的新型树脂包装. 塑料科技，2007，35（2）：25.

[41]　Nova 推出用于冷冻食品包装的新聚乙烯树脂. 食品与发酵工业，2006，32（7）：129.

[42]　NOVA Chemicals Introduces Innovative Packaging Film Resin with up to 50% Superior Moisture-Barrier. http：//www. novachemicals. com. 2008-5-28.

[43]　Chevron Phillips Sees Future in New Bimodal Product Range. Mod Plast，2007-3-26.

[44]　Borealis 公司推出新型聚乙烯生产技术. 石油化工，2006，35（3）：301.

[45]　贾军纪. 北欧化工公司 Borstar PE 2G 技术. 石化技术与应用，2006，24（1）：31.

[46]　北欧化工研发 PE 薄膜级新牌号. 工程塑料应用，2007，35（6）：15.

[47]　北欧化工研发 PE 薄膜级新牌号. 中国化工在线，2007-7-30.

[48]　Borealis 开发出己烯基高密度聚乙烯. 中国化工在线，2007-5-17.

[49]　荷兰 Borealis 开发特殊管件用 PE 树脂. 中国化工在线，2007-7-5.

[50]　陈乐怡. 世界合成树脂工业发展趋势. 当代石油化工，2006，14（6）：11-15.

[51]　辽宁华锦化工 PE 装置引进英力士技术. 中国化工在线，2007-7-11.

[52]　Ian Young. Sinopec Selects Ineos Technology for Polyethylene Plant. Chem Week，2009-3-18.

[53]　延长石油引进英力士 HDPE 和 PP 技术. 中国化工在线，2009-10-22.

[54]　Basell PE 100 Pipe Grade with Increased Resistance to Slow Crack Growth Now Available. http：//www. Basell. com. 2007-1-3.

[55]　Basell Launches a New Hostalen HDPE Resin that Offers Advantages in Bottle Applications. http：//www. Basell. com. 2007-5-25.

[56]　LyondellBasell's Hostalen ACP Technology for High-Performance HDPE Available for License. http：//www. lyondellbasell. com. 2009-3-23.

[57]　伊朗 Mehr 石化 30 万吨 HDPE 装置试生产. 中国化工在线，2009-6-1.

[58]　低密度聚乙烯生产技术进展. 中国化工在线，2007-4-3.

[59]　Im J, et al. High Performance Polymers. Hanser：SAGE，1991.

[60]　Pan S J, et al. J Polym SciPartB：Polym Phys，1990，28（7）：1105.

[61]　MuellerC, et al. Polym Proc Eng，1997，14：137.

[62]　Shuangxi Xu, et al. Polymer，2008，49：4861-4870.

[63]　SchrenkW J, et al. Polym Eng Sc i，1969，9（6）：393.

[64]　Alfrey T J R, et al. Polym Eng Sc i，1969，9（6）：400.

[65]　王明，郭少云. 工程塑料应用，2008，36（11）：83-87.

[66]　Baer E, et al. ANTEC Soc PlastEng，1999，57（3）：3947.

[67]　Bernal-Lara T E. Journal of Applied Polymer Science，2006，99：597-612.

[68]　Sinha Ray S, et al. Progress in PolymerScience，2003，28：1539-1641.

[69]　刘廷华等. 聚合物成型加工新技术. 北京：化学工业出版社，2004.

[70]　Nazarenko S. Journal of Applied Polymer Science，1999，73：2877-2885.

[71]　Park C B, Baldwin D F, Suh N P. Polym. Eng. Sci.，1995，35：432.

[72]　张鹰，郑安呐，韩哲文. 功能高分子学报，1999，12：207.

[73]　Pierick D, Jacobsen K. Plastics Engineering，2001，57：46-51.

[74]　瞿金平. 中国发明专利 200810026054. x，申请日 2008.1.25.

附 录

附录一 聚乙烯树脂主要牌号表（按生产工艺分）

聚乙烯的生产工艺，如果按照生产过程中压力的高低来分，分为高压法、中压法和低压法。

高压法的生产过程反应器压力很高，大约 $100\sim300MPa$ 之间，温度 $200\sim300℃$。该方法生产的聚乙烯为低密度聚乙烯（LDPE）。现在技术发展，高压法工艺也能生产高密度聚乙烯。

中压法生产工艺的压力在 10MPa 以下，可以生产中密度聚乙烯和高密度聚乙烯。

低压法生产工艺中，压力相对较低。低压法工艺又可以分为溶液法、淤浆法和气相法工艺。

聚乙烯生产方法：聚乙烯按聚合压力可以分为高压法、中压法、低压法；按介质来分可以分为淤浆法、溶液法、气相法。

目前世界上拥有聚乙烯技术的公司很多，拥有 LDPE 技术的有 7 家，LLDPE 和全密度技术的企业有 10 家，HDPE 技术的企业有 12 家。从技术发展情况来看，高压法生产的 LDPE 是 PE 树脂生产中技术最成熟的方法，釜式法和管式法工艺技术均已成熟，目前这两种生产工艺技术同时并存。国外各公司普遍采用低温高活性催化剂引发聚合体系，可降低反应温度和压力。

低压法生产 HDPE 和 LLDPE，主要采用钛系和铬系催化剂，欧洲和日本大多采用钛系催化剂，而美国大多采用铬系催化剂。目前世界上主要应用的聚乙烯生产技术共用 11 种，而我国的 PE 生产工艺有 8 种，分别是：高压管式和釜式反应工艺；低压淤液法 CX 工艺；BP 气相法 Innovene 生产工艺；双环管反应器 LPE 工艺；北星（Borstar）双峰工艺；低压气相法 Unipol 工艺；巴塞尔聚烯烃公司 Hostalen 工艺；Sclartech 溶液法生产工艺。

中国石油化工股份有限公司聚乙烯相关的一些牌号

（1）高压低密度聚乙烯（LDPE） LDPE 产品具有良好透明度和加工性能，主要用做农用膜、工业用包装膜、机械零件、日用品、建筑材料、电线、电缆绝缘、涂层和合成纸等。

■ LDPE 膜料

牌 号	熔体流动速率/(g/10min)		主要用途
	典型值	测试方法	
LD153	0.4	GB/T 3682	包装膜
LD155	2	GB/T 3682	包装膜
LD160	4	GB/T 3682	衬里、高透明膜、流延膜
LD160BW	4	GB/T 3682	流延膜
LD163	0.31	GB/T 3682	热收缩膜
LD104	2	GB/T 3682	高透明膜
1F7B	7	GB/T 3682	农膜
N150(AF-30)	1.5	GB/T 3682	农用薄膜
N210	2.1	GB/T 3682	农用薄膜
N220(AH40)	2.2	GB/T 3682	农用薄膜
Q200(YH-50)	2	GB/T 3682	轻包装薄膜
Q210	2.1	GB/T 3682	轻包装薄膜
Q281(NH51)	2.8	GB/T 3682	轻包装薄膜
Q310	3.1	GB/T 3682	轻包装薄膜
Q400(YK-50)	4	GB/T 3682	轻包装薄膜
Z045(HE-30)	0.5	GB/T 3682	重包装薄膜
154-050	2.20	GB/T 3682	包装膜
2426H	1.9	GB/T 3682	地膜
2102TN26	2.5	GB/T 3682	制作轻包装膜、农地膜
2102TN00	2.4	GB/T 3682	适用于制作轻包装膜、发泡片材、电线电缆
2100TN00	0.3	GB/T 3682	重包装膜、收缩膜、土工膜、大棚膜、电缆料

品名	型号	产地	熔指/(g/10min)	特性及用途
膜级/注塑	1F7B	燕化	7	薄膜。用于生产各种薄膜、农地膜、水果网套
膜级/注塑	LD600	燕化	2	用于农膜、收缩膜、透明膜、层压膜、医用包装、共挤出多层膜、各种包装袋、LLDPE掺混料
膜级/注塑	LD605	燕化	4.5~7.5	超薄膜、注塑
膜级/注塑	LD100AC	燕化	1.7~2.3	用于农膜、收缩膜、透明膜、层压膜、医用包装、共挤出多层膜、各种包装袋、LLDPE掺混料、注塑料、动力电缆绝缘硅烷交联、过氧化物交联
膜级/注塑	LD617	燕化	2	用于农膜、收缩膜、透明膜、层压膜、医用包装、共挤出多层膜、各种包装袋、LLDPE掺混料
膜级/注塑	LD662	燕化	1.9	用于农膜、收缩膜、透明膜、层压膜、医用包装、共挤出多层膜、各种包装袋、LLDPE掺混料
膜级/注塑	LD165	燕化	0.23~0.43	用于大棚膜、收缩膜、衬里、动力电缆绝缘硅烷交联、通信电缆外套、吹塑、管材
膜级/注塑	LD160	燕化	3~5	用于衬里、透明膜、层压膜、超薄膜、各种包装袋、铸膜、注塑
膜级/注塑	2102TN26	齐鲁石化	2.1~2.9	通用膜料，适用于制作轻包装膜、农地膜等
膜级/注塑	TN37	齐鲁石化	2.5±0.4	该产品等同于荷兰 DSM 公司的 1523SX 牌号，适用于农膜及包装
膜级/注塑	2100TN00	齐鲁石化	0.25~0.3	重包装膜、收缩膜、大棚膜、电缆料
膜级/注塑	2101TN00	齐鲁石化	0.7~1.0	薄膜料，适用于大棚膜、工业用膜等
膜级/注塑	2102TN00	齐鲁石化	2.1~2.9	适用于制作轻包装膜、发泡片材、电线电缆
膜级/注塑	117A	燕化	7	适用于条件不苛刻的工业、农业和民用注塑品
膜级/注塑	LD615	燕化	12~18	用于注塑、母粒
膜级/注塑	1I2A	燕化	2	注塑级、管材、板材、吹塑

■ LDPE 电缆料

牌号	熔体流动速率/(g/10min)		主要用途
	典型值	测试方法	
LD100BW	2.1	GB/T 3682	电缆料
DJ200A	2	GB/T 3682	电缆基料
DJ210	2.1	GB/T 3682	电缆基料
QLT17	2.1	GB/T 3682	动力电缆专用料

■ LDPE 花料

牌　号	熔体流动速率/(g/10min)		主要用途
	典型值	测试方法	
1I15A	15	GB/T 3682	注塑
1I20A	20	GB/T 3682	注塑
1I30A	30	GB/T 3682	
1I40A	40	GB/T 3682	
1I50A	50	GB/T 3682	
868-000	50.0	GB/T 3682	塑料花
888-000	64.0	GB/T 3682	塑料花

■ LDPE 涂层料

牌　号	熔体流动速率/(g/10min)		主要用途
	典型值	测试方法	
1C10A	10	GB/T 3682	
1C7A	7	GB/T 3682	
1C7A-1	7.5	GB/T 3682	
ZJ2600	26	GB/T 3682	涂覆

■ LDPE 注塑料

牌　号	熔体流动速率/(g/10min)		主要用途
	典型值	测试方法	
LD100	2	GB/T 3682	注塑
LD1100AC	2	GB/T 3682	农膜,包装袋
LD605	6	GB/T 3682	注塑
LD159	4	GB/T 3682	注塑
LD400	25	GB/T 3682	注塑
1I1.5A	1.5	GB/T 3682	注塑
1I2A-1	2	GB/T 3682	注塑
1I7A	7	GB/T 3682	注塑
ZH150	1.5	GB/T 3682	注塑件
ZH200	2	GB/T 3682	注塑件
ZH220	2.2	GB/T 3682	注塑件
ZH280	2.8	GB/T 3682	注塑件
ZH281	2.8	GB/T 3682	注塑件

其他厂家及一些国外的相关高压聚乙烯牌号如下。

■高压聚乙烯 LDPE 部分牌号介绍

品 名	型 号	产 地	熔指 /(g/10min)	特 性 及 用 途
膜级/注塑	18D	大庆石化	1.5	通用于各种薄膜、小型制品、同韩国三星530G
膜级	2420F	大庆石化、兰州石化	0.75	高端通用膜
膜级	2426H	大庆石化、兰州石化	2.0	高端农用膜
膜级	2436H	大庆石化、兰州石化	2.0	高透明复合膜
膜级/注塑	10803	俄罗斯	2	棚膜，小型注塑产品，发泡产品
膜级/注塑	15803	俄罗斯	2	壁厚为 3mm 以上的大型制品，如10L 以上的容器和一般用途的薄膜及发泡产品
膜级/注塑	5320	韩国韩华	2	薄膜、轻包装膜、同 F222
膜级/注塑	LM1000	韩国 LG	6.09	水果网套
膜级/注塑	FB0300	韩国 LG	3	一般包装用薄膜,同大庆18D
膜级/注塑	F210-6	新加坡 TPC	2	一般包装薄膜
膜级/注塑	F222	日本宇部	2	一般包装薄膜、复合膜、冷冻膜

（2）线型低密度聚乙烯（LLDPE） LLDPE 可以用于生产日用膜、棚膜、管材、农地膜、塑料绳、家用器皿、易拉罐头、玩具等。

中国石油化工股份有限公司生产的 LLDPE 牌号如下。

■ LLDPE 薄膜料

牌 号	熔体流动速率/(g/10min)		主要用途
	典型值	测试方法	
DFDA2001			包装薄膜
DFDA7042			日用膜、棚膜、管材、农地膜、塑料绳
DFDA7047	1.0	GB/T 3682	农用薄膜、微地膜等
DFDA7208			农膜
DFDA9020			微膜
DFDA9021			拉伸缠绕膜、保鲜膜
DFDA9030			拉伸缠绕膜
DFDA9085			高强度膜
DFDA-9906			农膜
DFDC7050	2.0	GB/T 3682	农用薄膜
DFDC9050	1.9	GB/T 3682	农用薄膜
DFDC9050K	1.9	GB/T 3682	农用薄膜
DFDC9088	0.85	GB/T 3682	农用薄膜
DJ M-1810	1.0	GB/T 3682	薄膜基础料
DJ M-1820	2.0	GB/T 3682	薄膜基础料
QLLP01	1.0	GB/T 3682	主要用于制作大棚膜
YLF-1801	1.0	GB/T 3682	重包装膜
YLF-1802	2.0	GB/T 3682	彩印膜

■ LLDPE 单丝料

牌　　号	熔体流动速率/(g/10min)		主要用途
	典型值	测试方法	
MLPE-2010	1.0	GB/T 3682	渔网、扁丝

■ LLDPE 滚塑料

牌　　号	熔体流动速率/(g/10min)		主要用途
	典型值	测试方法	
MLPE-8050	4.6	GB/T 3682	—

■ LLDPE 注塑料

牌　　号	熔体流动速率/(g/10min)		主要用途
	典型值	测试方法	
DMDA8007	8.5	GB/T 3682	
DMDB8910	10.0	GB/T 3682	容器
DMDB8916	17.0	GB/T 3682	容器
DNDA7144	20.0	GB/T 3682	瓶盖、注塑件
YLM-3405	5.0	GB/T 3682	注塑用品

其他一些国内外厂家生产的 LLDPE 牌号如下。

■线型高压聚乙烯 LLDPE 部分牌号介绍

型号	产地	熔体流动速率/(g/10min)	特性及用途
7042	吉化	2	农膜、重包装膜、复合膜料、管材、电线、电缆
7042 粉	吉化	2	农膜、重包装膜、复合膜料、管材、电线、电缆
7042	天津联合	2	通用包装薄膜、食品包装袋、内衬、涂层复合
7085	天津联合	1	地膜、大棚膜、重负荷包装袋、食品袋
7047	大庆石化	1	通用包装膜
7042	大庆石化	2	农膜、包装膜
7050	中原乙烯	1.9～2	薄膜制品各种农膜、地膜、日用包装袋、垃圾袋各种注塑件、薄膜制品、农用小口径排水管材
FU149M	韩国 SK	1	韧性高,高抗张强度。 农用覆盖薄膜、通用薄膜
FV149M	韩国 SK	2	韧性高,高抗张强度。 农用覆盖薄膜、通用薄膜
3224	韩国韩华	2	一般包装用薄膜。 同大庆18D
3305	韩国韩华	2	农业用窄薄膜
218W	沙特 SABIC	2	薄膜级,滑爽剂和抗黏剂含量高。 适用于衬里、成衣袋和膜厚低至 12μm 的各类包装。 能与 LDPE 共混
1002	新加坡 TPC	2	农膜、包装膜
0218D	加拿大 NOWA	2	薄膜级,滑爽剂和抗黏剂含量高。 适合垃圾袋及其他膜

（3）**高密度聚乙烯（HDPE）** HDPE 产品有良好的刚性和加工性能，可做各种瓶子、绳、网及供水、灌溉和化学品管材等。中国石油化工股份有限公司生产的 HDPE 牌号如下。

■ HDPE 薄膜料

牌　号	熔体流动速率/(g/10min)		主要用途
	典型值	测试方法	
3300F	1.1	GB/T 3682	商品袋
6000F	0.54（5kg）	GB/T 3682	薄膜、购物袋、废物袋、包装袋等
7000F	0.04	GB/T 3682	大棚膜、商品袋
DGDA6098 粉料	11.0	GB/T 3682	主要用于生产高强度薄膜、微膜、购物袋、杂货袋、多层衬里、耐候膜等
MH502	5	GB/T 3682	薄膜料
MH602	6	GB/T 3682	薄膜料
MH702	7	GB/T 3682	薄膜料
ML1502	15	GB/T 3682	薄膜料
ML2202	22	GB/T 3682	薄膜料
ML2502	25	GB/T 3682	薄膜料
MM2002	20	GB/T 3682	薄膜料
MM2602	26	GB/T 3682	薄膜料
TR144	0.28	ASTM D1238	产品袋、多层袋的衬里
1600J	18	GB/T 3682	家用器具、日用品

■ HDPE 吹塑料

牌　号	熔体流动速率/(g/10min)		主要用途
	典型值	测试方法	
5200B	0.35	GB/T 3682	容器、大型玩具
5301B	0.70	GB/T 3682	小中空注塑料
DMD1158 粉料	2.1	GB/T 3682	大型中空容器专用料，主要用于生产容积大于200L的中空容器，也可用于生产压延板材
DMDA6145	15.5	GB/T 3682	中、小中空容器专用料，具有良好的韧性、刚性、耐环境应力开裂和加工性能，主要用于生产10～100L中空容器
DMDA6147	10	GB/T 3682	主要用于吹塑20～200L的容器
HHM5202M2	0.25	ASTM D1238	
HHM5502LW	0.35	ASTM D1238	中空容器
YEB-6003T	0.30	GB/T 3682	波纹管等

■ HDPE 单丝料

牌　号	熔体流动速率/(g/10min)		主要用途
	典型值	测试方法	
5000S	1.0	GB/T 3682	用做单丝、绳索、渔网和包装薄膜等

■ HDPE 电缆料

牌　号	熔体流动速率/(g/10min)		主要用途
	典型值	测试方法	
DH050T	0.5	GB/T 3682	电缆护套
DH170T	1.7	GB/T 3682	电缆护套
QHJ01	0.75	GB/T 3682	
TR210	0.85	ASTM D1238	

■ HDPE 管材料

牌　号	熔体流动速率/(g/10min)		主要用途
	典型值	测试方法	
5310M	0.73	GB/T 3682	电缆料
6100M	0.16	GB/T 3682	农用水管、热水管、电缆支架等
6360M	0.22	GB/T 3682	埋地排水管
6380M	0.11	GB/T 3682	压力管材
7600M	0.035	GB/T 3682	
7800M	0.04	GB/T 3682	大口径双壁波纹管
DGDB2480	12.5	GB/T 3682	
DGDB2480H	10	GB/T 3682	
GH051T	0.5	GB/T 3682	非承压管材
QHB16A	3.5	GB/T 3682	
QHB16B	5.5	GB/T 3682	
TR418	0.2	ASTM D1238	
TR480	0.11	ASTM D1238	
YEM-4803T(PE80)	0.32	GB/T 3682	管材
YEM-4902T(PE100)	0.22	GB/T 3682	管材
YGH041	0.26	GB/T 3682	承压管材
YGH041T	0.38	GB/T 3682	承压管材
YGM091	0.74	GB/T 3682	承压管材

■ HDPE 注塑料

牌　号	熔体流动速率/(g/10min)		主要用途
	典型值	测试方法	
1600J	18	GB/T 3682	日用杂品
2100J	6.5	GB/T 3682	一般用于封闭材料
2200J	5.5	GB/T 3682	一般用途和工业用途，筐、盒、容器等
3000J	2.25	GB/T 3682	注塑
3000JE	2.25	GB/T 3682	注塑
3000JF	2.75	GB/T 3682	注塑
5306J	6.0	GB/T 3682	注塑料
SH1502	15.0	GB/T 3682	注塑件

牌　号	熔体流动速率/(g/10min)		主要用途
	典型值	测试方法	
SH2902	29.0	GB/T 3682	注塑件
SH4502	45.0	GB/T 3682	注塑件
SH502	5.0	GB/T 3682	注塑件
SH602	6.0	GB/T 3682	注塑件
SH702	7.0	GB/T 3682	注塑件
SH800	8.0	GB/T 3682	注塑件
SH800U	8.0	GB/T 3682	户外注塑件

其他一些国内外厂家生产的聚乙烯牌号如下。

品　名	型　号	产　地	熔体流动速率/(g/10min)	特　性　及　用　途
拉丝级	5000S	兰化	0.9	机械强度高,可用于绳索和网用单丝,而且可用于中空制品、管材等
拉丝级	5000S	韩国湖南	0.9	一般用品和工业品、单丝绳、渔网线袋
拉丝级	E308	大韩油化	0.9	适合带、单丝和渔网
拉丝级	E808	日本	0.9	适合带、单丝和渔网
拉丝级	19C	抚顺乙烯	1	渔网丝、背心袋、绳、小中空容器
拉丝级	Y910A	韩国三星	1	一般用品和工业品、单丝绳、渔网线袋
注塑级	2908	抚顺乙烯	8	注塑、家具、一般容器、周转箱、托盘、安全帽、日用品等
注塑级	2909	抚顺乙烯	12	注塑、家具、一般容器、周转箱、托盘、安全帽、日用品等
注塑级	2911	抚顺乙烯	20	注塑、家具、一般容器、周转箱、托盘、安全帽、日用品等
注塑级	6070	独山子	6.5～8	用于注塑料、制鱼箱、板条箱、周转箱
注塑级	5070	辽宁华锦	6～8	用于注塑料、制鱼箱、板条箱、周转箱
注塑级	2200J	韩国湖南	5	高硬度和冲击强度,耐吹性。大型条极箱、一般工业配件装运周转箱

续表

品　名	型　号	产　地	熔体流动速率/ (g/10min)	特性及用途
塑级	5218	独山子	16～20	注塑、家具、一般容器、周转箱、托盘、安全帽、日用品等
注塑级	ME9180	韩国 LG	18	一般家用产品、大型成型品、工业用零件、一次性产品、搬运箱等
中空吹塑	5135C	抚顺乙烯	0.33	煤气管、波纹管
膜料	TR144	韩国大林	0.18	购物袋、杂货袋
膜料	640UF	日本出光	0.04	适用于家用薄膜、一般包装薄膜和购物袋
膜料	8800	韩国 SK	0.04	适用于家用薄膜、一般包装薄膜和购物袋
膜料	F600	大韩油化	0.05	适用于家用薄膜、一般包装薄膜和购物袋

附录二　中国聚乙烯树脂主要加工应用厂商与关键加工设备制造商

聚乙烯树脂可以采用多种方式进行加工应用。聚乙烯加工应用过程中会用到许多设备，如挤出造粒机、管材挤出机、吹塑薄膜机、挤出吹塑机、注射吹塑机、拉伸吹塑机、流延膜设备、注塑机、滚塑机等。

挤出造粒设备螺杆挤出机主要生产厂商中，国内有名厂家有南京橡塑机械厂、科倍隆科亚（南京）机械有限公司；国外生产挤出造粒设备有名的公司如德国 WP 公司。

管材挤出机国内的如宁波方力，进口设备如德国的 Extrudex 公司等。

吹塑薄膜设备国内的生产商众多，如瑞安红光机械公司、浙江东风塑料厂等。进口的吹塑薄膜设备供应商如 Battenfeld、Gloucester、Dabisstandard、W&H、Be 等公司。

中空成型设备中有挤出吹塑成型，国产的挤出吹塑中空设备厂商有秦川机械发展股份有限公司等；国外有名的挤出吹塑设备厂商如德国的 Kautex 公司等。其他型的中空成型设备，国内生产商如张家港阿波罗机械有限公司、上海王工业集团、宁波千普机械制造有限公司等；国外的有法国 SIDEL 公司、德国 KRONES 公司、意大利 SIPA 公司等。

国内注射机的生产厂家也很多，有几千家之多，知名厂家如海天注塑机有限公司等。国外的注射机厂商如德国的 BOY 公司、MILACRON 公司等。

流延膜机械国内也有许多家厂商，如珀玛塑料机械有限公司、深圳天睿机械有限公司等。进口流延膜设备供应商如德国 BRUCKNER、Reifenhauser、W&H、意大利 Colines、Dolci、美国 Battenfeld 等公司。

滚塑成型设备的国内生产厂家较少，有烟台方大滚塑有限公司、永嘉滚塑设备有限公司等。国外的滚塑成型设备生产厂家，如意大利普利威尼公司、加拿大 FSP 公司以及德国、英国、荷兰等一些公司。

附录三 聚乙烯树脂用添加剂、催化剂的生产商

■附录三 2.4-1 烷基酚、亚烷基酚类抗氧剂

生产单位	牌　号	主要化学组成	特　点
Great Lakes	Anox PP18	β-（3,5-二叔丁基-4-羟基苯基）丙酸十八烷基酯	不变色、不污染，无色无气味，可在四种物理形式下使用
	Anox20	四［3,（3,5-二叔丁基-4-羟基苯基）丙酸季戊四醇酯或四（亚甲基-3,5-二叔丁基-4-羟基苯基丙酸酯）甲烷］	不变色、不污染，无色无气味，可在四种物理形式下使用
	Anox20AM		不变色无污染，无色无气味，无定型态
	Anox29	2,2′-亚乙基-双（4,6-二叔丁基苯酚）	无污染的结晶粉末
	Anox BF		低黏度，不污染
	Anox 1C 14	1,3,5-三［3,5-二叔丁基-4-羟基苄基-S-三嗪-2,4,6-（1H，3H，5H）三酮或1,3,5-三（3,5-二叔丁基-4-羟基苄基）异氰酸酯］	白色，不污染、不变色
	Anox 70	2,2′-亚硫基乙二醇双［3-(3,5-二叔丁基-4-羟基苯基)丙酸酯］	不变色、不污染，无色无气味
	Lowinox BHT	2,6-二叔丁基对甲酚	不变色、不污染
	Lowinox CPL	聚合物阻酚	粉末，粒状
	Lowinox MD-24	1,2-双（3,5-二叔丁基-4 羟基-苯基丙）肼	不变色，不污染，金属钝化剂
	Lowinox 22M46	2,2′-亚甲基双（4-甲基-6-叔丁基苯酚）	不变色，不污染，不起霜
	Lowinox WSP	2,2′-硫代双（4-甲基-6-叔丁基苯酚）	无毒
	Lowinox CA22	1,1,3-三（2-甲基-4-羟基-5-叔丁基苯基）丁烷	无毒，不变色，不污染
	Lowinox 44B25	4,4′-亚丁基-双（2-叔丁基-5-甲基苯酚）	无污染
	Lowinox 1790		自由流动白色粉末，不变色不污染，空气中不易泛黄
	Lowinox TBM6	4,4′-硫代双（2-叔丁基-5-甲基苯酚）	不变色不污染，白色结晶粉末

续表

生产单位	牌 号	主 要 化 学 组 成	特 点
	Irganox 259	3,5,-二叔丁基-4-羟基丙酸一己二酯	不变色,无污染,无色无气味
	Irganox1010	四〔3,(3,5-二叔丁基-4-羟基苯基)丙酸季戊四醇酯或四(亚甲基-3,5-二叔丁基-4-羟基苯基丙酸酯)甲烷〕	不变色,无污染,无色无气味
	Irganox 1330		
	Irganox 3114	羟基苄基-S-三嗪-2,4,6-(1H,3H,5H)三酮或1,3,5-三(3,5-二叔丁基-4-羟基苄基)异氰酸酯〕	
Ciba Specialty	Irganox 1035		不变色,不污染,无色无气味
	Irganox 1076	β-(3,5-二叔丁基-4-羟基苯基)丙酸十八烷基酯	不变色,不污染,无色无气味
	Irganox MD-1024		不变色,不污染,无色无气味
	Irganox 1425 WL		
	Irganox 565	2,4-二(正硫代辛基)-6-(4-羟基-3,5,-二叔丁基)-1,3,5-三嗪	在高压电缆应用中是防止交联的高效抗氧剂
	Irganox B-Blends		无气味,低挥发
	BNX 1010		不变色不污染,无色无气味的粉末或粒状
	BNX 1035		不变色不污染,无色无气味
Mayzo	BNX 1076		不变色不污染,无色无气味
	BNX MD-1024		不变色不污染,金属钝化剂
	Benefos 1680		
	Cyanox 2110		不变色不污染,无色无气味
	Cyanox 2176		不变色不污染,无色无气味
	Cyanox 1741		白色粉状
Cytec	Cyanox 1790	1,3,5-三(4-叔丁基-3-羟基-2,6-二甲基苄基)-1,3,5-三嗪-2,4,6-(1H,3H,5H)三酮	自由流动的白色粉末,不变色不污染,空气中不易泛黄
	Cyanox 2246	2,2'-亚甲基双(4-甲基-6-叔丁基苯酚)	白色乳状向白色晶体粉末过渡
	Cyanox 1760		不变色不污染
Clariant	A 961/A 4962		可加工,LTH 稳定剂

生产单位	牌　号	主 要 化 学 组 成	特　点
Clariant	Hostanox 03		抗抽提
	Hostanox 010		不变色不污染，无色无气味
	Hostanox 014		
	Hostanox 016		不变色不污染，无色无气味
	Hostanox 0SP1		抗抽提，金属钝化剂
Albemarle, Harwick standard	Ethanox 310		不变色不污染，无色无气味
	Ethanox 314		不变色不污染，无色无气味
	Ethanox 330	1,3,5-三甲基-2,4,6-三（3,5-二叔丁基-4-羟基苄基）苯	不变色不污染，无色无味；粉末或无尘粒状
	Ethanox702		微变色，白黄色粉末或无尘粒状
	Ethanox703		微变色，白黄色粉末
Crompton	Naugard 10		不变色，固体粉末或颗粒
	Naugard 76		不变色，固体粉末，颗粒或片状
	Naugard 431		不变色不污染
	Naugard 529		不变色，低挥发液体
	Naugard BHT 技术 BHT 食品级		不变色，不污染
	Naugard SP		无污染液体
	BHT		不变色，不污染，白色结晶，浓缩态
	Mark 5111		不变色
	Naugard XL-1		抗氧剂及金属钝化剂
	Naugard 536		不污染，琥珀色液体
Rasching	Ralox 02 S		稍有变色
	Ralox 35		无污染
	Ralox 46		无污染
Rasching	Ralox 198		无污染，无色无气味
	Ralox 530		无污染，无色无气味
	Ralox 630		无污染，无色无气味
	Ralox 926		液体
	Ralox BHT 食品级		无污染，白色结晶
	Ralox BHT 技术		无污染，白色结晶，技术级
	Ralox LC		无污染，粉末或片状

生产单位	牌　号	主要化学组成	特　点
Harwick Standard	Stangard PC		不变色不污染，淡白色粉末
	Stangard SP/SPL		不变色不污染
	Stangard 1010		不变色不污染，无色无气味
	Stangard 1076		不变色不污染，无色无气味
	Stangard 3114		
	Stangard BHT		不变色不污染
GE Specialty	Ultranox 210		不变色不污染，无色无气味
	Ultranox 276		不变色不污染，无色无气味
	BHT		不变色，不污染，白色结晶，浓缩态
Bayer	Vulkanox BKF		不变色不污染
	Vulkanox KB		不变色不污染
	BHT		不变色，不污染，白色结晶，浓缩态
Aceto, Eastman	BHA		白色，蜡状颗粒或片状
Aceto, Krishna	BHT		不变色，不污染，白色结晶，浓缩态
Asahi Denka	AOKSTAB AO-80		不变色，不污染

■附录三　2.4-2 亚磷酸酯类抗氧剂

生产厂商	商品名	主要组成	特　点
Asahi Denka	ADK STAB PEP-36		高性能白色粉末
	ADK STAB HP-10		不变色，水解稳定的加工稳定剂
Great Lakes	Alkanox 240		无色，水解稳定的加工稳定剂
	Alkanox 240-3T		白色结晶片状和粉末
	Alkanox P-24		高性能白色颗粒粉末，用于加工和颜色稳定性
	Alkanox 24-44		高性能稳定剂，不污染不变色，不出现平板
Great Lakes	Alkanox 28	双（2,4-二枯基苯基）季戊四醇二亚磷酸酯	不变色，协同增效，良好的水解稳定性
	Alkanox TNPP	亚磷酸三壬基苯酯	
	Anox TB blends		不变色的亚磷酸酯
	Anox BB Blends		不变色的酚、亚磷酸酯共混

生产厂商	商品名	主要组成	特点
Ciba Specialty	Irgafos 38		
	Irgafos 168	亚磷酸三（2,4-二叔丁基苯基）酯	不变色，加工过程中的水解稳定剂
	Irgafos B-blends		不变色的亚磷酸酯，首选和 AO 共混
Dover	Doverphos S-480		不变色，协同增效，良好的水解稳定性
	Doverphos S-680,S-682		不变色，协同增效，良好的水解稳定性
	Doverphos S-9228		不变色，协同增效，良好的水解稳定性
Mayzo	Benefos 1680		不变色，水解稳定的加工稳定剂
	BNX 1225		不变色的酚－亚磷酸酯共混体系
	BNX 1900		不变色的酚－亚磷酸酯共混体系
Krishna	Cristol TNPP		洁净，不污染，协同增效
	Cristol TPP		较稳定
	Cristol CH 300		较稳定
	Cristol BHT		不变色不污染
	Cristaphos 12468		不变色，水解稳定的加工稳定剂
	Cristol EPR 3400		
	Cristol-EGTPP		
Cytec	Cyanox 2704		不变色，水解稳定的加工稳定剂
Crompton	Didecyl phosphite	亚磷酸二癸酯	洁净，不污染
	Dilauryl phosphite	亚磷酸二（十二）酯	洁净，不污染
	Dioctyl phosphite	亚磷酸二辛酯	洁净，不污染
	Mark 329		洁净，不污染
	Mark C		洁净，不污染
	Mark 1178,1178B	亚磷酸三壬基苯酯	不污染
	Mark 2112		不污染
	Mark 5060		不污染,协同增效
	Mark 5082		水解稳定性

生 产 厂 商	商 品 名	主 要 组 成	特　　点
Crompton	Naugard P, Naugard PHR		洁净，不污染不变色的液体
	Naugard 524		好的水解稳定性
	Octyl diphenyl phosphite	亚磷酸辛基二苯酯	
	Polygard		洁净，不污染不变色的液体
	Trioctyl phosphite	亚磷酸三辛酯	洁净，不污染
	Triphenyl phosphite	亚磷酸三苯酯	光稳定
	Wytox 312		洁净，不污染，协同增效
Crompton, Krishna	Tri（2,4-di-t-butyl-phenyl）phosphate	三磷酸（2,4-二叔丁基苯基）酯	不变色，水解稳定的加工稳定剂
	Trisnonylphenyl phosphite		洁净，不污染，协同增效
Clariant	Hostanox PAR 24		固体亚硫酸酯，稳定的水解性
	Sandostab PEPQ		高温稳定剂，不污染不变色，不成片

■附录三 2.4-3　硫酯类抗氧剂

生 产 厂 商	商 品 名	主 要 组 成	特　　点
Crompton	DLTDP,DSTDP	硫代二丙酸二月桂酯或硫代二丙酸十二基酯	纯净，不污染
	DMTDP	硫代二丙酸二（十四）酯	纯净，不污染
	DTDTDP		纯净，不污染
	Mark 2140		
	Mark 5095		白色结晶片状
Cytec	Cyanox LTDP, STDP,1212	硫代二丙酸十八烷十二酯	自由流动的白色结晶片状和粉末
Clariant	Hostanox SE 10		纯净，和抗氧剂协同增强
Rasching	Ralox 35		不污染
	Ralox 530		不污染，无色无气味
	Ralox 630		不污染，无色无气味

■ 附录三 2.4-4 复合抗氧剂

商品名称		生产者	酚抗氧剂	含磷稳定剂	比例	其他	主要特性、用途
IrganoxB系列	B225	Ciba pecialty	Irganox 1010	Irgafos 168	1:1	—	长期热稳定性
	B215	Ciba pecialty	Irganox 1010	Irgafos 168	1:2	—	兼有较好加工及长期热稳定性
	B220	Ciba pecialty	Irganox 1010	Irgafos 168	1:3	—	需有良好加工热稳定性
	B561	Ciba pecialty	Irganox 1010	Irgafos 168	1:4	—	需有优良加工稳定性
	B1411	Ciba pecialty	Irganox 3114	Irgafos 168	1:1	—	填充 PE 及 PE 纤维
	B1412	Ciba pecialty	Irganox 3114	Irgafos 168	1:2	—	填充 PE 及 PE 纤维，着重于加稳定性
	B501W	Ciba pecialty	Irganox 1425	Irgafos 168	1:2:1	聚乙烯蜡	PE 纤维
	B936W	Ciba pecialty	Irganox 1425	Irgafos 168	1:1:1	聚乙烯蜡	PE 纤维
	B712FF	Ciba pecialty	Irganox 1010	Ingafos P-EPQ	1:2	—	兼有较好加工及长期热稳定性，并改进色泽
	B311	Ciba pecialty	Irganox 1330	Irgafos 168	1:1	—	薄膜及条带，着重于长期热稳定
	B313	Ciba pecialty	Irganox 1330	Irgafos 168	1:2	—	薄膜及条带，兼有较好加工及长期热稳定性
Irganox GX系列	GX2215	Ciba pecialty	IrganoxB215	Irgafos 168	85:15	内酯 HP-136	有较高加工稳定性能要求
	GX2225	Ciba pecialty	Irganox B225	Irgafos 168	85:15	内酯 HP-136	不仅要求加工稳定性，还要求长期热稳定性能
	GX2251	Ciba pecialty		Irgafos 168	57:28:15	内酯 HP-136	要求加工具备更好的长期热稳定性
	GX2411	Ciba pecialty	Irganox B1411	Irgafos 168	85:15	内酯 HP-136	注塑件、薄膜及扁丝，要求很好的防止气霉变黄性能
PKY 215		北京助剂研究所	Ky7910	Pky168	1:2	—	
AT 215		浙江宁海县金海化工公司	抗氧剂 1010	抗氧剂 168	1:2	—	长期热稳定性好，用于 T30S 薄膜
B-215		常州聚星塑料	抗氧剂 1010	抗氧剂 168	1:2	—	
B-225		技术有限公司	抗氧剂 1010	抗氧剂 168	1:1	—	
Cyanox 2777		美国 Aceto 公司	Cyanox 1790	Irganox 168			
Ultranox 815A		美国 GE 公司	抗氧剂 1010	Ultranox 626			
Ultranox 817A							
Ultranox 875A			抗氧剂 1076	Ultranox 626			
Ultranox 877A							

■附录三 2.4-5 紫外线吸收剂

名称	商品名及生产厂商	形状	熔点/℃
2-羟基-4-丙烯酰氧基乙氧基二苯甲酮	Cyasorb UV-2126(Cytec)	粉末	85~95
2-羟基-4-正辛氧基二苯甲酮	Colortech 10007-11(Colortech);Hilite-81(High Polymer Labs)	粉末	110
2-羟基-4-正辛氧基二苯甲酮	Burlsorb UV300(Burlington Scientific); Cyasorb UV-531(Cytec); 10057MB(Ampace); Mark 1413(Crompton); Uvinul 3008(BASF); UV Chek AM-30, AM-31(Ferro); Lowilite 22(Great Lakes); Uvasorb 3C(3V Inc.); 10007-11 PE MB(Colortech); BLS 531(Mayzo); Eversorb 12(Everlight); UVC-5310(PolyFil); Maxgard 700(Lycus); Hostavin AR08(Clariant)	粉末/片状	48~49
4-十二烷基2-羟基二苯甲酮	U-V Chek A M320(Ferro)	粉末	52
专利产品	Mark 1535(Crompton)	液体	
专利产品	Permyl B100(Ferro)	粉末	
专利产品	Maxgard 600(Lycus)	液体	
苯并三唑共混物	Tinuvin 213(Ciba Specialty Chemicals)	液体	
2 [2'-羟基-3',5'-(1,1-二甲基苯基苯基)] 苯并三唑	Tinuvin 234(Ciba Specialty Chemicals); Eversorb 76, Eversorb 234(Everlight)	粉末	135~143
2 (2'-羟基-3',5'-二叔戊基苯基) 苯并三唑	Cyasorb UV-2337(Cytec);Tinuvin 328(Ciba Specialty Chemicals); Eversorb 74(Everlight), Lowilite 28(Great Lakes); BLS 1328(Mayzo);Uvasorb S28(3V Inc.)	粉末	78~82
2(5-氯-2H-苯并三唑-2-基)-6-(1,1-甲基乙基)-4-甲基苯氧基	Tinuvin 326(Ciba Specialty Chemicals); Lowilite 26(Great Lakes); Eversorb 73(Everlight); Uvasorb S26(3V Inc.); Cyasorb UV-5326(Cytec)	粉末	140~141
2 (2'-羟基-3',5'-二叔丁基苯基)-5-氯代苯并三唑	Lowilite 27(Great Lakes); Eversorb 75(Everlight); Uvasorb S27(3V Inc.)	粉末	154
2 (2'-羟基-5-叔辛基苯基)苯并三唑	BLS5411(Mayzo); Cyasorb UV-5411(Cytec);Eusorb 323(Aceto); Eversorb 72(Everlight)	粉末	101~106

续表

名　　称	商品名及生产厂商	形状	熔点/℃
双[2-羟基-5-特-辛基-3（苯并三唑-2-基）苯基]甲烷	Mixxim BB/100(Fairmount)；ADK STAB LA-31(Asahi Denka)	粉末	195~196
炭黑	Elftex 254,Elftex TP, Vulcan 9A32(Cabol)	颗粒	
专利产品	Mark 446,446B(Crompton)	粉末	
水杨酸苯酯	Salol (Dow Chem) Acetol (Aceto) シーソーフ201(日本シプロ)	粉末	41~43
水杨酸对叔丁基苯酯	Inhibitor TBS (美国 Eastman)；シーソーフ202(日本シプロ)；スミソーフ90（日本住友化学）TBS: 天津合成材料研究所，上海试剂二厂，北京化工大学	粉末	62~64
水杨酸对辛基苯酯	Inhibitor OPS (美国 Eastman) シーソーフ203(日本白石钙) ASL-5（湖南化学）	粉末	72~74
对,对'-异亚丙基双酚双水杨酸酯	UV-BAD: 天津力生化工厂，天津创新有机化工厂，天津合成材料研究所	粉末	158~161
3,5-二叔丁基-4-羟基苯甲酸-2,4-二叔丁基苯酯	Cyasorb2300（美国 Cytec） UV-Chek AM-340 (Ferro) Tinuvin120 (Ciba Specialty) Ionox901 (荷兰 Shell)	粉末	194~197
3,5-二叔丁基-4-羟基苯甲酸正十六酯	Cyasorb UV-2908（美国 Cytec）	粉末	59~61
3,5-二叔丁基-对羟基苯甲酸	Aceto(Aceto)	粉末	200~210

■附录三 2.4-6 有机镍

名　称	商品名及生产厂商	形　状	熔点/℃
双（辛基酚氧基）硫代镍	UV Chek AM-101,AM-105(Ferro)	片状	130
2,2′-硫代双-（4-叔辛基酚氧基)-2-正丁氨基镍	Cyasorb UV-1084（Cytec）；10071 MB（Ampacet）；Spectratech（Equistar）；Uvasorb Nl（3V Inc.）；10710-12 PE MB(Colortech)	粉末	258～281
二正丁基二硫代氨基甲酸镍	UV Chek am-104（Ferro）；Rhenogran NDBC-75（Rhein Chemie）；Vanox NBC(Vanderbilt)	片状，粒料	88
二异丁基二硫代氨基甲酸镍	ISO Butyl Niclate(Vanderbilt)	粉末	173～181
二甲基二硫代氨基甲酸镍	Methyl Niclate(Vanderbilt)	粉末	＞290
	UV Chek AM-205(Ferro)	片状	140
	A23773(Spartech Polycom)	颗粒	
	Mark 1306A(Crompton)	粉末	
	10071 PE MB(Ampacet)	颗粒	

■附录三 2.4-7 自由基捕获剂 （受阻胺类）

名　称	商品名及生产厂商	形　状	熔点/℃
受阻胺	ADK STAB LA-52（Asahi Denka）	粉末	65
受阻胺	ADK STAB LA-62Asahi Denka）	液体	
受阻胺	ADK STAB LA-63P（Asahi Denka）	粉末	100
受阻胺	ADK STAB LA-502XP（Asahi Denka）	切粒	140
受阻胺	Cyasorb UV-3346(Cytec)	粉末、片料	
受阻胺	Cyasorb UV-3529(Cytec)		
受阻胺	Cyasorb UV-3853, Cyasorb UV-3853S, Cyasorb UV-3853PP (Cytec)	固体粉末，切粒	
受阻胺	Tinuvin 770（Ciba Specialty Chemicals）；Lowilite 77(Great Lakes Chemical)；BLS 1770(Mayzo)；Eversorb 90（Everlight）；Uvasorb HA77（3V. Inc.）	粉末	82～86
受阻胺	Chimassorb 944FL（Ciba Specialty Chemicals）；Eversorb 91（Everlight）；Lowilite 94(Great Lakes Chemical)	颗粒	115～125
受阻胺	UVC-1062,UV-1094(Polyfil)		
受阻胺	Lowilite 62（Great Lakes Chemical）；Tinuvin 622LD（Ciba Specialty Chemicals）；Uvasorb HA-22(3V Inc.)	粉末	

名　称	商品名及生产厂商	形　状	熔点/℃
受阻胺	Tinuvin 783(Ciba Specialty Chemicals)	切粒	
受阻胺	Tinuvin 123(Ciba Specialty Chemicals)	液体	
受阻胺	Chimassorb 119(Ciba Specialty Chemicals)	颗粒	115~150
受阻胺°	Chimassorb 944 FD（Ciba Specialty Chemicals）；Eversorb 91（Everlight）；Lowilite 94（Great Lakes Chemical）	颗粒	120~150
受阻胺°	BLS 1944(Mayzo)	颗粒	120~150
受阻胺	Tinuvin 765(Ciba Specialty Chemicals)	液体	
受阻胺	Tinuvin 622 LD（Ciba Specialty Chemicals）；Cyasorb UV-3622（Cytec）	切粒	55~70
受阻胺	Tinuvin 765(Ciba Specialty Chemicals)	液体	
受阻胺	Tinuvin 770（Ciba Specialty Chemicals）；Eversorb 90（Everlight）；Lowilite 77（Great Lakes Chemical）；Uvasorb HA-77(3V Inc.)	粉末	82~86
受阻胺	Tinuvin 111(Ciba Specialty Chemicals)	切粒	
受阻胺/苯并三唑	Tinuvin 353(Ciba Specialty Chemicals)		
受阻胺	Tinuvin 492/494(Ciba Specialty Chemicals)		
受阻胺（单体单元）	Hostavin N 20(Clariant)	粉末	225
受阻胺（低聚物）	Hostavin N 30(Clariant)	粉末/切粒	100~130
受阻胺	Sanduvor 3050(Clariant)	液体	
受阻胺	Sanduvor 3052(Clariant)	液体	
受阻胺	Uvasil 299(Great Lakes Chemical)	液体	
受阻胺	Uvasil 2007(Great Lakes Chemical)	切粒	
受阻胺	Uvasil 2006(Great Lakes Chemical)	切粒	
受阻胺	Uvasorb HA-88(3V Inc.)	粉末	130~150
受阻胺	Uvasorb HA-88 FD(3V Inc.)	片状	120~150
受阻胺	Uvinul 4049(BASF)	粉末	267
受阻胺	Uvinul 4050(BASF)	粉末	157
受阻胺	Uvinul 5050(BASF)		

■附录三 2.4-8　国外主要 PE 抗静电剂生产企业及牌号

生产企业	牌　号	主要化学组分	备　注
Ciba Specialty	Irgastat P16	永久型	
	Irgastat P18,20,22	永久型	
Croda	Atmer 122,125	乙二醇硬酯酸酯(微珠状)	
	Atmer 1012	乙二醇硬酯酸酯（微珠状）,粒状	
	Atmer 129	乙二醇单硬酯酸酯(微珠状)	
	Atmer 1013	乙二醇单硬酯酸酯（微珠状），（粒状）	
	Atmer 163,169	乙氧基化胺(液状)	
	Atmer 251	乙氧基化胺(液状),片状	
	Atmer AS 990	乙氧基化胺(液状),固体	高温下稳定
Chemax	Chemstat 122	胺类	
	Chemstat 172	胺类	
	Chemstat 182	胺类	
	Chemstat 192	胺类	
	Chemstat 273-E	胺类	
	Chemstat HTSA	脂肪酸酰胺	
	Chemstat P-400	未公开	
	Chemstat LD-100	未公开	
	Chemstat AC-101 201,100.1000	未公开	
Crompton	Kemamine AS650	胺类	
	Kemamine AS974	胺类	
	Markstat AL-22,AL-26	季铵化合物	
	Markstat AL-14	未公开	
	Kemamine AS989	胺类	
Ampacet	MB10053,10781, 100323,10069	未公开	
Akzo Nobel	Armostat 310.350,375, 410,710,1800	胺类	
Clariant	Hostastat FE-20, FA-14,FA-18,	胺类	
Cytec	Cyastat 609, LS, SN	季铵化合物	

■附录三 2.4-9　常见塑料用有机抗菌剂

类　别	抗　菌　剂	商品名(简称)
有机碘类化合物	3-碘-2-丙基丁基酰胺	IPBC,TROYSAN POLYPHASE
苯并咪唑类化合物	2-(4-噻唑基)苯并咪唑 苯并咪唑氨基甲酸甲酯	TBZ,赛菌灵 BCM, 多菌灵
噻唑类化合物	2'-正辛基-4-异噻唑啉-3-酮	OIT
腈类化合物	2,4,5,6-四氯-1,3-间苯二腈	TBN,百菌清
吡啶类化合物	2,3,5,6-四氯-4-甲磺酰基吡啶	道维希尔
卤代烃类化合物	N-(三氯甲基硫代)-4-环己烯-1,2-二甲基亚胺	克菌丹、开普敦
三嗪类化合物	六氢化-1,3,5-三乙基三嗪	
有机铜类化合物	双(8-羟基喹啉基)铜	8-羟基喹啉铜
有机砷类化合物	10,10'-氧化二酚呋恶吡	OBPA

■附录三 2.4-10　常用塑料无机抗菌剂

抗菌体系	基体	抗菌组分	厂家举例
溶出型金属离子抗菌剂	沸石	银，锌 银 银，铜，锌	シナネンゼオミック,日本化工 钟纺，产业振兴 ユニチカリサチラボ
	硅胶	银，锌，铜 银络合离子	グルラクノロジ 松下电器，富士シリシア
	玻璃	银，锌，铜 银	石塚硝子 兴亚硝子
	磷酸钙	银	鸣海制陶
	羟基磷灰石	银	サンキ,新东 V セラヅクス
	磷酸锆	银 银，锌	东亚合成 东亚合成
	硅铝酸盐	银，锌	触媒化学合成
	氧化锌晶须	银	松下アムラック
	钛酸钾晶须	银	大塚化学
	氧化铝	银，铜	日矿
光催化型抗菌剂	氧化钛		东陶机器,东芝ライテック,タイキン工业，松下电器，三菱制纸，石川岛播磨重工业等

世界聚乙烯催化剂的主要供应商

Univation 公司

　　Univation 公司作为 Dow 化学公司和 ExxonMobil 公司的合资公司，为 Unipol 聚乙烯工艺的许可商。除少数被许可者外（著名的有 Sabic 公司和

ExxonMobil 公司），多数 Unipol 工艺被许可者从 Univation 公司购买聚乙烯催化剂。Univation 公司在美国路易斯安那州 St. Charles 和德克萨斯州 Seadrift 生产催化剂。除铬催化剂外，Univation 公司还提供用于 Unipol 聚乙烯工艺的 Z-N 催化剂和茂金属催化剂。Univation 公司代表性的铬催化剂是 UCAT B 和 UCAT G 催化剂，用于气相法聚乙烯工艺，其产品特点见表 1。

■表 1　Univation 公司的铬催化剂及其特点

催化剂	牌　号	聚乙烯分子量分布	聚乙烯产品
UCAT B	B-300（Ti 改性）	中等	吹塑
	B-400（Ti、F 改性）		管材、片材
UCAT G	G-＃＃＃ [＃＃＃ 为（Al/Ti）＊100]	宽	MDPE 薄膜、管材、土工膜、HDPE 薄膜、大部件吹塑制品

Univation 公司代表性的 Z-N 聚乙烯催化剂是 UCAT A 和 UCAT J 催化剂，可适于生产薄膜级和注塑级 LLDPE、滚塑级 MDPE 及注塑、撕裂膜 HDPE 等产品[10]，其产品特点见表 2。

■表 2　Univation 公司的 Z-N 聚乙烯催化剂及其特点

催化剂	活性/(kg/g)	特　点
UCAT A	3～5	干粉进料，很可靠的 Unipol 催化剂，聚乙烯产品包括 Tuflin LL-DPE、Flexomer 等
UCAT J	15～20	淤浆进料，为 UCAT A 催化剂的高活性替代品，也可用于 Unipol II 工艺，聚乙烯产品包括双峰 HDPE 和 LLDPE

此外，Univation 公司还可提供 XCAT 茂金属催化剂和 PRODIGY 双峰催化剂。

Grace Davison 公司

Davison 公司成立于 1832 年。1923 年开始进入硅胶业务，1 年后进入催化剂业务。1954 年，W. R. Grace 收购了 Davison 公司。1957 年，Grace Davison 公司对 Phillips 公司开发的铬催化剂进行了工业化。当 1968 年 Union Carbide 公司开始提出 Unipol 工艺时，Grace Davison 公司开始为 Unipol 生产商提供硅胶，从而进一步巩固了在聚烯烃工业中的地位。Grace Davison 公司继续与 Univation 公司和 Chevron Phillps 公司及其被许可者紧密合作，开发新型催化剂。Grace Davison 公司总部位于美国马里兰州哥伦比亚，其硅胶生产装置位于马里兰州 Curtis Bay 和德国 Worms。Grace Davison 公司供应的铬催化剂见表 3。

■表3　Grace Davison 公司供应的铬催化剂及其特点

催化剂	组分	适用工艺	产品
SYLOPOL HA30W	Cr/SiO_2	环管淤浆法	HDPE（抗环境应力开裂牌号）
SYLOPOL 969MPI	Cr/SiO_2	环管淤浆法	HDPE（吹塑牌号）
SYLOPOL 969	Cr/SiO_2	气相法	HDPE
SYLOPOL 957	Cr/SiO_2	气相法	HDPE
MAGNAPORE 963	$Cr/Ti/SiO_2$	环管淤浆法	HDPE（管材/薄膜牌号）
SYLOPOL 9701	$Cr/Ti/SiO_2$	环管淤浆法	HDPE（薄膜牌号）
SYLOPOL 9702	$Cr/Ti/SiO_2$	气相法	HDPE（管材/薄膜牌号）
SYLOPOL 967	$Cr/F/SiO_2$	环管淤浆法	HLMI（极低熔体指数）HDPE

　　Grace Davison 公司以 SYLOPOL 为商品名供应其用于淤浆法和气相法工艺的专有 Z-N 聚乙烯催化剂。该公司也有一种用于 Hoechst 公司 CSTR工艺的催化剂。除专有催化剂外，Grace Davison 公司还在 NOVA 化学公司的许可下供应 NOVACAT 催化剂，在 Eastman 公司的许可下供应 EN-ERGX 催化剂。这两种催化剂均被用于 Innovene 气相法聚乙烯工艺。表 4为 Grace Davison 公司的 Z-N 聚乙烯催化剂产品。

■表4　Grace Davison 公司的 Z-N 聚乙烯催化剂产品

催化剂	适用工艺	聚乙烯产品
SYLOPOL 5951	环管淤浆法	HDPE（注塑）
SYLOPOL 5917	Hoechst CSTR	HDPE
SYLOPOL 53TH	气相法	HDPE（注塑，旋塑），LLDPE
NOVOCAT T	Innovene/BP	LLDPE
ENERGX	气相法	LLDPE

BASF 催化剂公司

　　BASF 催化剂公司的 Z-N 聚乙烯催化剂产品见表 5。这些催化剂以LYNX 100、200、760 系列为商品名出售，催化剂的目标为环管淤浆法工艺和 CSTR 工艺。部分 LYNX 200 系列催化剂为三井化学公司 CX 工艺而设计。

■表5　BASF 催化剂公司的 LYNX Z-N 聚乙烯催化剂

催化剂	适用工艺	聚乙烯产品
LYNX 100	Phillips 环管淤浆法	HDPE（注塑、旋塑）
LYNX 200	双反应器己烷环管淤浆法	HDPE（注塑、吹塑）、纤维、薄膜、管材和导管
LYNX 760	环管淤浆法	HDPE（注塑）
主要特点：Drop-in 替代物；高活性；双峰分子量分布；低细粉含量；良好的共单体嵌入能力		

LyondellBasell 公司

2007 年，Basell 公司收购 Lyondell 公司，成立 LyondellBasell 公司。Basell 公司作为 Shell 化学公司和 BASF 公司聚烯烃业务的合资公司，成立于 2000 年末。实际上，Basell 公司合并了 Montell 公司的聚丙烯和聚乙烯业务、Targor 公司的聚丙烯业务和 Elenac 公司的聚乙烯业务。Montell 公司开发了一种多反应器气相法聚乙烯工艺——Spherilene 工艺及相关催化剂。Elenac 公司的前身 Hoechst 公司开发了一种双搅拌反应器工艺——Hostalen 工艺，用于生产双峰 HDPE。BASF 公司开发了一种被称为 Avant C 的生产 HDPE 用的新型高孔体积铬催化剂，LyondellBasell 公司传承了该业务可用于生产具有非常高的分子量、适用于吹塑车用燃料箱的 HDPE 树脂的铬催化剂。

目前供应的铬催化剂包括用于 Lupotech G 工艺、Phillips 环管工艺、其他淤浆法和气相法工艺的铬催化剂。随着 2005 年收购 Ineos Silicas 公司的部分资产，LyondellBasell 公司增强了在硅胶载体方面的实力。该高孔体积硅胶资产已增强了 Avant C 催化剂的供应范围。

传统的 Hostalen 工艺被许可者采用基于许可协议的一部分提供的配方的现场制备催化剂。现在 LyondellBasell 公司向几家愿意支付额外费用的新老 Hostalen 工艺被许可者供应 Avant Z 催化剂 LyondellBasell 公司也向 Spherilene 工艺被许可者供应 Avant Z 催化剂，包括 Avant Z 230、501 和 218 等性能各异的高质量催化剂。

Ineos 公司

Ineos 公司总部位于英国 Warrington，2001 年，Ineos 集团公司收购了 ICI 公司的部分资产，其中包括 Crosfield 公司。Ineos 公司生产和供应一系列用于生产 HDPE 的铬催化剂和硅胶载体。PQ 公司前身是成立于 1864 年的 Philadelphia Quartz 公司，PQ 公司生产一系列硅胶产品，包括铬-硅胶催化剂。PQ 催化剂总部位于美国宾夕法尼亚州 Berwyn，其催化剂装置位于 Kansas。2006 年初，Carlye 资产公司收购了 PQ 公司。

2006 年 7 月，Carlyle 集团公司和 Ineos 集团公司将 Ineos Silicas 与 PQ 公司以 60：40 比例合并，合并的 Ineos Silicas 和前 PQ 公司的资产以 PQ 公司为名运行，并使得该合资公司成为铬催化剂和硅胶载体领域里仅次于 Grace Davison 公司的第二大公司。新的合资公司可将这些能力组合以提供全范围的铬催化剂产品。

Ineos 公司又收购了 BP 公司的聚烯烃业务。1998 年，BP 公司商业化 SDX——一种硅胶负载化 Z-N 催化剂，可以避免预聚合步骤。这些在法国 Lavera 生产的催化剂变成了 Innovene 公司业务的收购者 Ineos 公司的一部分。Ineos 公司的子公司——Ineos 技术公司继续向 Innovene 工艺的被许可者供应这些催化剂。Ineos 公司供应的 SDX 催化剂包括两种牌号：SDX-GP 和 SDX-SS。GP 催化剂为通用催化剂，SS 催化剂为超强度催化剂。GP 催

三井化学公司

三井化学公司通过日本三井精细化学公司生产其催化剂，其 Z-N 聚乙烯催化剂包括：①PZ 催化剂，用于生产密度高于 $0.955g/cm^3$ 的 HDPE 树脂；②TE 催化剂，更容易嵌入共单体，用于生产密度低于 $0.955g/cm^3$ 的 HDPE 树脂；③RZ 催化剂，与 PZ 催化剂相似，但性能更好，具有更高的活性和更窄的聚合物粒径分布，可用于三井化学公司的 CX 釜式淤浆法聚乙烯工艺，采用单一的催化剂可生产多种聚乙烯产品。

NOVA 化学公司

NOVA 化学公司和 BP 公司联合开发了先进的用于气相法工艺的 Z-N 聚乙烯催化剂——NOVACAT 催化剂，NOVOCAT 催化剂包括 NOVA-CAT S、NOVACAT T 和 NOVACAT K 三类，NOVACAT S 催化剂主要用于生产高强度己烯基 LLDPE 产品，NOVACAT T 催化剂主要用于生产己烯基 LLDPE 和丁烯基 LLDPE 产品，NOVACAT K 催化剂主要用于生产丁烯基 LLDPE 和 HDPE 产品。其中 NOVACAT T 催化剂可以改进共聚单体的嵌入方式，具有较高的己烯嵌入率，形成"不发黏"的树脂，从而提供性能更好的树脂，此外，该催化剂还有更好的抗杂质性能以及更高的生产效率。表 8 为 NOVACAT 催化剂及其特点。

■表8 NOVACAT 催化剂及其特点

催化剂	己烯基 LLDPE	丁烯基 LLDPE	HDPE
NOVACAT S	已工业化		
NOVACAT T	已工业化	正在开发	
NOVACAT K	正在开发	已工业化	已工业化

主要特点：低树脂黏性；出色的粒子形态；高产率；低烷基水平；低己烷可萃取含量；出色的光学性能

附录四 我国聚乙烯工业装置

工艺名称	公司	生产能力/(kt/a)	开车时间/年
Unipol	齐鲁石化	140（HDPE），双线	1987
		60/120（LLDPE，HDPE）	1990/2004
	大庆石化	60/80（LLDPE，HDPE，双峰 HDPE）	1988/2000
		300（HDPE，LLDPE）	2010
	吉林石化	100/280（HDPE，LLDPE）	1996/2003
	茂名石化	140/220（HDPE，LLDPE）	1996/2003
	天津联化	60/120（HDPE，LLDPE）	1995/2000

续表

工艺名称	公司	生产能力/(kt/a)	开车时间/年
Unipol	中原石化	120/200（HDPE，LLDPE）	1996/2000
	广州石化	100/200（HDPE，LLDPE）	1997/2002
	扬子石化	200（HDPE，LLDPE）	2002
	兰州石化	300（HDPE，LLDPE）	2006
	福建联合	800（HDPE，LLDPE），双线	2009
	独山子石化	600（HDPE，LLDPE），双线	2009
	镇海炼化	450（HDPE，LLDPE）	2009
	沈阳化工	100（HDPE，LLDPE）	2008
	神华包头煤化工	300（HDPE，LLDPE）	2010
	抚顺石化	400（HDPE，LLDPE，双峰HDPE）	2011
	四川石化成都乙烯	300（HDPE，LLDPE，双峰HDPE）	2011
Innovene G	兰州石化	60（LLDPE）	1990
	盘锦乙烯	125（HDPE，LLDPE），双线	1991
	独山子石化	120/200（HDPE，LLDPE）	1995/2001
	上海赛科	600（LLDPE，HDPE），双线	2005
Spherilene	中海壳牌	200（HDPE）	2006
Sclairtech	抚顺石化	80/120	1992
Chevron Phillips	上海金菲	150	1998
	茂名石化	350	2006
Borstar	上海石化	250	2002
Innovene S	独山子石化	300	2009
	天津石化	300	2009
	辽宁华锦化工	300	2009
Hostalen	辽阳石化	35/80，双线	1989/2001
	吉林石化	300（HDPE，双峰）	2006
	四川石化成都乙烯	300（HDPE）	2011
	抚顺石化	350（HDPE）	2011

工艺名称	公司	生产能力/(kt/a)	开车时间/年
CX	大庆石化	140（HDPE，双峰），双线	1986
		80（HDPE/MDPE）	1999
	兰州石化	70/100	1997/2005
	扬子石化	140/220	1987/2002
	燕山石化	140，双线	1995
Lupotech T	大庆石化	80	1986
		200	2005
	扬子巴斯夫	400，双线	2005
	兰州石化	200	2006
	中海壳牌	250	2006
	茂名石化	250	2007
	台塑公司	140/148	1999
CTR	齐鲁石化	140/160	1998
ExxonMobil	燕山石化	200（高压管式）	2001
Enichem	台塑公司	60/80（高压管式）	2000
住友	燕山石化	180（高压釜式）	1976